NCS Based Pneumatics & Hydraulics Technology

제 3 판

유공압 실습

이상호 · 송재융 공저

[1503010215_16v4 / 1503010216_16v4]

머 리 말

유공압 에너지는 작업용 요소와 제어용 요소로서 산업체의 제조 공정에서 많이 사용되고 있다. 또한 제조용 공정의 이용 범위는 물론 농업, 임업, 수산업 등의 1차 산업에서부터 우주 항공 산업에 이르기까지 광범위하게 응용되고 있다. 근래의 유공압 에너지는 4차 산업혁명의 시대의 조류에 맞추어 그 응용범위가 확대일로에 있다.

이 교재는 기존에 사용했던 기존의 실습교재를 국가직무능력표준(NCS, National Competency Standard)에 맞춰 편집되었으나, 광범위하게 이용되는 유공압 장치 기술을 각 분야에 걸쳐 기술하는 것은 매우 어렵기 때문에 비교적 기초적인 순수 유공압 과제와 솔레노이드 밸브를 이용한 전기 유공압 과제 및 PLC 장치 운용능력을 언미히여 기초적인 유공압 기술을 습득하는 것에 중점을 두었다.

필자는 다년간 한국폴리테대학에서 유공압 기술을 처음 학습하는 공학도를 대상으로 강의한 내용과 현장 기술자의 교육을 통해 얻은 현장의 애로점 등을 감안하여 이 교재를 집필하였고, 이로써 독자가 유공압의 기본적 원리를 충분히 이해하고 각 부품의 요소별 특징을 실습하여 통합적인 유공압시스템의 구동 및 구성을 쉽게 습득할 수 있도록 편집하였다. 특히 일학습병행제 과정평가형자격의 공유압 실기 외부평가를 준비하는 근로자에게 작은 도움이 될 수 있기를 희망하면서 다음 사항에 역점을 두었다.

첫째, 유공압 에너지의 특성을 이해하도록 에너지 생산 부분을 다루었다.
둘째, 유공압 기기의 각 부품에 대한 역학적 이론 해석 방법을 탈피하고, 실제 현장에서 근로자가 손쉽게 이해할 수 있는 기능적 특성을 습득하여 현장 실무에 바로 적용할 수 있게 하였다.
셋째, 유공압 기호의 표기 방법은 국제화의 추세를 고려하여 ISO/DIN 규격을 병용하였다.
넷째, 교재의 앞부분에 NCS 패키지 활용방안과 능력단위에 대한 교육목표 및 학습 방법 등을 정확히 제시하였다.

끝으로 이 교재가 유공압 기술을 처음 접하는 공학도 혹은 현장 실무자에게 작으나마 도움이 될 것이라 확신하며, 교재 발간에 도움을 주신 복두출판사 관계자 여러분께 깊은 감사를 드린다.

2020년 7월
저자 씀

차 례

1장 제어방식 설계하기

2장 제어회로 구성하기

3장 시험운전하기

4장 유지보수하기

5장 PLC 프로그램 연습

【 작업 분석표 】

구분	번호	1	2	3	4	5	6	7	8	9	10	11	12	소요시간
	작업 요소 / 작업 과제명	작업준비	회로도작성	구성부품선정	부품배치	배관 및 배선	압력제어	속도제어	방향제어	시퀀스제어회로	캐스케이드회로	실험	정리정돈	
1	1-1. 공압 시스템 구성요소	○	○	○	○	○	○		○			○	○	4
2	1-2 유압 시스템 구성요소	○	○	○	○	○	○	○	○			○	○	4
3	1-3. 공압 동력원 구성회로	○	○	○	○	○	○					○	○	4
4	1-4 유압 동력원 구성회로	○	○	○	○	○	○					○	○	4
5	1-5. 공압 장치 제작계획	○	○	○	○	○	○	○	○			○	○	4
6	1-6. 유압 장치 제작계획	○	○	○	○	○	○	○	○			○	○	4
7	2-1. 실린더 왕복회로 [공압]	○	○	○	○	○	○		○			○	○	4
8	2-2. 기본 논리회로 [공압]	○	○	○	○	○	○		○			○	○	4
9	2-3. 속도 제어회로 [공압]	○	○	○	○	○	○	○	○			○		4
10	2-4. 압력 시퀀스회로 [공압]	○	○	○	○	○	○		○			○		4
11	2-5. 자기유지회로 [공압]	○	○	○	○	○	○	○	○			○		4
12	2-6. 시간지연회로 [공압]	○	○	○	○	○	○	○	○			○		4
13	2-7. 자동 왕복회로 [공압]	○	○	○	○	○	○	○	○			○		4
14	2-8. 2개의 복동실린더 시퀀스회로 [공압]	○	○	○	○	○	○		○	○		○		4
15	2-9. 신호간섭 방지 시퀀스회로 [공압]	○	○	○	○	○	○	○	○	○		○		4
16	2-10. 캐스케이드회로 [공압]	○	○	○	○	○	○		○	○	○	○		4
17	2-11. 자동화 장치 설계회로 [공압]	○	○	○	○	○	○		○	○	○	○	○	4
18	2-12. 압력 설정회로 [유압]	○	○	○	○	○	○					○	○	4
19	2-13. 속도제어회로 [유압]	○	○	○	○	○	○	○	○			○	○	4

구분	번 호	1	2	3	4	5	6	7	8	9	10	11	12	소요 시간
	작업 요소 작업 과제명	작업준비	회로도작성	구성부품선정	부품배치	배관 및 배선	압력제어	속도제어	방향제어	시퀀스제어회로	캐스케이드회로	실험	정리정돈	
20	2-15. 로킹회로[유압]	○	○	○	○	○	○		○			○	○	4
21	2-16. 감압회로[유압]	○	○	○	○	○	○		○			○	○	4
22	2-17. 시퀀스회로[유압]	○	○	○	○	○	○		○	○		○	○	4
23	2-18. 카운터밸런스회로[유압]	○	○	○	○	○	○	○	○			○	○	4
24	2-19. 유압모터 제어회로[유압]	○	○	○	○	○	○	○	○			○	○	4
25	3-1. 분류장치회로	○	○	○	○	○	○		○			○	○	4
26	3-2. 부품조립장치회로	○	○	○	○	○	○		○			○	○	4
27	3-3. 물품 밀어내기 장치회로	○	○	○	○	○	○		○			○	○	4
28	3-4. 자동 왕복회로	○	○	○	○	○	○	○	○			○	○	4
29	3-5. 스탬핑장치회로	○	○	○	○	○	○	○	○			○	○	4
30	3-6. 접합장치회로	○	○	○	○	○	○	○	○			○	○	4
31	3-7. 클램핑장치회로	○	○	○	○	○	○	○	○	○		○	○	4
32	3-8. 엠보싱장치회로	○	○	○	○	○	○	○	○	○	○	○	○	4
33	3-9. 벤딩장치회로	○	○	○	○	○	○	○	○	○		○	○	4
34	3-10. 시퀀스제어의 부가조건	○	○	○	○	○	○	○	○	○		○	○	4
35	3-11. 비상정지 기구	○	○	○	○	○	○	○	○	○		○	○	4
36	3-12. 유압프레스 벤딩장치 제어	○	○	○	○	○	○	○	○	○		○	○	4
37	3-13. 덤프트럭 적재함 제어	○	○	○	○	○	○	○	○	○		○	○	4
38	3-14. 유압 클램핑장치 제어	○	○	○	○	○	○	○	○	○		○	○	4
39	3-15. 소각로 도어 개폐장치 제어	○	○	○	○	○	○	○	○	○		○	○	4

구분	번 호	1	2	3	4	5	6	7	8	9	10	11	12	소요 시간
	작업 요소 / 작업 과제명	작업준비	회로도작성	구성부품선정	부품배치	배관 및 배선	압력제어	속도제어	방향제어	시퀀스제어회로	캐스케이드회로	실험	정리정돈	
40	3-16. 리밍장치 제어	○	○	○	○	○	○	○	○	○		○	○	4
41	3-17. 차단 밸브 개폐장치 제어	○	○	○	○	○	○	○	○	○		○	○	4
42	3-18. 탁상 유압프레스 제어	○	○	○	○	○	○	○	○	○		○	○	4
43	3-19. 제품 세척장치 제어	○	○	○	○	○	○	○	○	○		○	○	4
44	3-20. 유압모터 정역회로	○	○	○	○	○	○	○	○	○		○	○	4
45	4-1. 공압 시스템 점검하기	○	○	○	○	○	○	○	○	○		○	○	4
46	4-2. 유압 시스템 점검하기	○	○	○	○	○	○	○	○	○		○	○	4
47	5-1. PLC 프로그래밍	○	○	○	○							○	○	3
48	5-2. 컵 벤딩 작업	○	○	○	○	○		○	○	○		○	○	1.5
49	5-3. 롤러 컨베이어 이송장치	○	○	○	○	○		○	○	○		○	○	1.5
50	5-4. 소재 공급 자동이송장치	○	○	○	○	○		○	○	○		○	○	1.5
51	5-5. 성형 프레스 가공장치	○	○	○	○	○		○	○	○		○	○	1.5
52	5-6. 곡물 호퍼 자동이송장치	○	○	○	○	○		○	○	○		○	○	1.5
53	5-7. 스탬핑 장치	○	○	○	○	○			○	○		○	○	1.5
54	5-8. 벤딩 장치	○	○	○	○	○			○	○		○	○	1.5
55	5-9. 판재이송 장치	○	○	○	○	○		○	○	○		○	○	1.5
56	5-10. 드릴 / 리밍 전용기	○	○	○	○	○			○	○		○	○	1.5
57	5-11. 철판 전단 기구	○	○	○	○	○	○	○	○	○		○	○	1.5
58	5-12. 부시 조립장치	○	○	○	○	○			○	○		○	○	1.5
59	5-13. 상자 이송장치	○	○	○	○	○			○	○		○	○	1.5

구분	번 호	1	2	3	4	5	6	7	8	9	10	11	12	소요시간
	작업 요소 / 작업 과제명	작업준비	회로도작성	구성부품선정	부품배치	배관 및 배선	압력제어	속도제어	방향제어	시퀀스제어회로	캐스케이드회로	실험	정리정돈	
60	5-14. 건조기 이송장치	○	○	○	○	○			○	○		○	○	1.5
61	5-15. 상자 이송장치 2	○	○	○	○	○			○	○		○	○	1.5
62	5-16. 스탬핑 장치 2	○	○	○	○	○	○		○	○		○	○	1.5

CHAPTER 01

제어방식 설계하기

1-1. 공압 시스템 구성 요소

실습과제명	1-1. 공압 시스템 구성 요소			소요 시간 4 H
목 표	① 공압 에너지의 특징과 장단점을 파악할 수 있다. ② 압축공기 생산과 분배 과정을 설명할 수 있다. ③ 공압 시스템의 구성에 필요한 부품을 선정할 수 있다.			
기계 및 공구	재료명	규 격	안전 및 유의사항	
· 공기 압축기 · 공압실습장치 · 수공구 세트	· 복동실린더 · 5/2-way 방향 제어 밸브 · 3/2-way 방향 제어 밸브 · 셔틀밸브 · 공압튜브	φ 25×125 m5, 1/8" m5, 1/8" m5, 1/8" φ 4, φ 6	· 공급되는 압축공기의 압력을 600 [kPa]로 조절한다. · 배관할 때 압축공기의 공급을 차단한다. · 튜브를 정확히 연결하여 공기의 누설을 방지한다. · 실린더의 작동 공간에 장애물이 없어야 한다. · 튜브의 연결과 제거 방법을 알아야 한다. · 일상점검을 통하여 장비와 공구를 유지 관리한다. · 산업안전법규를 준수한다.	

관련 지식

1. 자동화 시스템

공압 시스템의 구성 형태는 자동화 시스템의 신호 흐름과 에너지 전달체계와 같다. 그림 1.1.1에서 자동화 시스템은 크게 신호의 흐름을 제어하는 신호 제어부, 공급된 에너지를 사용하여 일을 하는 동력부로 구성되어 있다. 동력부 중 동력 제어부는 신호 처리부로부터 출력 명령을 액추에이터로 전달하는 요소 기기의 부분으로, 에너지를 변환하는 요소라고도 할 수 있다.

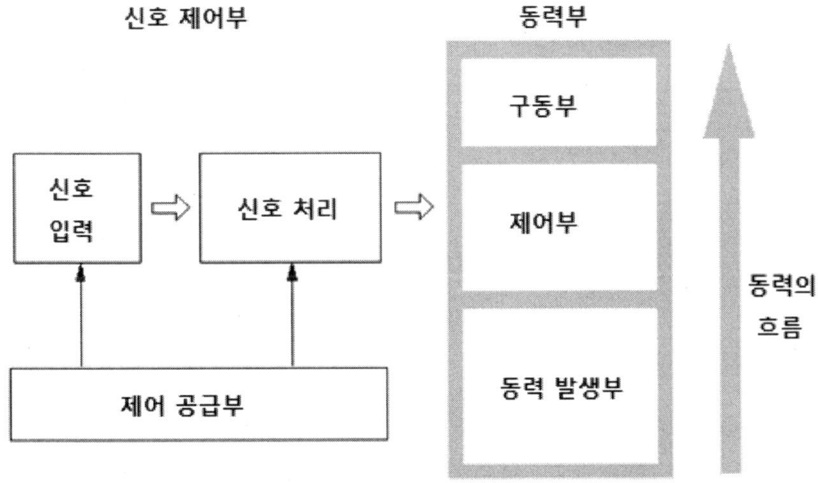

그림 1.1.1 자동제어시스템의 구조

일반적으로 신호 제어부에 사용되는 동력은 전기 에너지를 사용한다. 그리고 동력부의 액추에이터는 일과 운동의 특성에 따라 전기, 공압 및 유압 에너지를 사용한다. 동력 제어부는 신호 제어부의 전기 신호를 액추에이터가 동작하는 데 필요한 동력으로 에너지를 변환하는 부분인 것이다. 동력 제어부의 주요 기능은 신호 처리부의 방향, 속도, 힘 혹은 토크의 제어 명령을 액추에이터로 전달하는 것이다.

액추에이터는 실린더와 모터를 사용하여 직선 왕복 운동이나 회전 운동을 하는 부분을 의미한다. 이 운동을 위한 동력으로 전기, 공압, 유압 에너지가 사용된다. 액추에이터가 운동할 때 그 운동의 형태가 유용해지기 위해서는 방향, 속도, 힘을 제어할 수 있어야 한다. 이를 위해 필요한 부분이 동력 제어부이며, 액추에이터의 운동을 위해 공압을 이용하는 경우 동력 제어부는 유체의 흐름을 제어할 수 있는 밸브를 사용하게 된다.

2. 공압 장치의 구성

공압 장치는 압축공기를 생산하는 동력원과 공압 발생장치, 양질의 공기를 만들어주는 공기 청정화 장치, 액추에이터에 공급되는 공기의 흐름 방향, 속도, 공기 압력의 크기를 조절하는 제어부와 일을 수행하는 구동부로 구성되어 있다.

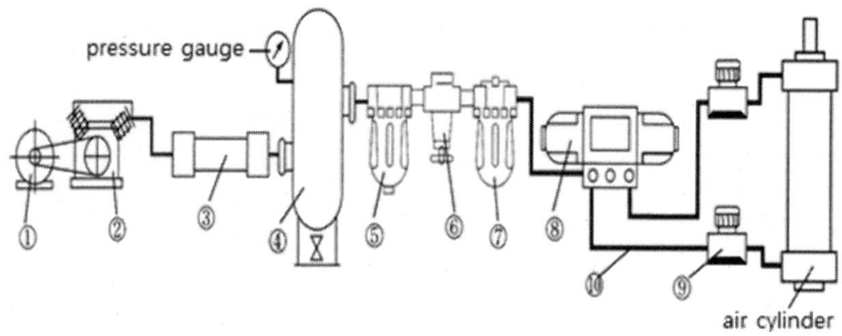

그림 1.1.2 공기압 장치의 구성

① 동력원(power unit) : 공기 압축기를 구동하기 위한 전기 모터, 기타 동력원.
② 공기 압축기(air compressor) : 압축공기의 생산(일반적으로 10bar 이내).
③ 애프터 쿨러(after cooler) : 공기 압축기에서 생산된 고온의 공기를 냉각함.
④ 공기탱크(air tank) : 압축공기를 저장하는 일정 크기의 용기.
⑤ 공기 필터(air filter) : 공기 중의 먼지나 수분을 제거하여 압축공기를 양질화함.
⑥ 압력 조절기(air regulator) : 감압 밸브가 사용되며, 장치에 사용되는 압력을 공급함.
⑦ 윤활기(lubricator) : 밸브나 액추에이터의 원활한 작동을 위한 윤활유를 공급함.
⑧ 방향 제어 밸브(directional control valve) : 압축공기의 흐름 방향을 변화시킴.
⑨ 유량 제어 밸브(flow control valve) : 액추에이터에 공급되는 공기의 양을 증감하여 액추에이터의 속도 조절에 사용됨.
⑩ 배관(pipe) : 압축공기를 각 공기압 요소에 전달함.
⑪ 압력 게이지(pressure gauge) : 설정된 압력을 지시함.
⑫ 공기압 실린더(air cylinder) : 압축공기 에너지에 의해 일을 함.

구동 순서를 보면, 전동기(power unit)에 의해 구동된 공기 압축기(air-compressor)가 압축공기를 생산하여(압축공기의 생산 과정에서 공기는 고온이 됨) 애프터 쿨러를 거쳐 공기탱크(air tank)에 저장된다. 다음 배관(pipe)을 통하여 필터(air filter)를 거치면서 먼지와 수분을 제거하여 양질의 압축공기가 된다. 압력 조절기(air regulator)를 통하여 사용 압력(공기 압축기에서 생산된 공기 압력보다 낮은 압력)으로 감압되어 안정된 압력을 갖게 된다.

이어서 윤활기(lubricator)를 거쳐(공기 압력 차이를 이용하여 에어로졸 상태의 오일과 섞임) 방향 제어 밸브(directional control valve)와 유량 제어 밸브(flow control valve)의 제어에 의해 공기압 실린더의 전진 혹은 후진이 일어난다.

실습 순서

1. 실습 준비

(1) 주어진 과제와 실습 목표를 이해한다.

(2) 압축공기 공급 장치를 개방하여 실습 준비한다.

(3) 시험 운전하기 전까지 실습 장치의 공압은 차단 밸브에 의해 차단한다.

2. 공압 부품 선정

(1) 제시된 회로도를 사용하여 부품을 선정하게 한다.

(2) 각각의 부품에 표시된 기호와 일치 여부를 확인한다.

3. 공압 부품 배치

(1) 부품의 배치는 서로 방해되지 않도록 충분히 간격을 두고 배치한다.

(2) 부품의 배치는 회로도와 같은 위치에 배치한다.

4. 공압 배관

(1) 공압이 원활하게 전달되도록 적당한 길이의 튜브를 사용한다.

(2) 회로도를 참고하여 각 기호의 연결구 번호와 공압 부품에 표시되어 있는 연결구 번호를 확인하여 정확한 연결구에 연결한다.

(3) 튜브는 연결구 내의 체크밸브를 통과할 수 있도록 완전하게 연결한다.

5. 동작 확인 시험 운전

(1) 실습 장치의 차단 밸브를 열어서 압축공기를 공급한다.

(2) 압력조절기의 압력을 500 [kPa]로 설정한다.

(3) 밸브를 작동시켜 복동실린더가 전진되는지 확인한다.

(4) 밸브를 작동되어 복동실린더가 후진되는지 확인한다.

6. 정리 정돈

(1) 실습장치의 차단 밸브를 닫아서 압축공기 공급을 차단한다.

(2) 공압 튜브를 제거하여 정리한다.

(3) 실린더, 밸브 등 사용된 부품을 제거하여 정리한다.

실습과제명	1-1. 공압 시스템 구성 요소	소요시간 : 4 H

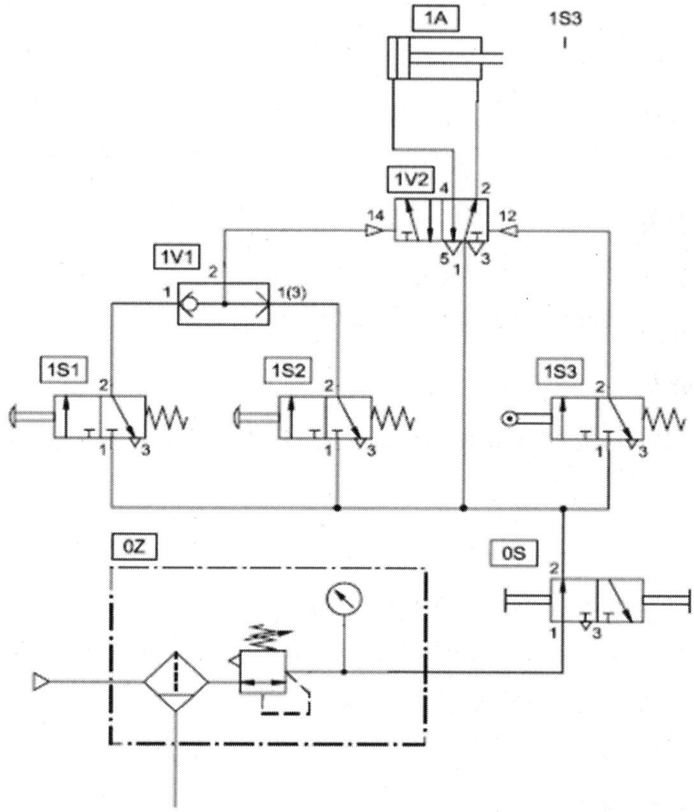

평가자 :	1회 평가 :
	2회 평가 :
	3회 평가 :

평가항목	우수	양호	부진
1. 부품 선정			
2. 부품 배치			
3. 배관			
4. 회로 동작			
5. 질문지			
6. 안전사항			

1-1 질문지 평가

1. 아래의 공압 기호를 보고 그 명칭을 말해보시오.
   (8개 중 7개 이상 맞추면 만점, 6개는 평균, 그 이하는 0점)

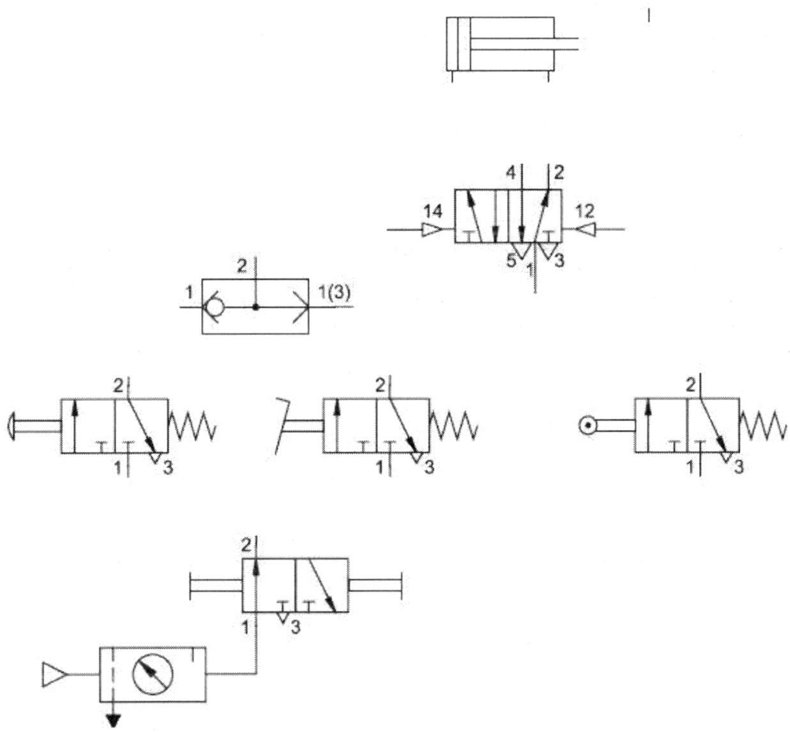

(→ 계 속)

2. 아래 그림을 보고 [　　　　] 내에 명칭을 적으시오.
(10개 중 9개 이상이면 만점, 7개는 평균, 그 이하는 0점)

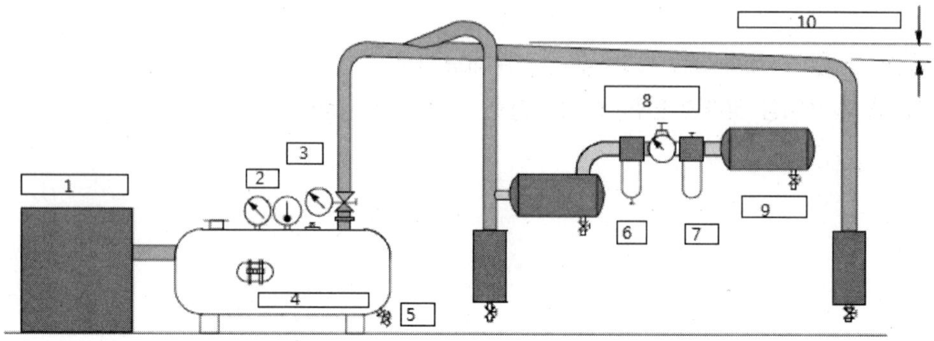

번 호	명 칭	번 호	명 칭
1	공기 압축기	6	
2		7	
3		8	
4		9	
5		10	

1-2. 유압 시스템 구성 요소

<table>
<tr><td>실습과제명</td><td colspan="3">1-2. 유압 시스템 구성 요소</td><td>소요 시간
4 H</td></tr>
<tr><td>목 표</td><td colspan="4">① 유압 에너지의 특징과 장단점을 파악할 수 있다.
② 오일 압력의 생산과 분배 과정을 설명할 수 있다.
③ 유압 시스템의 구성에 필요한 부품을 선정할 수 있다.</td></tr>
<tr><td>기계 및 공구</td><td>재료명</td><td>규 격</td><td colspan="2">안전 및 유의사항</td></tr>
<tr><td>· 유압 펌프유닛
· 유압실습장치
· 수공구 세트</td><td>· 복동실린더
· 3/2-way
방향 제어 밸브
· 릴리프 밸브
· 일방향
유량 제어 밸브
· 압력게이지
· 유압 호스</td><td>ϕ 25×200
m6, 3/8"

m6, 3/8"
m6, 3/8"

0~10 MPa
21 MPa</td><td colspan="2">· 실습장치의 전원을 점검한다.
· 탱크 오일의 양 및 상태를 육안으로 점검한다.
· 전원을 투입한 후 5분 정도 무부하 운전한다.
· 실린더의 작동 공간에 장애물이 없어야 한다.
· 호스의 연결과 제거 방법을 알아야 한다.
· 일상점검을 통하여 장비와 공구를 유지 관리 한다.
· 산입안전법규를 준수한다.</td></tr>
</table>

관련 지식

1. 유압장치의 구성

유압장치는 기본적으로 동력을 발생시키는 동력원(탱크, 펌프, 전동기)과 액추에이터의 운동을 제어하는 제어부(압력제어 밸브, 방향 제어 밸브, 유량 제어 밸브 등) 그리고 유압 실린더나 유압모터 등의 액추에이터와 배관으로 구성되어 있다. 유압장치는 압력에너지를 얻기 위하여 유압 펌프가 사용되며 유체(오일)를 탱크로 귀환시켜 재사용한다.

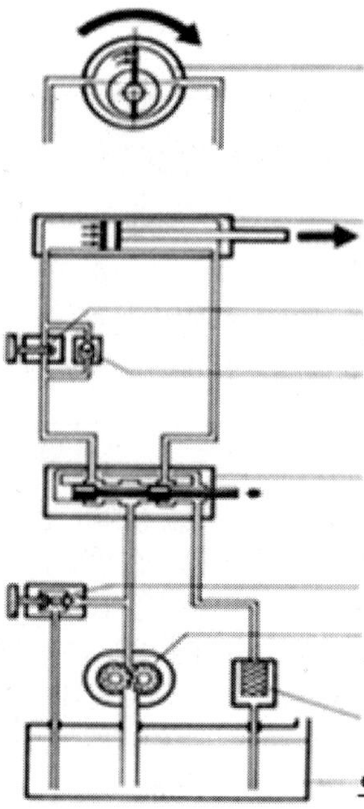

그림 1.2.1 유압 시스템의 구조

(1) 오일 탱크(oil tank) : 유압 작동유의 저장 기능, 열의 분산 및 유압 부품의 설치 공간 제공.
(2) 릴리프 밸브(relief valve) : 회로 내의 압력 상승을 제한하여 설정된 압력의 오일 공급.
(3) 방향 제어 밸브(directional control valve) : 회로 내의 유체의 흐름 방향을 조절하여 유압액추에이터의 작동 방향을 바꾸는 데 사용.
(4) 유량 제어 밸브(flow control valve) : 오일의 유동량을 제어하며, 액추에이터(유압모터, 유압 실린더)의 속도 조절 기능.
(5) 유압 구동기(hydraulic actuator_motor/cylinder) : 유압 장치 내에서 요구된 일을 하며 유체동력을 기계적 동력으로 바꾸는 역할.

그림 1.2.1의 작동 원리를 살펴보면 우선 전기 모터에 의해 구동된 유압 펌프가 펌프 내의 기계적 작동으로 유체를 흡입한 후 펌프 출구를 통하여 압력이 있는 오일을 유압 실린더나 유압모터로 공급하여 작업 형태에 따라 요구된 운동이 이루어진다. 이때 힘의 크기는 릴리프 밸브에 설정된 압력 값에 따르며, 방향 제어 밸브와 유량 제어 밸브를 통해 각각 운동 방향과 속도가 결정된다.

2. 오일 탱크

오일 탱크(oil tank)의 크기는 그 속에 들어가는 유량이 펌프 토출량의 적어도 3배 이상으로 할 것이 표준화되어 있다. 이것은 펌프 작동 중의 유면을 적정하게 유지하고 발생하는 열을 방산하여 장치의 가열을 방지하며, 오일 중에서 공기나 이물질을 분리시키는 데 충분한 크기이다. 또 운전 정지 중에는 관로의 오일이 중력에 의해서 넘치지 않고 파이프를 분리할 때는 오일 탱크에서 넘쳐흐르지 않을 만큼의 크기로 한다. 따라서 오일 탱크의 크기는 냉각 장치의 유무, 사용압력, 유압회로의 상태에 따라서 달라진다.

오일 탱크의 각부 명칭은 그림 1.2.2와 같다.

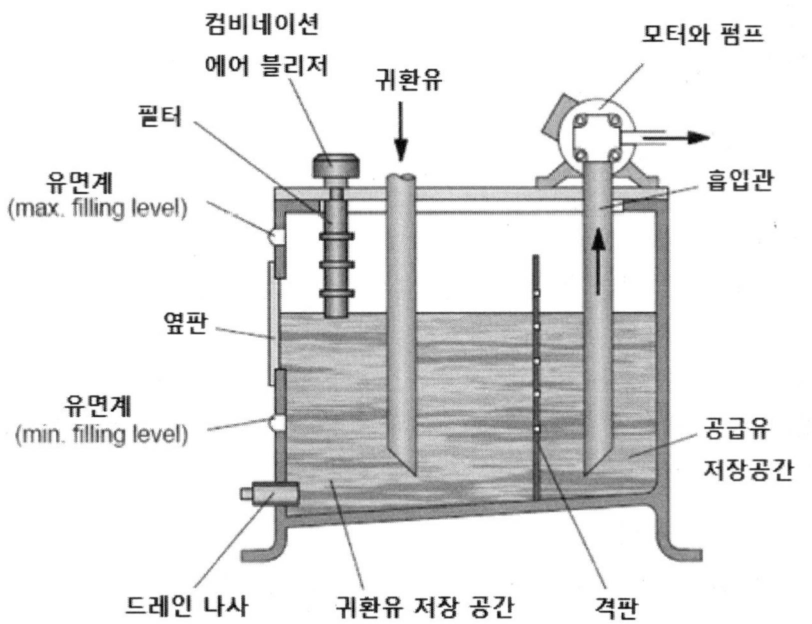

그림 1.2.2 오일 탱크

실습 순서

1. 실습 준비

(1) 주어진 과제와 실습 목표를 이해한다.
(2) 실습에 필요한 유압 부품을 준비한다.
(3) 시험 운전하기 전까지 실습 장치의 전원은 차단한다.

2. 유압 부품 선정

(1) 제시된 회로도를 사용하여 부품을 선정하게 한다.
(2) 각각의 부품에 표시된 기호와 일치 여부를 확인한다.

3. 유압 부품 배치

(1) 부품의 배치는 서로 방해되지 않도록 충분히 간격을 두고 배치한다.
(2) 부품의 배치는 회로도와 같은 위치에 배치한다.

4. 유압 배관

(1) 유압이 원활하게 전달되도록 적당한 길이의 호스를 사용한다.
(2) 회로도를 참고하여 각 기호의 연결구 번호와 유압 부품에 표시되어 있는 연결구 번호를 확인하여 정확한 연결구에 연결한다.
(3) 호스는 연결구 내의 체크밸브를 통과할 수 있도록 완전하게 연결하고 호스 내부 압력을 제거한 후 사용한다.

5. 동작 확인 시험 운전

(1) 실습 장치에 전기를 공급하여 유압 펌프를 가동한다.
(2) 압력조절기의 압력을 5 [MPa]로 설정한다.
(3) 밸브를 작동시켜 단동실린더가 전진되는지 확인한다.
(4) 밸브를 작동시켜 단동실린더가 후진되는지 확인한다.

6. 정리 정돈

(1) 실습 장치에 전기를 차단하여 유압 펌프를 정지시킨다.
(2) 유압 호스를 제거하여 정리한다.
(3) 실린더, 밸브 등 사용된 부품을 제거하여 정리한다.

실습과제명	1–2. 유압 시스템 구성 요소	소요시간 : 4 H

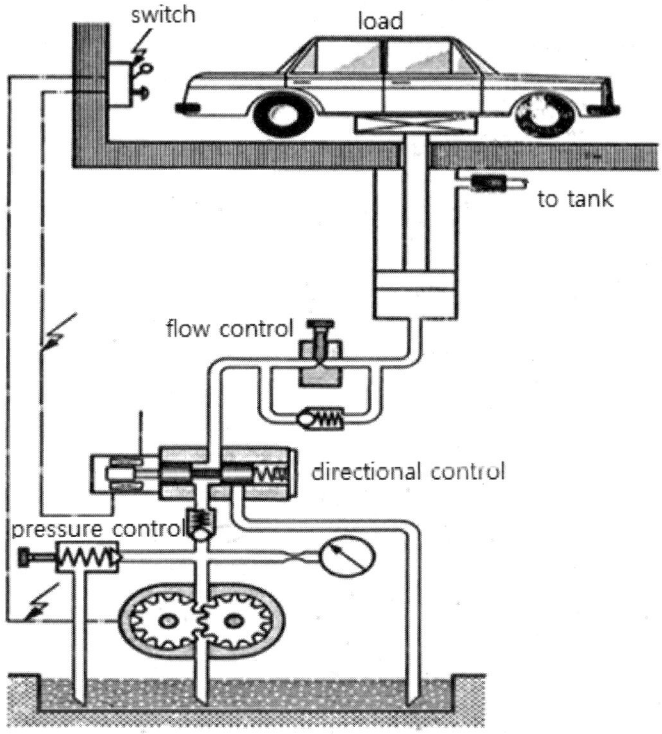

평가자 :	1회 평가 :
	2회 평가 :
	3회 평가 :

평가항목	우수	양호	부진
1. 부품 선정			
2. 부품 배치			
3. 배관			
4. 회로 동작			
5. 질문지			
6. 안전사항			

1-2 질문지 평가

1. 아래의 공압 기호를 보고 그 명칭을 말해보시오.
   (9개 중 6개 이상 맞추면 만점, 5개는 평균, 그 이하는 0점)

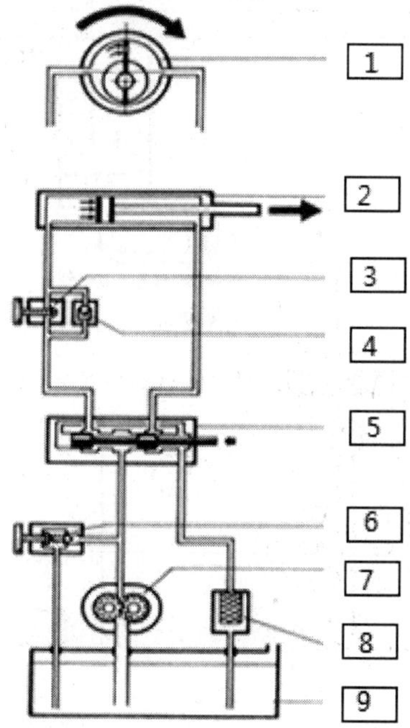

2. 유압 부품의 표면에 붙어있는 기호를 보고 그 명칭을 말해보시오.
   (5개 중 4개 이상 맞추면 만점, 3개는 평균, 그 이하는 0점)

(1) 유압실린더

(2) 릴리프 밸브

(3) 3/2-way 방향 제어 밸브

(4) 일방향 유량 제어 밸브

(5) 전기 푸시버튼 스위치

1-3. 공압 동력원 구성회로

<table>
<tr><td>실습과제명</td><td colspan="3" rowspan="2">1-3. 공압 동력원 구성회로</td><td>소요 시간</td></tr>
<tr><td></td><td>4 H</td></tr>
<tr><td>목 표</td><td colspan="4">① 공압 동력원의 구성 요소의 용도를 설명할 수 있다.
② 공압 동력원의 구성 요소의 기호를 그릴 수 있다.
③ 공압 동력원을 구동하여 압축공기를 생산할 수 있다.</td></tr>
<tr><td>기계 및 공구</td><td>재료명</td><td>규 격</td><td colspan="2">안전 및 유의사항</td></tr>
<tr><td>· 공기 압축기
· 공압실습장치
· 수공구 세트</td><td>백상지</td><td>A4</td><td colspan="2">· 공급되는 압축공기의 압력을 600 [kPa]로 조절한다.
· 배관할 때 압축공기의 공급을 차단한다.
· 일상점검을 통하여 장비와 공구를 유지 관리한다.
· 산업안전법규를 준수한다.</td></tr>
</table>

관련 지식

1. 공기 압축기

대기압 상태의 공기를 에너지로 사용하기 위해서는 공기를 압축해주는 압축기가 필요하다. 공기 압축기(air compressor)는 공기를 흡입하여 압축하는 과정에서 공기압 에너지를 만드는 장치로, 모든 공기압 장치에 동력을 공급한다.

공기압 발생장치에는 공기 압축기와 송풍기(blower)가 있는데, 사용압력이 게이지 압력으로 100 [kPa] 이상의 압축공기를 생산하는 것을 압축기, 10 [kPa] 이상 100 [kPa] 미만의 압축 범위의 것을 송풍기, 10 [kPa] 미만의 것을 팬(fan)이라 하며, 대기압 이하에서는 진공 펌프가 사용된다. 공기압은 유압에 비해 작은 압력 범위와 경하중에 주로 사용되며 사용 공기압의 상한은 1000 [kPa] 이하이다.

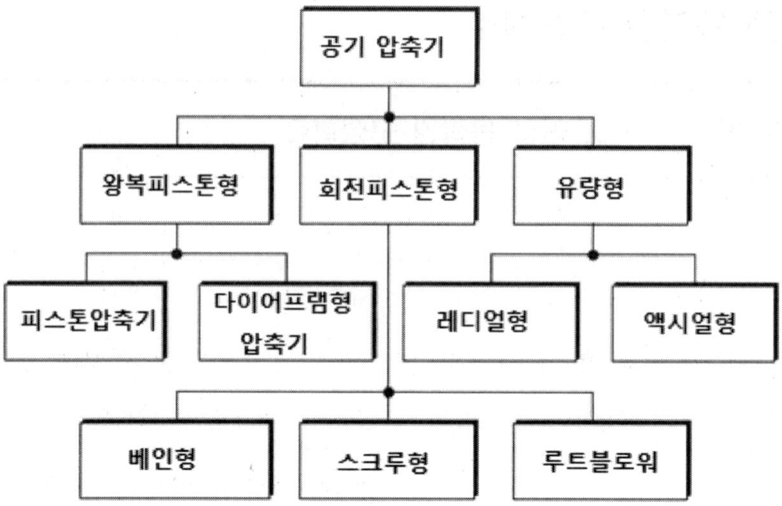

그림 1.3.1 공기 압축기

공기를 압축하는 원리는 체적을 변화시키는 방법과, 공기의 유동 원리를 이용하여 압축하는 방법이 있다. 피스톤 압축기는 체적 변화의 원리를 이용하여 용기에 공기를 가득 채우고 이 용기의 체적을 감소시켜 압축공기를 생산하며 터빈압축기는 공기의 유동 원리를 이용하여 한쪽으로 공기를 집어넣고 공기질량을 가속하여 압축공기를 얻는다.

2. 공기탱크

공기탱크는 압축기에서 생산된 압축공기를 저장하는 기기이며, 다음과 같은 기능이 있다.

(1) 공기 압력의 맥동을 평준화한다.
(2) 일시적으로 다량의 공기가 소비되어도 급격한 압력 강하를 방지한다.
(3) 정전에 의해 압축기가 일시 정지되었을 때 등, 비상시에 일정 시간 공기를 공급한다.
(4) 주위의 외기에 의한 냉각 효과로 응축수를 분리시킨다.

공기탱크에는 그림 1.3.2와 같이 압력계, 안전밸브, 압력스위치 등을 부착해야 하며, 압력 용기이므로 법적 규제를 받음을 주지하여야 한다.

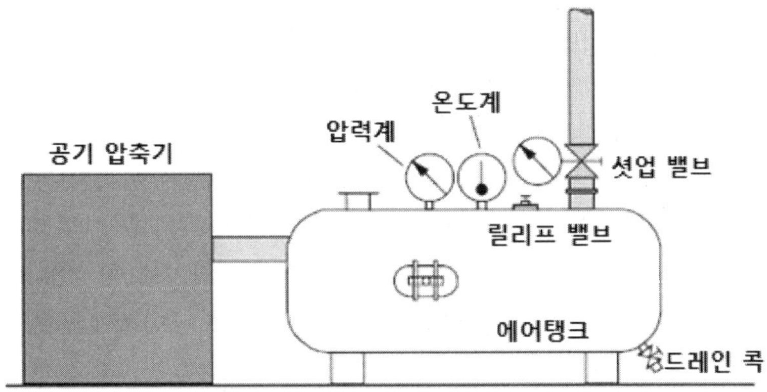

그림 1.3.2 공기탱크

3. 에어 서비스유닛(air service unit)

에어 서비스유닛은 다음과 같은 기구들로 구성되어 있다.

(1) 압축공기 필터(air filter)
(2) 압축공기 조절기(air regulator)
(3) 압축공기 윤활기(lubricator)

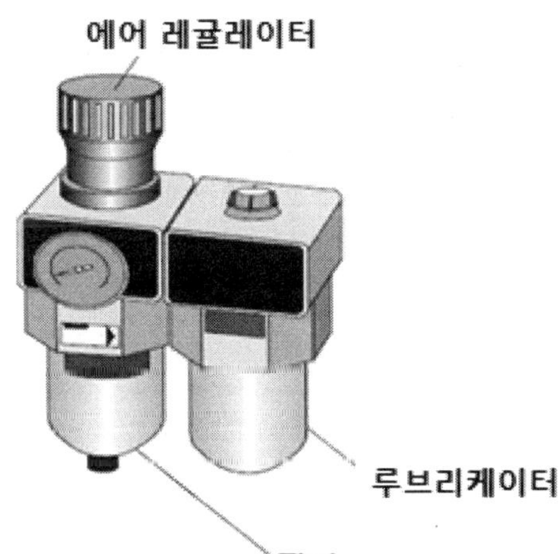

그림 1.3.3 에어 시비스유닛

4. 공기 건조기

공기 건조기는 압축공기 중에 포함된 수분을 제거하여 건조 공기로 만드는 공기압 기기로, 냉동식, 흡수식, 흡습식 등이 있다.

냉동식 에어드라이어는 이슬점 온도를 낮추는 원리를 사용한다. 이슬점 온도란 공기 또는 가스에 포함된 수증기가 응축되기 시작하는 온도이다. 그림 1.3.4에서 보는 것과 같이 건조될 압축공기는 건조기로 들어가는데, 이때 먼저 공기/공기 열교환기로 들어간다. 더운 공기는 열교환기에서 공급되는 차고 건조한 공기에 의해서 1차 냉각된다. 이때 열교환기 내에서 응축되는 물은 그곳에서 제거된다. 일단 냉각된 이 압축공기는 다시 냉각기에 들어가 냉각되는데, 이 과정에서 물과 기름은 2번째로 응축되어 공기로부터 제거된다. 이렇게 냉각 건조된 압축공기는 또한 남아있는 먼지를 제거하기 위해 필터를 통과함으로써 건조하고 깨끗한 공기를 얻게 된다. 냉각된 공기의 온도는 2℃에서 5℃ 정도이고 출구 측의 온도는 겨울에는 10℃ 내외, 여름에는 30℃ 정도이다.

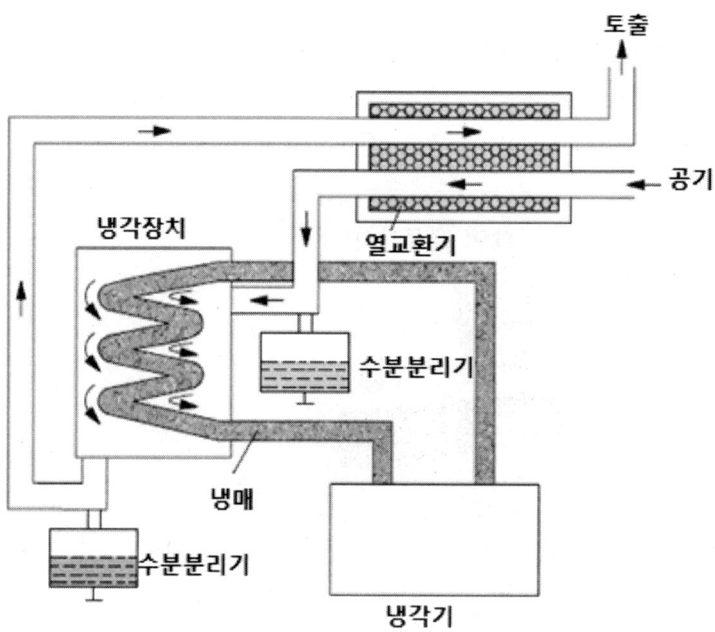

그림 1.3.4 냉동식 에어드라이어

실습 순서

1. 실습 준비

(1) 주어진 과제와 실습 목표를 이해한다.
(2) 압축공기 생산 장치로 이동하여 실습 준비한다.
(3) 시험 운전하기 전까지 장치의 전원은 차단한다.

2. 공기압 동력원 용도 설명

(1) 제시된 회로도를 사용하여 구성 요소를 확인하게 한다.
(2) 각각의 구성 요소와 표시된 기호와 일치 여부를 확인한다.
(3) 공기 압축기의 용도와 원리를 설명하게 한다.
(4) 공기 건조기의 용도와 원리를 설명하게 한다.
(5) 공기탱크의 용도와 원리를 설명하게 한다.
(6) 애프터 쿨러의 용도를 설명하게 한다.
(7) 에어 서비스유닛의 용도를 설명하게 한다.

3. 공기압 동력원 구성 요소 배치 순서 확인 및 점검

(1) 공기압 동력원의 배치 순서를 확인한다.
(2) 공기 압축기가 일정 압력에 도달하면 정지하는지 확인한다.

4. 동작 확인 시험 운전

(1) 공기압 동력원에 전기를 공급하여 공기 압축기를 구동해 본다.
(2) 공기 압축기가 정지할 때 압력 릴리프 밸브의 최대 설정압력을 기록한다.
(3) 공기탱크에 부착된 안전장치의 위치를 확인하고 동작 여부를 확인한다.
(4) 에어 서비스유닛에 공급되는 압력을 확인하고 기록한다.
(5) 공기압 동력원 구성 요소의 기호를 그린다.

5. 정리 정돈

(1) 공기압 동력원의 전원을 차단한다.
(2) 공기압 동력원의 구성 요소의 이상 유무를 확인한다.
(3) 사용한 자료 등을 정리 정돈한다.

실습과제명	1-3. 공압 동력원 구성회로	소요시간 : 4 H

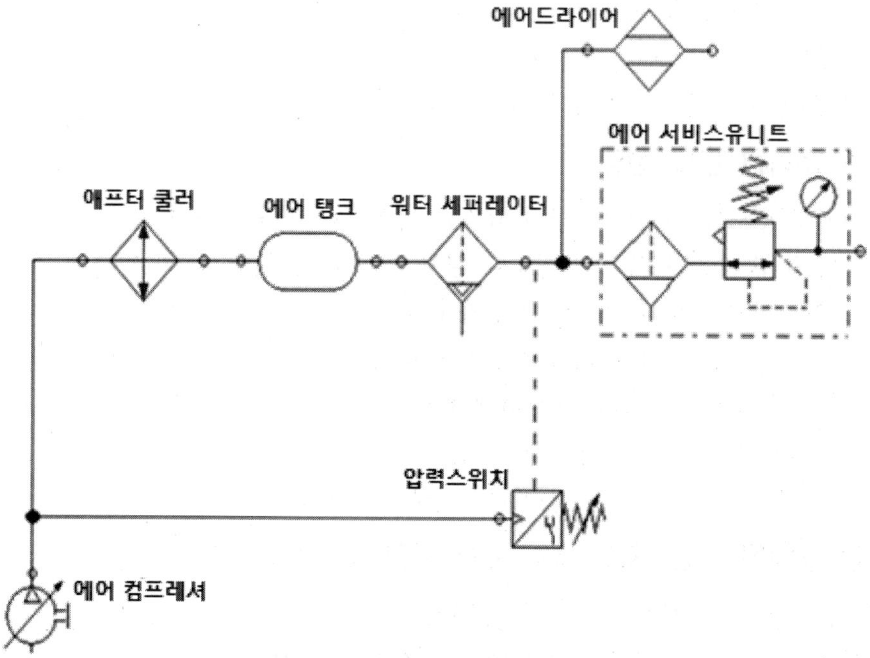

평가자 :	1회 평가 :
	2회 평가 :
	3회 평가 :

평가항목	우수	양호	부진
1. 요소 확인			
2. 요소 설명			
3. 시험 운전			
4. 안전장치 확인			
5. 질문지			
6. 안전사항			

1-3 질문지 평가

1. 아래의 공압 기호를 보고 그 명칭을 말해보시오.
   (7개 중 6개 이상 맞추면 만점, 5개는 평균, 그 이하는 0점)

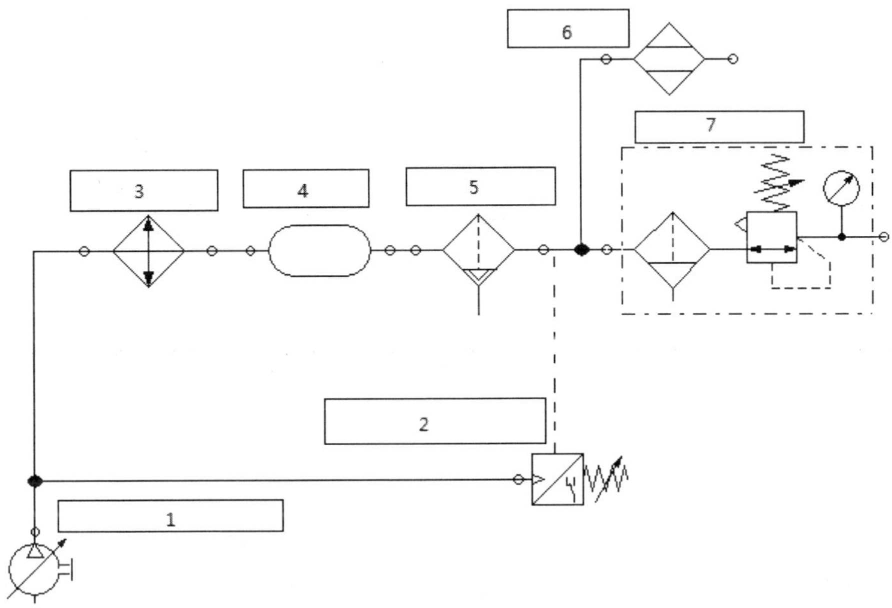

2. 다음 제시된 공압 동력원의 구성 요소의 기호를 그리시오.
   (5개 중 4개 이상 맞추면 만점, 3개는 평균, 그 이하는 0점)

(1) Air compressor

(2) After cooler

(3) Air reservoir

(4) Air dryer

(5) Air service unit

1-4. 유압 동력원 구성회로

실습과제명	1-4. 유압 동력원 구성회로	소요 시간
		4 H
목 표	① 유압 동력원의 구성 요소의 용도를 설명할 수 있다. ② 유압 동력원의 구성 요소의 기호를 그릴 수 있다. ③ 유압 펌프를 구동하여 압력게이지에서 압력을 확인할 수 있다.	

기계 및 공구	재료명	규 격	안전 및 유의사항
· 유압 펌프유닛 · 유압실습장치 · 수공구 세트	· 릴리프 밸브 · 압력게이지 · 유압 호스	m6, 3/8" 0~10 MPa 21 MPa	· 실습장치의 전원을 점검한다. · 탱크 오일의 양 및 상태를 육안으로 점검한다. · 전원을 투입한 후 5분 정도 무부하 운전한다. · 호스의 연결과 제거 방법을 알아야 한다. · 일상점검을 통해 장비와 공구를 유지 관리한다. · 산업안전법규를 준수한다.

관련 지식

1. 유압 동력원

유압 동력원은 구동 모터와 유압 펌프가 유압 탱크에 부착되어 있는 형태가 일반적이다. 유압으로 구동하는 시스템의 사용되는 압축유를 공급하는 장치로 유압 에너지를 발생하는 매우 중요한 부분이다. 유압 동력원은 그림 1.4.1과 같이 구동모터, 유압 펌프, 오일 탱크 이외에도 릴리프 밸브, 필터, 쿨러, 히터 등의 유압 부품으로 구성되어 있다.

그림 1.4.1 유압 동력원

2. 릴리프 밸브

가장 많이 사용되는 압력 제어 밸브로서 거의 모든 유압장치에 사용되며, 회로의 최고 압력을 제한하는 밸브로서 회로의 압력을 일정하게 유지시키는 밸브이다.

유압 회로에서 릴리프 밸브의 역할과 작동원리를 그림 1.4.3을 사용하여 설명하면, 펌프에서 일정 압력으로 토출되는 유압 작동유가 릴리프 밸브(단면적 A_1)의 공급 포트(P)를 통과하여 귀환 라인(T)으로 복귀하려면 반대편의 스프링의 힘보다 커야 한다.

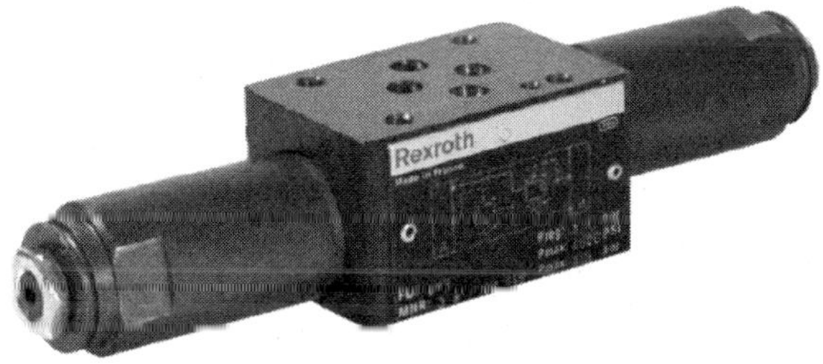

그림 1.4.2 릴리프 밸브

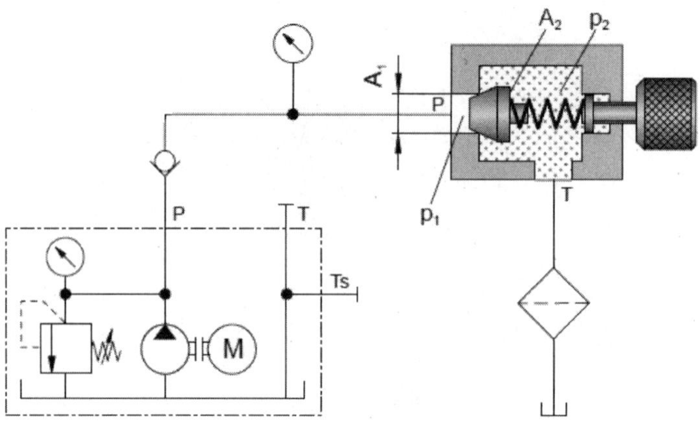

그림 1.4.3 릴리프 밸브(단면도)

3. 오일 탱크의 필요조건

(1) 오일 탱크 내에서는 먼지, 절삭분, 윤활유 등의 이물질이 혼입되지 않도록 주유구에 여과망과 캡 또는 뚜껑을 부착한다.

(2) 공기(빼기)구멍에는 공기청정기를 부착하여 먼지의 혼입을 방지하고 오일 탱크 내의 압력을 언제나 대기압으로 유지하는 데 충분한 크기인 것으로 에어로졸(aerosol) 상태의 유입을 방지할 수 있어야 한다. 공기청정기의 통기 용량은 유압 펌프 토출량의 2배 이상이면 되고 소형 오일 탱크는 에어 블리저(air brather)와 주유구(filler)를 공용시켜도 무방하다.

(3) 오일 탱크의 용량은 장치의 운전중지 중 장치 내의 작동유가 복귀해도 지장 없을 만큼의 크기여야 한다. 또 작동 사이클 중에도 유면의 높이를 적당히 유지할 수 있어야 한다.

(4) 오일 탱크 내에는 격판으로 펌프 흡입 측과 복귀 측을 구별하여 오일 탱크에서의 오일의 순환 거리를 길게 하고 기포의 방출이나 오일의 냉각을 보존하며, 먼지의 일부를 침전케 할 수 있도록 한다.

(5) 오일 탱크의 바닥면은 바닥에서 최소 간격 15cm를 유지하는 것이 바람직하다.

(6) 운전 중에도 보기 쉬운 곳에 유면계를 설치한다.

(7) 스트레이너의 유량은 유압 펌프 토출량의 2배 이상의 것을 사용한다.

실습 순서

1. 실습 준비

(1) 주어진 과제와 실습 목표를 이해한다.
(2) 실습에 필요한 유압 부품을 준비한다.
(3) 시험 운전하기 전까지 실습 장치의 전원은 차단한다.

2. 유압 부품 선정

(1) 제시된 회로도를 사용하여 구성 요소를 확인하게 한다.
(2) 각각의 구성 요소에 표시된 기호와 일치 여부를 확인한다.
(3) 유압 펌프의 용도와 원리를 설명하게 한다.
(4) 스트레이너의 용도와 원리를 설명하게 한다.
(5) 쿨러의 용도와 원리를 설명하게 한다.
(6) 오일 탱크의 용도를 설명하게 한다.
(7) 유면계의 용도를 설명하게 한다.

3. 유압 동력원 구성 요소 배치 순서 확인 및 점검

(1) 유압 동력원 구성 요소의 부착 위치를 확인한다.
(2) 유압 펌프가 작동될 때의 압력을 확인한다.

4. 유압 배관

(1) 유압이 원활하게 전달되도록 적당한 길이의 호스를 사용한다.
(2) 회로도를 참고하여 각 기호의 연결구 번호와 유압 부품에 표시되어 있는 연결구 번호를 확인하여 정확한 연결구에 연결한다.
(3) 호스는 연결구 내의 체크밸브를 통과할 수 있도록 완전하게 연결하고 호스 내부의 압력을 제거한 후 사용한다.

5. 동작 확인 시험 운전

(1) 실습 장치에 전기를 공급하여 유압 펌프를 가동한다.
(2) 릴리프 밸브의 최대 압력을 조절해보고 그때의 압력을 기록한다.
(3) 탱크에 부착된 유면계를 보고 오일의 양 및 상태를 확인하고 기록한다.
(4) 유압 동력원의 구성 요소의 기호를 그린다.

6. 정리 정돈

(1) 실습 장치에 전기를 차단하여 유압 펌프를 정지시킨다.
(2) 유압 호스를 제거하여 정리한다.
(3) 밸브, 압력게이지 등 사용된 부품을 제거하여 정리한다.

실습과제명	1-4. 유압 동력원 구성회로	소요시간 : 4 H

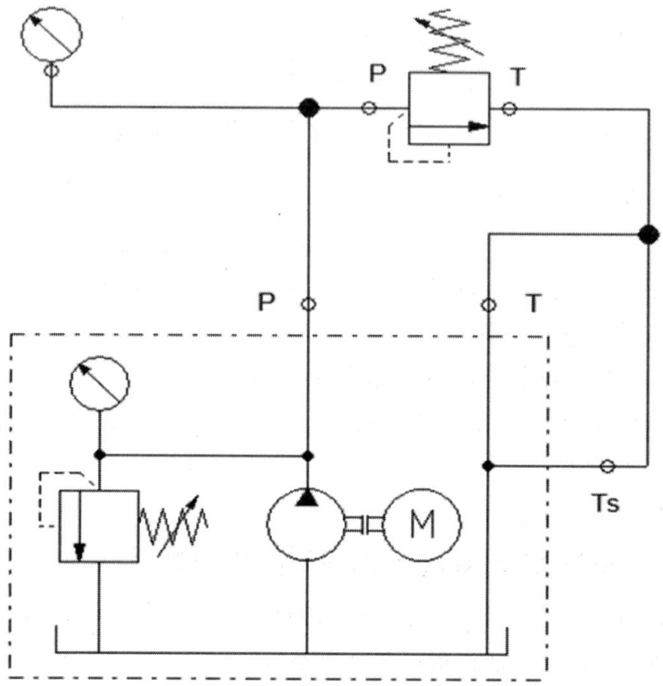

평가자 :	1회 평가 :
	2회 평가 :
	3회 평가 :

평가항목	우수	양호	부진
1. 요소 확인			
2. 요소 설명			
3. 시험 운전			
4. 안전장치 확인			
5. 질문지			
6. 안전사항			

질문지 평가

1. 아래의 유압 기호를 보고 그 명칭을 말해보시오.
(5개 맞추면 만점, 4개는 평균, 그 이하는 0점)

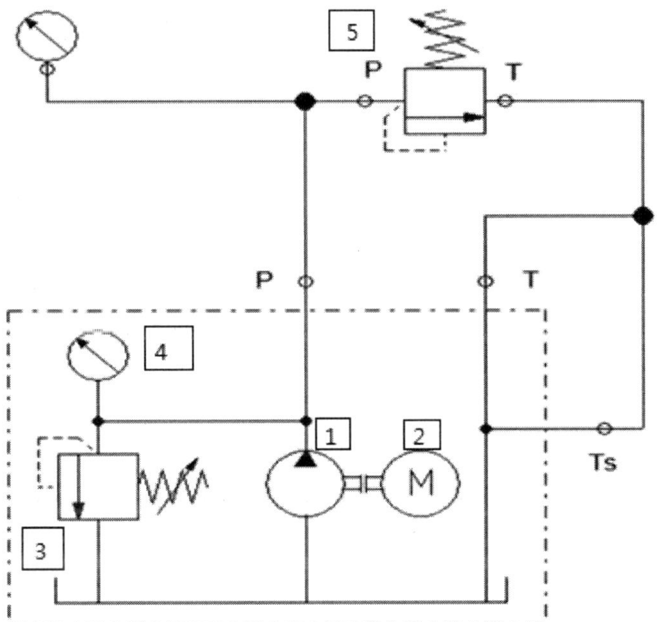

2. 유압 동력원의 구성 요소에 부착되어있는 기호를 그리시오.
(5개 중 4개 이상 맞추면 만점, 3개는 평균, 그 이하는 0점)

(1) Hydraulic pump

(2) Strainer

(3) Pressure relief valve

(4) Cooler

(5) Heater

1-5. 공압 장치 제작 계획

실습과제명	1-5. 공압 장치 제작 계획		소요 시간
			4 H
목 표	① 공압 장치 제작을 위한 회로도를 작성할 수 있다. ② 공압요소의 표시방법을 이용하여 공압 기호에 표시할 수 있다. ③ 공압 회로도를 사용하여 배관, 배선을 할 수 있다.		
기계 및 공구	재료명	규 격	안전 및 유의사항
·공기 압축기 ·공압실습장치 ·수공구 세트	·복동실린더 ·5/2-way 방향 제어 밸브 ·3/2-way 방향 제어 밸브 ·셔틀밸브 ·공압튜브	ϕ25×125 m5, 1/8" m5, 1/8" m5, 1/8" ϕ4, ϕ6	·공급되는 압축공기의 압력을 600 [kPa]로 조절한다. ·배관할 때 압축공기의 공급을 차단한다. ·튜브를 정확히 연결하여 공기의 누설을 방지한다. ·실린더의 작동 공간에 장애물이 없어야 한다. ·튜브의 연결과 제거 방법을 알아야 한다. ·일상점검을 통하여 장비와 공구를 유지 관리한다. ·산업안전법규를 준수한다.

관련 지식

1. 공압 요소의 표시방법

공기압 회로를 구성할 때보다 명확한 기능을 나타내기 위하여 사용 부품을 숫자나 문자로 표시한다. 각 부품의 기능을 간단히 나타낼 수 있어 회로를 질서 정연하게 배열할 수 있고, 회로의 검토와 결함도 쉽게 파악할 수 있다.

(1) 숫자 표시법

여러 가지 숫자 표시법이 있지만 그림 1.5.1과 같은 유형이 많이 사용된다.

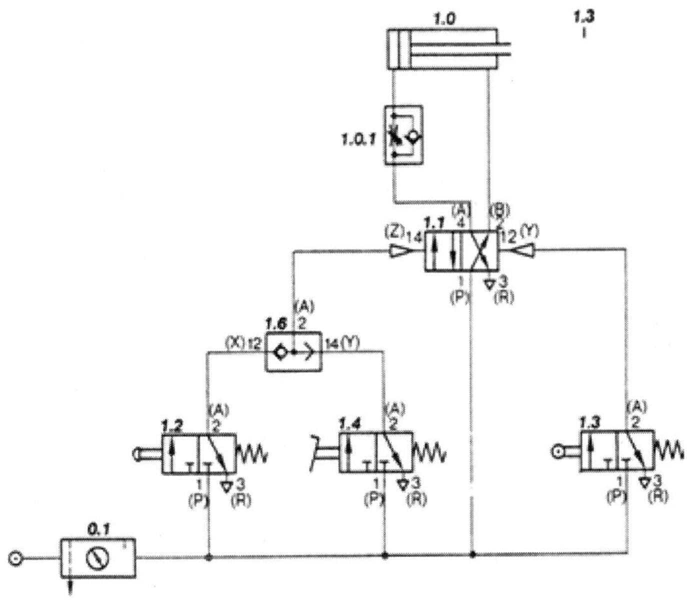

그림 1.5.1 공압 부품의 숫자 표기

(a) 일련번호

제어시스템이 복잡하거나 (b)의 경우가 중복되어 사용될 수 없을 때 사용한다.

(b) 그룹번호와 그룹 내에서의 일련번호로 구성된다.

예 4.12

그룹 4의 요소 12

① 그룹의 분류

그룹 0 : 모든 에너지 공급요소

그룹 1., 2., 3., : 각 제어시스템을 표시

(일반적으로 하나의 실린더가 한 개의 그룹임)

② 그룹 내에서의 일련번호 체계

.0 : 구동요소

.1 : 제어요소

.2, .4(짝수) : 관계되는 구동요소의 전진운동에 영향을 미치는 모든 요소

.3, .5(홀수) : 관계되는 구동요소의 후진운동에 영향을 미치는 모든 요소

.01, .02 : 교축 밸브와 같이 제어요소와 구동요소의 사이에 있는 요소

숫자 표시법에서 주의해야 할 것은 별개의 그룹이나 실린더의 전·후진에 같은 번호가 부여될 수도 있다는 점이다. 즉 한 개의 요소로부터 나온 신호가 다른 여러 개의 그룹에 영향을

미치는 간섭과 같은 현상이 발생할 수도 있다는 것을 염두에 두어야 한다.

(2) 문자 표시법

이 방법은 회로도를 질서 정연하게 배열하려고 할 때 많이 사용되며 검토와 배열을 좀 더 쉽고 명확하게 할 수 있다. 그림 1.5.2와 같이 구동 요소는 대문자로 표시하고 신호 요소와 리미트 스위치는 소문자로 표시한다.

A, B, C --- : 작동요소 표시

a_0, b_0, c_0, --- : A, B, C 실린더의 후진 위치에서 작동하는 리미트 스위치

a_1, b_1, c_1, --- : A, B, C 실린더의 전진 위치에서 작동하는 리미트 스위치

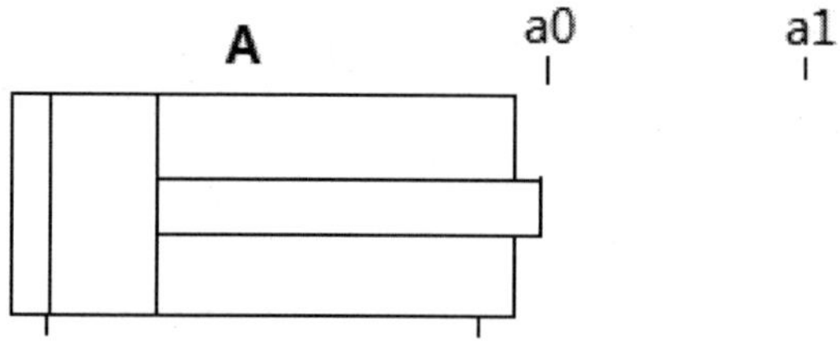

그림 1.5.2 공압 부품의 문자 표기

숫자 표시법과 다른 점은 리미트 스위치와 신호 요소는 그룹에 속하지 않고 작동시키는 실린더에 따라 표시가 결정된다는 것이다. 숫자 표시와 문자 표시는 동시에 같이 사용하는 것도 가능하며 복잡한 부품의 설치와 배관 등은 첨자를 붙임으로써 요소 표시와 연관적으로 나타낼 수 있다(예 : 4.6P, 4.6 요소의 공급라인에 연결).

2. 공압 요소의 상태 표시

모든 공기압 요소는 제어계가 작동을 시작하는 상태로 회로도에 나타내야 하며, 이것이 불가능할 경우에는 적절한 주석을 달아야 한다. 만일 초기 위치에서 밸브가 작동될 상태일 경우에는 이것을 화살표와 같은 것으로 표시해야 하고, 리미트 스위치의 경우에는 캠으로 표시한다.

밸브를 나타낼 때 그림 1.5.1의 1.2, 1.3, 1.4와 같이 밸브가 연결되지 않았을 시 스프링 힘에 의해 정해진 위치를 정상 위치라 한다. 그리고 그림 1.5.3과 같이 밸브를 시스템 내에 설치하고 압축공기나 전기와 같은 작동매체를 공급해서 작업을 시작하려 할 때 갖는 위치를 초기 위치라 한다.

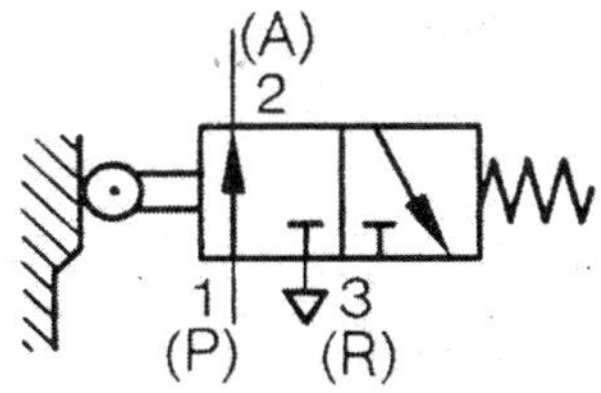

그림 1.5.3 밸브의 초기 위치

또한 완성된 회로도에는 실제 설치될 요소와 같은 종류의 기호를 사용해서 표시해야 한다. 배선은 가능하면 교차되는 곳 없이 직선으로 그려야 하며, 작업선은 실선으로, 제어선은 점선으로 그린다. 그러나 복잡한 제어계에서는 회로도의 명확한 표시를 위해 제어선도 실선으로 그린다.

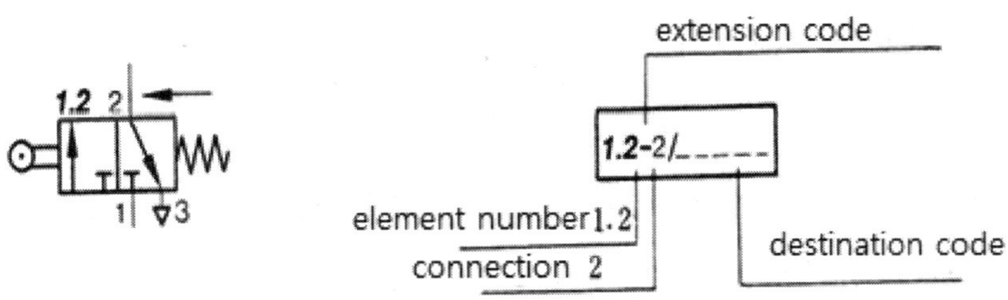

그림 1.5.4 코드 표시법

배선 표시는 그림 1.5.4와 같이 회로도나 실제 배치 두 곳에 모두 할 수 있다. 코드 표시법은 연결부와 행선부를 나타내며, 요소와 연결부의 번호로 구성된다. 행선지 코드는 그림 1.5.5와 같이 배선이 도달할 곳을 명기해야 한다.

Part 1.2　1.2-2/1.1-14
Part 1.1　1.1-14/1.2-2

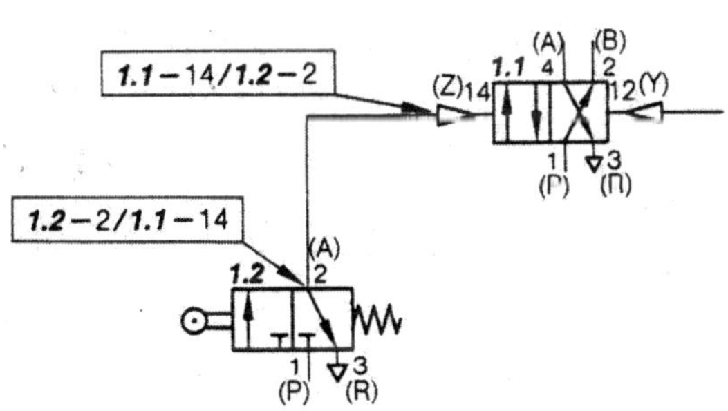

그림 1.5.5 행선지 코드

3. 공압 회로 구성 시 주의 사항

(1) 회로도의 배치는 순서도와 같이 하고 신호는 가능하면 아래에서 위로 흐르도록 한다.

(2) 에너지도 아래에서 위로 공급되도록 하고 간결하게 표시한다.

(3) 요소들의 실제 배치는 무시한다. 그러나 실린더와 방향 제어 밸브는 될 수 있으면 수평으로 그린다.

(4) 모든 요소는 실제 설비나 회로도에서 같은 표시기호를 사용한다.

(5) 신호의 위치를 표시하고, 신호가 한 방향으로만 흐를 때 화살표로 표시한다.

(6) 요소들은 초기상태로 그리고, 초기상태가 작동된 상태일 경우에는 표시해야 한다.

(7) 기호는 실제 설비의 부품에 그려진 것과 같도록 한다.

(8) 가능하면 배선은 교차점이 없도록 하며, 직선으로 그리고 필요한 경우에 배선의 명칭을 표시한다.

(9) 필요하다면 기술적 자료나 설치가격을 기입하고 시스템의 작동순서, 유효 가동조건과 수리 부속품 등을 명기한다.

실습 순서

1. 실습 준비

(1) 주어진 과제와 실습 목표를 이해한다.

(2) 압축공기 공급 장치를 개방하여 실습 준비한다.

(3) 시험 운전하기 전까지 실습 장치의 공압은 차단 밸브에 의해 차단한다.

2. 공압 부품 선정

(1) 제시된 회로도를 사용하여 부품을 선정하게 한다.

(2) 각각의 부품에 표시된 기호와 일치 여부를 확인한다.

3. 공압 부품 배치

(1) 부품의 배치는 서로 방해되지 않도록 충분히 간격을 두고 배치한다.

(2) 부품의 배치는 회로도와 같은 위치에 배치한다.

4. 공압 배관

(1) 공압이 원활하게 전달되도록 적당한 길이의 튜브를 사용한다.

(2) 회로도를 참고하여 각 기호의 연결구 번호와 공압 부품에 표시되어 있는 연결구 번호를 확인하여 정확한 연결구에 연결한다.

(3) 튜브는 연결구 내의 체크밸브를 통과할 수 있도록 완전하게 연결한다.

5. 동작 확인 시험 운전

(1) 실습 장치의 차단 밸브를 열어서 압축공기를 공급한다.

(2) 압력조절기의 압력을 500 [kPa]로 설정한다.

(3) 2개의 3/2_way 밸브 중에서 1개를 작동시켰을 때 복동실린더가 전진되는지 확인한다.

(4) 2개의 3/2_way 밸브 2개를 전부 작동시켰을 때 복동실린더가 전진되는지 확인한다.

(5) 3/2_way 밸브(풋 페달 작동)를 작동시켰을 때 복동실린더가 후진되는지 확인한다.

(6) 질문지 평가를 실시한다.

6. 정리 정돈

(1) 실습장치의 차단 밸브를 닫아서 압축공기 공급을 차단한다.

(2) 공압 튜브를 제거하여 정리한다.

(3) 실린더, 밸브 등 사용된 부품을 제거하여 정리한다.

실습과제명	1-5. 공압 장치 제작 계획	소요시간 : 4 H

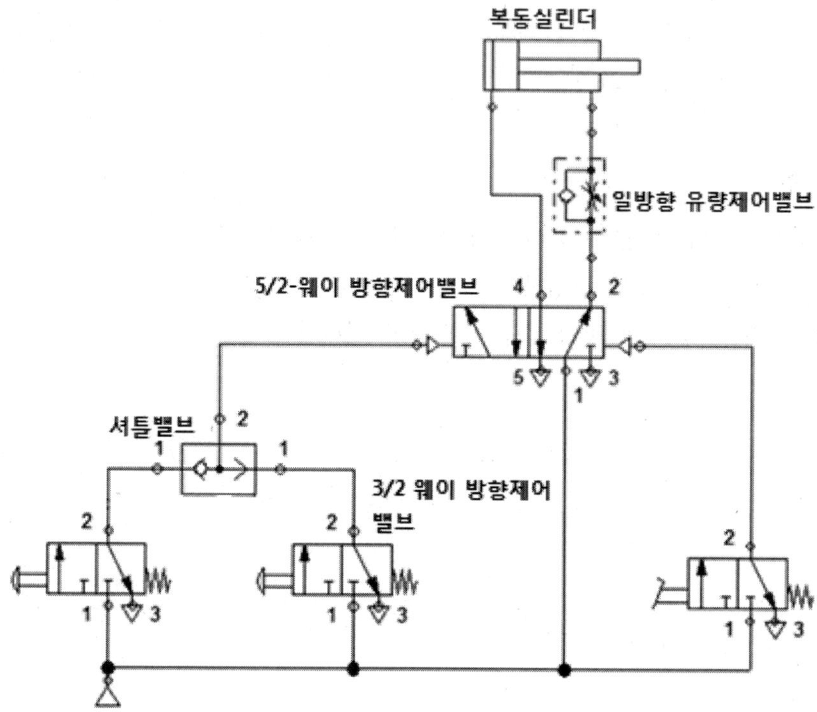

평가자 :	1회 평가 :
	2회 평가 :
	3회 평가 :

평가항목	우수	양호	부진
1. 부품 선정			
2. 부품 배치			
3. 배관			
4. 회로 동작			
5. 질문지			
6. 안전사항			

1-5 질문지 평가

1. 아래의 공압 회로도의 공압 요소를 숫자표기법으로 표시하시오.
(7개 맞추면 만점, 5개는 평균, 그 이하는 0점)

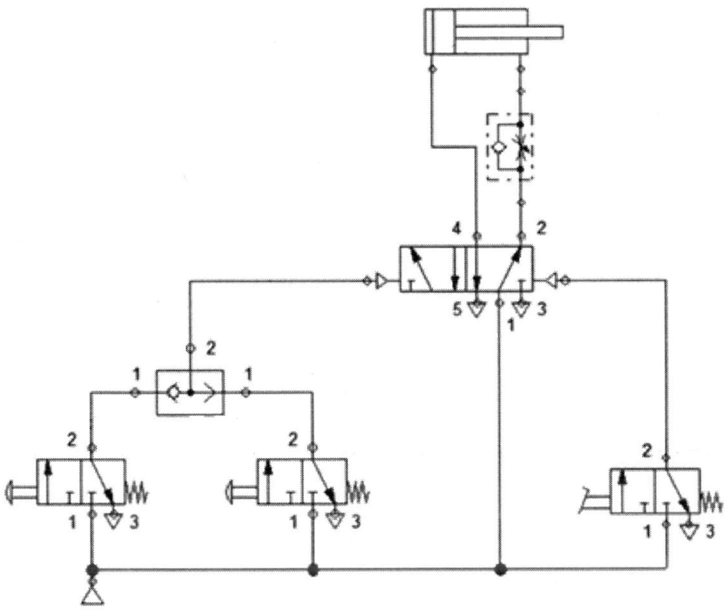

1.
2.
3.
4.
5.
6.
7.

2. 다음 제시된 밸브의 연결구 명칭을 ISO1219의 표기 방법으로 표시하시오.
(7개 맞추면 만점, 5개는 평균, 그 이하는 0점)

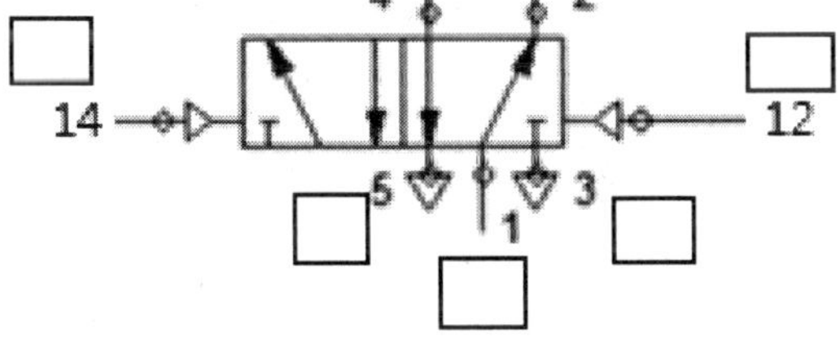

1.
2.
3.
4
5.
6.
7.

1-6. 유압 장치 제작 계획

실습과제명	1-6. 유압 장치 제작 계획		소요 시간
			4 H
목 표	① 유압 에너지의 특징과 장단점을 파악할 수 있다. ② 오일 압력의 생산과 분배 과정을 설명할 수 있다. ③ 유압 시스템의 구성에 필요한 부품을 선정할 수 있다.		
기계 및 공구	재료명	규 격	안전 및 유의사항
· 유압 펌프유닛 · 유압실습장치 · 수공구 세트	· 복동실린더 · 4/3-way 방향 제어 밸브 · 릴리프 밸브 · 일방향 유량 제어 밸브 · 압력게이지 · 유압 호스	ϕ 25×200 m6, 3/8" m6, 3/8" m6, 3/8" 0~10 MPa 21 MPa	· 실습장치의 전원을 점검한다. · 탱크 오일의 양 및 상태를 육안으로 점검한다. · 전원을 투입한 후 5분 정도 무부하 운전한다. · 실린더의 작동 공간에 장애물이 없어야 한다. · 호스의 연결과 제거 방법을 알아야 한다. · 일상점검을 통하여 장비와 공구를 유지 관리한다. · 산업안전법규를 준수한다.

관련 지식

1. 유압 회로 구성 방법

전기 설비나 전기 제어를 위해서는 배선도가 필요하다. 이 배선도는 정해진 지침에 따라 전기 기호를 사용하여 작성하며, 기계 도면에는 규격과 기호에 따라 작성한다. 마찬가지로 유압 회로에도 기호가 있으며, 나타내는 방법도 정해져있다.

유압 회로도는 기계 도면과는 달리 부품의 치수나 설치 위치를 나타내는 것이 아니라, 어떠한 기기들을 어떻게 상호 연결시켜 기능을 얻어내는지를 나타내기 위하여 작성하며, 만일 유압 기기의 용량이나 치수가 필요로 할 때는 기호 옆이나 별도 보기 란에 병기하는 경우가 많다. 이러한 기기류는 배관에 의해 연결되어 압력유, 즉 작동유는 밸브류의 조작에 의해 적시 적량이 보내져서 액추에이터를 작동시키는 것이지만 이 전부의 연결 상태를 나타내는 것이 유압 회로도이다.

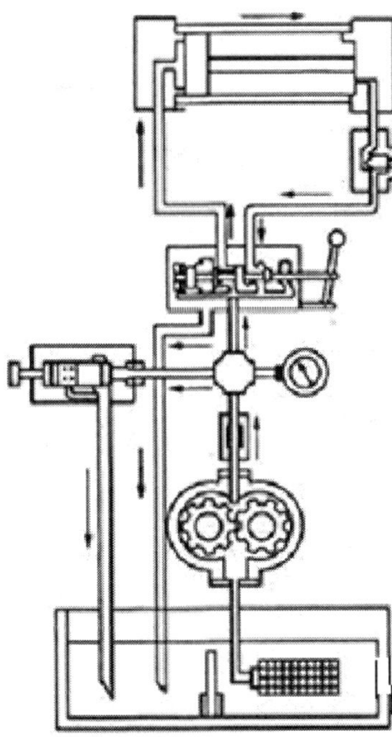

그림 1.6.1 단면 회로도

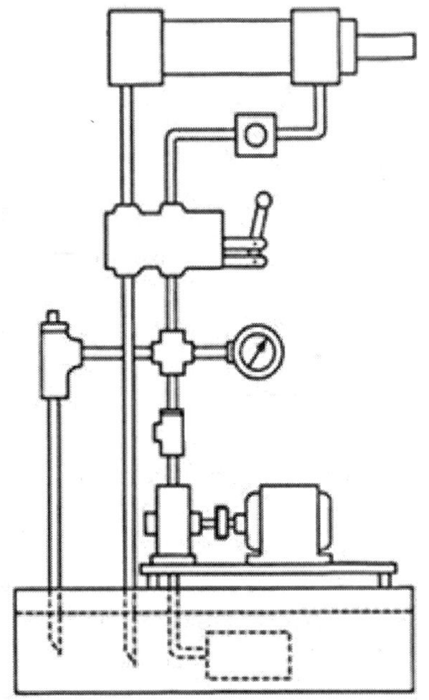

그림 1.6.2 그림식 회로도

유압 회로도에는 그림 1.6.1에 나타내는 바와 같이 유압 기기류나 밸브류의 단면으로 전체의 연결 상태를 나타내는 단면 회로도와, 전체의 외관을 그림으로 나타내는 그림식 회로도 등이 있다(그림 1.6.2 참조). 단면 회로도와 그림식 회로도는 작동유의 흐름이 잘 판단되거나 전체를 파악하는 데 편리한 경우도 있지만, 어느 것이든 도면을 작성하기는 쉽지 않다. 따라서 각종 기기에 일정한 기호를 결정해두고 이를 배관을 나타내는 선으로 연결한 기호 회로도가 일반적으로 사용된다.

기호 회로도는 유압기기의 제어와 기능을 기호로 간단히 표시할 수 있으며, 배관이나 회로, 작동해석 등에 사용될 수 있어 설계, 제작, 판매 등에 유리하다. 또한 간단하고 편리하게 때문에 그림식 회로도나 단면 회로도에 비하여 작성 방법이 매우 쉽고 회로 해석도 단순 명쾌하게 할 수 있다.

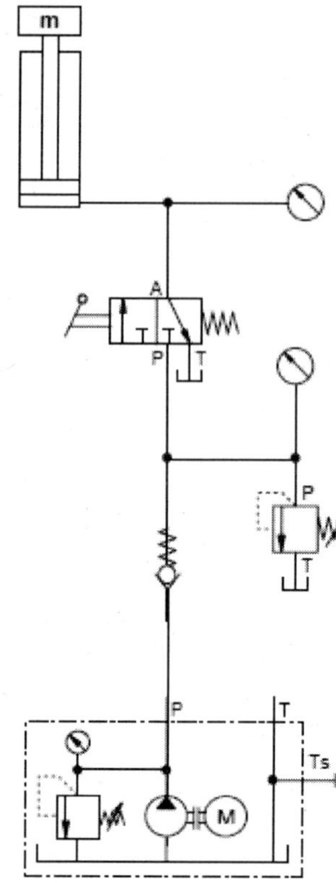

그림 1.6.3 기호 회로도

2. 기호 회로도 그리는 법과 일반 규칙

기호 회로도는 선, 문자 및 이들과 동일 목적을 나타내는 약어나 기기의 데이터, 즉 설정해야 할 압력이나 유량에 대한 주의사항, 포트의 명칭, 제어요소 등은 옆에 기입 및 표시하며, 다음과 같은 규칙에 의해 회로도를 작성한다.

(1) 기호는 접속, 흐름의 통로 및 구성부품의 기능을 표시하고 있다. 이들의 유로상태는 중간의 과도기적 상태는 표시하지 않는다. 또 구조나 압력, 유량의 크기나 구성부품의 설정치 등도 표시하지 않는다.

(2) 기호는 포트의 위치, 스풀의 이동방향 작동기구의 제어요소 위치도 표시하지 않는다.

(3) 선의 굵기로 기호의 의미를 변경해서는 안 된다.

(4) 기호의 크기는 임의적으로 해도 무방하다. 기호를 강조하거나 명확히 하기 위해서 기호의 크기를 변경해도 무방하다.

(5) 기호 윤곽의 외측에서 관로가 교차하는 경우에만 반원 기호를 사용한다.

(6) 복잡한 윤곽기호에서는 그 기호 속에서 그때의 제어상태에 가장 가까운 기호로 흐름의 상황을 표시한다. 회로도의 모든 기호는 회로조작의 위치변화가 표시되어 있지 않으면 구성 부품이 정상 또는 중립상태로 되어 있는 경우를 기입한다.

(7) 회로도의 모든 기호는 회로조작의 위치변화가 표시되어 있지 않으면, 구성 부품이 정상 또는 중립상태로 되어 있는 경우를 기입한다.

(8) 화살표는 테의 속에 넣어 흐름의 방향을 표시하고, 양단에 화살표가 붙어 있는 것은 그 흐름의 방향이 정, 역으로 되는 것을 표시한다.

(9) 구성요소를 둘러싼 테의 밖에서 유로가 기본기호에 접속하고 있는 경우에는 그 포트가 외부로 나와 있는 것을 표시한다.

(10) 구성요소가 둘러싸여 있는 곳에서는 구성요소를 둘러싼 기호와 유로기호의 교차점은 외부로 나와 있는 포트를 표시한다.

3. 유압 회로의 종류

유압 회로는 크게 구분하면 압력 제어 회로, 속도 제어 회로, 방향 제어 회로로 구성되지만 유압모터와 실린더를 별도의 것으로 생각하면 유압모터 회로도 고려하여 네 가지가 된다.

압력 제어란 펌프에서 보내온 작동유의 압력을 일정하게 유지하거나 감압하거나, 무부하로 하거나 또는 증압하는 것이다. 또한 압력을 이용해서 액추에이터를 순차 동작(시퀀스 작동)시키거나 부하와 평행시키는 것도 압력 제어에 의해 가능하다. 속도 제어란 액추에이터의 속도를 빠르게 하거나 느리게 하는 것이지만, 유량의 제어에 의해 간단히 할 수 있다. 이를 위한 유압 회로가 속도 제어 회로이지만 부하의 종류나 속도의 정밀도 등 목적에 따라서 여러 가지의 회로가 있다.

방향 제어는 리니어 액추에이터를 전진과 후진시키거나 임의에 위치에 정지시키는 제어이며 회전형 액추에이터의 시계 방향 회전과 반시계 방향의 회전, 시동, 정지 등을 제어할 수 있다.

4. 압력설정 회로

압력설정 회로는 압력릴리프 밸브에 의하여 회로 압력을 설정압력으로 조정하는 회로로서 회로 압력이 설정 압력 이상이 되면 압력 회로가 작동하여 탱크로 유압유를 드레인시키는 회로이다. 이 회로는 안전장치용으로서 과부하 방지에 반드시 필요한 회로이며 그림 1.6.4에서와 같이 기름 탱크, 스트레이너, 전동기 등과 더불어 압력 회로로 전형적인 기본회로이다.

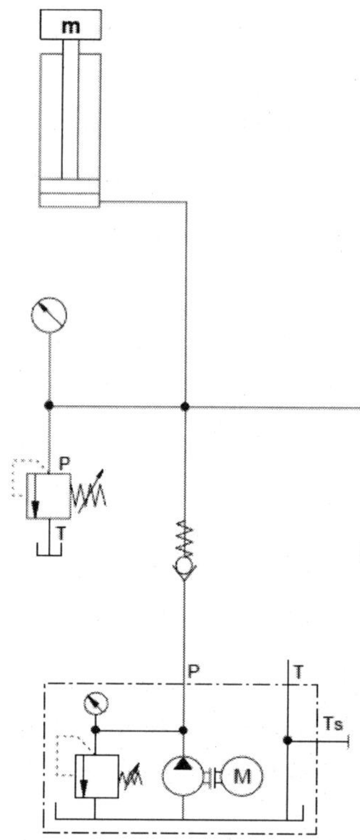

그림 1.6.4 압력설정 회로

5. 유압 요소의 표시 방법

제어 시스템이 복잡하고 여러 개의 구동요소가 있을 경우에는 각각의 요소를 구분하여 표시할 수 있어야 한다. 공기압 요소의 표시 방법에는 숫자를 이용하는 방법과 문자를 이용하는 방법이 있다.

(1) 밸브 연결구 기호 표시밸브에 대해 서로 오해가 없게 하기 위해 각 연결구는 다음과 같이 표시한다. 연결구 표시법은 ISO-5599 및 ISO-1219에 규정하고 있으며 그 규정은 표 1.6.1과 같다.

표 1.6.1 밸브 연결구 표시 IS

구분	ISO-5599	ISO-1219	Display method
공급라인	1	P	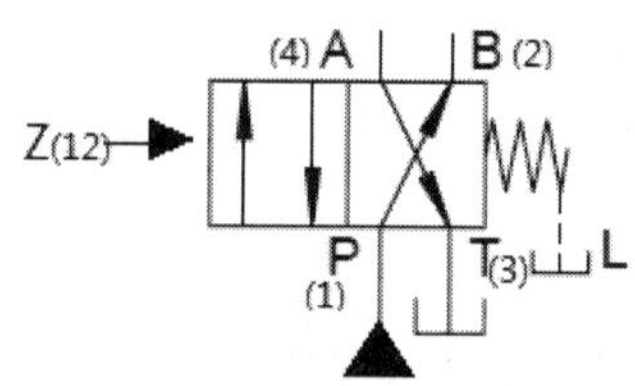
작업라인	2, 4, 6 ···	A, B, C ···	
배기라인	3, 5, 7 ···	R, S, T ···	
제어라인	10, 12, 14 ···	X, Y, Z ···	
누출라인		L	

(2) 부품의 식별 코드(배관 포함) ISO 1219-2

다른 코드가 규정되지 않으면 다음과 같은 부품에 대한 식별 코드가 사용된다. 식별 코드는 그림 1.6.5와 같은 요소를 포함하며 박스 내에 기록한다.

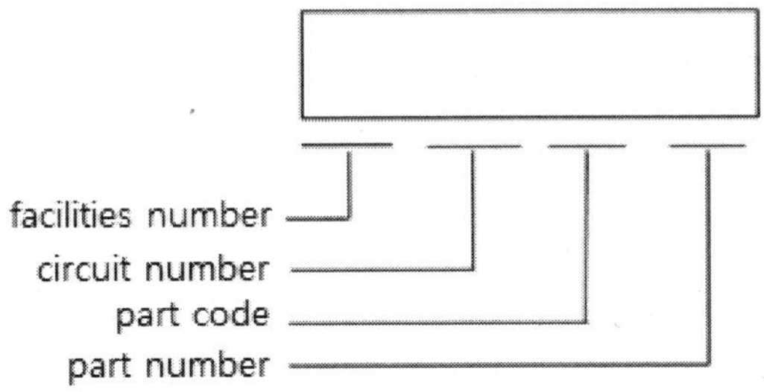

그림 1.6.5 부품의 식별 코드 ISO 1219-2

그림 1.6.6의 유압 회로도는 각 유압 요소의 표현 표시법의 일반화된 모형이다.

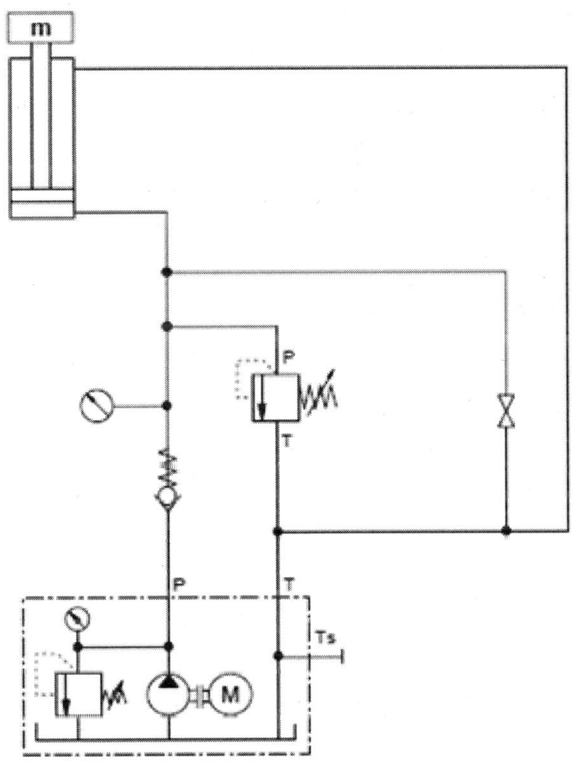

그림 1.6.6 유압 회로도

실습 순서

1. 실습 준비

(1) 주어진 과제와 실습 목표를 이해한다.
(2) 실습에 필요한 유압 부품을 준비한다.
(3) 시험 운전하기 전까지 실습 장치의 전원은 차단한다.

2. 유압 부품 선정

(1) 제시된 회로도를 사용하여 부품을 선정하게 한다.
(2) 각각의 부품에 표시된 기호와 일치 여부를 확인한다.

3. 유압 부품 배치

(1) 부품의 배치는 서로 방해되지 않도록 충분히 간격을 두고 배치한다.
(2) 부품의 배치는 회로도와 같은 위치에 배치한다.

4. 유압 배관

(1) 유압이 원활하게 전달되도록 적당한 길이의 호스를 사용한다.
(2) 회로도를 참고하여 각 기호의 연결구 번호와 유압 부품에 표시되어 있는 연결구 번호를 확인하여 정확한 연결구에 연결한다.
(3) 호스는 연결구 내의 체크밸브를 통과할 수 있도록 완전하게 연결하고, 호스 내부 압력을 제거한 후 사용한다.

5. 동작 확인 시험 운전

(1) 실습 장치에 전기를 공급하여 유압 펌프를 가동한다.
(2) 압력조절기의 압력을 5 [MPa]로 설정한다.
(3) 밸브를 작동시켜 단동실린더가 전진되는지 확인한다.
(4) 밸브를 작동시켜 단동실린더가 후진되는지 확인한다.

6. 정리 정돈

(1) 실습 장치에 전기를 차단하여 유압 펌프를 정지시킨다.
(2) 유압 호스를 제거하여 정리한다.
(3) 실린더, 밸브 등 사용된 부품을 제거하여 정리한다.

실습과제명	1–6. 유압 장치 제작 계획	소요시간 : 4 H

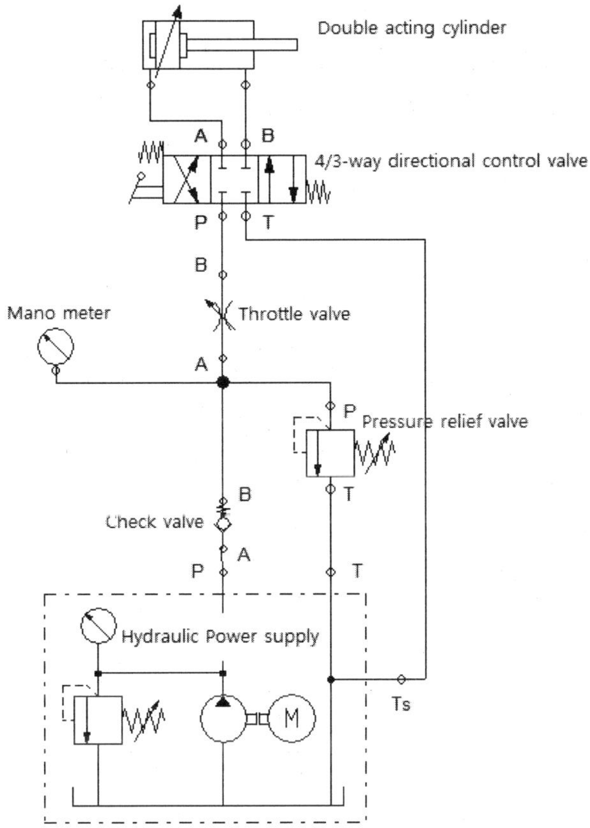

평가자 :	1회 평가 :
	2회 평가 :
	3회 평가 :

평가항목	우수	양호	부진
1. 부품 선정			
2. 부품 배치			
3. 배관			
4. 회로 동작			
5. 질문지			
6. 안전사항			

1-6 질문지 평가

1. 아래의 유압 회로도의 유압 요소를 ISO-1219 표시 방법에 따라 표시하시오.
   (11개 맞추면 만점, 9개는 평균, 그 이하는 0점)

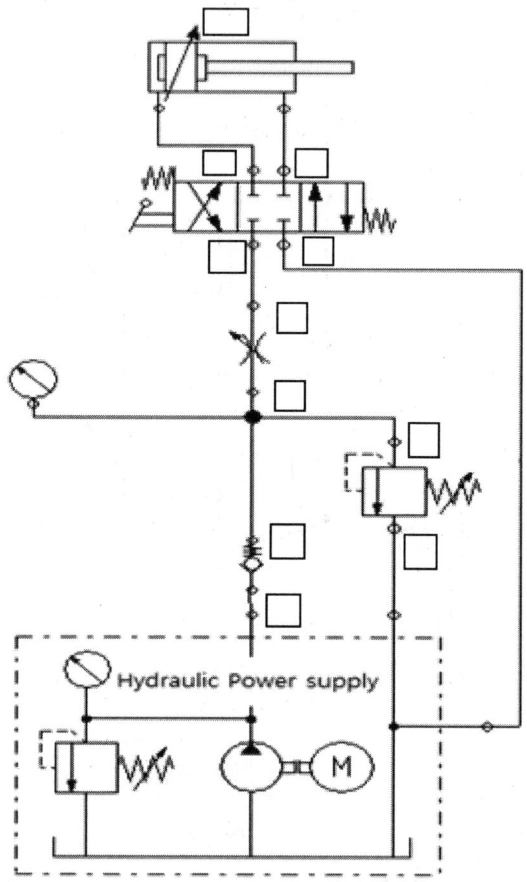

2. 위 회로도에 사용된 밸브 명칭을 모두 쓰시오(유압 동력원 제외).
   (1)
   (2)
   (3)
   (4)

CHAPTER 02

제어회로 구성하기

2-1. 실린더 왕복회로

실습과제명	2-1. 실린더 왕복회로		소요 시간 4 H
목 표	① 단동실린더와 복동실린더를 전·후진시킬 수 있다. ② 3/2-way 방향 제어 밸브를 사용하여 단동실린더를 전진, 후진시킬 수 있다. ③ 5/2-way 방향 제어 밸브를 사용하여 복동실린더를 전진, 후진시킬 수 있다.		
기계 및 공구	재료명	규 격	안전 및 유의사항
·공기 압축기 ·공압실습장치 ·수공구 세트	·단동실린더 ·복동실린더 ·5/2-way 방향 제어 밸브 ·3/2-way 방향 제어 밸브 ·공압튜브	ϕ 25×125 ϕ 25×125 m5, 1/8" m5, 1/8" ϕ 4, ϕ 6	·공급되는 압축공기의 압력을 500 [kPa]로 조절한다. ·배관할 때 압축공기의 공급을 차단한다. ·튜브를 정확히 연결하여 공기의 누설을 방지한다. ·실린더의 작동 공간에 장애물이 없어야 한다. ·튜브의 연결과 제거 방법을 알아야 한다. ·일상점검을 통하여 장비와 공구를 유지 관리 한다. ·산업안전법규를 준수한다.

장치 설명

1. 공압 복동실린더를 이용하여 매거진의 부품을 이송할 수 있는 장치를 구성하려고 한다.
2. 실린더는 푸시버튼으로 작동하는 밸브를 사용한다.
3. 푸시버튼을 누르면 실린더가 전진하고, 푸시버튼을 누르는 동안 실린더는 전진 상태가 유지된다.
4. 푸시버튼에서 손을 떼면 실린더는 후진한다.

그림 2.1.1 부품이송 장치

관련 지식

1. 공압 실린더

공압을 이용하여 직선 왕복운동을 하는 액추에이터는 단동실린더와 복동실린더로 구분한다. 단동실린더는 한쪽 방향의 운동만 공압을 사용하는 장치이므로 한쪽 방향으로만 일을 할 수 있다. 복동실린더는 양 방향의 운동에 모두 공압을 사용하므로 양 방향으로 일을 할 수 있다.

(1) 단동실린더

단동실린더에서 압축공기는 한쪽에서만 공급된다. 이런 종류의 실린더는 한쪽 방향의 일만을 할 수 있다. 피스톤의 복귀 운동은 내장된 스프링이나 내부에 저장된 힘으로 이루어진다.

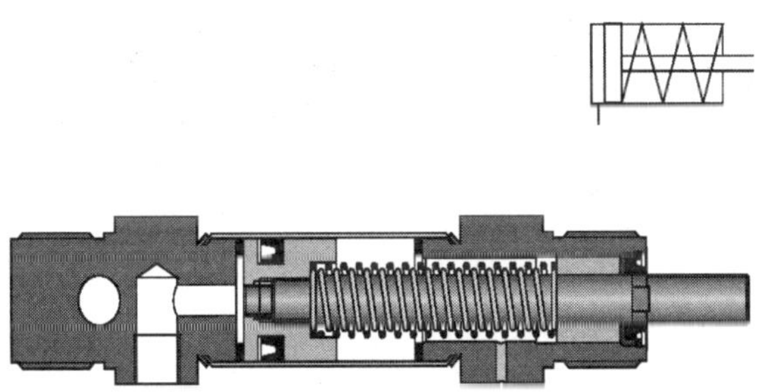

그림 2.1.2 공압 단동실린더

피스톤의 복귀 운동은 내장된 스프링이나 내부에 저장된 힘으로 이루어진다. 내장된 스프링의 힘은 피스톤이 충분한 속도로 원위치 될 수 있도록 설계되어 있다. 스프링이 내장된 일반

단동실린더는 스프링 때문에 행정거리가 제한받게 된다. 보통 단동실린더의 최대 행정거리는 100mm 정도로 제한된다.

(2) 복동실린더

부하와 실린더의 속도에 따라 다르겠지만, 운동 에너지는 실린더 행정의 끝에 가서는 흡수되어야 한다. 그렇지 않으면 충격으로 인하여 피스톤과 베어링 캡 사이에 마모가 일어나고 큰 소음이 나게 된다. 실린더의 속도가 느리고 부하가 작은 경우에는 특수한 장치 없이 운동 에너지의 흡수가 가능하지만, 큰 부하와 가속이 붙은 경우에는 이를 흡수할 보조 장치가 필요하다. 따라서 실린더로 무거운 물체를 움직일 경우에는 관성으로 인한 충격으로 실린더가 손상을 입는 것을 방지하기 위하여 피스톤의 끝에 쿠션을 사용한다. 쿠션 피스톤은 피스톤이 끝 부분에 닿기 전에 공기의 배출 통로를 차단하여 공기를 작은 통로를 통하여 빠져나가게 함으로써 압력을 형성하여 실린더의 속도가 감소하게 된다. 이 작은 통로는 체크밸브가 있는 유량 제어 밸브와 같은 기능을 나타내어 쿠션을 조절할 수도 있으며, 피스톤이 역전할 경우에는 체크밸브를 통하여 공기가 마찰 없이 흘러 들어갈 수 있다. 많은 실린더들이 실린더 내부 행정의 끝 부분에 쿠션 장치가 내장되어 있어서 사용자가 쿠션의 양을 조절할 수 있도록 되어 있다. 조절 가능한 쿠션이 있는 실린더는 쿠션을 잘 조절해서 행정의 끝 부분에서 충분한 쿠션의 효과가 나타나는지 점검해본다.

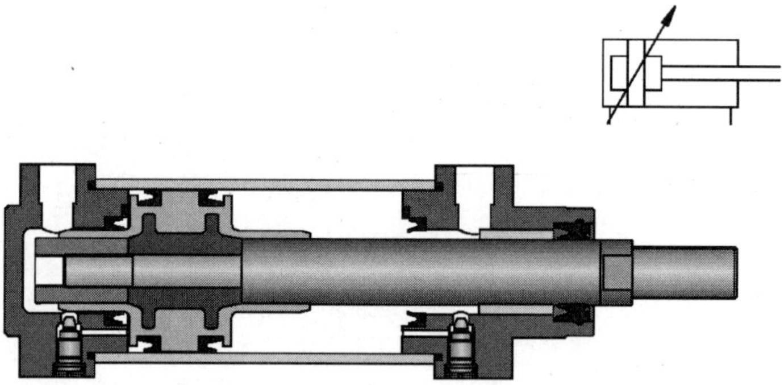

그림 2.1.3 공압 복동실린더(양쪽 쿠션형)

(3) 양쪽 로드 실린더

양쪽 로드 실린더는 피스톤 로드가 양쪽에 있는 것으로, 피스톤 로드를 잡아주는 베어링이 양쪽에 설치되어 있어 반경 방향의 힘도 어느 정도 받아줄 수 있으며 왕복 운동이 원활하다. 그리고 로드에 걸리는 횡 하중에도 어느 정도 견딜 수 있다. 또한 리미트 스위치 등의 감지용 장치를 작업하지 않는 쪽에 설치할 수도 있다. 피스톤의 압력 작용면의 크기가 전·후진 측 모두 동일하므로 전진운동과 후진운동 시 낼 수 있는 힘이 같다는 이점도 있다.

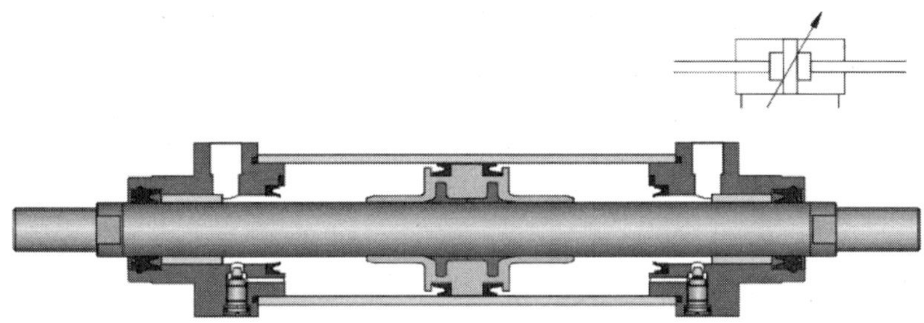

그림 2.1.4 양쪽 로드 실린더

2. 공압 실린더의 추력

공압이 실린더의 피스톤에 작용하면 추력이 발생된다. 추력이란 물체를 그 운동 방향으로 미는 힘을 의미한다. 실린더의 추력은 피스톤의 면적과 작용하는 압력의 곱으로 계산된다.

피스톤이 내는 이론적인 힘은 다음과 같이 계산된다.

$$F_{th} = p \cdot A$$

여기에서 F_{th} : 이론적인 피스톤 힘 (N)

p : 작동 압력 (Pa)

A : 유효 피스톤 면적 (m^2)

일반적으로 실린더 제조회사에서는 실제 낼 수 있는 힘을 표시하는데 이는 마찰력을 뺀 것이다. 실린더를 선정할 때 실제로 중요한 것은 유효 피스톤 힘이다. 실제로 피스톤이 내는 힘을 계산하기 위해서는 마찰력을 고려하여야 한다. 마찰력은 윤활 상태, 작업 압력, 밀봉 형태에 따라 영향을 받기 때문에 근사 값을 정하여 사용한다. 따라서 실린더의 유효력은 다음과 같이 계산된다.

$$F_1 = \eta_1 \times p \times A_1$$

여기에서 F_1 : 전진 운동 시 유효한 피스톤 힘 (N)

p : 작동 압력 (Pa), A_1 : 피스톤 면적 (m^2)

η_1 : 전진 운동 시 추력 효율

실린더가 후진 운동을 하는 경우에는 피스톤 로드 면적만큼 축소된 면적에 압력이 가해지므로 이때 발생되는 힘은 다음과 같이 계산된다.

$$F_2 = \eta_2 \times p(A_1 - A_2)$$

여기에서 F_2 : 후진 운동 시 유효한 피스톤 힘 (N)

p : 작동 압력 (Pa), A_1 : 피스톤 면적 (m^2)

A_2 : 피스톤 로드 측 면적 (m^2)

η_2 : 후진 운동 시 추력 효율

추력 효율은 실린더의 효율을 나타내는 계수로서 실린더의 실제 출력이 감소되는 것을 보정하고 그림 2.1.5에서 보는 것처럼 공기 압력이 감소함에 따라 작아지며, 실린더 튜브의 안지름이 작아지면 계수도 작아진다.

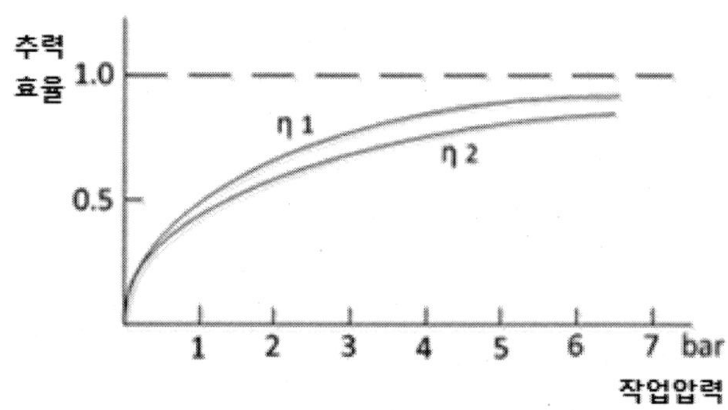

그림 2.1.5 추력 효율

실습 순서

1. 실습 준비

(1) 주어진 과제와 실습 목표를 이해한다.

(2) 압축공기 공급 장치를 개방하여 실습 준비한다.

(3) 시험 운전하기 전까지 실습 장치의 공압은 차단 밸브에 의해 차단한다.

2. 공압 부품 선정

(1) 제시된 회로도를 사용하여 부품을 선정하게 한다.

(2) 각각의 부품에 표시된 기호와 일치 여부를 확인한다.

3. 공압 부품 배치

(1) 부품의 배치는 서로 방해되지 않도록 충분히 간격을 두고 배치한다.

(2) 부품의 배치는 회로도와 같은 위치에 배치한다.

4. 공압 배관

(1) 공압이 원활하게 전달되도록 적당한 길이의 튜브를 사용한다.

(2) 회로도를 참고하여 각 기호의 연결구 번호와 공압 부품에 표시되어 있는 연결구 번호를 확인하여 정확한 연결구에 연결한다.

(3) 튜브는 연결구 내의 체크밸브를 통과할 수 있도록 완전하게 연결한다.

5. 동작 확인 시험 운전

(1) 실습 장치의 차단 밸브를 열어서 압축공기를 공급한다.

(2) 압력조절기의 압력을 500 [kPa]로 설정한다.

(3) 3/2-way(혹은 5/2-way) 방향 제어 밸브를 작동시켰을 때 복동실린더가 전진되는지 확인한다.

(4) 3/2-way(혹은 5/2-way) 방향 제어 밸브를 작동시키지 않으면 복동실린더가 후진되는지 확인한다.

(5) 질문지 평가를 실시한다.

6. 정리 정돈

(1) 실습장치의 차단 밸브를 닫아서 압축공기 공급을 차단한다.

(2) 공압 튜브를 제거하여 정리한다.

(3) 실린더, 밸브 등 사용된 부품을 제거하여 정리한다.

실습과제명	2-1. 실린더 왕복회로 (1)	소요시간 : 4 H

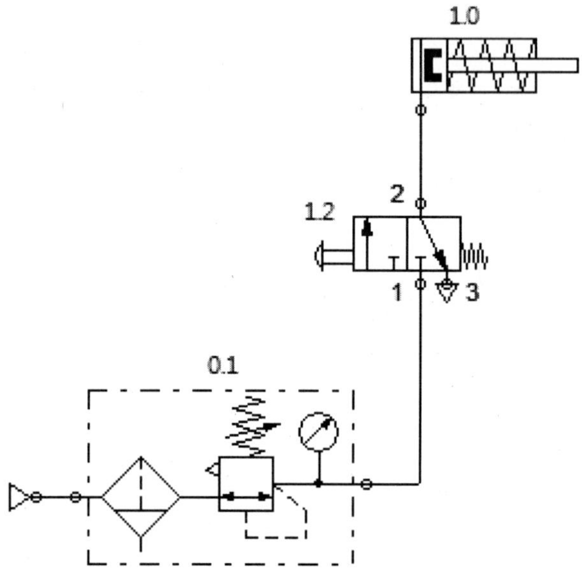

평가자 :	1회 평가 :
	2회 평가 :
	3회 평가 :

평가항목	우수	양호	부진
1. 부품 선정			
2. 부품 배치			
3. 배관			
4. 회로 동작			
5. 질문지			
6. 안전사항			

실습과제명	2-1. 실린더 왕복회로 (2)	소요시간 : 4 H

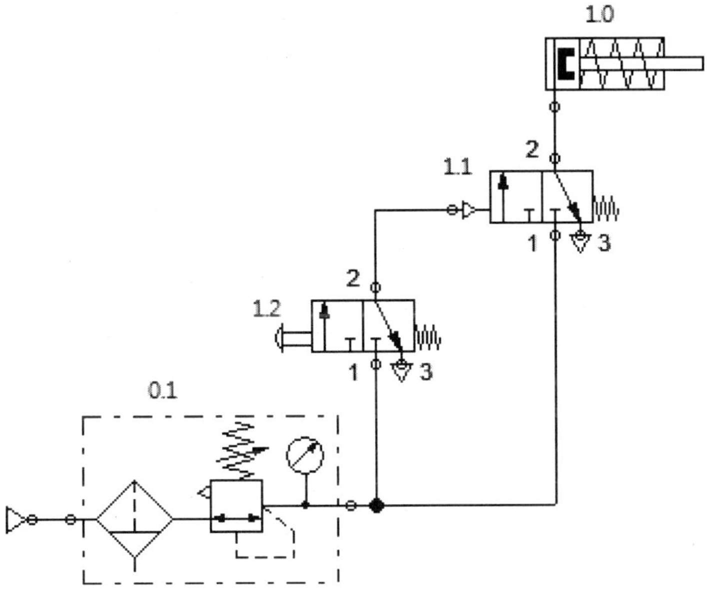

평가자 :	1회 평가 :
	2회 평가 :
	3회 평가 :

평가항목	우수	양호	부진
1. 부품 선정			
2. 부품 배치			
3. 배관			
4. 회로 동작			
5. 질문지			
6. 안전사항			

실습과제명	2-1. 실린더 왕복회로 (3)	소요시간 : 4 H

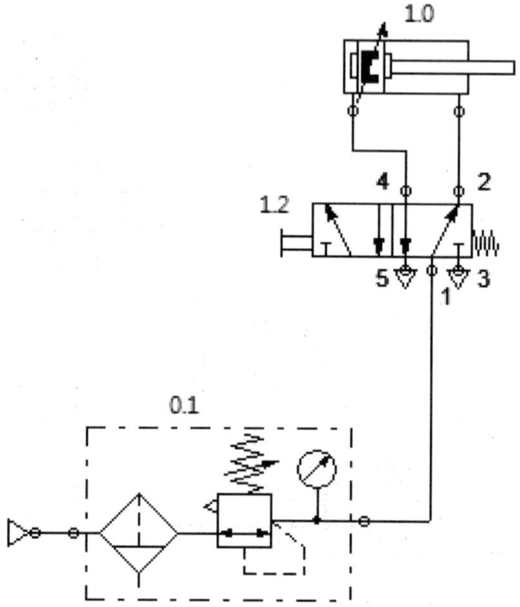

평가자 :	1회 평가 :
	2회 평가 :
	3회 평가 :

평가항목	우수	양호	부진
1. 부품 선정			
2. 부품 배치			
3. 배관			
4. 회로 동작			
5. 질문지			
6. 안전사항			

실습과제명	2-1. 실린더 왕복회로 (4)	소요시간 : 4 H

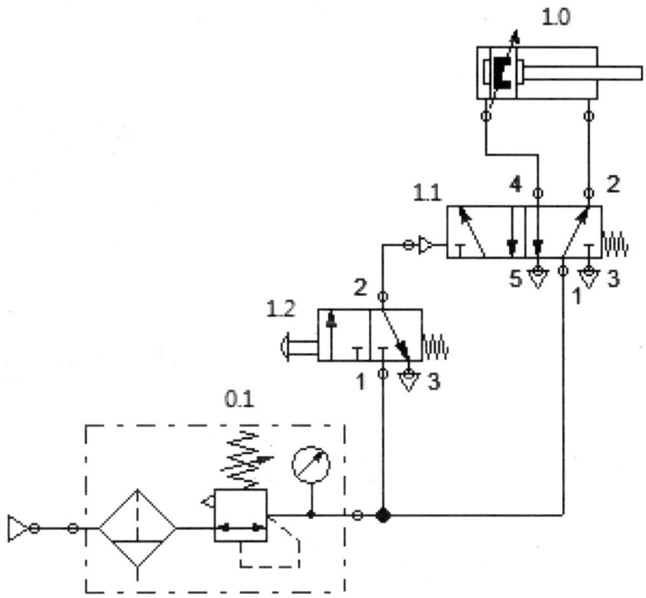

평가자 :	1회 평가 :
	2회 평가 :
	3회 평가 :

평가항목	우수	양호	부진
1. 부품 선정			
2. 부품 배치			
3. 배관			
4. 회로 동작			
5. 질문지			
6. 안전사항			

2-1 질문지 평가

1. 아래의 공압 회로도를 완성하고 각 요소를 ISO-5599, ISO-1219 표시방법에 따라 표시하시오.
(회로도와 표시방법을 완성하면 만점, 회로도와 표시방법 중 2개 이하로 틀리면 평균, 3개 이상 틀리면 0점)

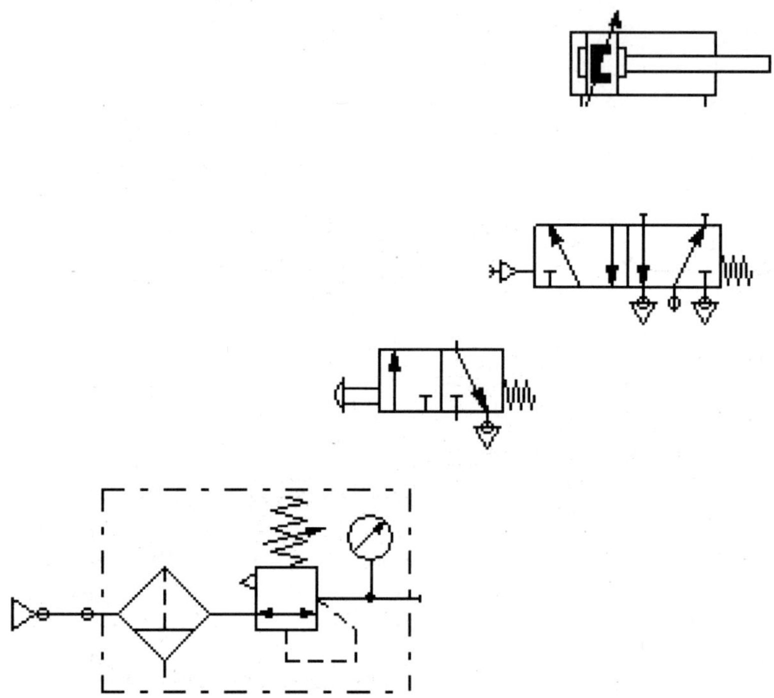

2. 다음은 복동실린더의 내부 구조이다. 각 번호에 맞는 명칭을 쓰시오.

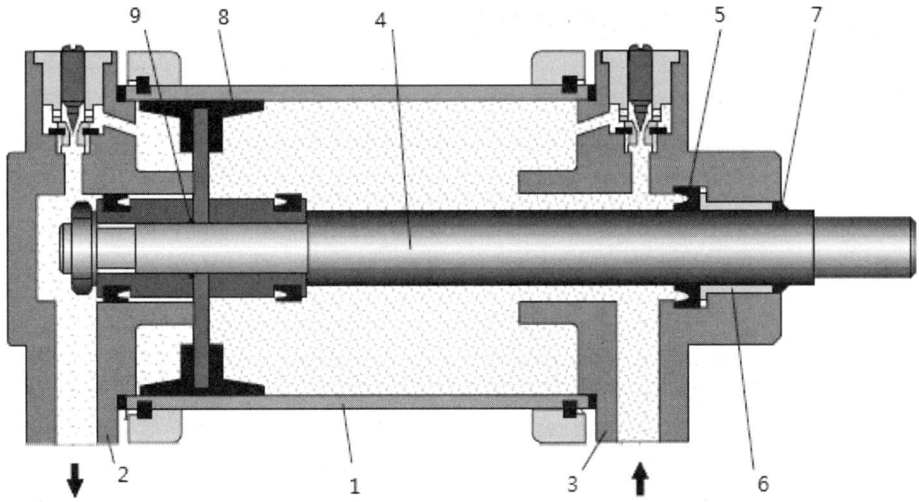

번 호	명 칭
1	
2	
3	
4	
5	
6	
7	
8	
9	

2-2. 기본논리회로

실습과제명	2-2. 기본논리회로			소요 시간 4 H
목 표	① 논리회로의 기본 구성을 설명할 수 있다. ② 2압 밸브를 사용하여 직렬회로를 구성할 수 있다. ③ 셔틀밸브를 이용하여 병렬회로를 구성할 수 있다. ④ 2압 밸브와 셔틀밸브의 기호를 그릴 수 있다.			
기계 및 공구	재료명	규 격	안전 및 유의사항	
· 공기 압축기 · 공압실습장치 · 수공구 세트	· 복동실린더 · 5/2-way 방향 제어 밸브 · 3/2-way 방향 제어 밸브 · 2압 밸브 · 셔틀밸브 · 공압튜브	ϕ 25×125 m5, 1/8" m5, 1/8" ϕ 4, ϕ 6	· 공급되는 압축공기의 압력을 500 [kPa]로 조절한다. · 배관할 때 압축공기의 공급을 차단한다. · 튜브를 정확히 연결하여 공기의 누설을 방지한다. · 실린더의 작동 공간에 장애물이 없어야 한다. · 튜브의 연결과 제거 방법을 알아야 한다. · 일상점검을 통하여 장비와 공구를 유지 관리한다. · 산업안전법규를 준수한다.	

장치 설명

1. 공압 복동실린더를 이용하여 부품을 고정할 수 있는 장치를 구성하려고 한다.
2. 실린더는 2개의 푸시버튼으로 작동하는 밸브를 사용한다.

3-1. 2개의 푸시버튼을 모두 누르면 실린더가 전진하고, 푸시버튼을 누르는 동안 실린더는 전진 상태가 유지된다.

3-2. 2개의 푸시버튼 중에서 1개 이상의 버튼을 누르면 실린더가 전진하고, 푸시버튼을 누르는 동안 실린더는 전진 상태가 유지된다.

4. 푸시버튼에서 손을 떼면 실린더는 후진한다.

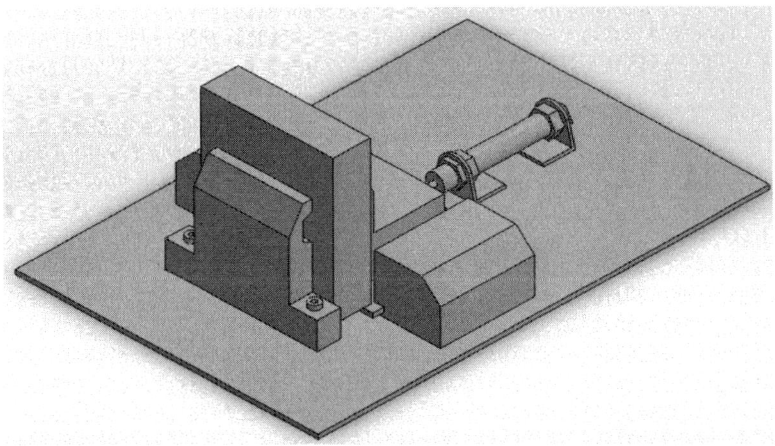

그림 2.2.1 부품 고정장치

관련 지식

1. 공압 밸브와 논리

기본 논리는 논리 제어시스템을 구성하는 가장 기본이 되는 조건들을 표현하는 것이다. 제어시스템을 구성하는 것은 입력인 센서들과 출력의 관계를 논리적으로 설정할 수 있어야 하는데, 하나의 입력에 대한 출력을 정의하는 것과 여러 개의 입력에 대하여 하나의 출력을 제어하는 형태가 있다. 실제의 제어시스템을 구성할 때 복잡한 논리적인 조건을 사용하고 경우에 따라 특별한 명칭을 가지고 있는 논리들이 있는데 이들은 모두 이 기본 논리를 이용하여 표현할 수 있다.

(1) YES 논리

YES 논리는 논리의 조건 중에서 가장 기본적인 논리이다. 이는 입력 조건이 만족되면 출력이 존재하고 입력 신호가 없으면 출력도 없어지는 논리를 의미하는 것으로, 그림 2.2.2는 논리기호로 표현하는 방법이다. 모든 기호의 왼쪽은 입력이고 오른쪽은 출력이다. 왼쪽의 기호는 독일 표준으로 유럽에서 많이 사용되며, 오른쪽의 기호는 미국 표준이다.

표 2.2.1은 YES 논리를 진리표로 표현한 것으로, 입력신호 a가 존재할 때(1) 출력 y가 존재하고(1), 입력신호가 없어지면(0) 출력도 없어지는 것(0)을 표현한 것이다. 이 논리를 논리식으로 표현하면 $y = a$와 같이 등호를 이용한다.

표 2.2.1

a	y
0	0
1	1

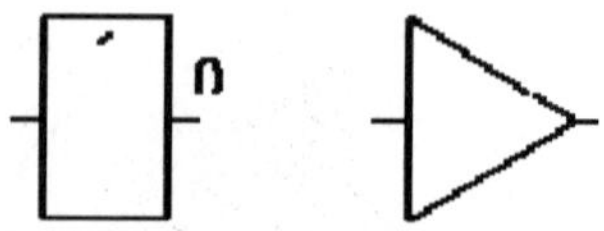

그림 2.2.2 긍정 논리기호

공압 회로를 구성할 때 공압 밸브를 이용하여 YES 논리를 만족하기 위하여 그림 2.2.3과 같은 3포트 2위치 정상상태 닫힘형의 밸브를 사용한다. 밸브가 작동하기 전의 상태는 공급라인이 닫혀 있지만 밸브가 제어라인 12의 신호에 의하여 작동하면 제어위치가 바뀌고, 그 결과 공급라인의 압축공기가 출력으로 존재하게 된다. 즉 제어라인 12의 신호는 입력이고 작업라인 2의 신호는 출력이다.

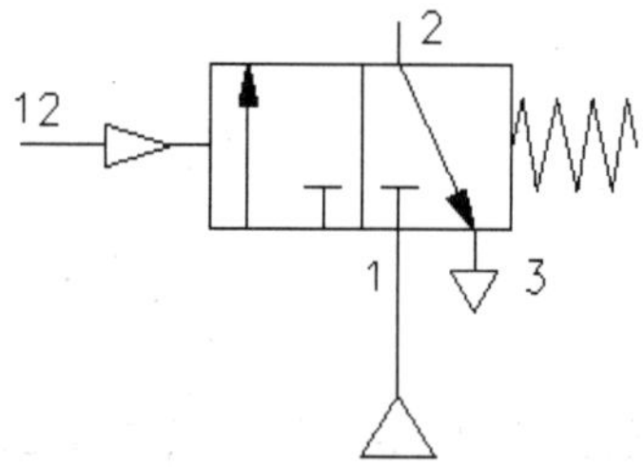

그림 2.2.3 긍정 논리의 공압적 표현

(2) NOT 논리

NOT 논리는 부정의 논리로서 입력이 존재하지 않을 때 출력이 존재하는 논리를 의미한다. 즉, 입력이 존재하면 출력은 없어지는 기능으로 YES 논리와는 논리적으로 반대의 기능을 가지고 있다. NOT 논리의 기호는 그림 2.2.4와 같다. 논리기호로 표현하는 것은 YES 논리의 기호에 작은 원을 표시하는데 이는 입력이나 혹은 출력측에 표시한다.

논리 방정식에서 부정은 $\bar{a}$와 같이 나타낸다. 즉, $y = \bar{a}$ 또는 $\bar{y} = a$와 같이 나타내며 진리표로 나타내면 표 2.2.2와 같다.

표 2.2.2

a	y
0	1
1	0

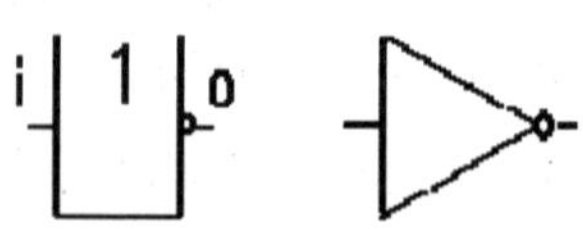

그림 2.2.4 부정 논리기호

NOT 논리의 공압적 표현으로는 그림 2.2.5와 같이 3포트 2위치 밸브의 정상상태 열림형의 밸브를 이용하는 것으로 밸브가 작동되지 않았을 때 공급라인 1로부터 작업라인 2로 압축공기가 흐를 수 있는 유로가 연결된 상태이다. 즉, 신호가 주어지지 않은 상태에서 압축공기를 공급하면 출력이 존재한다. 그러나 신호가 제어라인 10에 공급되면 밸브가 작동하게 되고 밸브가 작동하면 공급라인 1은 막히게 된다. 이때 작업라인 2의 압축공기도 배기라인 3은 배기된다. 즉, 신호가 존재하면 출력 2는 없어지게 된다. 즉 공압 밸브의 논리적 입력은 제어라인 10이고 출력은 작업라인 2이다.

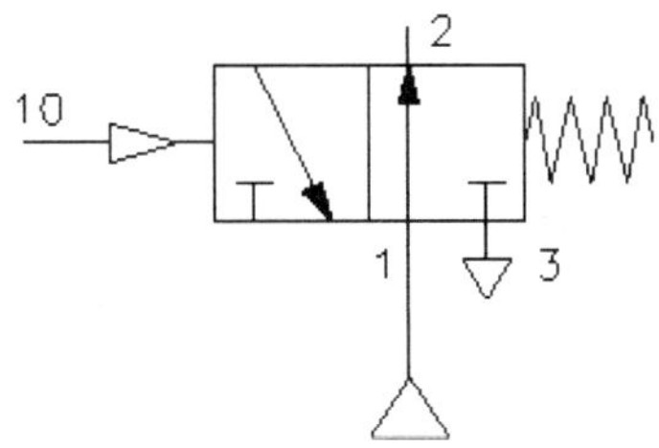

그림 2.2.5 부정 논리의 공압적 표현

(3) AND 논리

AND 논리는 직렬 결합(conjunction) 또는 논리곱(boolean product)이라고 알려져 있다. AND 논리는 모든 입력 신호가 1인 경우 즉, 주어진 입력 신호가 모두 존재할 때 출력 신호가 존재하게 되는 논리로서 이 기호는 그림 2.2.6과 같다.

2개의 입력 변수가 있는 AND 논리에 대하여 진리표로 나타내면 표 2.2.3와 같다. 진리표에서 두 개의 변수를 서로 곱하면 출력과 같은 형태가 만들어진다. 이와 같이 AND 논리는 논리의 곱으로 표현할 수 있고 따라서 $y = a \cdot b$의 논리식으로 쓸 수 있다.

표 2.2.3

입력		출력
a	b	y
0	0	0
0	1	0
1	0	0
1	1	1

그림 2.2.6 AND 논리기호

AND 논리를 공압 밸브를 이용하여 만족하기 위하여 두 개의 YES 논리를 직렬로 연결하는 방법도 있지만 다른 방법으로 2압 밸브를 이용하는 방법도 있다(그림 2.2.7 참조). 이 밸브는

X와 Y에 모두 압축공기신호가 존재할 때 A에 출력이 존재할 수 있도록 만들어진 밸브이다. 물론 X와 Y에 신호를 공급하는 밸브로는 3포트 2위치 정상상태 닫힘형의 밸브를 사용한다.

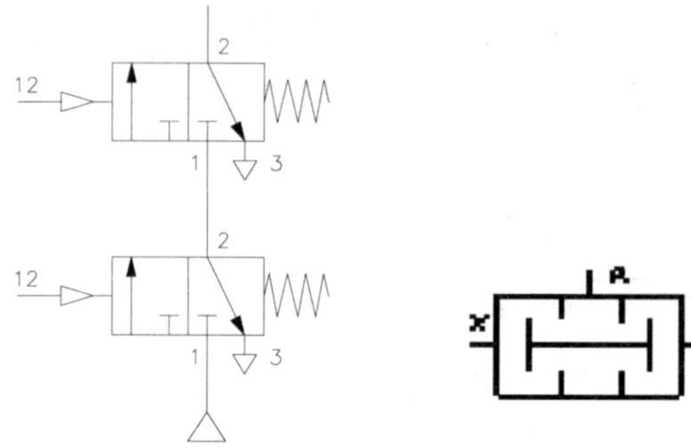

(a) 긍정 논리의 직렬 연결　　　(b) 2압 밸브

그림 2.2.7 AND 논리의 공압적 표현

(4) OR 논리

OR 논리는 병렬 결합(disjunction) 또는 논리합(boolean sum)이다. 여러 개의 입력 중 단지 하나의 입력 변수만 입력되어도 출력이 존재하게 되는 논리로 기호로 표시하면 그림 2.2.8과 같다. OR 논리는 여러 개의 입력 변수 중에서 어느 하나의 입력변수만 만족되어도 출력이 존재하며, OR 논리의 입력에 연결된 모든 변수가 작동된 상태로 있어도 출력이 존재한다.

공압에서는 그림 2.2.9와 같이 셔틀밸브를 사용한다. 이 밸브는 X와 Y의 라인 중에서 한 개의 라인에 압축공기 신호가 공급되면 A로 출력신호가 나올 수 있도록 만들어진 밸브이다.

표 2.2.4

입력		출력
a	b	y
0	0	0
0	1	1
1	0	1
1	1	1

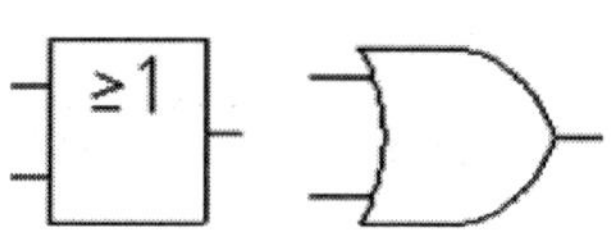

그림 2.2.8 OR 논리기호

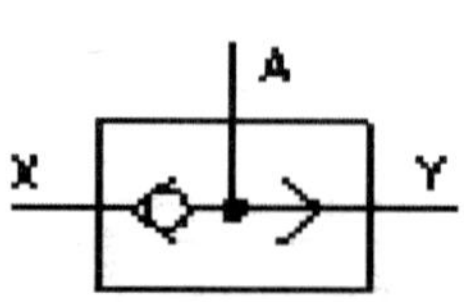

그림 2.2.9 OR 논리의 공압적 표현

실습 순서

1. 실습 준비

(1) 주어진 과제와 실습 목표를 이해한다.

(2) 압축공기 공급 장치를 개방하여 실습 준비한다.

(3) 시험 운전하기 전까지 실습 장치의 공압은 차단 밸브에 의해 차단한다.

2. 공압 부품 선정

(1) 제시된 회로도를 사용하여 부품을 선정하게 한다.

(2) 각각의 부품에 표시된 기호와 일치 여부를 확인한다.

3. 공압 부품 배치

(1) 부품의 배치는 서로 방해되지 않도록 충분히 간격을 두고 배치한다.

(2) 부품의 배치는 회로도와 같은 위치에 배치한다.

4. 공압 배관

(1) 공압이 원활하게 전달되도록 적당한 길이의 튜브를 사용한다.

(2) 회로도를 참고하여 각 기호의 연결구 번호와 공압 부품에 표시되어 있는 연결구 번호를 확인하여 정확한 연결구에 연결한다.

(3) 튜브는 연결구 내의 체크밸브를 통과할 수 있도록 완전하게 연결한다.

5. 동작 확인 시험 운전

(1) 실습 장치의 차단 밸브를 열어서 압축공기를 공급한다.

(2) 압력조절기의 압력을 500 [kPa]로 설정한다.

(3) 3/2-way(혹은 5/2-way) 방향 제어 밸브를 작동시켰을 때 복동실린더가 전진되는지 확인한다.

(4) 3/2-way(혹은 5/2-way) 방향 제어 밸브를 작동시키지 않으면 복동실린더가 후진되는지 확인한다.

(5) 질문지 평가를 실시한다.

6. 정리 정돈

(1) 실습장치의 차단 밸브를 닫아서 압축공기 공급을 차단한다.

(2) 공압 튜브를 제거하여 정리한다.

(3) 실린더, 밸브 등 사용된 부품을 제거하여 정리한다.

실습과제명	2-2. 기본논리회로_AND (1)	소요시간 : 4 H

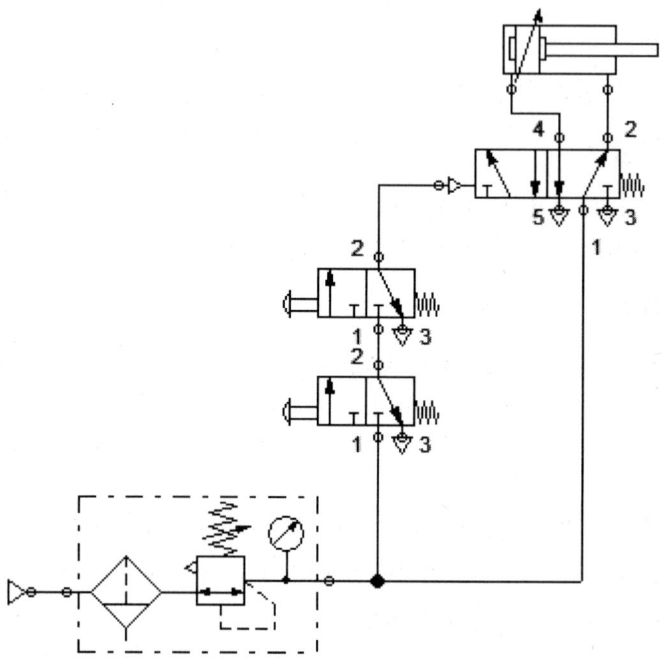

평가자 :	1회 평가 :
	2회 평가 :
	3회 평가 :

평가항목	우수	양호	부진
1. 부품 선정			
2. 부품 배치			
3. 배관			
4. 회로 동작			
5. 질문지			
6. 안전사항			

실습과제명	2-2. 기본논리회로_AND (2)	소요시간 : 4 H

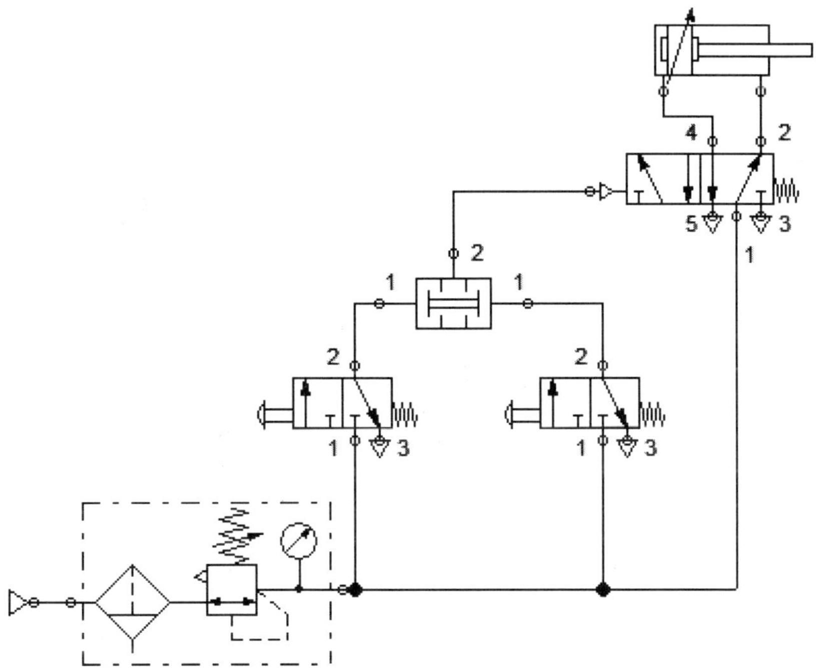

평가자 :	1회 평가 :
	2회 평가 :
	3회 평가 :

평가항목	우수	양호	부진
1. 부품 선정			
2. 부품 배치			
3. 배관			
4. 회로 동작			
5. 질문지			
6. 안전사항			

실습과제명	2-2. 기본논리회로_OR (3)	소요시간 : 4 H

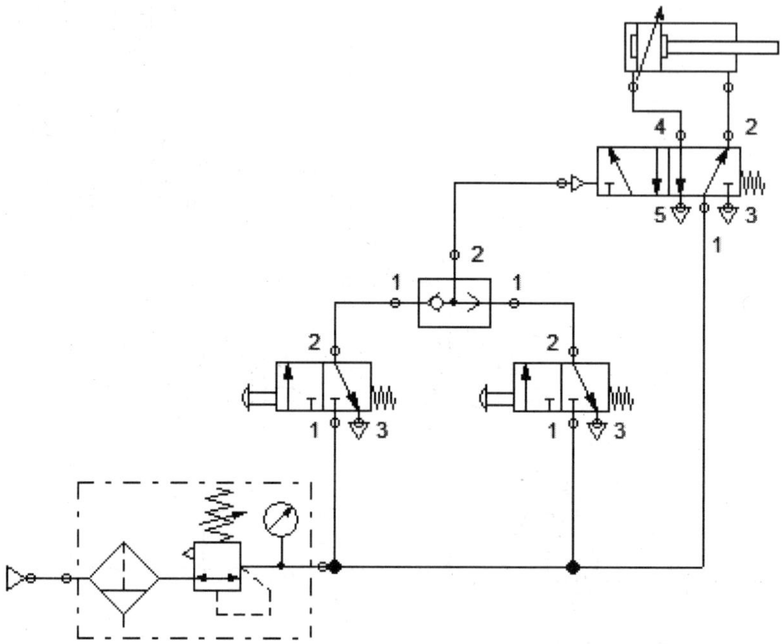

평가자 :	1회 평가 :
	2회 평가 :
	3회 평가 :

평가항목	우수	양호	부진
1. 부품 선정			
2. 부품 배치			
3. 배관			
4. 회로 동작			
5. 질문지			
6. 안전사항			

2-2 질문지 평가

1. 두 개의 푸시버튼 밸브를 사용하여 실린더를 전진시키려고 한다. 푸시버튼을 모두 눌러야 실린더가 전진할 수 있는 공압 회로도를 완성하시오. (회로도와 표시방법을 완성하면 만점, 회로도와 표시방법 중에 2개 이하로 틀리면 평균, 3개 이상 틀리면 0점)

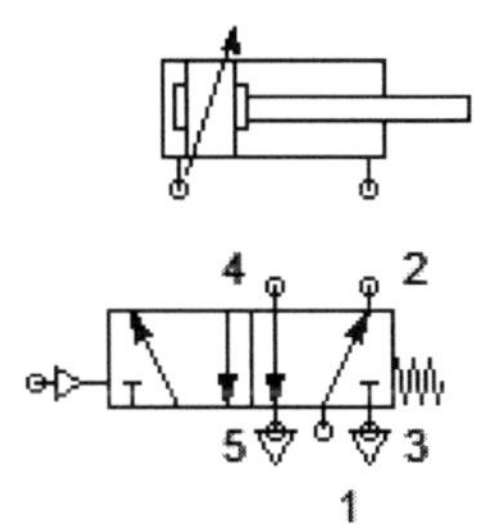

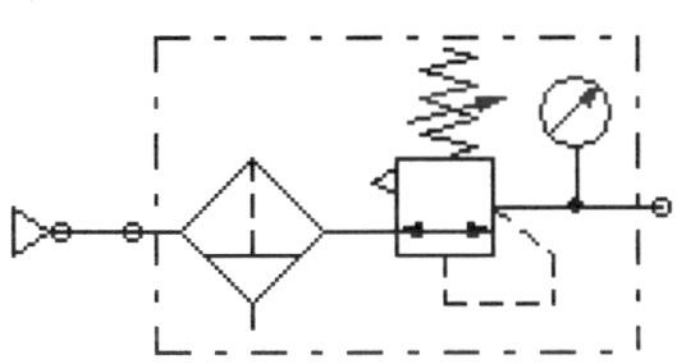

2. 완성된 회로를 사용하여 푸시버튼을 순간적으로 눌렀다 떼었을 때 실린더의 움직임을 서술하시오.

3. 다음 기호를 그리시오.

a. 3/2-way valve(normally closed)

b. 3/2-way valve(normally opened)

c. two pressure valve

d. shuttle valve

2-3. 속도제어회로

실습과제명	2-3. 속도제어회로		소요 시간 4 H
목 표	① 유량 제어 밸브의 용도를 설명할 수 있다. ② 유량 제어 밸브를 사용하여 실린더의 전 후진 속도를 제어할 수 있다. ③ 유량 제어 밸브의 기호를 그릴 수 있다.		
기계 및 공구	재료명	규 격	안전 및 유의사항
· 공기 압축기 · 공압실습장치 · 수공구 세트	· 단동실린더 · 복동실린더 · 5/2-way 방향 제어 밸브 · 3/2-way 방향 제어 밸브 · 공압튜브	ϕ 25×125 ϕ 25×125 m5, 1/8" m5, 1/8" ϕ 4, ϕ 6	· 공급되는 압축공기의 압력을 500 [kPa]로 조절한다. · 배관할 때 압축공기의 공급을 차단한다. · 튜브를 정확히 연결하여 공기의 누설을 방지한다. · 실린더의 작동 공간에 장애물이 없어야 한다. · 튜브의 연결과 제거 방법을 알아야 한다. · 일상점검을 통하여 장비와 공구를 유지 관리 한다. · 산업안전법규를 준수한다.

장치 설명

1. 공압 복동실린더를 이용하여 매거진의 부품을 이송할 수 있는 장치를 구성하려고 한다.
2. 링 모양의 부품을 받아들이므로 수납 수가 크고 간단한 형상이다.
3. 이송은 부품 링의 뒤쪽에서 사각 단면 평판이 장치의 덱에 맞추어 링의 두께와 같은 이송을 준다.
4. 사각 단면 평판을 천천히 이송시켜 부품이 정확히 슈드에 정지해야 한다.

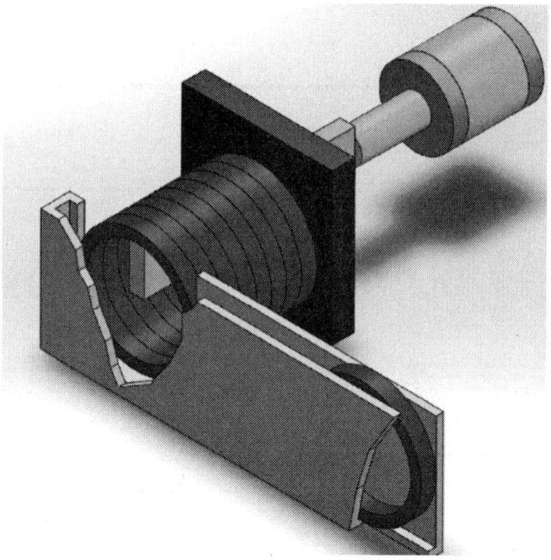

그림 2.3.1 링 이송 장치

관련 지식

1. 유량 제어 밸브

유량 제어 밸브는 공기압 회로의 유량을 일정하게 유지하려 할 때 사용하며 교축 밸브(throttle valve)와 공기압 실린더의 속도 제어를 위하여 방향 제어 밸브와 실린더의 중간에 설치하는 속도 제어 밸브 등이 있다.

(1) 교축(throttle) 밸브

[그림 2.3.2]를 보면 압축공기의 출입구가 있는 본체에 끝부분이 원추(cone)형상을 한 조절 나사가 설치되어 있다. 이 조절 나사는 밸브 내의 관로 크기를 변화시키는 데 사용된다.

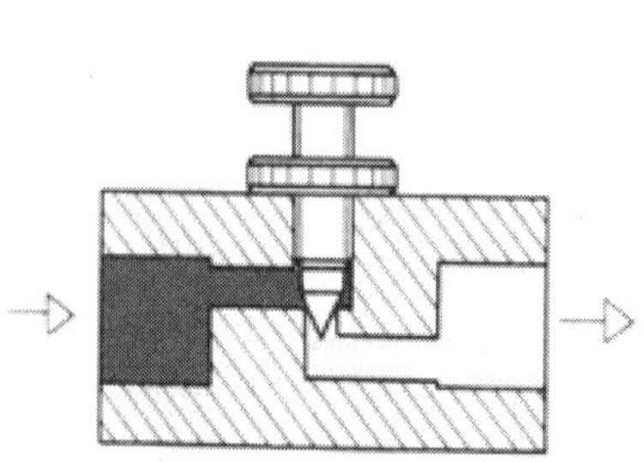

그림 2.3.2 교축 밸브

교축 조절 나사를 손으로 잡고 시계 방향 또는 반시계 방향으로 회전시키면 조절 나사의 끝 부분에 있는 원추체가 관로 내를 상하로 움직인다. 따라서 본체 통로와 원추체 간의 틈이 변화하고 통과 유량을 제어할 수 있다.

(2) 속도 제어 밸브

속도 제어 밸브는 유량을 조절하는 동시에 흐름의 방향에 따라서 교축 작용을 하는 밸브이다. 그림 2.3.3은 교축 밸브와 체크밸브를 조합시켜 구성한 속도조절 밸브이다. 그림 2.3.4에서 보면 왼쪽에서 공기가 유입한 경우 공기는 통상 스프링으로 통로를 막고 있는 체크밸브에 의하여 저지되고 교축 조절 나사에서 교축된 통로를 통하여 오른쪽으로 흐른다. 이 오른쪽 방향의 흐름(조절 나사에 의해 일정량의 공기만 흐름)을 제어류라고 한다.

반대로 오른쪽에서 공기가 유입한 경우는 교축 조절 나사로 교축된 통로를 통해서 흐름과 동시에 체크밸브의 상면에 공기압이 작용하므로 이를 밀어내어 왼쪽으로 합류한다. 따라서 이 방향의 흐름을 자유류(공기 조절 효과 없음)라고 한다.

그림 2.3.3 속도 제어 밸브

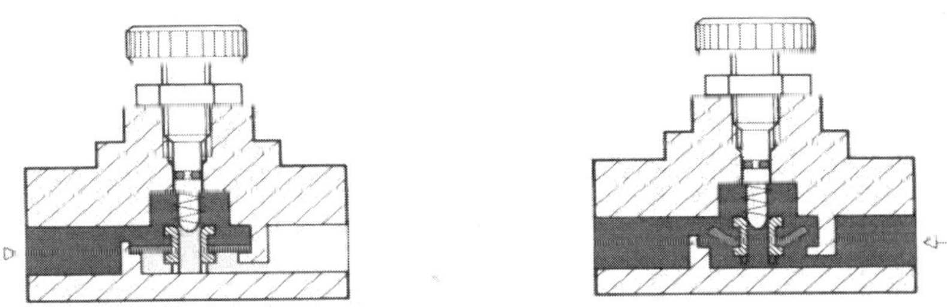

그림 2.3.4 속도 제어 밸브에서 공기의 흐름

실습 순서

1. 실습 준비

(1) 주어진 과제와 실습 목표를 이해한다.

(2) 압축공기 공급 장치를 개방하여 실습 준비한다.

(3) 시험 운전하기 전까지 실습 장치의 공압은 차단 밸브에 의해 차단한다.

2. 공압 부품 선정

(1) 제시된 회로도를 사용하여 부품을 선정하게 한다.

(2) 각각의 부품에 표시된 기호와 일치 여부를 확인한다.

3. 공압 부품 배치

(1) 부품의 배치는 서로 방해되지 않도록 충분히 간격을 두고 배치한다.

(2) 부품의 배치는 회로도와 같은 위치에 배치한다.

4. 공압 배관

(1) 공압이 원활하게 전달되도록 적당한 길이의 튜브를 사용한다.

(2) 회로도를 참고하여 각 기호의 연결구 번호와 공압 부품에 표시되어 있는 연결구 번호를 확인하여 정확한 연결구에 연결한다.

(3) 튜브는 연결구 내의 체크밸브를 통과할 수 있도록 완전하게 연결한다.

5. 동작 확인 시험 운전

(1) 실습 장치의 차단 밸브를 열어서 압축공기를 공급한다.

(2) 압력조절기의 압력을 500 [kPa]로 설정한다.

(3) 복동실린더의 속도제어(미터 인/미터 아웃)회로

(a) 5/2-way 방향 제어 밸브를 작동시켰을 때 복동실린더의 전진 속도가 제어되는지 확인한다.

(b) 5/2-way 방향 제어 밸브를 작동시키지 않으면 복동실린더가 후진되는지 확인한다.

(4) 질문지 평가를 실시한다.

6. 정리 정돈

(1) 실습장치의 차단 밸브를 닫아서 압축공기 공급을 차단한다.

(2) 공압 튜브를 제거하여 정리한다.

(3) 실린더, 밸브 등 사용된 부품을 제거하여 정리한다.

실습과제명	2-3. 속도제어회로_미터인 (1)	소요시간 : 4 H

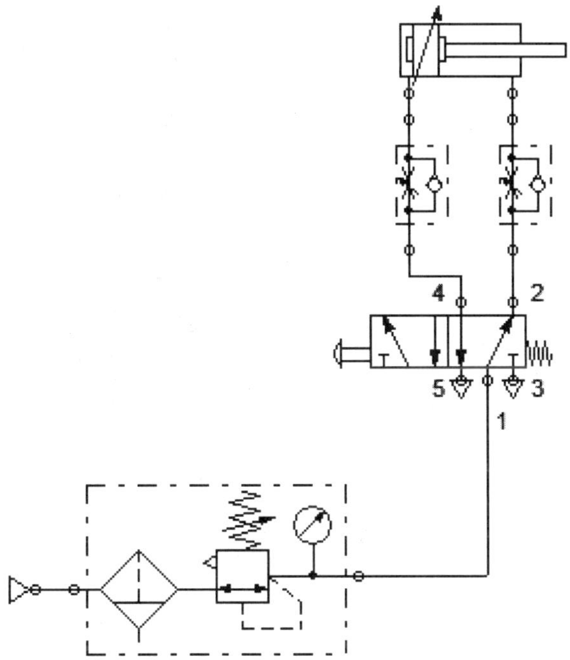

평가자 :	1회 평가 :
	2회 평가 :
	3회 평가 :

평가항목	우수	양호	부진
1. 부품 선정			
2. 부품 배치			
3. 배관			
4. 회로 동작			
5. 질문지			
6. 안전사항			

실습과제명	2-3. 속도제어회로_미터아웃 (2)	소요시간 : 4 H

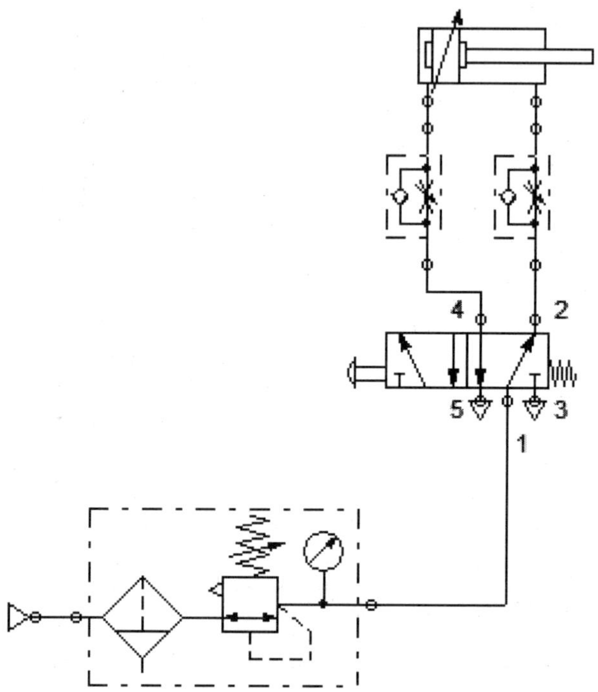

평가자 :	1회 평가 :
	2회 평가 :
	3회 평가 :

평가항목	우수	양호	부진
1. 부품 선정			
2. 부품 배치			
3. 배관			
4. 회로 동작			
5. 질문지			
6. 안전사항			

2-3 질문지 평가

1. 푸시버튼 밸브를 사용하여 실린더를 전진시키려고 한다. 미터아웃 제어 방식으로 실린더의 전진 속도를 제어할 수 있는 공압 회로도를 완성하시오. (회로도와 표시방법을 완성하면 만점, 회로도와 표시방법 중에 2개 이하로 틀리면 평균, 3개 이상 틀리면 0점)

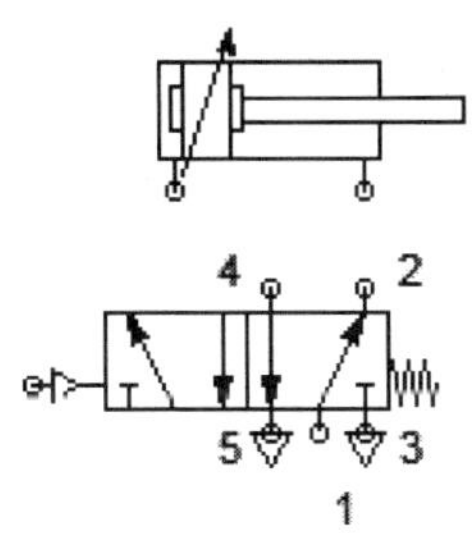

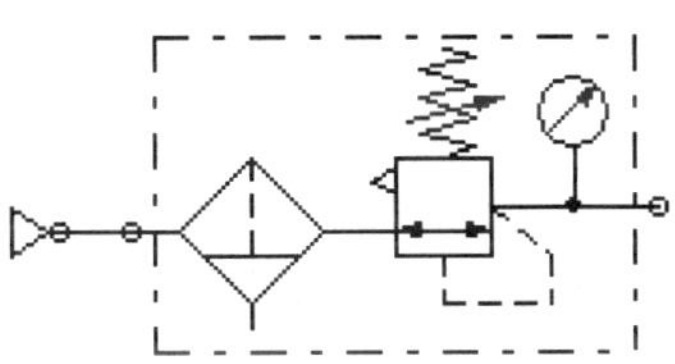

2. 일방향 유량 제어 밸브의 조합을 쓰시오.

(a)

(b)

(→ 계 속)

3. 다음 기호를 그리시오.

a. one way flow control valve

b. throttle valve

c. check valve

d. quick exhaust valve

2-4. 압력시퀀스회로

실습과제명	2-4. 압력시퀀스회로		소요 시간 4 H
목 표	① 압력제어 밸브의 종류와 용도를 설명할 수 있다. ② 압력시퀀스 밸브를 사용하여 복동실린더의 후진 운동을 제어할 수 있다. ③ 압력제어 밸브의 기호를 그릴 수 있다.		

기계 및 공구	재료명	규 격	안전 및 유의사항
· 공기 압축기 · 공압실습장치 · 수공구 세트	· 복동실린더 · 5/2-way 방향 제어 밸브 · 3/2-way 방향 제어 밸브 · 급속배기밸브 · 압력시퀀스 밸브 · 공압튜브	ϕ 25×125 m5, 1/8" m5, 1/8" m5, 1/8" m5, 1/8" ϕ 4, ϕ 6	· 공급되는 압축공기의 압력을 500 [kPa]로 조절한다. · 배관할 때 압축공기의 공급을 차단한다. · 튜브를 정확히 연결하여 공기의 누설을 방지한다. · 실린더의 작동 공간에 장애물이 없어야 한다. · 튜브의 연결과 제거 방법을 알아야 한다. · 일상점검을 통하여 장비와 공구를 유지 관리한다. · 산업안전법규를 준수한다.

장치 설명

1. 공압 복동실린더를 이용하여 부품을 고정할 수 있는 클램핑장치를 구성하려고 한다.
2. 푸시버튼 밸브 신호에 의해 클램핑하고 고정된 부품의 손상을 최소화하기 위하여 미리 설정된 압력에 도달하면 복동실린더가 언클램핑되는 장치이다.

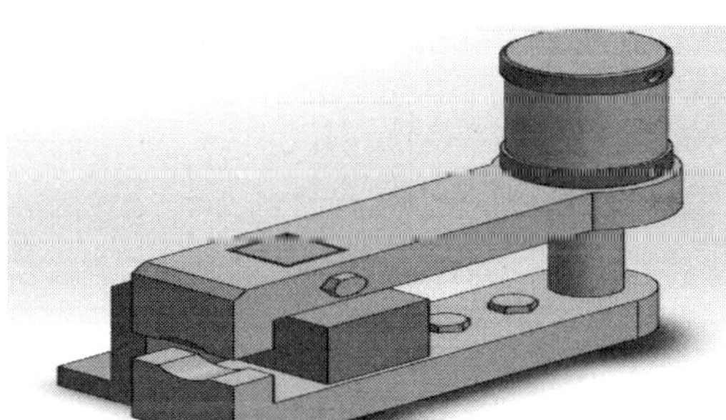

그림 2.4.1 부품 고정장치

관련 지식

1. 압력제어 밸브

압력제어 밸브는 밸브 출구의 압력을 조절하는 감압 밸브와 입구의 압력을 조절하는 압력 릴리프 밸브로 나눌 수 있다.

(1) 감압 밸브

그림 2.4.2는 감압 밸브의 작동 상태와 구조를 나타낸 것이다. 감압 밸브는 외부의 조절 나사로 조절할 수 있는 스프링을 내장하고 있다. 조절 나사를 잠그면 상대적으로 스프링의 힘이 세지고 밸브 출구의 압력도 증가한다. 조절 나사를 풀어주면 스프링의 힘도 약해져서 밸브 출구의 압력도 낮아지게 된다. 압축공기가 공급되는 연결구는 P1이고, 이는 조절되는 스프링의 힘에 따라 크기가 달라지는 유로를 통하여 밸브 출구인 연결구 P2로 연결된다. 즉 조절 나사에 의하여 조절된 스프링의 힘이 세지면 유로의 크기가 커져서 많은 유량이 연결구 P2로 연결되어 출구의 압력이 높아지며 스프링의 힘이 약해지면 유로의 크기도 작아져서 연결구 P2의 압력도 낮아지게 된다. 이때 연결구 P2의 압력이 과도하게 높아지는 경우가 있다.

이는 조절되는 스프링의 아래쪽에 있는 다이아프램을 위로 밀어 올리고 이 결과 연결구 P2의 높은 압력은 밸브의 릴리프 포트를 거쳐 밸브의 배기구로 연결되어 배기된다. 압력이 낮아지면 다이아프램은 다시 위로 올라가서 배기구는 막히게 된다.

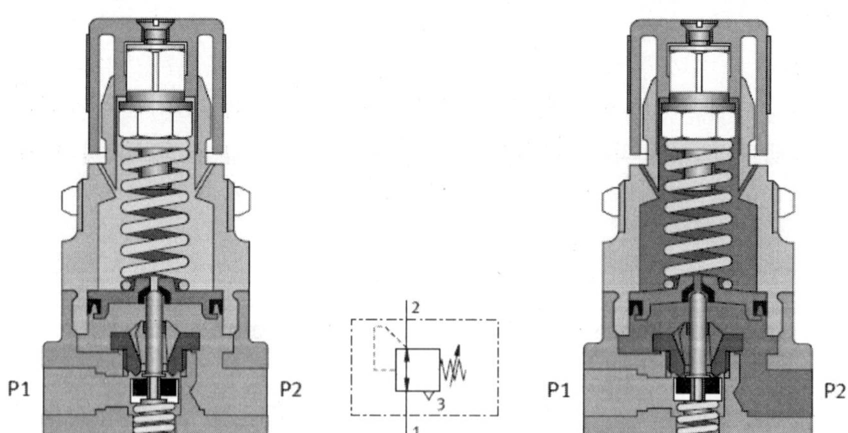

그림 2.4.2 감압 밸브

감압 밸브는 정상상태에서 열림형의 밸브이다. 그러므로 압축공기가 밸브의 입구인 연결구 P1에 공급되면 연결구 P2로 출력이 존재하고 그 때부터 출구의 압력과 스프링의 힘을 비교하게 된다.

밸브의 기호도 이와 같은 형태로 공급라인 1은 밸브를 통해 작업라인 2와 연결되어 있는 상태이다. 그리고 작업라인 2에서 점선이 그려져 있는데, 이는 밸브 기호 오른쪽에 그려져 있는 조절할 수 있는 스프링의 힘과 비교하는 형태이다.

(2) 압력시퀀스 밸브

공압 장치에서 압력제어 밸브에 속하는 하나의 밸브가 있는데, 바로 압력시퀀스 밸브이다. 압력시퀀스 밸브는 일정 압력을 확인하고 출력을 발생하는 밸브로 출력은 압축공기 신호이다. 그림 2.4.3은 압력시퀀스 밸브의 구조와 기호이다.

그림의 왼쪽 아래 부분은 압축공기로 작동하는 3포트 2위치 밸브이다. 공급라인과 작업라인 그리고 배기라인을 가지고 있다. 이 밸브를 작동하기 위한 압축공기 신호는 제어라인 12에 공급되는 압축공기 신호 압력에 의해 밸브의 디스크가 밀려나면 전달된다. 제어라인 12에 공급되는 압력은 외부에서 조절할 수 있는 스프링의 힘을 이겨야 밸브를 작동시킬 수 있는 것이다. 그러므로 이 신호의 압력이 일정 압력 이상이 되어야 출력이 발생할 수 있는 밸브이다.

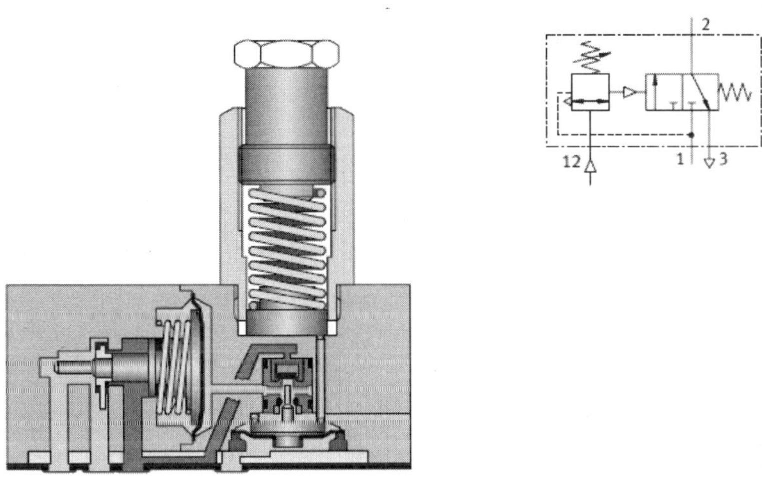

그림 2.4.3 압력시퀀스 밸브

실습 순서

1. 실습 준비

(1) 주어진 과제와 실습 목표를 이해한다.
(2) 압축공기 공급 장치를 개방하여 실습 준비한다.
(3) 시험 운전하기 전까지 실습 장치의 공압은 차단 밸브에 의해 차단한다.

2. 공압 부품 선정

(1) 제시된 회로도를 사용하여 부품을 선정하게 한다.
(2) 각각의 부품에 표시된 기호와 일치 여부를 확인한다.

3. 공압 부품 배치

(1) 부품의 배치는 서로 방해되지 않도록 충분히 간격을 두고 배치한다.
(2) 부품의 배치는 회로도와 같은 위치에 배치한다.

4. 공압 배관

(1) 공압이 원활하게 전달되도록 적당한 길이의 튜브를 사용한다.
(2) 회로도를 참고하여 각 기호의 연결구 번호와 공압 부품에 표시되어 있는 연결구 번호를 확인하여 정확한 연결구에 연결한다.
(3) 튜브는 연결구 내의 체크밸브를 통과할 수 있도록 완전하게 연결한다.

5. 동작 확인 시험 운전

(1) 실습 장치의 차단 밸브를 열어서 압축공기를 공급한다.
(2) 압력조절기의 압력을 500 [kPa]로 설정한다.
(3) 3/2-way 방향 제어 밸브를 작동시켰을 때 복동실린더가 전진한다.
(4) 복동실린더가 전진한 후 설정압력에 도달하면 실린더가 후진되는지 확인한다.
(5) 압력시퀀스 밸브의 설정 압력을 변화시켜 실린더의 동작을 확인한다.
(6) 질문지 평가를 실시한다.

6. 정리 정돈

(1) 실습장치의 차단 밸브를 닫아서 압축공기 공급을 차단한다.
(2) 공압 튜브를 제거하여 정리한다.
(3) 실린더, 밸브 등 사용된 부품을 제거하여 정리한다.

실습과제명	2-4. 압력시퀀스회로 (1)	소요시간 : 4 H

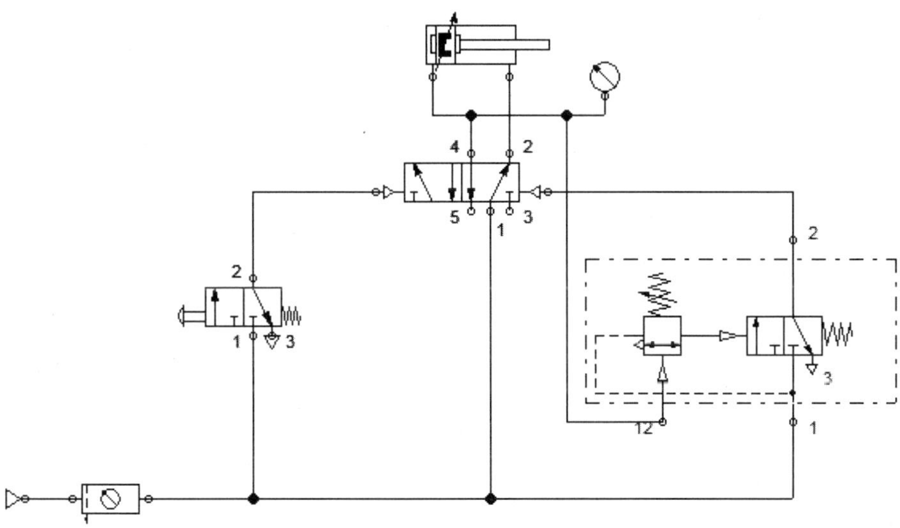

평가자 :	1회 평가 :
	2회 평가 :
	3회 평가 :

평가항목	우수	양호	부진
1. 부품 선정			
2. 부품 배치			
3. 배관			
4. 회로 동작			
5. 질문지			
6. 안전사항			

실습과제명	2-4. 압력시퀀스회로 (2)	소요시간 : 4 H

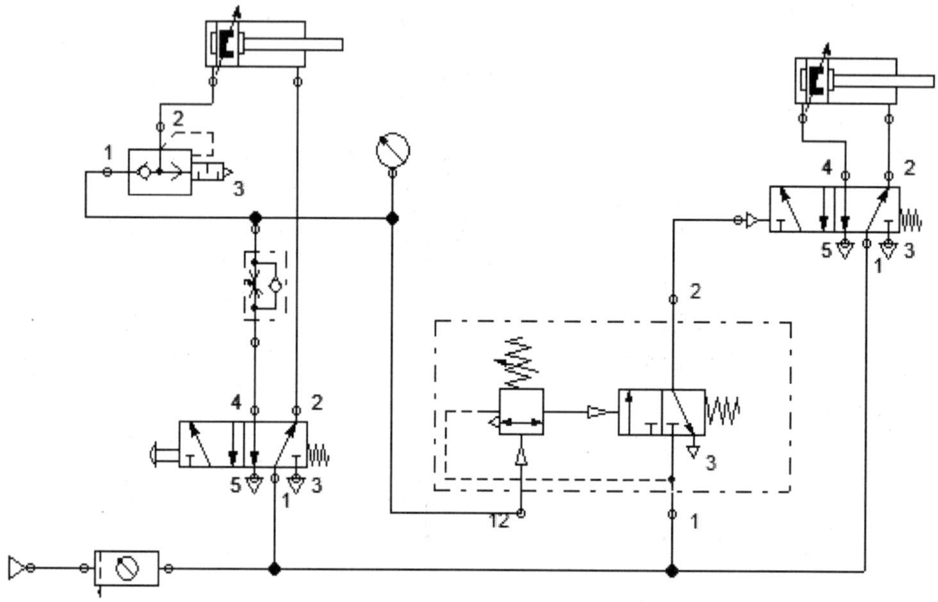

평가자 :	1회 평가 :
	2회 평가 :
	3회 평가 :

평가항목	우수	양호	부진
1. 부품 선정			
2. 부품 배치			
3. 배관			
4. 회로 동작			
5. 질문지			
6. 안전사항			

2-4 질문지 평가

1. 아래의 회로도를 보고 공압 요소의 명칭을 쓰시오.
(명칭 5개 모두 쓰면 만점, 4개 쓰면 평균, 3개 이상 틀리면 0점)

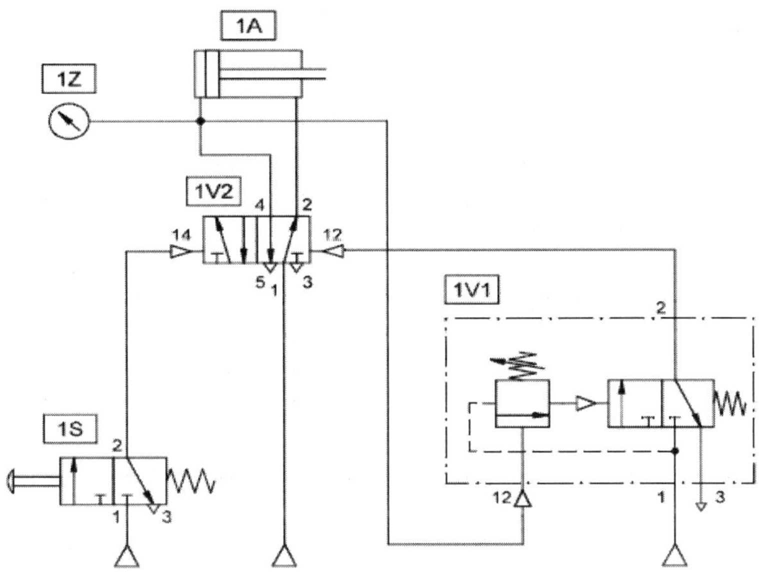

(a) 1S (b) 1Z (c) 1A

(d) 1V2 (e) 1V1

2. 위 회로의 작동 순서를 나열하시오.

3. 다음 기호를 그리시오.

a. pressure relief valve

b. reducing valve

c. pressure sequence valve

2-5. 자기유지회로 구성

실습과제명	2-5. 자기유지회로 구성	소요 시간
		4 H
목 표	① 자기유지제어의 뜻을 설명할 수 있다. ② 3/2-WAY 밸브를 사용하여 우선회로를 구성할 수 있다. ③ 자기유지제어를 기호 회로도로 표시할 수 있다.	

기계 및 공구	재료명	규 격	안전 및 유의사항
· 공기 압축기 · 공압실습장치 · 수공구 세트	· 복동실린더 · 5/2-way 방향 제어 밸브 · 3/2-way 방향 제어 밸브 · 일방향 유량 제어 밸브 · 공압튜브	ϕ 25×125 m5, 1/8" m5, 1/8" m5, 1/8" ϕ 4, ϕ 6	· 공급되는 압축공기의 압력을 500 [kPa]로 조절한다. · 배관할 때 압축공기의 공급을 차단한다. · 튜브를 정확히 연결하여 공기의 누설을 방지한다. · 실린더의 작동 공간에 장애물이 없어야 한다. · 튜브의 연결과 제거 방법을 알아야 한다. · 일상점검을 통하여 장비와 공구를 유지 관리한다. · 산업안전법규를 준수한다.

관련 지식

1. 자기유지회로(Self holding circuit)

자기유지회로는 신호가 1회 주어지면 그 신호로부터 정지 신호가 입력될 때까지 입력신호가 유지되는 회로를 말한다. 즉, 시작 밸브를 1회 누르면 출력이 연속되며 그 신호는 정지 밸브를 누를 때까지 계속된다.

이 회로는 설비의 자동운전, 연속운전, 신호 저장 등의 작업을 수행할 때 사용된다. 공압에서는 셔틀 밸브를 이용하여 구성할 수 있다.

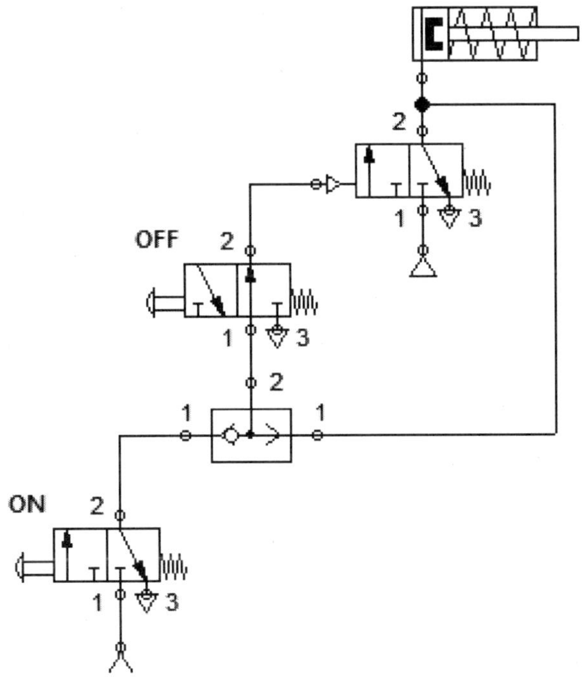

그림 2.5.1 OFF 우선 자기유지회로

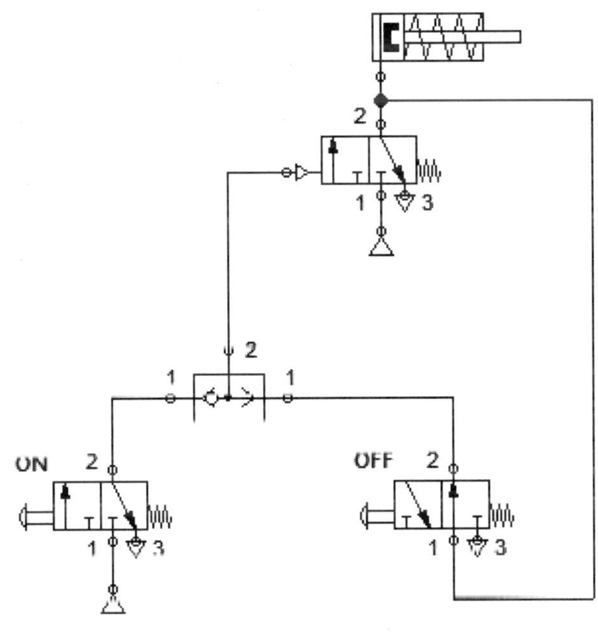

그림 2.5.2 ON 우선 자기유지회로

그림 2.5.1의 회로에서 ON 밸브를 작동하면 파일럿 작동 3/2-WAY에 신호를 주어 단동실린더를 전진시킨다. 또한 ON 밸브와 OFF 밸브 사이의 셔틀 밸브의 오른쪽에 공압을 작동시킨다.

따라서 ON 밸브의 푸시버튼에서 손을 떼어도 입력신호는 계속 유지되어 자기유지된다.

이 상태에서 OFF 밸브를 작동하면 ON 밸브를 통하여 입력되는 공압신호가 차단되어 단동실린더가 후진한다. 즉 스프링이 내장되지 않은 메모리밸브를 사용하지 않고 두 개의 3/2-WAY 푸시버튼 작동 밸브에 의해서 신호가 유지될 수 있는 회로를 구성할 수 있는데, 이런 회로를 자기유지회로라 부른다.

ON 밸브와 OFF 밸브를 동시에 작동시켰을 때 파일럿 작동 3/2-WAY에서 출력 신호가 생성되지 않아 단동실린더는 후진 상태에 머물러 있게 되므로 이 회로의 명칭을 OFF 우선회로라고 한다.

[그림 2.5.2]의 회로에서 ON 밸브를 작동하면 파일럿 작동 3/2-WAY에 신호를 주어 단동실린더를 전진시킨다. 또한 단동실린더가 전진함과 동시에 OFF 밸브의 P와 A를 통해 셔틀 밸브의 오른쪽에 공압을 작동시킨다. 따라서 ON 밸브의 푸시버튼에서 손을 떼어도 입력신호는 계속 유지되어 자기유지된다. 이 상태에서 OFF 밸브를 작동하면 OFF 밸브를 통하여 입력되는 공압신호가 차단되어 단동실린더가 후진한다.

ON 밸브와 OFF 밸브를 동시에 작동시켰을 때 파일럿 작동 3/2-WAY에서 출력 신호가 생성되어 단동실린더는 전진 상태에 있게 되므로 이 회로의 명칭을 ON 우선회로라고 한다. 자기유지회로를 이용하여 회로를 구성할 대 액추에이터를 직접 연결하는 것도 방법이 될 수는 있으나 제어신호가 자기유지되기 위해서는 0.2 MPa 이상의 압력이 요구된다. 또한 실린더 내의 압력이나 공급 압력이 전체 행정에 걸쳐 일정하게 유지되지 않으므로 자기유지회로가 불안정하게 된다. 따라서 그림 2.5.3과 같이 간접제어 방식이 이용되고 있다.

자기유지회로를 구성할 때 MASTER 밸브에 의하여 자기유지 작용을 하게 되면 배기 작용에서 문제가 될 수 있으므로 파일럿 작동 3/2-WAY 밸브에서 자기유지 작용이 이루어지게 한다.

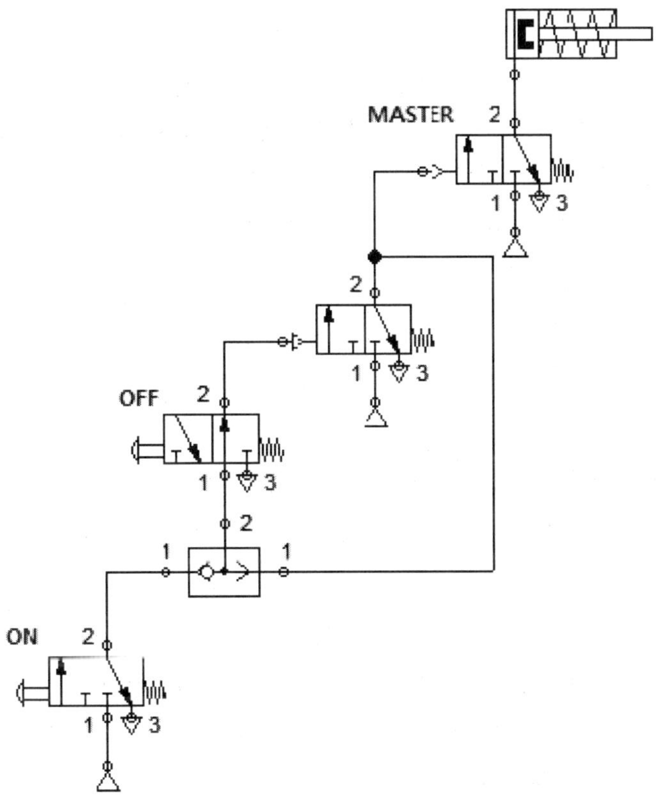

그림 2.5.3 OFF 우선 자기유지회로를 이용한 단동실린더 간접제어

실습 순서

1. 실습 준비

(1) 주어진 과제와 실습 목표를 이해한다.

(2) 압축공기 공급 장치를 개방하여 실습 준비한다.

(3) 시험 운전하기 진까지 실습 장치의 공압은 차난 밸브에 의해 자단한다.

2. 공압 부품 선정

(1) 제시된 회로도를 사용하여 부품을 선정하게 한다.

(2) 각각의 부품에 표시된 기호와 일치 여부를 확인한다.

3. 공압 부품 배치

(1) 부품의 배치는 서로 방해되지 않도록 충분히 간격을 두고 배치한다.

(2) 부품의 배치는 회로도와 같은 위치에 배치한다.

4. 공압 배관

(1) 공압이 원활하게 전달되도록 적당한 길이의 튜브를 사용한다.

(2) 회로도를 참고하여 각 기호의 연결구 번호와 공압 부품에 표시되어 있는 연결구 번호를 확인하여 정확한 연결구에 연결한다.

(3) 튜브는 연결구 내의 체크밸브를 통과할 수 있도록 완전하게 연결한다.

5. 동작 확인 시험 운전

(1) 실습 장치의 차단 밸브를 열어서 압축공기를 공급한다.

(2) 압력조절기의 압력을 500 [kPa]로 설정한다.

(3) ON 밸브를 작동시켰을 때 복동실린더는 왕복운동을 시작한다.

(4) OFF 밸브를 작동시켰을 때 복동실린더는 왕복운동을 종료한다.

(5) 유량 제어 밸브의 유량을 변화시켜 실린더의 동작을 관찰한다.

(6) 질문지 평가를 실시한다.

6. 정리 정돈

(1) 실습장치의 차단 밸브를 닫아서 압축공기 공급을 차단한다.

(2) 공압 튜브를 제거하여 정리한다.

(3) 실린더, 밸브 등 사용된 부품을 제거하여 정리한다.

실습과제명	2-5. OFF 우선 자기유지회로	소요시간 : 4 H

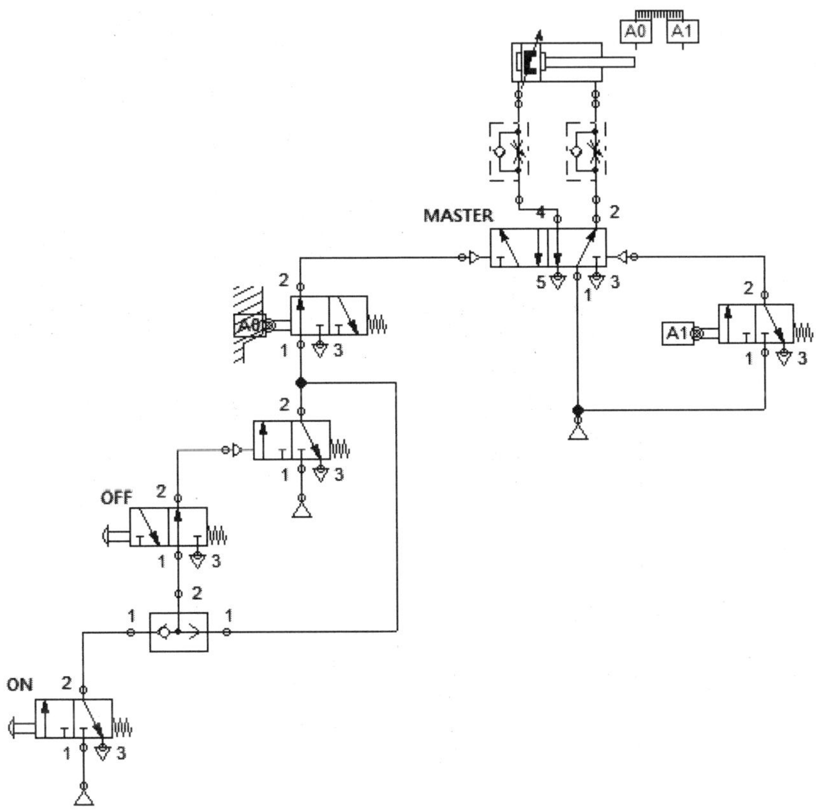

평가자 :	1회 평가 :
	2회 평가 :
	3회 평가 :

평가항목	우수	양호	부진
1. 부품 선정			
2. 부품 배치			
3. 배관			
4. 회로 동작			
5. 질문지			
6. 안전사항			

실습과제명	2-5. ON 우선 자기유지회로	소요시간 : 4 H

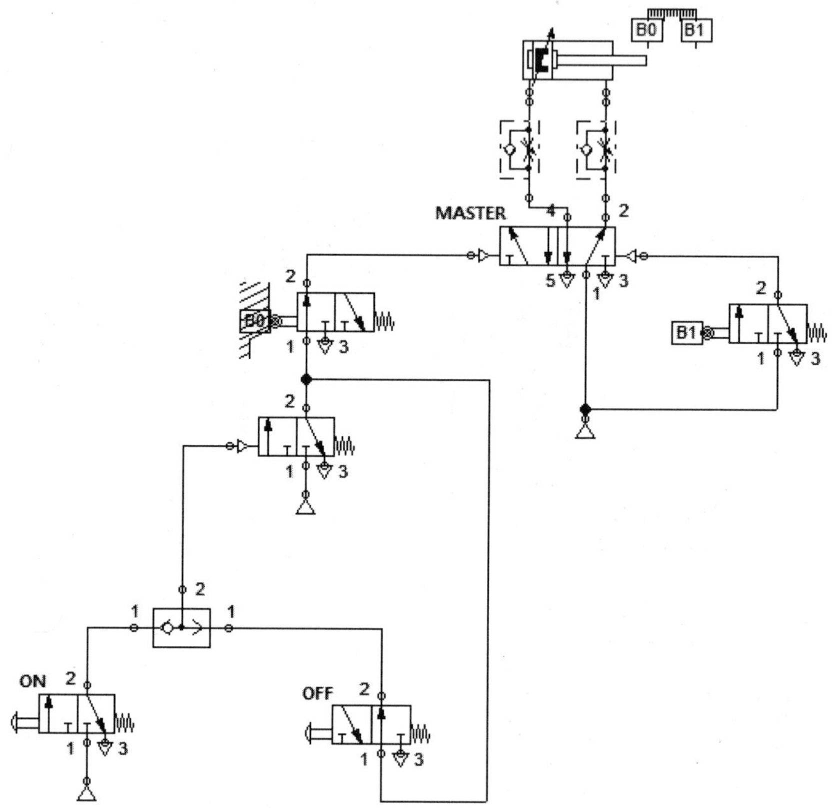

평가자 :	1회 평가 :
	2회 평가 :
	3회 평가 :

평가항목	우수	양호	부진
1. 부품 선정			
2. 부품 배치			
3. 배관			
4. 회로 동작			
5. 질문지			
6. 안전사항			

2-5 질문지 평가

1. 아래의 요구사항을 만족하는 회로를 그리시오.

(요구사항을 만족하는 회로를 그리면 만점, 틀리면 0점)

가. On 푸시버튼 밸브를 누르면 실린더가 전진하고, ON 푸시버튼 밸브를 연속적으로 누르지 않아도 실린더는 전진 상태를 유지하고 있다.

나. OFF 푸시버튼 밸브를 누르면 실린더가 후진하고, OFF 푸시버튼 밸브를 연속적으로 누르지 않아도 실린더는 후진한다.

2. ON 우선회로를 그리시오.

(→ 계 속)

3. 다음 기호를 그리시오.

a. 3/2-way 방향 제어 밸브(파일럿 작동/스프링 복귀형)

b. 5/2-way 방향 제어 밸브(양쪽파일럿 작동)

c. 3/2-way 방향 제어 밸브(정상상태 열림/푸시버튼 작동/스프링 복귀형)

2-6. 시간지연회로

실습과제명	2-6. 시간지연회로		소요 시간 4 H
목 표	① 시간지연 밸브의 용도를 설명할 수 있다. ② 시간지연 밸브를 사용하여 복동실린더의 후진 운동을 일정 시간 제어할 수 있다. ③ 시간지연 밸브의 기호를 그릴 수 있다.		
기계 및 공구	재료명	규 격	안전 및 유의사항
· 공기 압축기 · 공압실습장치 · 수공구 세트	· 복동실린더 · 5/2-way 방향 제어 밸브 · 3/2-way 방향 제어 밸브 · 일방향 유량 제어 밸브 · 공압튜브	ϕ 25×125 m5, 1/8" m5, 1/8" m5, 1/8" ϕ 4, ϕ 6	· 공급되는 압축공기의 압력을 500 [kPa]로 조절한다. · 배관할 때 압축공기의 공급을 차단한다. · 튜브를 정확히 연결하여 공기의 누설을 방지한다. · 실린더의 작동 공간에 장애물이 없어야 한다. · 튜브의 연결과 제거 방법을 알아야 한다. · 일상점검을 통하여 장비와 공구를 유지 관리한다. · 산업안전법규를 준수한다.

장치 설명

1. 공압 복동실린더를 이용하여 드릴 작업 장치를 구성하였다.
2. 드릴 축에 고전된 스프링 압축 홀더와 두 개의 가이드 포스트가 드릴 축에 평행하게 고정되어 있다.
3. 가공 부품을 아래 고정구의 작업 장소에 고정하고 복동실린더가 전진하여 드릴 주축이 하강하면 구멍이 가공된다.
4. 드릴 가공 후 설정 시간이 지난 후 복동실린더는 후진한다.

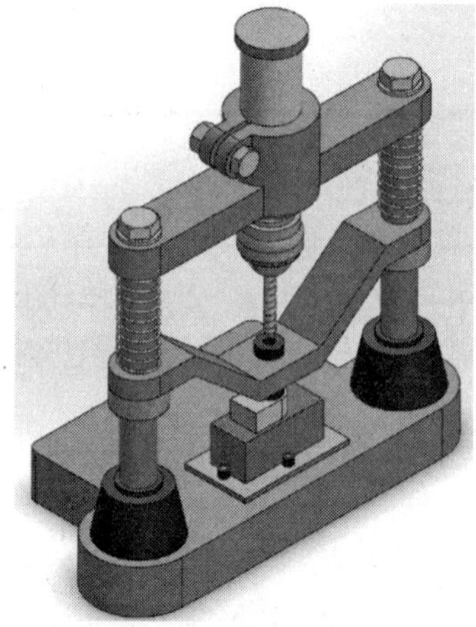

그림 2.6.1 드릴링 장치

관련 지식

1. 시간지연 밸브(time delay valve)

공기압 장치에서의 시간 지연은 유입되는 압축공기의 유량을 조절함으로써 가능한데, 이때 사용하는 밸브를 시간지연 밸브라고 한다. 압축공기 신호를 주면 그 신호로부터 시간을 지연하여 출력을 발생하는 밸브이다.

시간지연의 기능은 신호가 주어진 순간부터 시간을 지연하는 한시지연과 신호가 없어진 순간부터 시간을 지연한 순시지연이 있으며 일반적으로 한시지연의 시간지연 밸브를 사용하는 것이 대부분이다.

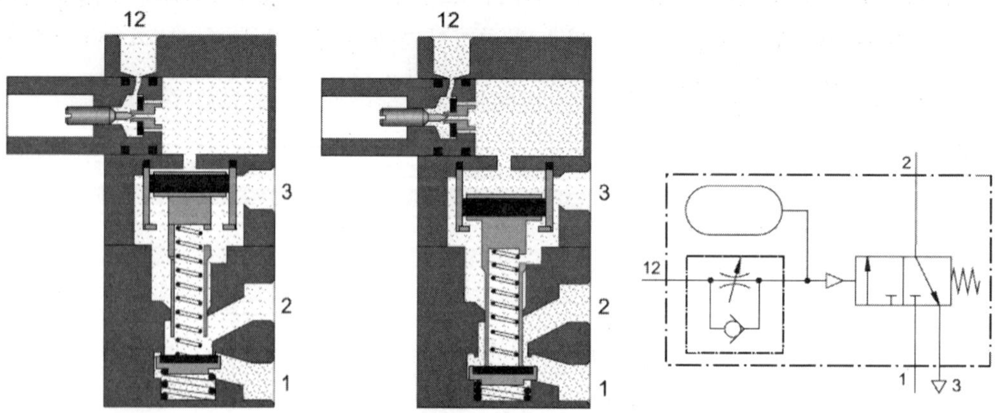

그림 2.6.2 시간지연 밸브

그림 2.6.2는 한시지연의 시간지연 밸브이다. 시간지연 밸브의 구성은 일방향 유량 제어 밸브와 저장탱크 그리고 3포트 2위치 밸브로 구성된다. 밸브의 기호를 표시할 때도 이 세 가지 기호가 모두 그려져야 하고 서로 연결된 상태로 표시되어야 한다. 시간지연 밸브의 제어신호는 제어라인 12에 공급된다. 이 공기는 먼저 일방향 유량 제어 밸브를 통과하는데, 한시지연 밸브의 경우는 교축되는 방향으로 통과한다. 즉 이 밸브 다음에 연결되어 있는 저장탱크를 채워서 3포트 2위치 밸브를 작동시킬 수 있는 압력이 형성될 때까지 시간이 지연되는 것이다. 지연되는 시간의 양은 일방향 유량 제어 밸브의 조절 나사를 이용하면 조절 가능하다. 즉 이 밸브를 잠그면 지연시간은 길어지고 밸브의 조절 나사를 풀어주면 지연시간은 짧아지게 된다.

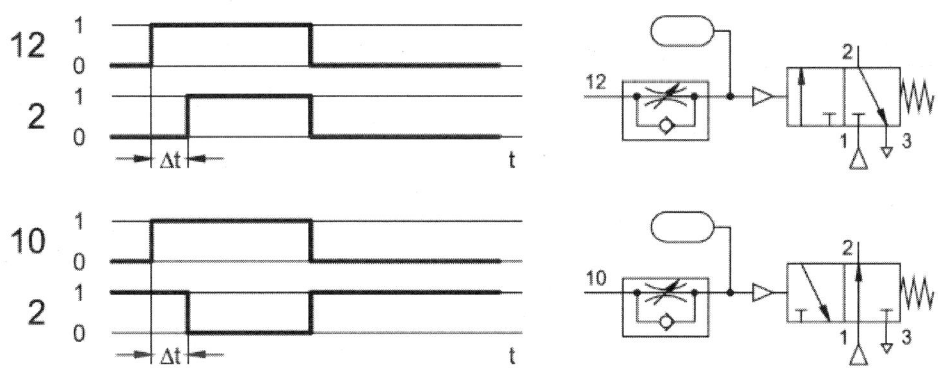

그림 2.6.3 온타임 딜레이 밸브

시간지연 밸브에 사용되는 3포트 2위치 밸브는 정상상태 닫힘형 밸브와 정상상태 열림형 밸브를 사용하는 두 가지 방법이 있다. 그림 2.6.3은 이 밸브들의 작동상태를 블록선도로 나타낸 것이다.

두 가지 밸브 모두 시간이 지연되는 것은 신호가 연결구 12 혹은 연결구 10에 공급된 후이지만, 출력의 발생은 다른 형태를 가지고 있다. 정상상태 닫힘형의 3포트 2위치 밸브를 사용하면 시간이 지연된 후 출력이 발생하지만, 정상상태 열림형의 3포트 2위치 밸브를 사용하면 처음부처 밸브에서 출력이 발생하다가 시간이 지연된 후 출력이 없어지게 된다.

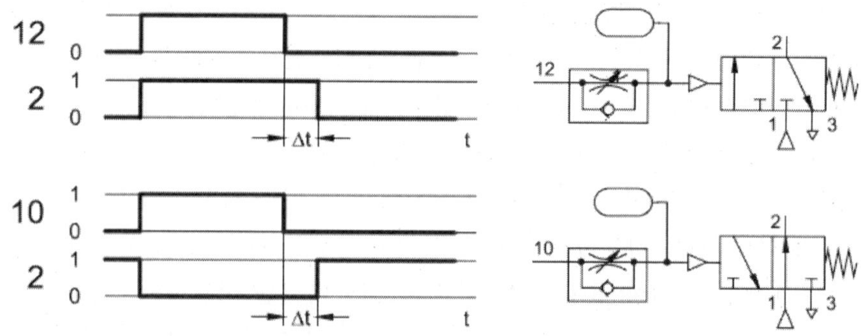

그림 2.6.4 오프타임 딜레이 밸브

그림 2.6.4는 시간지연 밸브에 사용되는 3포트 2위치밸브를 정상상태 닫힘형과 열림형의 두 가지 경우에 대하여 작동상태를 그림으로 나타낸 것이다. 순시지연의 시간 지연은 시간을 지연하기 위한 신호가 공급되면 출력도 동시에 발생하여 3포트 2위치 밸브가 작동하게 된다. 이때 이 밸브가 정상상태 닫힘형이면 출력이 발생하고, 정상상태 열림형이면 출력은 없어지게 된다.

실습 순서

1. 실습 준비

(1) 주어진 과제와 실습 목표를 이해한다.

(2) 압축공기 공급 장치를 개방하여 실습을 준비한다.

(3) 시험 운전하기 전까지 실습 장치의 공압은 차단 밸브에 의해 차단한다.

2. 공압 부품 선정

(1) 제시된 회로도를 사용하여 부품을 선정하게 한다.

(2) 각각의 부품에 표시된 기호와 일치 여부를 확인한다.

3. 공압 부품 배치

(1) 부품의 배치는 서로 방해되지 않도록 충분히 간격을 두고 배치한다.

(2) 부품의 배치는 회로도와 같은 위치에 배치한다.

4. 공압 배관

(1) 공압이 원활하게 전달되도록 적당한 길이의 튜브를 사용한다.

(2) 회로도를 참고하여 각 기호의 연결구 번호와 공압 부품에 표시되어 있는 연결구 번호를

확인하여 정확한 연결구에 연결한다.

(3) 튜브는 연결구 내의 체크밸브를 통과할 수 있도록 완전하게 연결한다.

5. 동작 확인 시험 운전

(1) 실습 장치의 차단 밸브를 열어서 압축공기를 공급한다.

(2) 압력조절기의 압력을 500 [kPa]로 설정한다.

(3) 3/2-way 방향 제어 밸브를 작동시켰을 때 복동실린더가 전진한다.

(4) 복동실린더가 전진한 후 설정시간에 도달하면 실린더가 후진되는지 확인한다.

(5) 시간지연 밸브의 설정 시간을 변화시켜 실린더의 동작을 확인한다.

(6) 질문지 평가를 실시한다.

6. 정리 정돈

(1) 실습장치의 차단 밸브를 닫아서 압축공기 공급을 차단한다.

(2) 공압 튜브를 제거하여 정리한다.

(3) 실린더, 밸브 등 사용된 부품을 제거하여 정리한다.

실습과제명	2-6. 시간지연회로	소요시간 : 4 H

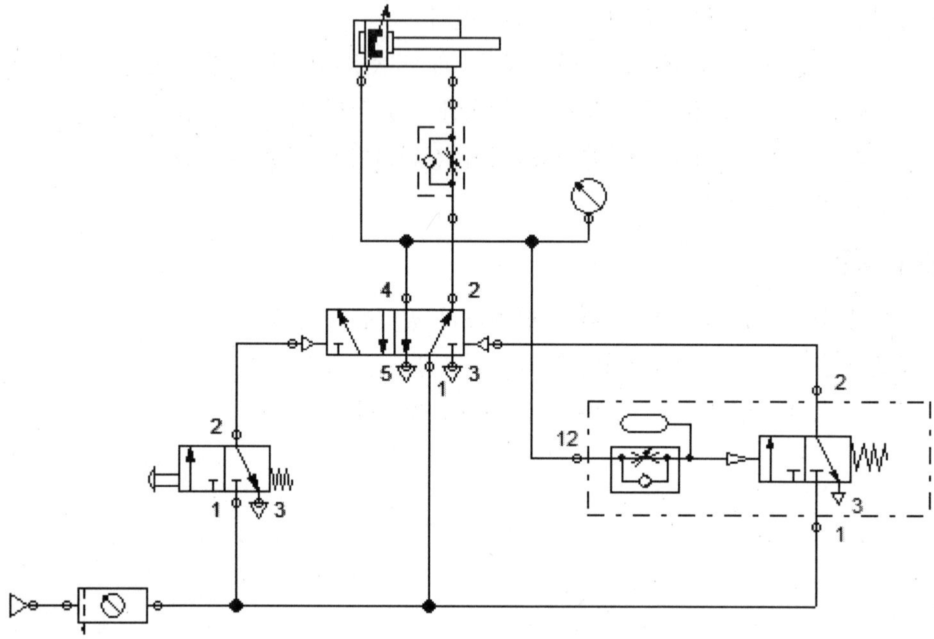

평가자 :	1회 평가 :
	2회 평가 :
	3회 평가 :

평가항목	우수	양호	부진
1. 부품 선정			
2. 부품 배치			
3. 배관			
4. 회로 동작			
5. 질문지			
6. 안전사항			

2-6 질문지 평가

1. 아래의 회로도를 보고 공압 요소의 명칭을 쓰시오.
   (명칭 6개 모두 쓰면 만점, 4개 쓰면 평균, 3개 이상 틀리면 0점))

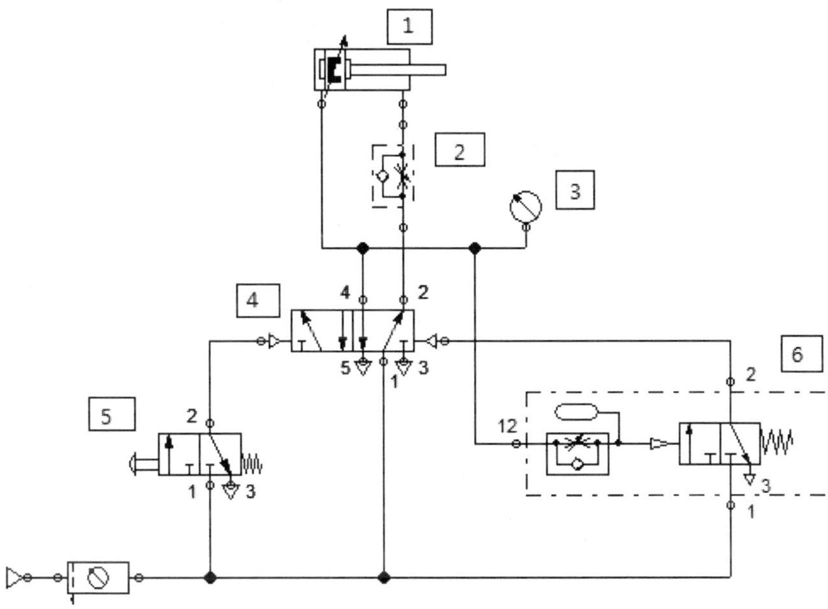

1.

2.

3.

4.

5.

6.

(→ 계 속)

2. 다음 시간지연 밸브의 역할과 구성요소 3개를 쓰시오.

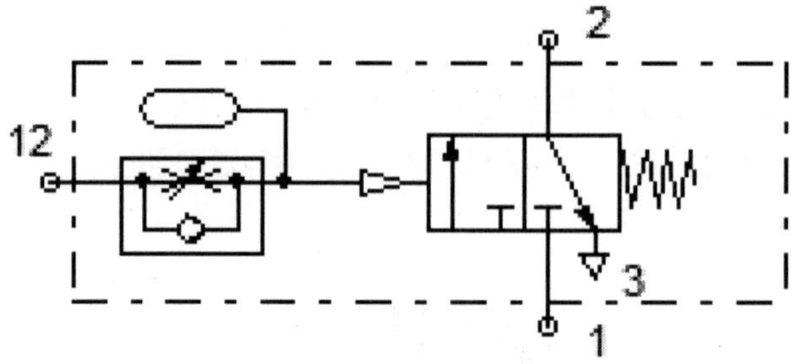

역할 :

1 :

2 :

3 :

2-7. 자동왕복회로

실습과제명	2-7. 자동왕복회로	소요 시간
		4 H
목 표	① 리미트 밸브를 이용하여 자동왕복 회로를 구성할 수 있다. ② 시간지연 밸브를 사용하여 자동왕복회로를 구성할 수 있다.	

기계 및 공구	재료명	규 격	안전 및 유의사항
· 공기 압축기 · 공압실습장치 · 수공구 세트	· 복동실린더 · 5/2-way 방향 제어 밸브 · 3/2-way 방향 제어 밸브 · 일방향 유량 제어 밸브 · 공압튜브	ϕ 25×125 m5, 1/8" m5, 1/8" m5, 1/8" ϕ 4, ϕ 6	· 공급되는 압축공기의 압력을 500 [kPa]로 조절한다. · 배관할 때 압축공기의 공급을 차단한다. · 튜브를 정확히 연결하여 공기의 누설을 방지한다. · 실린더의 작동 공간에 장애물이 없어야 한다. · 튜브의 연결과 제거 방법을 알아야 한다. · 일상점검을 통하여 장비와 공구를 유지 관리한다. · 산업안전법규를 준수한다.

장치 설명

1. 공압 복동실린더를 이용하여 전단 장치를 구성하였다.
2. 얇은 판재를 일정 치수로 전단하려고 복동실린더에 전단 장치를 부착하였다.
3. 판재는 수동으로 테이블에 공급되고 시작 버튼에 의해서 복동실린더의 전진 운동에 의해 전단이 일어난다.
4. 전단 가공 후 복동실린더는 설치되어 있는 리미트 밸브에 의해 자동으로 후진한다.
5. 이후 정지 신호를 줄 때까지 연속 왕복 운동한다.

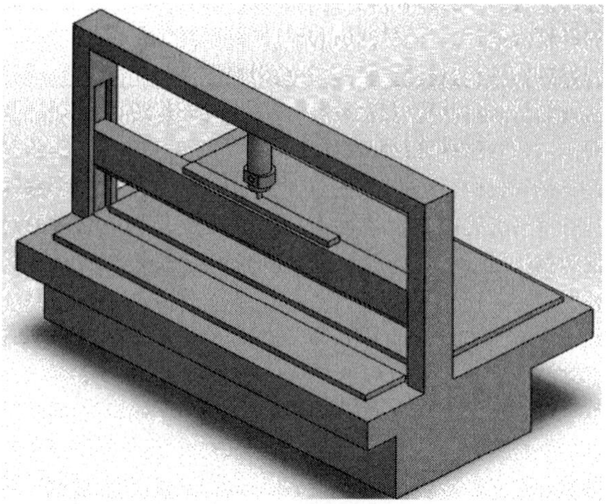

그림 2.7.1 전단 장치

관련 지식

1. 공압 리미트 스위치

공압 리미트 스위치는 압축공기 신호를 출력하는 밸브의 일종이므로 공압 리미트 밸브라 하는 것이 맞지만, 일반적으로 리미트 스위치라 부른다. 그림 2.7.2는 롤러레버 작동과 방향성 롤러레버 작동의 공압 리미트 스위치의 외형과 기호이다. 왼쪽 밸브가 롤러레버이고, 오른쪽 밸브가 방향성 롤러레버이다. 기호는 위쪽이 롤러레버이고, 아래쪽이 방향성 롤러레버이다.

그림 2.7.2 롤러레버와 방향성 롤러레버

2. 공압 리미트 스위치의 활용

공압 복동실린더를 제어하기 위하여 그림 2.7.3의 회로를 구성하였다. 실린더 1A의 초기위치는 후진 운동된 상태이다. 푸시버튼 밸브 1S1을 누르면 밸브 1V1을 작동시킨다. 복동실린더가 전진하고 푸시버튼 밸브 1S1에서 손을 떼어도 밸브 1V1이 신호를 기억하므로 실린더는 계속 전진한다.

전진이 끝나면 리미트 스위치 1S2가 작동하여 밸브 1V1에 반대방향의 신호를 주어 실린더 1A를 후진시킨다. 실린더가 후진을 시작하면 리미트 스위치는 원래의 위치로 복귀한다. 이와 같은 회로를 구성하려면 푸시버튼을 누르면 실린더가 전진운동을 완료할 수 있도록 신호를 기억하는 것이 필요하다. 그리고 자동으로 복귀하려면 전진운동을 완료한 것을 확인할 수 있어야 한다. 즉 리미트 스위치가 센서로 사용되어야 하는 것이다.

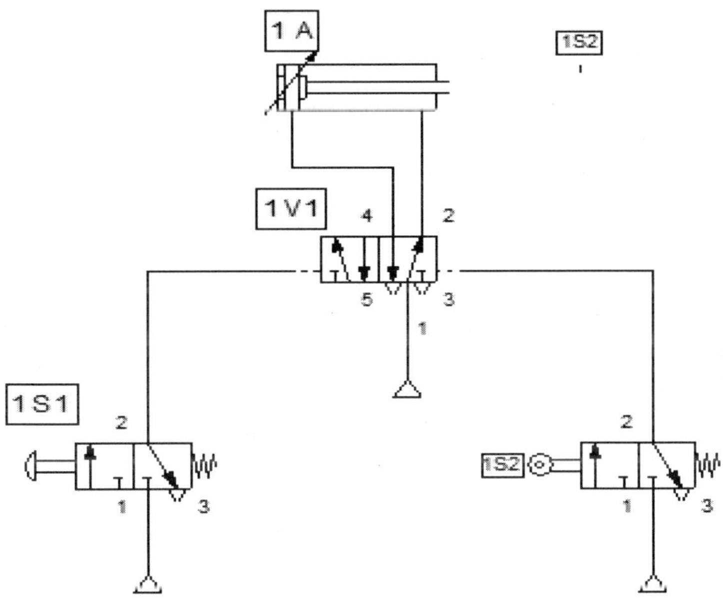

그림 2.7.3 공압 리미트 스위치의 활용

실습 순서

1. 실습 준비

(1) 주어진 과제와 실습 목표를 이해한다.
(2) 압축공기 공급 장치를 개방하여 실습 준비한다.
(3) 시험 운전하기 전까지 실습 장치의 공압은 차단 밸브에 의해 차단한다.

2. 공압 부품 선정

(1) 제시된 회로도를 사용하여 부품을 선정하게 한다.
(2) 각각의 부품에 표시된 기호와 일치 여부를 확인한다.

3. 공압 부품 배치

(1) 부품의 배치는 서로 방해되지 않도록 충분히 간격을 두고 배치한다.
(2) 부품의 배치는 회로도와 같은 위치에 배치한다.

4. 공압 배관

(1) 공압이 원활하게 전달되도록 적당한 길이의 튜브를 사용한다.
(2) 회로도를 참고하여 각 기호의 연결구 번호와 공압 부품에 표시되어 있는 연결구 번호를 확인하여 정확한 연결구에 연결한다.
(3) 튜브는 연결구 내의 체크밸브를 통과할 수 있도록 완전하게 연결한다.

5. 동작 확인 시험 운전

(1) 실습 장치의 차단 밸브를 열어서 압축공기를 공급한다.
(2) 압력조절기의 압력을 500 [kPa]로 설정한다.
(3) 3/2-way 방향 제어 밸브를 작동시켰을 때 복동실린더가 전진한다.
(4) 복동실린더가 전진한 후 공압 리미트 스위치에 도달하면 실린더가 후진되는지 확인한다.
(5) 복동실린더가 연속 왕복 운동하는지 확인한다.
(6) 질문지 평가를 실시한다.

6. 정리 정돈

(1) 실습장치의 차단 밸브를 닫아서 압축공기 공급을 차단한다.
(2) 공압 튜브를 제거하여 정리한다.
(3) 실린더, 밸브 등 사용된 부품을 제거하여 정리한다.

실습과제명	2-7. 자동왕복회로	소요시간 : 4 H

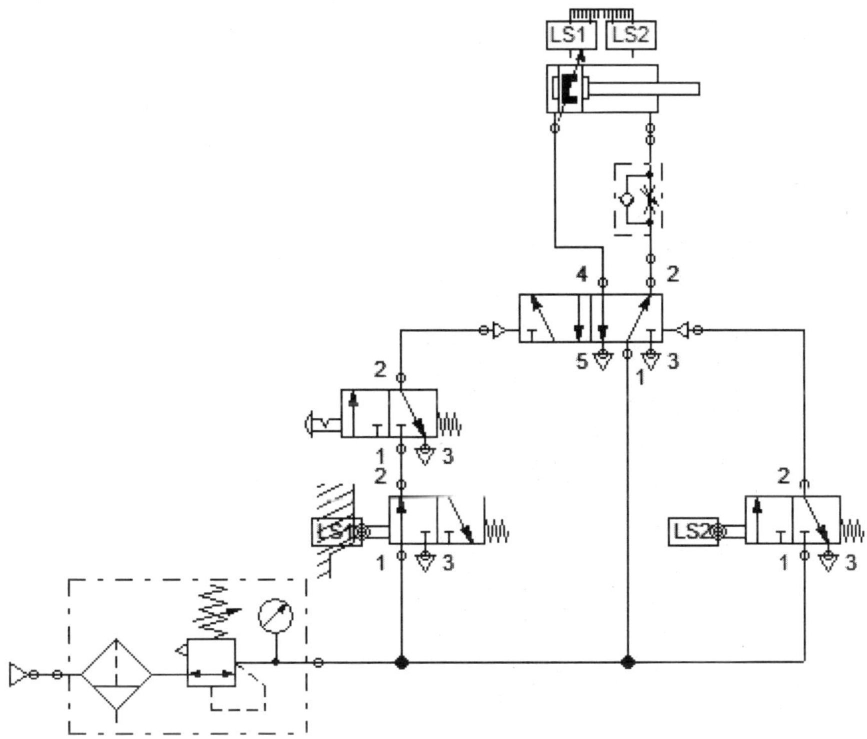

평가자 :	1회 평가 :
	2회 평가 :
	3회 평가 :

평가항목	우수	양호	부신
1. 부품 신징			
2. 부품 배치			
3. 배관			
4. 회로 동작			
5. 질문지			
6. 안전사항			

2-7 질문지 평가

1. 아래의 밸브 구조와 기호를 보고 명칭과 작동 원리를 쓰시오.

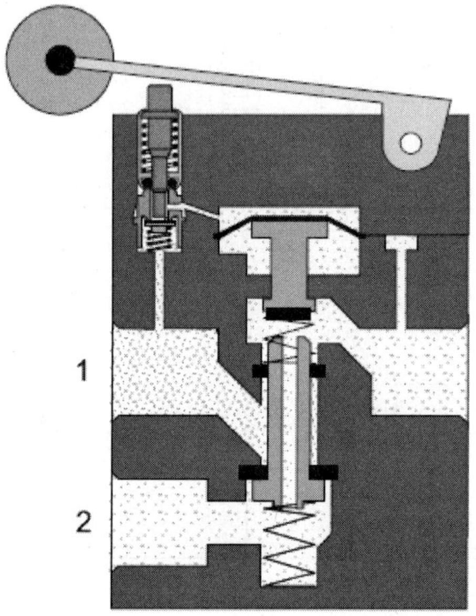

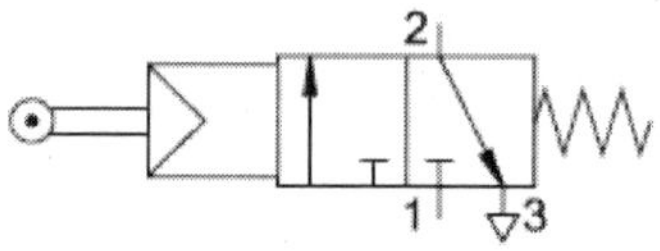

명칭 :

작동 원리 :

2. 아래의 밸브 구조와 기호를 보고 명칭과 작동 원리를 쓰시오.

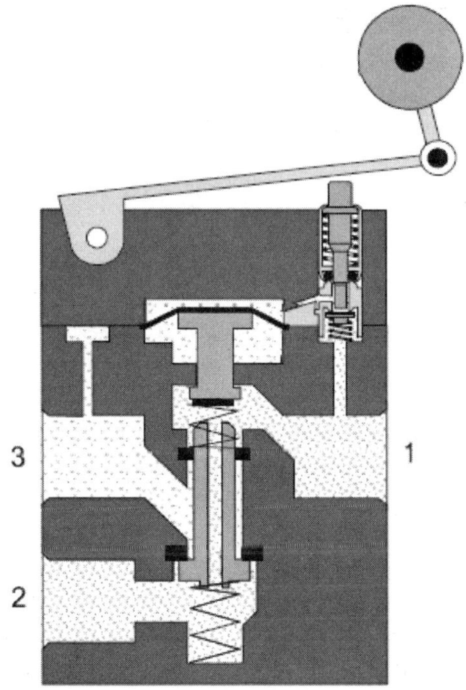

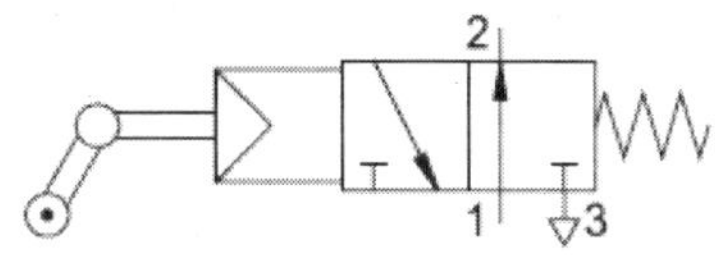

명칭 :

작동 원리 :

2-8. 2개의 복동실린더 시퀀스회로

실습과제명	2-8. 2개의 복동실린더 시퀀스회로		소요 시간 4 H
목 표	① 2개의 복동실린더를 이용하여 시퀀스회로를 구성할 수 있다. ② 시퀀스의 변위 단계 선도를 그릴 수 있다.		
기계 및 공구	재료명	규 격	안전 및 유의사항
· 공기 압축기 · 공압실습장치 · 수공구 세트	· 복동실린더 · 5/2-way 방향 제어 밸브 · 3/2-way 방향 제어 밸브 · 공압튜브	ϕ 25×125 m5, 1/8" m5, 1/8" ϕ 4, ϕ 6	· 공급되는 압축공기의 압력을 500 [kPa]로 조절한다. · 배관할 때 압축공기의 공급을 차단한다. · 튜브를 정확히 연결하여 공기의 누설을 방지한다. · 실린더의 작동 공간에 장애물이 없어야 한다. · 튜브의 연결과 제거 방법을 알아야 한다. · 일상점검을 통하여 장비와 공구를 유지 관리한다. · 산업안전법규를 준수한다.

장치 설명

1. 두 개의 공압 복동실린더를 사용하여 매거진의 부품을 슈트로 이동하려고 한다.
2. 시작 버튼을 누르면 실린더 1A가 전진하여 매거진의 부품을 밀어낸다.
3. 부품의 이송이 완료되면 슈트로 밀어내기 위하여 실린더 2A가 전진하여 부품을 슈트로 밀어낸다.
4. 부품을 슈트로 밀어내면 1A 실린더가 후진한다.
5. 1A 실린더가 후진을 완료하면 2A 실린더가 후진된다.

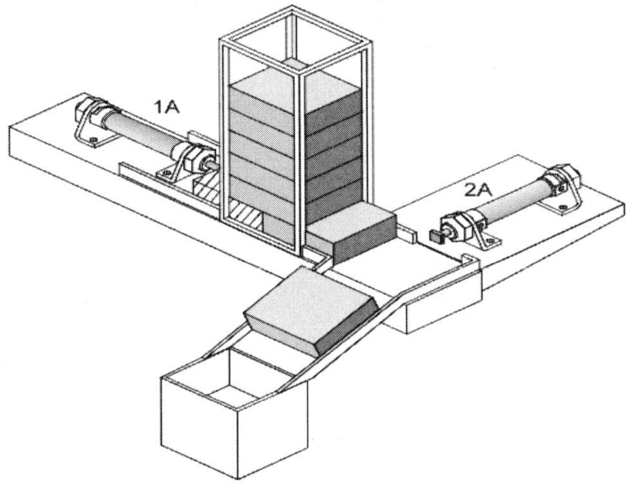

그림 2.8.1 부품 이송 장치

관련 지식

1. 변위 단계 선도 그리기

변위 단계 선도는 실린더를 동작시키는 입력신호와 실린더 동작의 관계를 각 단계별로 나타낸 것이다. 실린더의 동작순서와 작업조건을 이용하여 그림 2.8.2와 같이 변위 단계 선도를 작성한다.

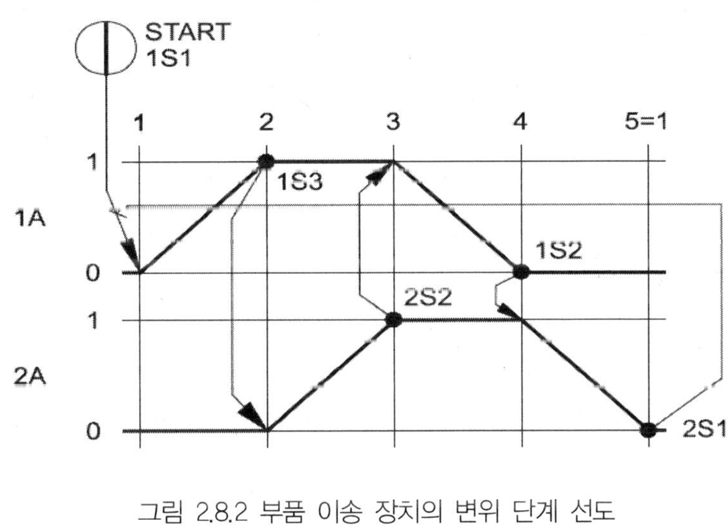

그림 2.8.2 부품 이송 장치의 변위 단계 선도

그림 2.8.3을 보면서 1A와 2A 실린더의 동작순서를 그릴 수 있도록 준비한다. 작업을 완성하는 사이클을 구성하는 단계를 준비한다.

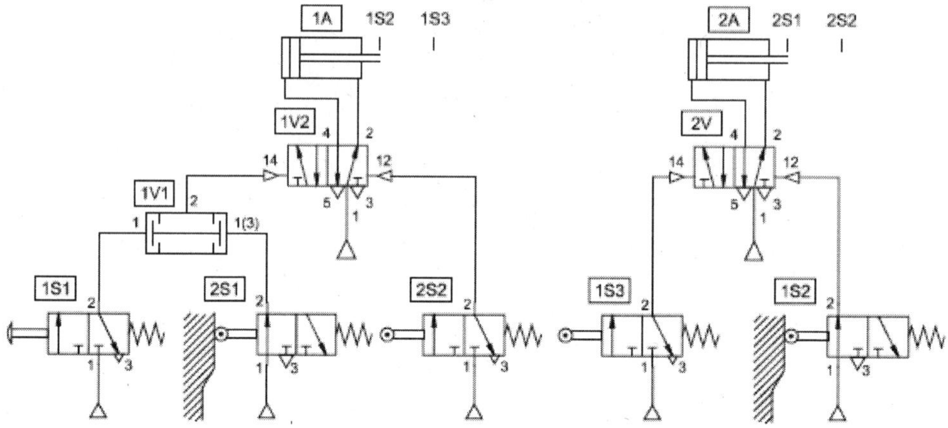

그림 2.8.3 초기 회로 상태

실린더의 작동 순서를 표시한다. 작동 순서는 작업의 내용에 따라 1A+, 2A+, 1A-, 2A- 순서이다. 작업의 첫 번째 동작인 1A 실린더의 전진 조건을 표시한다. 전진은 START 스위치 1S1의 작동과 사이클의 마지막 동작인 2A 실린더가 후진한 것을 확인하는 리미트 스위치 2S1이 작동한 것을 확인한다. 기호를 1A로 하는 것은 1번 그룹의 액추에이터(A)라는 의미이고 1S1은 1번 그룹의 스위치(S) 1번, 2S1은 2번 그룹의 스위치 1번이라는 의미이다.

두 번째 동작 2A 실린더의 전진운동을 위한 조건을 표시한다. 실린더 1A가 전진운동을 완료하였을 때 작동하는 1S3 리미트 스위치로부터 신호가 공급되는 것을 화살표로 표시한다. 세 번째 동작 1A 실린더의 후진운동 조건을 표시한다. 2A 실린더가 전진운동을 완료하였을 때 작동하는 리미트 스위치 2S2로부터 신호가 공급된다.

마지막 동작인 2A 실린더의 후진운동은 1A 실린더가 후진운동을 완료한 것을 확인하는 리미트 스위치 1S2로부터 신호가 있어야 한다.

2. 회로도 구성 준비하기

(1) 공압 장치를 작동하기 위하여 필요한 공압 요소를 선정한다.

(2) 회로를 구성하기 위하여 각 공압 요소의 기호를 정하고 배치한다.

(3) 회로도를 구성하기 위해 필요한 공압 요소는 복동실린더, 리미트 스위치, 3포트 2위치 밸브, AND 밸브, 5포트 2위치 밸브 등이다.

실습 순서

1. 실습 준비

(1) 주어진 과제와 실습 목표를 이해한다.
(2) 압축공기 공급 장치를 개방하여 실습 준비한다.
(3) 시험 운전하기 전까지 실습 장치의 공압은 차단 밸브에 의해 차단한다.

2. 공압 부품 선정

(1) 제시된 회로도를 사용하여 부품을 선정하게 한다.
(2) 각각의 부품에 표시된 기호와 일치 여부를 확인한다.

3. 공압 부품 배치

(1) 부품의 배치는 서로 방해되지 않도록 충분히 간격을 두고 배치한다.
(2) 부품의 배치는 회로도와 같은 위치에 배치한다.

4. 공압 배관

(1) 공압이 원활하게 전달되도록 적당한 길이의 튜브를 사용한다.
(2) 회로도를 참고하여 각 기호의 연결구 번호와 공압 부품에 표시되어 있는 연결구 번호를 확인하여 정확한 연결구에 연결한다.
(3) 튜브는 연결구 내의 체크밸브를 통과할 수 있도록 완전하게 연결한다.

5. 동작 확인 시험 운전

(1) 실습 장치의 차단 밸브를 열어서 압축공기를 공급한다.
(2) 압력조절기의 압력을 500 [kPa]로 설정한다.
(3) 3/2-way 방향 제어 밸브를 작동시켰을 때 복동실린더 1A가 전진한다.
(4) 복동실린더 1A가 전진한 후 복동실린더 1B 실린더가 전진되는지 확인하다
(5) 복동실린더 1B가 전진 완료 후 복동실린더 1A가 후진되는지 확인한다.
(6) 복동실린더 1A가 후진 완료 후 복동실린더 1B가 후진되는지 확인한다.
(7) 질문지 평가를 실시한다.

6. 정리 정돈

(1) 실습장치의 차단 밸브를 닫아서 압축공기 공급을 차단한다.
(2) 공압 튜브를 제거하여 정리한다.
(3) 실린더, 밸브 등 사용된 부품을 제거하여 정리한다.

실습과제명	2-8. 2개의 복동실린더 시퀀스회로	소요시간 : 4 H

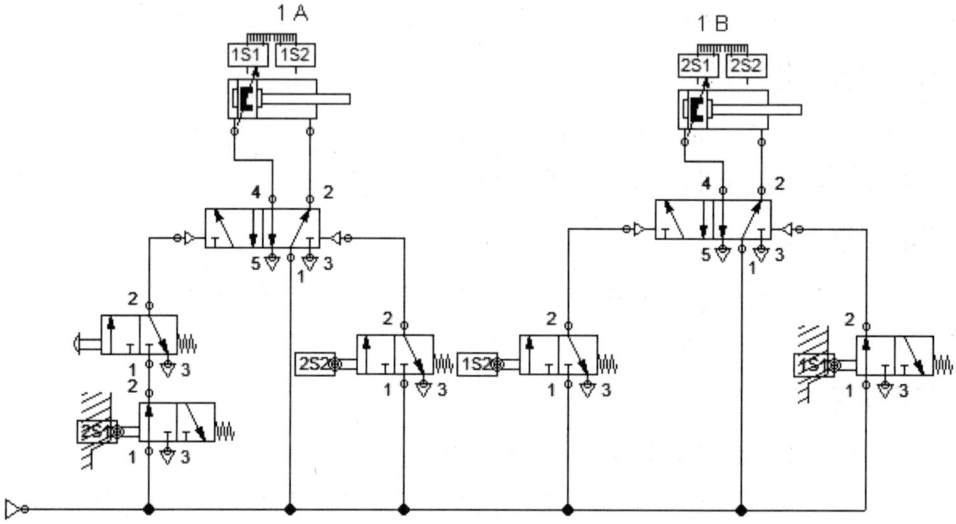

평가자 :	1회 평가 :
	2회 평가 :
	3회 평가 :

평가항목	우수	양호	부진
1. 부품 선정			
2. 부품 배치			
3. 배관			
4. 회로 동작			
5. 질문지			
6. 안전사항			

2-8 질문지 평가

1. 아래 변위 단계 선도의 빈칸을 완성하시오.

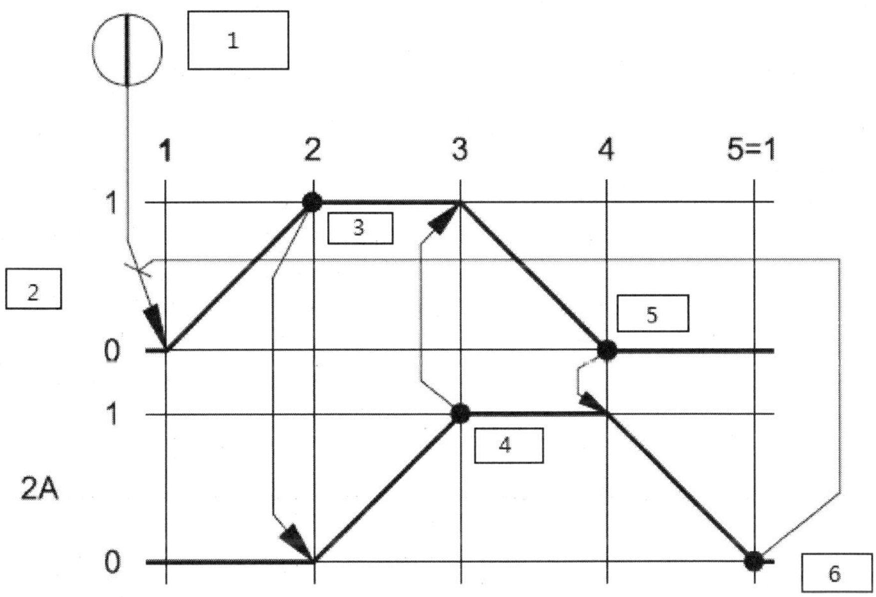

2. 위 그림에서 각 스텝별로 입력신호와 출력을 나타내시오.
   (예 : 입력 신호 – 푸시버튼 스위치와 2S1, 출력 – 실린더 1A 전진)

(1)

(2)

(3)

(4)

2-9. 신호간섭 방지 시퀀스회로

<table>
<tr><th rowspan="2">실습과제명</th><th colspan="2" rowspan="2">2-9. 신호간섭 방지 시퀀스회로</th><th>소요 시간</th></tr>
<tr><th>4 H</th></tr>
<tr><td>목 표</td><td colspan="3">① 2개의 복동실린더를 이용하여 시퀀스회로를 구성할 수 있다.
② 시퀀스의 변위 단계 선도를 그릴 수 있다.
③ 신호간섭 방지회로를 구성할 수 있다.</td></tr>
<tr><th>기계 및 공구</th><th>재료명</th><th>규 격</th><th>안전 및 유의사항</th></tr>
<tr><td>· 공기 압축기
· 공압실습장치
· 수공구 세트</td><td>· 복동실린더
· 5/2-way 방향 제어 밸브
· 3/2-way 방향 제어 밸브
· 공압튜브</td><td>ϕ 25×125
m5, 1/8"

m5, 1/8"

ϕ 4, ϕ 6</td><td>· 공급되는 압축공기의 압력을 500 [kPa]로 조절한다.
· 배관할 때 압축공기의 공급을 차단한다.
· 튜브를 정확히 연결하여 공기의 누설을 방지한다.
· 실린더의 작동 공간에 장애물이 없어야 한다.
· 튜브의 연결과 제거 방법을 알아야 한다.
· 일상점검을 통하여 장비와 공구를 유지 관리한다.
· 산업안전법규를 준수한다.</td></tr>
</table>

장치 설명

1. 두 개의 공압 복동실린더를 사용하여 부품을 페인팅 욕조에서 페인팅하려고 한다.
2. 시작 버튼을 누르면 로드레스실린더 A1.0가 전진하여 실린더 B2.0의 후크에 매달려 있는 부품을 페인팅 욕조 위치로 이동시킨다.
3. 부품의 페인팅 욕조 위치로 이동이 완료되면 실린더 B2.0이 전진하여 부품을 욕조에 담근다.
4. 실린더 B2.0이 전진 완료하면 즉시 후진한다.
5. 실린더 B2.0이 후진 완료하면 로드레스실린더 A1.0가 후진된다.

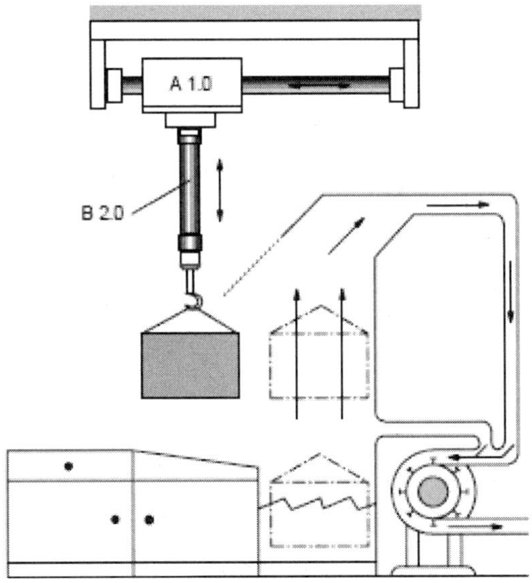

그림 2.9.1 페인팅 욕조

관련 지식

1. 신호간섭 해결

시퀀스 제어 시스템은 여러 개의 액추에이터들이 정해진 순서대로 작동해야 하며, 이 순서를 지키기 위해 많은 센서들을 사용해야 한다. 이 센서들은 액추에이터가 동작하면서 작동하게 되고, 액추에이터는 센서의 동작으로 작동하게 된다.

이때 하나의 액추에이터 동작에 대하여 서로 반대동작을 하도록 신호가 발생하기도 한다. 이를 제어 신호의 간섭(signal overlap) 혹은 중첩이라 한다. 제어 회로도를 작성하려면 시스템의 구성 내용을 명확히 하기 위하여 변위 단계 선도를 그린다. 그 후 신호의 간섭이 발생되는 위치를 찾아내고 간섭현상 제거 방법을 결정한다.

제어 신호의 중첩 현상을 파악하기 위해서는 리미트 스위치의 작동상태를 나타내는 제어선도를 작성해보면 실린더의 상반된 제어 신호가 같이 존재하고 있는가를 파악할 수 있다. 이를 그림 2.9.2를 예로 들어 설명하기로 한다.

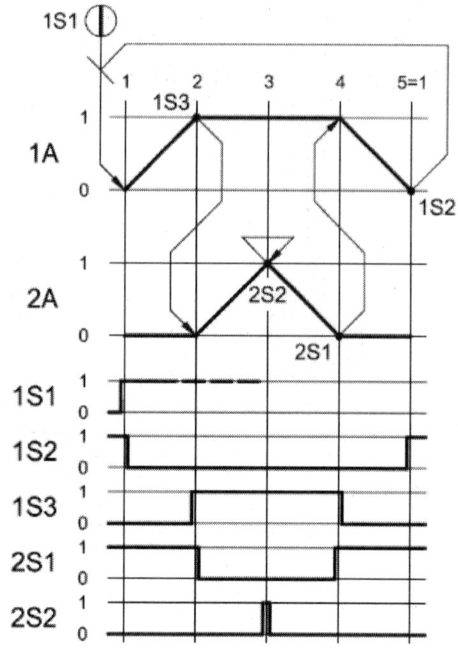

그림 2.9.2 변위 단계 선도와 신호

제어선도에서 실린더 1A의 전진운동 신호는 1S1과 1S2가 모두 작동해야 하고 후진운동은 2S1의 작동으로 시작한다. 그런데 사이클의 시작에서 이 두 신호는 동시에 존재하기 때문에 간섭이 생기게 된다. 또한 실린더 2A의 전진운동 신호인 1S3과 후진운동 신호인 2S2 세 번째 스텝의 시작에서 동시에 존재한다. 역시 간섭이 발생하는 것이다. 이와 같은 간섭이 발생하면 간섭을 없앨 수 있는 방법으로 회로를 구성해야 한다.

방법에는 기구적인 장치를 이용하는 방법과 간섭신호가 없어질 수 있도록 논리적으로 회로를 구성하는 방법이 있다. 예를 들어 리미트 스위치가 작동하여 출력을 발생한다면 이는 동력이 공급되고 리미트 스위치가 기계적으로 작동되어야 한다는 AND 논리를 만족하고 있는 것이다. 논리적인 방법으로 시스템을 구성하여 간섭이 발생하지 않도록 하는 것은 신호가 필요할 때 리미트 스위치에 동력이 공급될 수 있도록 회로를 구성하는 방법이다. 실제로 제어 시스템을 구성할 때 이와 같은 논리적인 방법을 이용하는 것이 기구적인 방법을 이용하는 것보다 더욱 안정된 방법으로 시스템을 구성하는 것이다.

2. 방향성 리미트 밸브

신호간섭이 발생하였을 때 제거해야 할 제어 신호가 리미트 스위치로부터 나오는 것이라면 작동될 때 방향성을 가지고 있는 리미트 스위치를 이용하여 불필요한 신호를 제거할 수 있다.

방향성 리미트 스위치는 한쪽 방향으로만 작동되는 리미트 스위치이며, 그림 2.9.3은 이

스위치의 기호와 이 스위치가 실린더의 운동 위치를 확인하기 위하여 설치되어 있는 형태를 나타낸다.

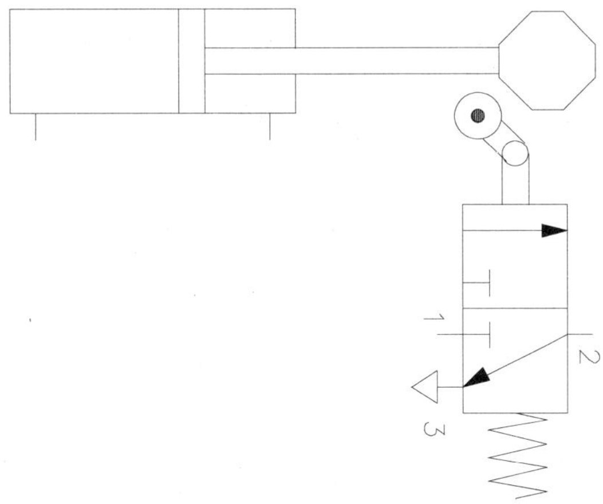

그림 2.9.3 방향성 리미트 밸브의 사용

3. 정상상태 열림 시간지연 밸브

공압 타이머를 사용하는 방법은 정상상태 열림형의 시간지연 밸브를 그림 2.9.4와 같이 연결하고 유량 조절 밸브를 적절히 조절하여 펄스 신호를 얻는 방법이다.

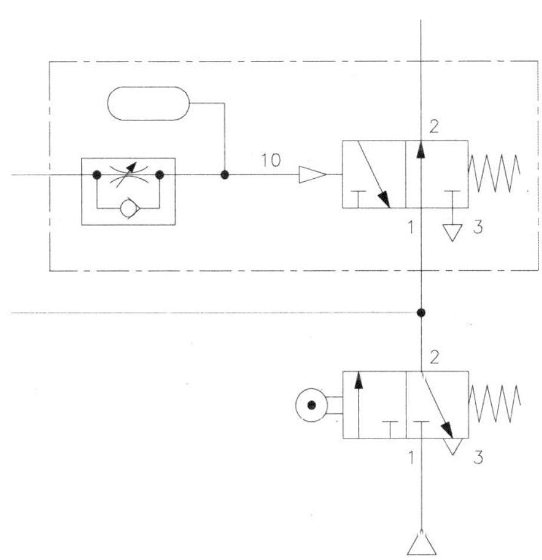

그림 2.9.4 공압 타이머의 사용

실습 순서

1. 실습 준비

(1) 주어진 과제와 실습 목표를 이해한다.
(2) 압축공기 공급 장치를 개방하여 실습 준비한다.
(3) 시험 운전하기 전까지 실습 장치의 공압은 차단 밸브에 의해 차단한다.

2. 공압 부품 선정

(1) 제시된 회로도를 사용하여 부품을 선정하게 한다.
(2) 각각의 부품에 표시된 기호와 일치 여부를 확인한다.

3. 공압 부품 배치

(1) 부품의 배치는 서로 방해되지 않도록 충분히 간격을 두고 배치한다.
(2) 부품의 배치는 회로도와 같은 위치에 배치한다.

4. 공압 배관

(1) 공압이 원활하게 전달되도록 적당한 길이의 튜브를 사용한다.
(2) 회로도를 참고하여 각 기호의 연결구 번호와 공압 부품에 표시되어 있는 연결구 번호를 확인하여 정확한 연결구에 연결한다.
(3) 튜브는 연결구 내의 체크밸브를 통과할 수 있도록 완전하게 연결한다.

5. 동작 확인 시험 운전

(1) 실습 장치의 차단 밸브를 열어서 압축공기를 공급한다.
(2) 압력조절기의 압력을 500 [kPa]로 설정한다.
(3) 3/2-way 방향 제어 밸브를 작동시켰을 때 복동실린더 1A가 전진한다.
(4) 복동실린더 1A가 전진한 후 복동실린더 1B실린더가 전진되는지 확인한다.
(5) 복동실린더 1B가 전진 완료 후 복동실린더 1B가 후진되는지 확인한다.
(6) 복동실린더 1B가 후진 완료 후 복동실린더 1A가 후진되는지 확인한다.
(7) 질문지 평가를 실시한다.

6. 정리 정돈

(1) 실습장치의 차단 밸브를 닫아서 압축공기 공급을 차단한다.
(2) 공압 튜브를 제거하여 정리한다.
(3) 실린더, 밸브 등 사용된 부품을 제거하여 정리한다.

실습과제명	2-9. 신호간섭 방지 시퀀스회로	소요시간 : 4 H

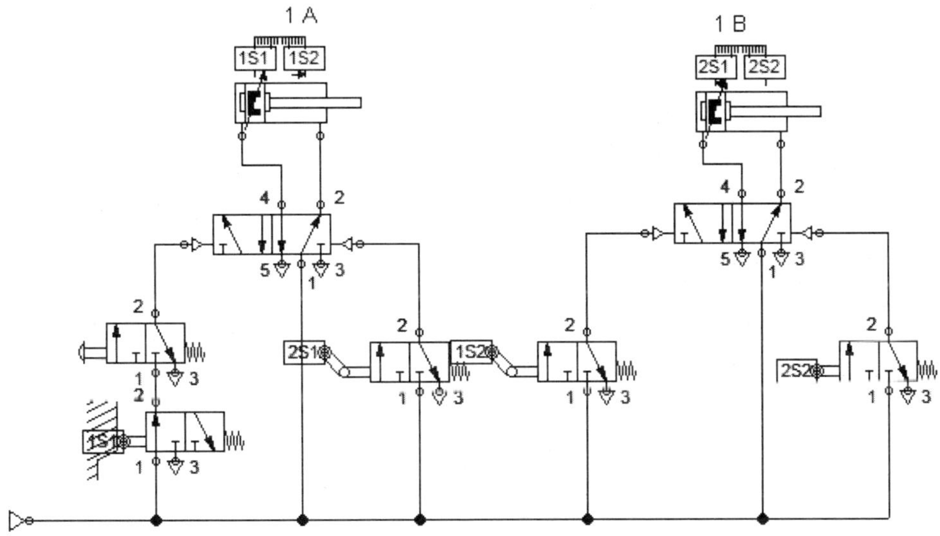

평가자 :	1회 평가 :
	2회 평가 :
	3회 평가 :

평가항목	우수	양호	부진
1. 부품 선정			
2. 부품 배치			
3. 배관			
4. 회로 동작			
5. 질문지			
6. 안전사항			

2-9 질문지 평가

1. 아래의 회로도에 빈칸을 완성하시오.

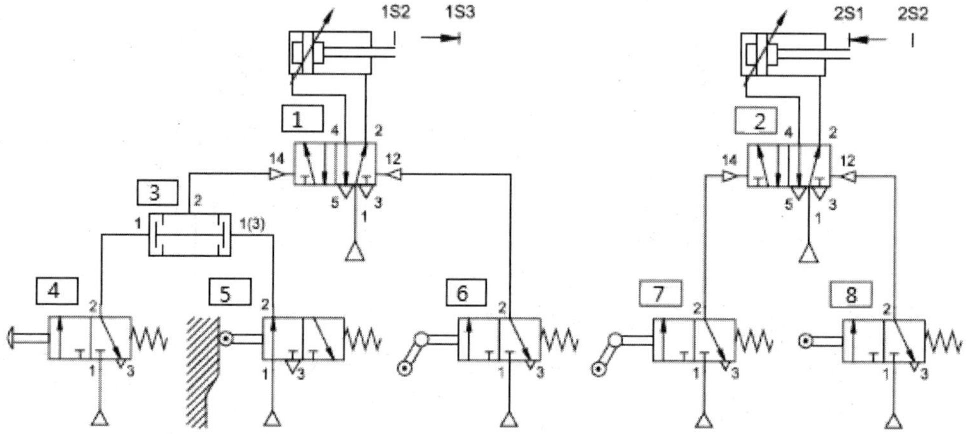

2. 위 그림에서 각 요소의 명칭과 용도를 쓰시오. (예 : 4 : 3/2-WAY 밸브 : 시작 버튼 ; 5/2-WAY 밸브에 신호를 주어 실린더 1A를 전진)

(1)

(2)

(3)

(4)

(5)

(6)

(7)

(8)

2-10. 캐스케이드회로

실습과제명	2-10. 캐스케이드회로		소요 시간
			4 H
목 표	① 2개의 복동실린더를 이용하여 시퀀스회로를 구성할 수 있다. ② 시퀀스의 변위 단계 선도를 그릴 수 있다. ③ 캐스케이드 방법을 사용하여신호간섭 방지회로를 구성할 수 있다.		
기계 및 공구	재료명	규 격	안전 및 유의사항
· 공기 압축기 · 공압실습장치 · 수공구 세트	· 복동실린더 · 5/2-way 방향 제어 밸브 · 3/2-way 방향 제어 밸브 · 공압튜브	ϕ 5×125 m5, 1/8" m5, 1/8" ϕ 4, ϕ 6	· 공급되는 압축공기의 압력을 500 [kPa]로 조절한다. · 배관할 때 압축공기의 공급을 차단한다. · 튜브를 정확히 연결하여 공기의 누설을 방지한다. · 실린더의 작동 공간에 장애물이 없어야 한다. · 튜브의 연결과 제거 방법을 알아야 한다. · 일상점검을 통하여 장비와 공구를 유지 관리한다. · 산업안전법규를 준수한다.

장치 설명

1. 두 개의 공압 복동실린더를 사용하여 부품을 페인팅 욕조에서 페인팅하려고 한다.
2. 시작 버튼을 누르면 로드레스실린더 A1.0가 전진하여 실린더 B2.0의 후크에 매달려 있는 부품을 페인팅 욕조 위치로 이동시킨다.
3. 부품의 페인팅 욕조 위치로 이동이 완료되면 실린더 B2.0이 전진하여 부품을 욕조에 담근다.
4. 실린더 B2.0이 전진 완료하면 즉시 후진한다.
5. 실린더 B2.0이 후진 완료하면 로드레스실린더 A1.0가 후진된다.

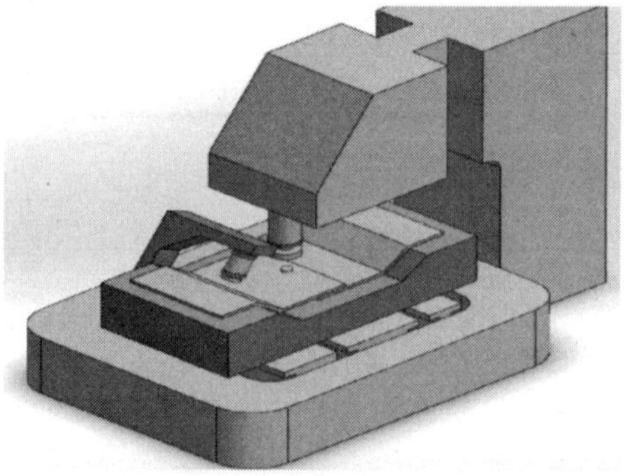

그림 2.10.1 Painting Equipment

관련 지식

1. 메모리 밸브를 사용한 신호간섭 해결

신호의 간섭은 액추에이터의 작동을 위한 신호가 필요 없이 길게 존재하기 때문에 발생한다. 리미트 밸브는 액추에이터가 운동하면서 기구적으로 작동하기 때문에 인위적으로 출력신호를 짧게 하는 것은 불가능하다.

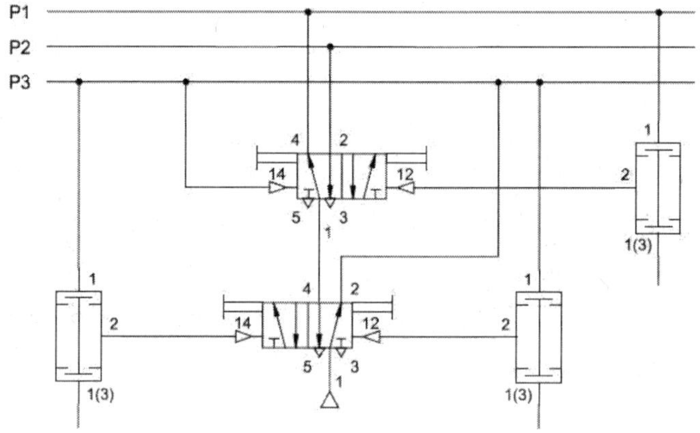

그림 2.10.2 메모리 밸브를 이용한 신호간섭 해결

그러나 메모리 밸브를 사용하면 출력 신호가 필요할 때 밸브에 출력이 발생하도록 할 수 있다. 5포트 2위치 밸브는 두 개의 작업라인을 가지고 있는데, 이 두 개의 작업라인에 압축공기 출력이 동시에 발생하는 경우는 없고 반드시 한 개만의 추력이 발생한다. 즉 이 밸브를 사용하면 제어 시스템에서 두 개의 간섭이 있는 경우에 신호를 분리하여 공급할 수 있으므로 간섭 신호를 없앨 수 있다.

간섭 신호가 세 군데에서 발생하는 경우 5포트 2위치 밸브 두 개를 사용한다. 세 개의 분리된 신호가 필요하기 때문이다. 그림 2.10.2와 같이 두 개의 5포트 2위치 밸브를 직렬로 연결하면 동시에 발생하지 않는 세 개의 출력을 만들 수 있다. 메모리형의 5포트 2위치 밸브를 사용하여 간섭 신호를 제거하는 방법을 캐스케이드(cascade) 방법이라 한다.

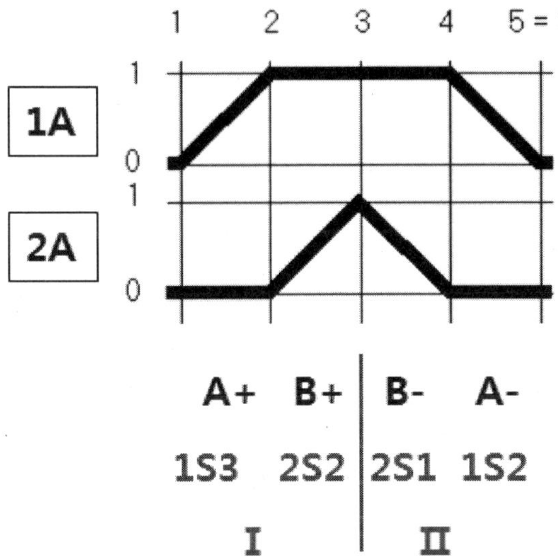

그림 2.10.3 신호 그룹의 구분

신호 그룹을 구분하는 것은 제어 시스템의 첫 번째 동작부터 다음 동작을 비교하여 간섭이 발생할 가능성이 있는지 조사하는 것으로 구분한다. 그림 2.10.3의 첫 번째 동작인 A+와 B+는 전혀 간섭이 발생하지 않는다. 그러나 B-의 동작까지 하나의 신호 그룹으로 한다면 B+의 동작과 간섭을 일으킬 가능성이 있다. 그러므로 B-의 동작부터 서로 다른 신호 그룹으로 분리하는 것이다. 그리고 B-의 동작과 다음 동작인 A-의 동작은 간섭을 일으키지 않는다. 그러므로 이 제어 시스템은 두 개의 신호 그룹을 사용하면 간섭을 발생시키지 않는 시스템으로 구성할 수 있는 것이다.

1S3, 2S2, 2S1, 1S2는 제어 시스템을 구성할 때 사용되는 리미트 밸브의 기호이다. 체크백신호(check back signal)라고 부르며 해당되는 단계의 동작이 완료되면 작동되는 리미트 밸브의 기호이다.

그림 2.10.4는 이와 같은 방법으로 그려진 회로도이다.

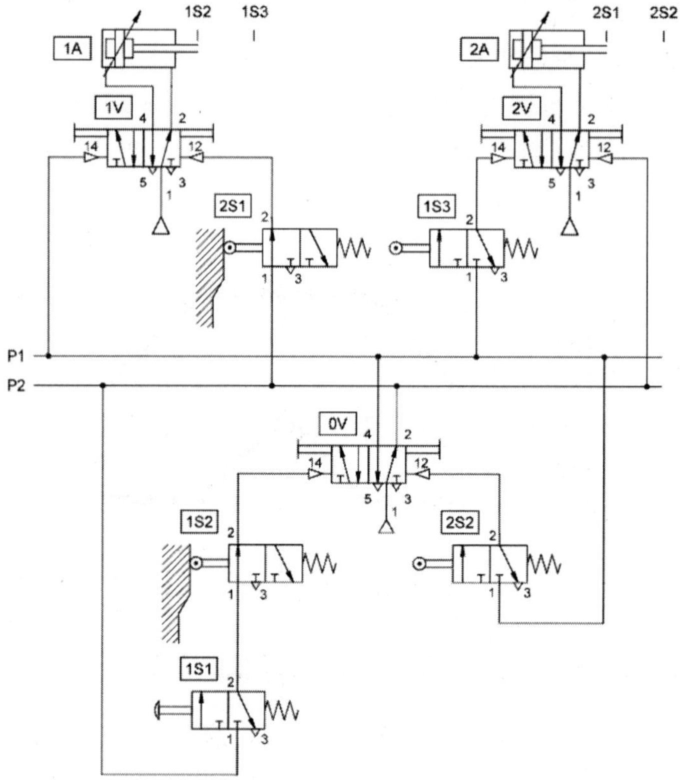

그림 2.10.4 캐스케이드 방법(A+ B+ B– A–)

그림 2.10.4의 회로도에서 두 개의 신호 그룹은 P1과 P2로 표시되어 있다. A+와 B+의 동작은 P1으로부터 압축공기 신호를 공급받고 있다. 단 B+의 동작은 A+ 동작이 완료된 후 리미트 밸브 1S3가 동작되어야 B+의 동작이 이루어진다. B-와 A-의 동작은 P2라인과 연결되어 있고 A-의 동작은 2S1 리미트 밸브의 작동과 P2에 압축공기가 공급되고 있는 것을 확인하는 것이다.

실습 순서

1. 실습 준비

(1) 주어진 과제와 실습 목표를 이해한다.
(2) 압축공기 공급 장치를 개방하여 실습 준비한다.
(3) 시험 운전하기 진까지 실습 장치의 공압은 차단 밸브에 의해 차단한다.

2. 공압 부품 선정

(1) 제시된 회로도를 사용하여 부품을 선정하게 한다.
(2) 각각의 부품에 표시된 기호와 일치 여부를 확인한다.

3. 공압 부품 배치

(1) 부품의 배치는 서로 방해되지 않도록 충분히 간격을 두고 배치한다.
(2) 부품의 배치는 회로도와 같은 위치에 배치한다.

4. 공압 배관

(1) 공압이 원활하게 전달되도록 적당한 길이의 튜브를 사용한다.
(2) 회로도를 참고하여 각 기호의 연결구 번호와 공압 부품에 표시되어 있는 연결구 번호를 확인하여 정확한 연결구에 연결한다.
(3) 튜브는 연결구 내의 체크밸브를 통과할 수 있도록 완전하게 연결한다.

5. 동작 확인 시험 운전

(1) 실습 장치의 차단 밸브를 열어서 압축공기를 공급한다.
(2) 압력조절기의 압력을 500 [kPa]로 설정한다.
(3) 3/2-way 방향 제어 밸브를 작동시켰을 때 복동실린더 1A가 전진한다.
(4) 복동실린더 1A가 전진한 후 복동실린더 1B실린더가 전진되는지 확인한다.
(5) 복동실린더 1B가 전진 완료 후 복동실린더 1B가 후진되는지 확인한다.
(6) 복동실린더 1B가 후진 완료 후 복동실린더 1A가 후진되는지 확인한다.
(7) 질문지 평가를 실시한다.

6. 정리 정돈

(1) 실습장치의 차단 밸브를 닫아서 압축공기 공급을 차단한다.
(2) 공압 튜브를 제거하여 정리한다.
(3) 실린더, 밸브 등 사용된 부품을 제거하여 정리한다.

실습과제명	2-10. 캐스케이드회로	소요시간 : 4 H

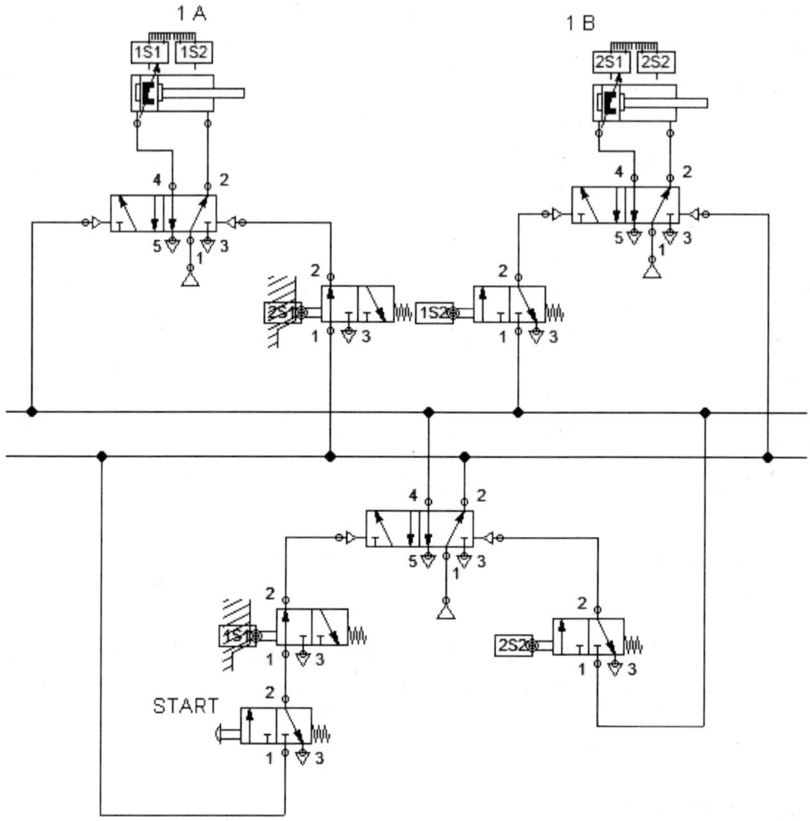

평가자 :	1회 평가 :
	2회 평가 :
	3회 평가 :

평가항목	우수	양호	부진
1. 부품 선정			
2. 부품 배치			
3. 배관			
4. 회로 동작			
5. 질문지			
6. 안전사항			

2-10 질문지 평가

1. A+ A- B+ B- 회로를 구성하기 위한 변위 단계 선도를 작성하고 신호간섭 해결 방법을 쓰시오.

2. 아래에 주어진 공압 부품을 사용하여 A+ A- B+ B- 회로를 캐스케이드 방법을 사용하여 구성하시오.

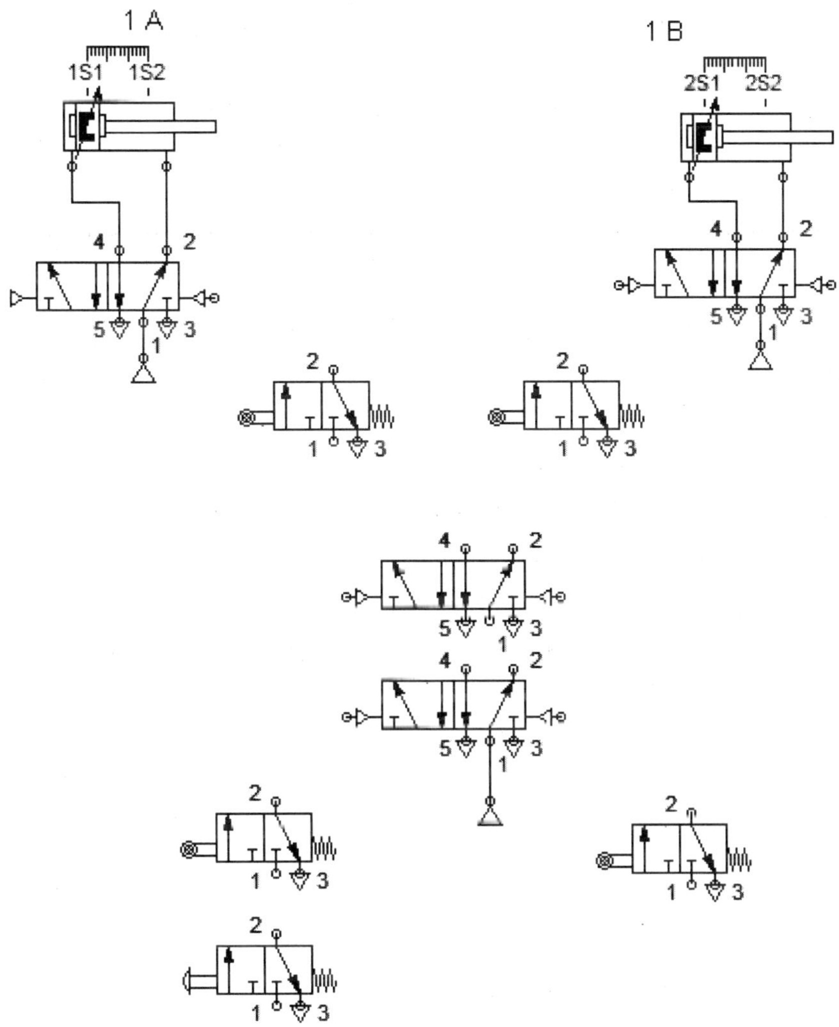

2-11. 자동화 장치 설계회로

<table>
<tr><th>실습과제명</th><th colspan="2">2-11. 자동화 장치 설계회로</th><th>소요 시간
4 H</th></tr>
<tr><td>목 표</td><td colspan="3">① 3개의 복동실린더를 이용하여 시퀀스회로를 구성할 수 있다.
② 시퀀스의 변위 단계 선도를 그릴 수 있다.
③ 캐스케이드 방법을 사용하여 신호간섭 방지회로를 구성할 수 있다.</td></tr>
<tr><th>기계 및 공구</th><th>재료명</th><th>규 격</th><th>안전 및 유의사항</th></tr>
<tr><td>· 공기 압축기
· 공압실습장치
· 수공구 세트</td><td>· 복동실린더
· 5/2-way 방향 제어 밸브
· 3/2-way 방향 제어 밸브
· 공압튜브</td><td>ϕ 5×125
m5, 1/8"
m5, 1/8"
ϕ 4, ϕ 6</td><td>· 공급되는 압축공기의 압력을 500 [kPa]로 조절한다.
· 배관할 때 압축공기의 공급을 차단한다.
· 튜브를 정확히 연결하여 공기의 누설을 방지한다.
· 실린더의 작동 공간에 장애물이 없어야 한다.
· 튜브의 연결과 제거 방법을 알아야 한다.
· 일상점검을 통하여 장비와 공구를 유지 관리한다.
· 산업안전법규를 준수한다.</td></tr>
</table>

장치 설명

1. 얇은 금속 판재를 U자 형태로 구부리려고 한다.
2. 판재를 수동으로 장치에 끼우고 시작 버튼을 누르면 실린더 A가 전진하여 판재를 고정한다.
3. 실린더 B가 전진과 후진하여 1차 구부림 작업을 완료한다.
4. 실린더 C가 2차 구부림 작업을 완료한다.
5. 실린더 C가 작업을 완료하면 실린더 A가 후진하여 초기 상태가 된다.

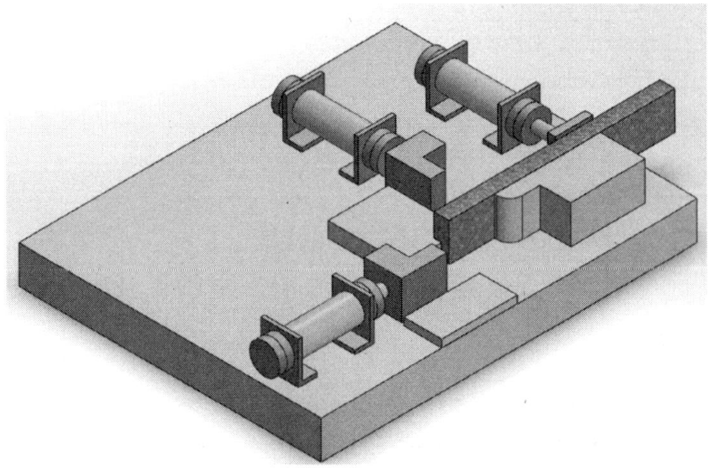

그림 2.11.1 벤딩 장치

관련 지식

1. 회로도 구성 준비하기

세 개의 실린더가 동작하는 순서는 A+, B+, B-, C+, C-, A-이다. 동작의 순서를 확인하기 위하여 6개의 리미트 밸브 a0, a1, b1, b2, c1, c3를 사용한다. 그리고 작업시작을 위하여 start의 푸시버튼 작동형 밸브를 사용한다. 제어선도는 시스템의 작동에 따른 신호요소의 동작 상태를 표시한 것이다.

표 2.11.1 실린더의 작업 조건

단계	운동방향	조건
1	실린더 A 전진	START & a0
2	실린더 B 진진	a1
3	실린더 B 후진	b1
4	실린더 C 전진	b0
5	실린더 C 후진	c1
6	실린더 A 후진	c0

실습 순서

1. 실습 준비

(1) 주어진 과제와 실습 목표를 이해한다.
(2) 압축공기 공급 장치를 개방하여 실습 준비한다.
(3) 시험 운전하기 전까지 실습 장치의 공압은 차단 밸브에 의해 차단한다.

2. 공압 부품 선정

(1) 제시된 회로도를 사용하여 부품을 선정하게 한다.
(2) 각각의 부품에 표시된 기호와 일치 여부를 확인한다.

3. 공압 부품 배치

(1) 부품의 배치는 서로 방해되지 않도록 충분히 간격을 두고 배치한다.
(2) 부품의 배치는 회로도와 같은 위치에 배치한다.

4. 공압 배관

(1) 공압이 원활하게 전달되도록 적당한 길이의 튜브를 사용한다.
(2) 회로도를 참고하여 각 기호의 연결구 번호와 공압 부품에 표시되어 있는 연결구 번호를 확인하여 정확한 연결구에 연결한다.
(3) 튜브는 연결구 내의 체크밸브를 통과할 수 있도록 완전하게 연결한다.

5. 동작 확인 시험 운전

(1) 실습 장치의 차단 밸브를 열어서 압축공기를 공급한다.
(2) 압력조절기의 압력을 500 [kPa]로 설정한다.
(3) 3/2-way 방향 제어 밸브를 작동시켰을 때 복동실린더 1A가 전진한다.
(4) 이후 B+, B-, C+, C-, A- 동작이 순서대로 진행되는지 확인한다.
(5) 도중에 동작이 멈춘 경우의 원인을 파악한다.
(6) 캐스케이드회로 구성에 사용된 메모리 밸브를 점검한다.
(7) 질문지 평가를 실시한다.

6. 정리 정돈

(1) 실습장치의 차단 밸브를 닫아서 압축공기 공급을 차단한다.
(2) 공압 튜브를 제거하여 정리한다.
(3) 실린더, 밸브 등 사용된 부품을 제거하여 정리한다.

실습과제명	2-11. 자동화 장치 설계회로	소요시간 : 4 H

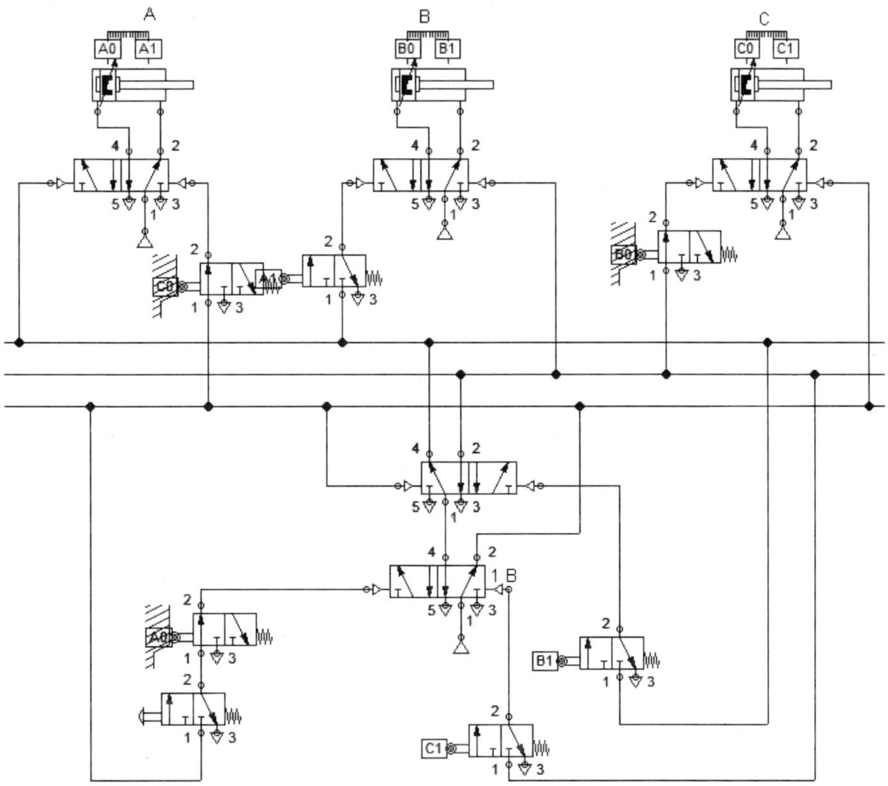

평가자 :	1회 평가 :
	2회 평가 :
	3회 평가 :

평가항목	우수	양호	부진
1. 부품 선정			
2. 부품 배치			
3. 배관			
4. 회로 동작			
5. 질문지			
6. 안전사항			

2-11 질문지 평가

1. 아래에 주어진 장치와 변위 단계 선도를 사용하여 회로도를 완성하시오.
   (단, 캐스케이드 방법에 의하여 회로도 작성)

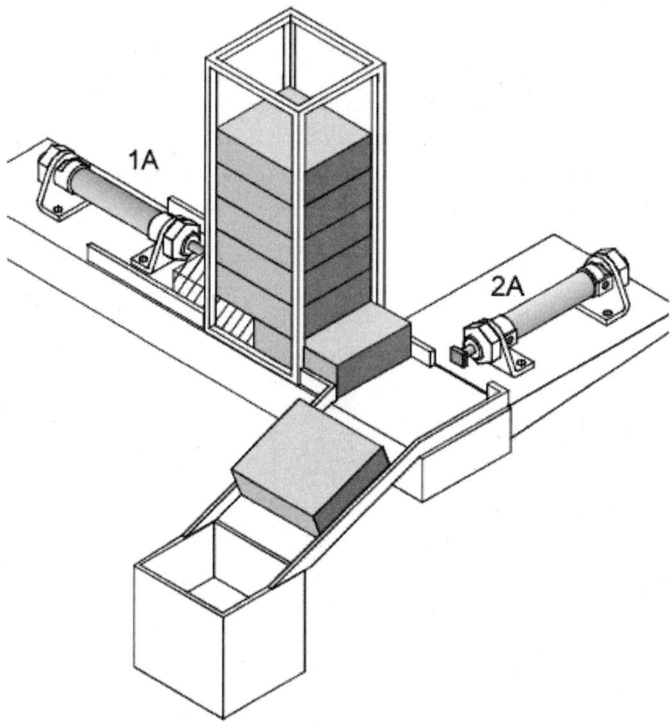

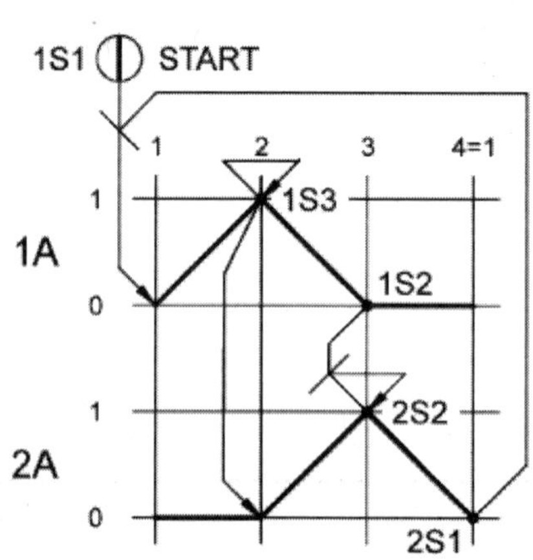

2-12. 압력설정회로

실습과제명	2-12. 압력설정회로			소요 시간 4 H
목 표	① 유압 동력원의 구성 부품의 기능을 설명할 수 있고 기호를 그릴 수 있다. ② 릴리프 밸브를 사용하여 유압시스템의 최고 사용 압력을 조절할 수 있다. ③ 제어 연결구에 호스의 급속이음 커플링(quick connection coupling)을 사용하여 정확하게 배관할 수 있다.			
기계 및 공구	재료명	규 격	안전 및 유의사항	
· 유압 펌프 유닛 · 유압실습장치 · 수공구 세트	· 릴리프 밸브 · 차단 밸브 · 압력계 · 체크밸브 내상호스세트	M6, 3/8" M6, 3/8" 0~10 MPa 21 MPa	· 실습장치의 전원을 점검한다. · 탱크 오일의 양 및 상태를 육안으로 점검한다. · 전원을 투입한 후 5분 정도 무부하 운전한다. · 실린더의 작동 공간에 장애물이 없어야 한다. · 호스의 연결과 세거 방법을 알아야 한다. · 일상점검을 통하여 장비와 공구를 유지 관리 한다. · 산업안전법규를 준수한다.	

장치 설명

1. 자동 선반에 유압 장치를 부착하여 선반척의 고정, 가공 부품의 이송장치 등을 부분 자동화 하려고 한다.
2. 유압 장치를 구동시키는 회로를 구성하기 위한 압력 설정회로를 구성한다.
3. 유압 펌프의 토출 압력 변화에 따른 토출량, 회전수, 축동력을 측정하여 펌프의 효율을 파악한다.

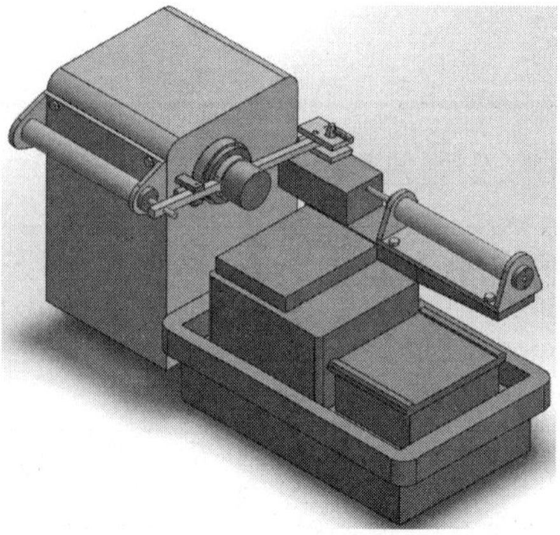

그림 2.12.1 자동선반

관련 지식

1. 릴리프 밸브는 유압 시스템의 최고 사용 압력을 결정하고, 정용량형 펌프를 사용하는 경우에 과부하를 방지하기 위하여 반드시 사용한다.
2. 유압 회로를 구성하기 위해서는 무엇보다 먼저 압력 설정회로를 구성해야한다.

실습 순서

1. 실습 준비

(1) 주어진 과제와 실습 목표를 이해한다.
(2) 실습에 필요한 유압 부품을 준비한다.
(3) 시험 운전하기 전까지 실습 장치의 전원은 차단한다.

2. 유압 부품 선정

(1) 제시된 회로도를 사용하여 부품을 선정하게 한다.
(2) 각각의 부품에 표시된 기호와 일치 여부를 확인한다.

3. 유압 부품 배치

(1) 부품의 배치는 서로 방해되지 않도록 충분히 간격을 두고 배치한다.
(2) 부품의 배치는 회로도와 같은 위치에 배치한다.

4. 유압 배관

(1) 유압이 원활하게 전달되도록 적당한 길이의 호스를 사용한다.

(2) 회로도를 참고하여 각 기호의 연결구 번호와 유압 부품에 표시되어 있는 연결구 번호를 확인하여 정확한 연결구에 연결한다.

(3) 호스는 연결구 내의 체크밸브를 통과할 수 있도록 완전하게 연결하고 호스 내부 압력을 제거한 후 사용한다.

5. 동작 확인 시험 운전

(1) 제시된 회로를 사용하여 유압 회로를 구성한다.

(2) 릴리프 밸브의 조절 핸들을 반시계 방향으로 회전시켜 관로를 완전히 개방한다(펌프의 토출 압력을 0으로 하여 무부하 운전하기 위함).

(3) 유압 펌프를 가동하고 릴리프 밸브의 조절 핸들을 시계방향으로 회전시켜 설정 압력을 5 MPa로 설정한다.

(4) 차단 밸브를 천천히 개방하여 눈금이 0이 될 때까지 조정한다.

(5) 그 상태에서 5초 동안의 펌프 토출량을 측정한다(유조 사용). 측정된 유량을 12배로 잡아 매분 토출량을 결정한다.

(6) 표 2.12.1의 토출압력에 맞게 차단 밸브를 조절하여 1 MPa부터 압력을 상승시켜 5 MPa까지 동일한 방법으로 측정하고 기록한다.

6. 정리 정돈

(1) 실습 장치에 전기를 차단하여 유압 펌프를 정지시킨다.

(2) 유압 호스를 제거하여 정리한다.

(3) 실린더, 밸브 등 사용된 부품을 제거하여 정리한다.

표 2.12.1 펌프특성 실험

Discharge pressure (MPa)	Discharge amount (l/min)	Suction pressure (MPa)	revolution (rpm)	Shaft power (kW)	Volumetric Efficiency (%)	Total Efficiency (%)	Oil temperature (°C)
0							
1							
2							
3							
4							
5							

실습과제명	2-12. 압력설정회로	소요시간 : 4 H

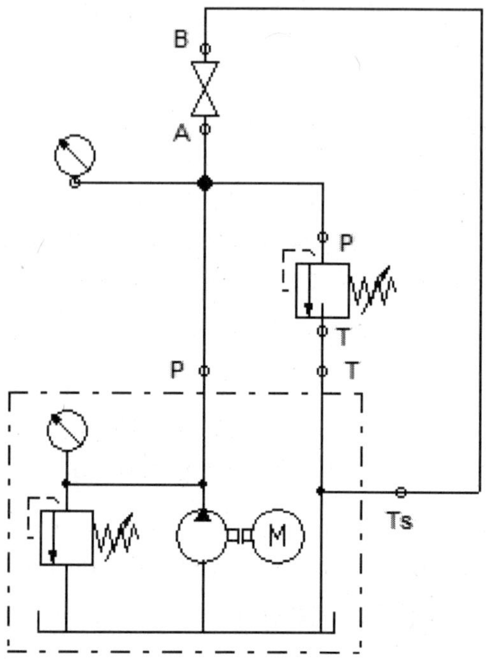

평가자 :	1회 평가 :
	2회 평가 :
	3회 평가 :

평가항목	우수	양호	부진
1. 부품 선정			
2. 부품 배치			
3. 배관			
4. 회로 동작			
5. 질문지			
6. 안전사항			

2-12 질문지 평가

1. 〈표 1-1〉을 사용하여 토출 압력과 토출량의 변화를 그래프로 그리시오.

〈표 1-2〉 펌프의 특성 그래프

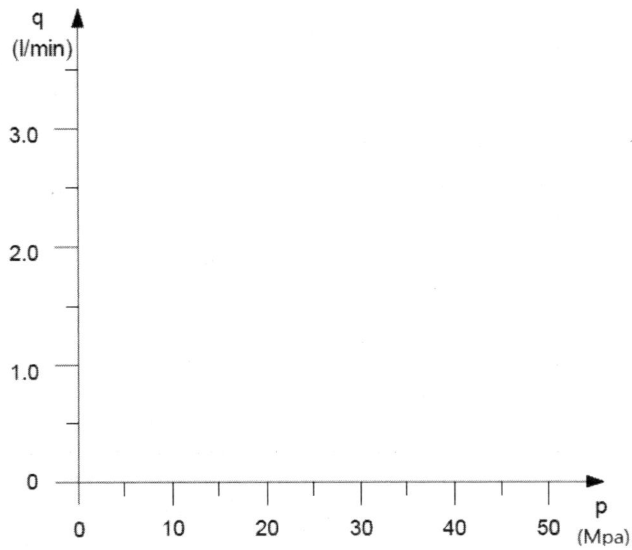

2. 다음 기호를 보고 그 명칭을 쓰시오.

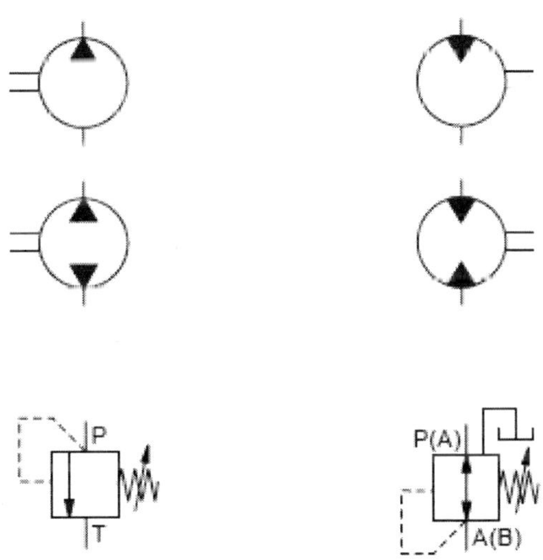

2-13. 속도 제어회로

실습과제명	2-13. 속도 제어회로		소요 시간 4 H
목 표	① 유량 제어 밸브의 구조를 이해하고 기능을 설명할 수 있다. ② 유량 저항에 대하여 설명할 수 있다. ③ 유량 제어 밸브를 사용하여 액추에이터의 속도를 조절할 수 있다.		
기계 및 공구	재료명	규 격	안전 및 유의사항
· 유압 펌프 유닛 · 유압실습장치 · 수공구 세트	· 복동실린더 · 릴리프 밸브 · 차단 밸브 · 유량 제어 밸브 · 차단 밸브 · 압력계 · 체크밸브 내장호스세트	ϕ 25×200 M6, 3/8" M6, 3/8" M6, 3/8" M6, 3/8" 0～10 MPa 21 MPa	· 실습장치의 전원을 점검한다. · 탱크 오일의 양 및 상태를 육안으로 점검한다. · 전원을 투입한 후 5분 정도 무부하 운전한다. · 실린더의 작동 공간에 장애물이 없어야 한다. · 호스의 연결과 제거 방법을 알아야 한다. · 일상점검을 통하여 장비와 공구를 유지 관리한다. · 산업안전법규를 준수한다.

장치 설명

1. 드릴링 장치에 유압 복동실린더를 사용하여 주축을 상하로 이송시키려고 한다.
2. 드릴이 가공물의 위치로 이동하는 부분과 구멍을 가공할 때의 이송 속도는 다르다.
3. 유량 제어 밸브를 사용하여 복동실린더의 속도를 조절할 수 있도록 유압 회로를 구성한다.

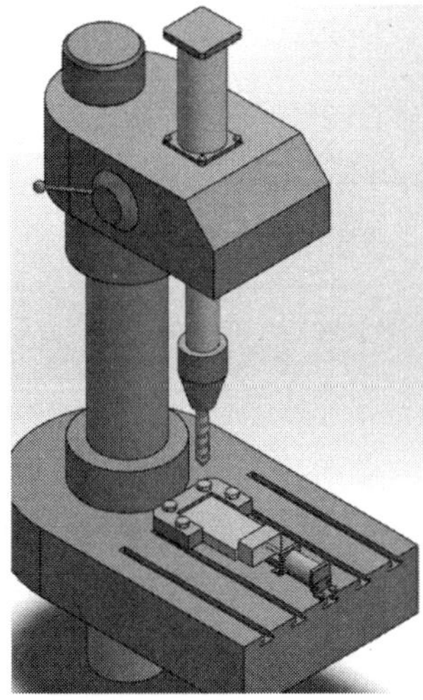

그림 2.13.1 드릴링 장치

관련 지식

1. 유량 제어 밸브

유량 제어 밸브(flow control valves)는 유압장치의 제어부로서 작동유의 유량을 조절하는 밸브이며, 대별하면 그림 2.13.2와 같다.

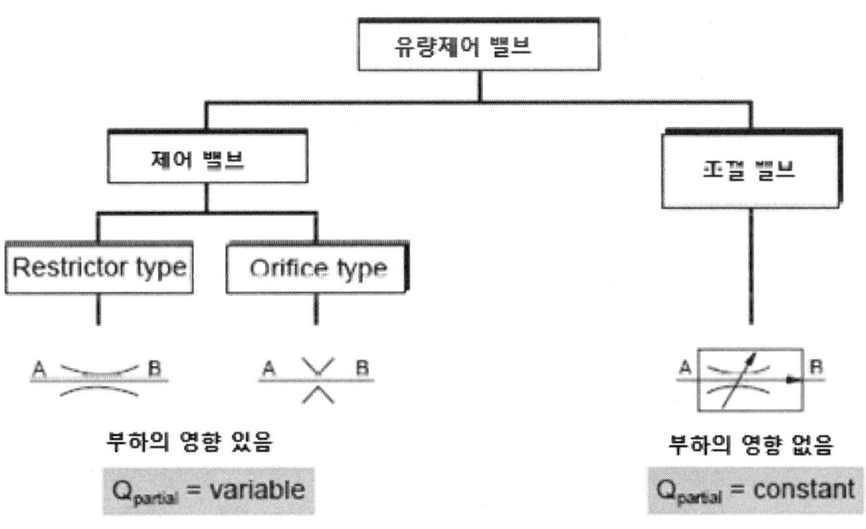

그림 2.13.2 유량 제어 밸브의 특성

(1) 교축 밸브(flow metering valves)

유량 조정 밸브 중 구조가 가장 간단한 밸브이며, 다음과 같이 분류한다.

· 스톱 밸브(stop valves)
· 스로틀 밸브(throttle valves)
· 스로틀 체크밸브(throttle and check valves)

(a) 스톱 밸브

상수도용, 유압용 등의 다양한 용도에 사용되고 있는 교축 밸브이며, 조정 핸들을 조작함으로써 스로틀 부분의 단면적을 변경시켜 통과하는 유량을 조절하는 밸브이다. 그러나 유압용으로 사용할 경우 교축 전후의 압력 차이가 클 때는 미소 유량을 조정하기가 어렵기 때문에 작동유의 흐름을 완전히 멎게 하든가 또는 흐르게 하는 것을 목적으로 할 때 사용한다.

(b) 스로틀 밸브

유압 구동에서 가장 많이 사용되고 있는 밸브로서, 핸들을 조작하여 밸브 안의 스풀을 미소 유량으로 움직여 대유량까지 조정하는 밸브이다. 일반 산업기계에 널리 사용되고 있으며 교축 전후의 압력차가 증가해도 미소 유량을 조절하기가 용이한 것이 특징이다.

(c) 스로틀 체크밸브

그림 2.13.3은 스로틀 체크밸브와 유압 기호를 표시한 것으로 유압 기호에서 알 수 있듯이 스로틀 밸브는 양쪽 방향과 흐름에 대한 제어가 가능하지만 스로틀 체크밸브는 한쪽 방향으로의 흐름은 제어하고 역방향의 흐름은 제어가 불가능하다.

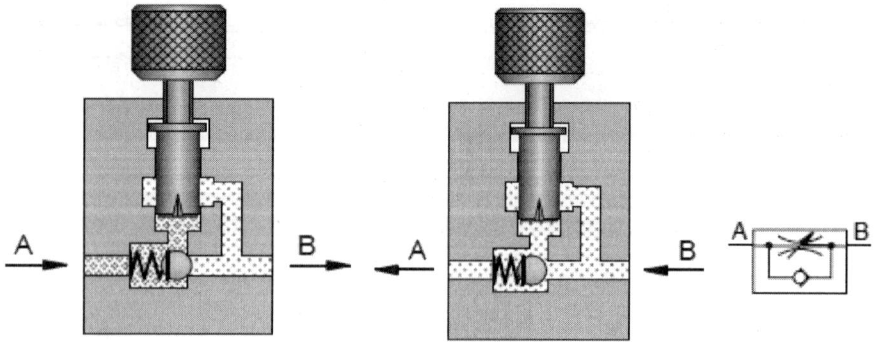

그림 2.13.3 스로틀 체크밸브

(2) 유량 조절 밸브(압력 보상, pressure compensated valves)

유량 조정 밸브는 압력 보상 기구를 내장하고 있으므로 압력의 변동에 의하여 유량이 변동되지 않도록 회로에 흐르는 유량을 항상 일정하게 자동적으로 유지시켜 준다. 스로틀 밸브 (2)를 조절하여 유량을 조절하면 압력 보상 스풀(1)과 스프링의 작용에 의하여 유량 조정축과 교축부의 전후 압력차를 일정하게 유지시켜 준다. 유량 조정부가 완전히 닫혀도 역류는 유량 조정 범위와 압력 이하에서 흐른다.

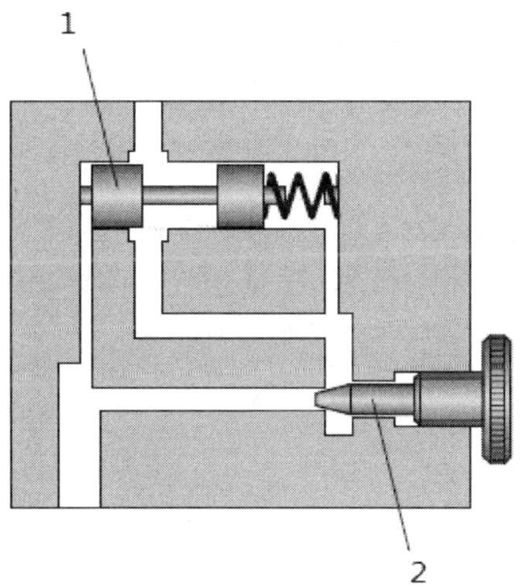

그림 2.13.4 압력보상형 유량 제어

(3) 바이패스(by pass) 유량 제어 밸브

바이패스 유량 제어 밸브는 펌프의 전 유량을 한 가지 기능에 사용하는 경우나 다른 기능을 위해 유량을 흘려보내야 하는 경우 등에 사용된다. 이 밸브는 오리피스나 스프링을 사용하여 유량을 제어하며 유동량이 증가하면 바이패스(by-pass)라인으로 오일을 방출하여 회로의 압력 상승을 방지한다. 여기서 바이패스된 오일은 다른 기능의 용도에 사용되거나 탱크로 귀환된다.

2. 액추에이터의 속도제어

미터인 제어는 유압 펌프로부터 토출되는 유량이 실린더에 유입되기 전에 유량 제어 밸브를 설치하여 실린더로 유입되는 유량을 제어하여 액추에이터의 속도를 조절하는 방법이다. 이와 같은 미터인 제어는 유압 시스템에서 드릴링 시의 이송처럼 실린더에 작용하는 부하가 압축하중이고 또한 하중이 변하는 조건에서 일정한 속도가 필요할 때 사용된다.

실습 순서

1. 실습 준비

(1) 주어진 과제와 실습 목표를 이해한다.
(2) 실습에 필요한 유압 부품을 준비한다.
(3) 시험 운전하기 전까지 실습 장치의 전원은 차단한다.

2. 유압 부품 선정

(1) 제시된 회로도를 사용하여 부품을 선정하게 한다.
(2) 각각의 부품에 표시된 기호와 일치 여부를 확인한다.

3. 유압 부품 배치

(1) 부품의 배치는 서로 방해되지 않도록 충분히 간격을 두고 배치한다.
(2) 부품의 배치는 회로도와 같은 위치에 배치한다.

4. 유압 배관

(1) 유압이 원활하게 전달되도록 적당한 길이의 호스를 사용한다.
(2) 회로도를 참고하여 각 기호의 연결구 번호와 유압 부품에 표시되어 있는 연결구 번호를 확인하여 정확한 연결구에 연결한다.
(3) 호스는 연결구 내의 체크밸브를 통과할 수 있도록 완전하게 연결하고 호스 내부 압력을 제거한 후 사용한다.

5. 동작 확인 시험 운전

(1) 제시된 회로를 사용하여 유압 회로를 구성한다.
(2) 릴리프 밸브의 조절 핸들을 조절하여 관로를 완전히 개방한 후 유압 펌프를 가동한다.
(3) 릴리프 밸브의 조절 핸들을 시계방향으로 회전시켜 설정 압력을 0.3 MPa로 설정한다.
(4) 4/2-way 방향 제어 밸브를 P → A 위치로 전환시켜 동작속도가 느리게 전진되도록 유량 제어 밸브의 조정 핸들을 돌려 조정한다.
(5) 4/2-way 방향 제어 밸브를 P → B 위치로 전환시키고 실린더의 동작 상태를 확인한다.
(6) 다시 (4)항과 같이 유량 제어 밸브의 핸들을 조정하여 실린더의 속도를 조금 빠르게 조정해 본다.
(7) 실습 결과를 Table 2.13.1에 기록하시오.
(8) 양방향 유량 제어 밸브 1개를 사용하여 복동 실린더의 전진과 후진 속도 제어를 미터인 회로로 구성하시오.

6. 정리 정돈

(1) 실습 장치에 전기를 차단하여 유압 펌프를 정지시킨다.

(2) 유압 호스를 제거하여 정리한다.

(3) 실린더, 밸브 등 사용된 부품을 제거하여 정리한다.

표 2.13.1 유량제어특성 실험

Set pressure of the relief valve	Valve Position	Flow connections	cylinder movement direction	Pressure gauge		Cylinder operation time	
				⑤	⑤-1	flow control valve	flow control valve
30	a						
	b						
40	a						
	b						
50	a						
	b						

실습과제명	2-13. 속도 제어회로_Meter-in	소요시간 : 4 H

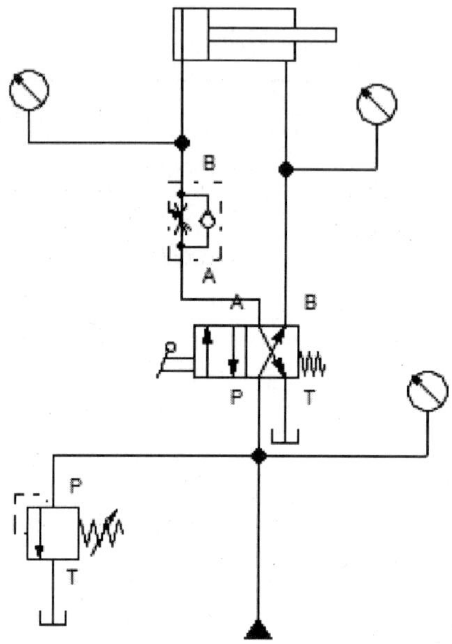

평가자 :	1회 평가 :
	2회 평가 :
	3회 평가 :

평가항목	우수	양호	부진
1. 부품 선정			
2. 부품 배치			
3. 배관			
4. 회로 동작			
5. 질문지			
6. 안전사항			

실습과제명	2-13. 속도 제어회로_Meter-out	소요시간 : 4 H

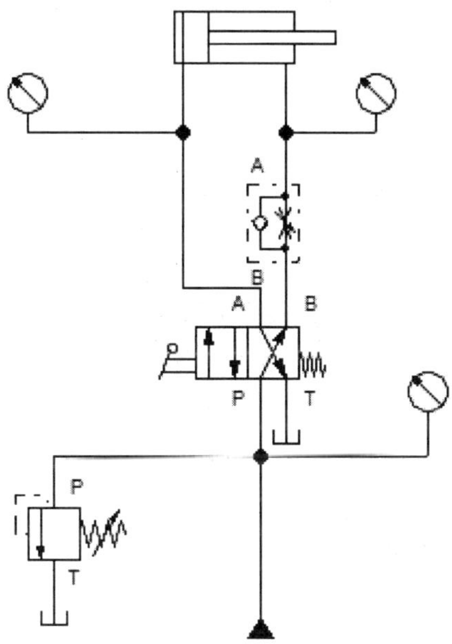

평가자 :	1회 평가 :		
	2회 평가 :		
	3회 평가 :		
평가항목	우수	양호	무신
1. 부품 선성			
2. 부품 배치			
3. 배관			
4. 회로 동작			
5. 질문지			
6. 안전사항			

실습과제명	2-13. 속도 제어회로_Bleed-off	소요시간 : 4 H

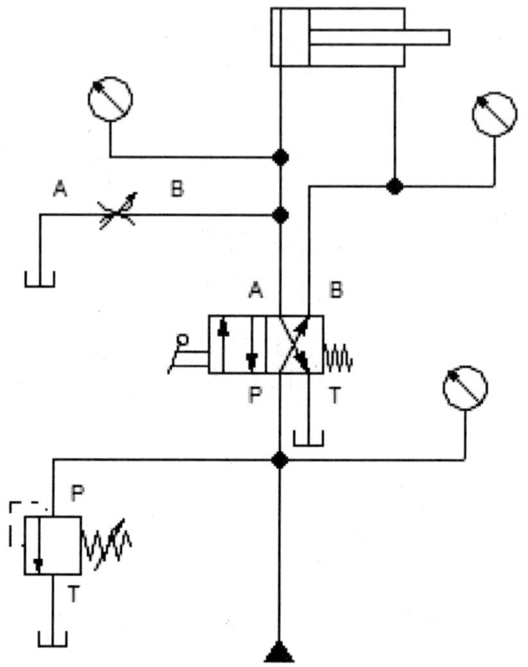

평가자 :	1회 평가 :
	2회 평가 :
	3회 평가 :

평가항목	우수	양호	부진
1. 부품 선정			
2. 부품 배치			
3. 배관			
4. 회로 동작			
5. 질문지			
6. 안전사항			

2-13 질문지 평가

1. 다음 기호를 보고 그 작동 방법 및 귀환 방법을 쓰시오.

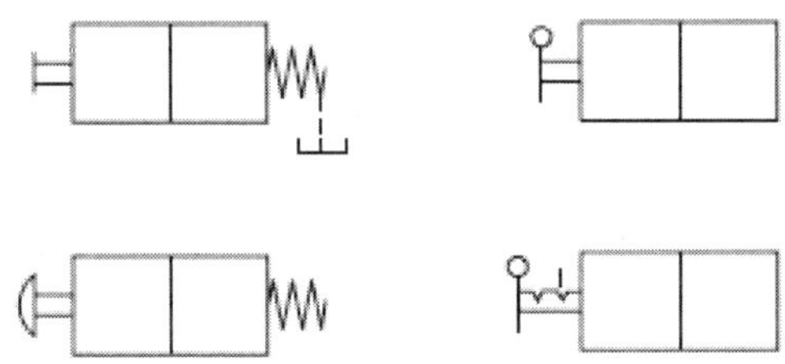

작동 방법 :

귀환 방법 :

2. 아래 제시된 밸브의 명칭과 작동 원리를 쓰시오.

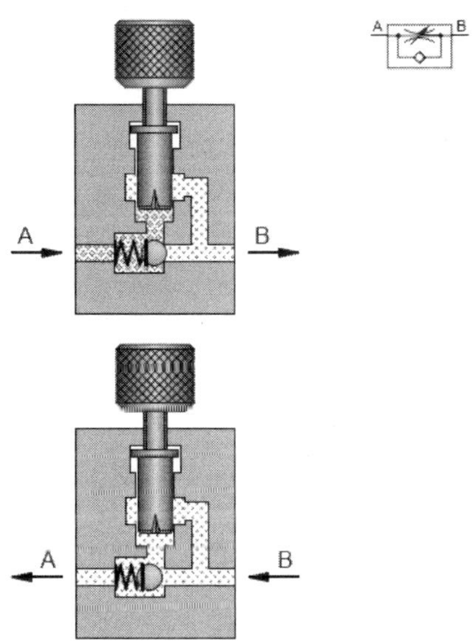

명칭 :

작동 원리 :

(→ 계 속)

3. 빈칸을 알맞게 채우시오.

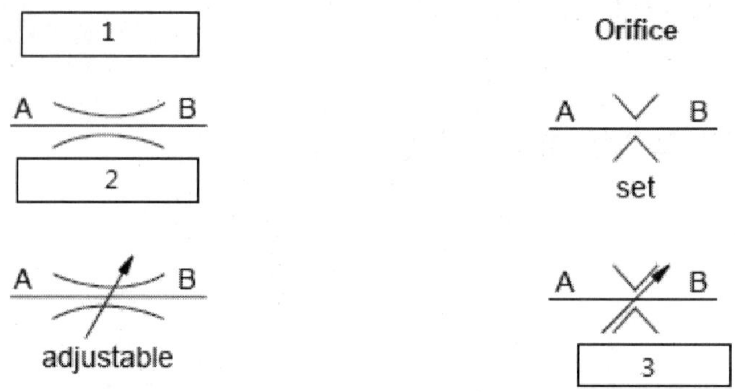

1 :

2 :

3 :

2-14. 중간 정지회로

실습과제명	2-14. 중간 정지회로		소요 시간 4 H
목 표	① 방향 제어 밸브의 구조를 이해하고 기능을 설명할 수 있다. ② 4/3-way 밸브를 사용하여 실린더의 중간 정지회로를 구성할 수 있다. ③ 방향 제어 밸브의 전환 위치에 따라 실린더의 운동 방향을 결정할 수 있다.		
기계 및 공구	**재료명**	**규 격**	**안전 및 유의사항**
· 유압 펌프 유닛 · 유압실습장치 · 수공구 세트	· 복동실린더 · 릴리프 밸브 · 방향 제어 밸브 · 압력계 · 체크밸브 내장호스세트	ϕ 25×200 M6, 3/8" M6, 3/8" 0∼10 MPa 21 MPa	· 실습장치의 전원을 점검한다. · 탱크 오일의 양 및 상태를 육안으로 점검한다. · 전원을 투입한 후 5분 정도 무부하 운전한다. · 실린더의 작동 공간에 장애물이 없어야 한다. · 호스의 연결과 제거 방법을 알아야 한다. · 일상점검을 통하여 장비와 공구를 유지 관리한다. · 산업안전법규를 준수한다.

장치 설명

1. 가공물을 고정할 수 있는 클램핑 장치를 구성하려고 한다.
2. 가공물은 수동으로 투입되며 클램핑 조(jaw) 하단에 위치한 실린더에 의해 클램핑한다.
3. 중간 정지 제어를 할 수 있는 방향 제어 밸브를 사용하여 복동 실린더가 이동할 때 중간에서 멈출 수 있게 한다.

그림 2.14.1 Automatic clamping device

관련 지식

1. 중간정지회로

중간정지회로란 실린더의 행정 도중 임의의 위치에서 정지시키는 회로를 말한다. 유압에서는 단순히 정지시키는 것만으로는 의미가 없고 정지 위치에서 액추에이터를 고정시킬 수 있어야 하므로 로킹회로란 용어를 사용하기도 한다.

실린더를 행정 도중에 정지시키기 위해서는 외부 브레이크 기구에 의한 방법이나, 3위치 방향 제어 밸브를 이용하는 방법, 파일럿조작 체크밸브를 이용하는 방법 등이 있다.

2. 방향 제어 밸브

(1) 방향 제어 밸브(directional control valves)의 형식

전환 밸브에 사용되는 밸브의 기본 구조는 포핏 밸브식(poppet valve type), 로터리 밸브식(rotary valve type), 스풀 밸브식(spool valve type)으로 구별할 수 있다.

(a) 포핏 밸브식

이 형식은 밸브의 추력을 평형시키는 방법이 곤란하고 조작의 자동화가 어려우므로 고압용 유압 방향 전환 밸브로서는 널리 사용되지 않는다. 그러나 밸브 부분에서의 내부 누설이 적고 조작이 확실하다는 점에서 공기압용 전환 밸브로 많이 사용된다.

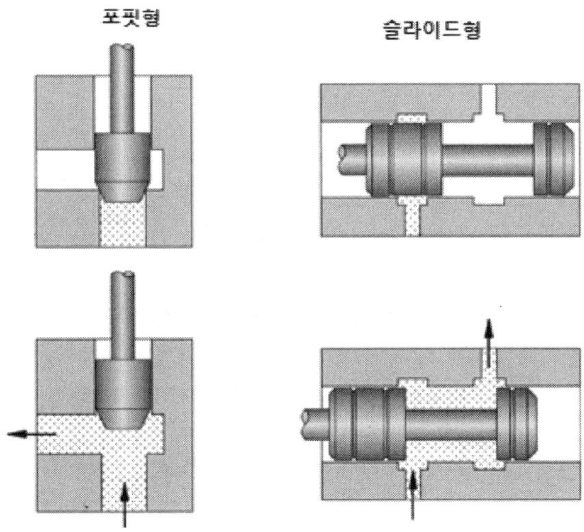

그림 2.14.2 방향 제어 밸브의 작동 형식

(b) 스풀 밸브식

전한 밸브로서 가장 널리 사용되고 있다. 이 밸브는 스풀 축 방향의 정적 추력 평형이 얻어지는 것은 물론, 스풀의 원주 둘레에 가느다란 홈을 파 놓아 측압 평형도 쉽게 얻을 수 있다. 또한 각종 유압 흐름의 형식을 쉽게 설계할 수 있고 각종 조작 방식을 쉽게 적용시킬 수 있는 특징이 있다. 그러나 밸브 실린더 안을 스풀이 미끄러지며 운동하여야 하므로 약 10～20 μm의 간격을 필요로 한다.

그러므로 이 간격을 통하여 약간의 누유가 따르게 되는 점이 결점이다. 그래서 로크(lock) 회로에는 이 형식을 쓰지 않고 포핏 형식을 사용하는 것이 장시간 확실한 로크를 할 수 있다.

(c) 로터리 밸브식

이 형식은 일반적으로 회전축에 직각되는 방향으로 측압이 걸리고, 또 로터리에 많은 유압유 통로를 뚫어야 하기 때문에 밸브 본체가 비교적 대형이 된다. 그러므로 고압 대용량에는 불리하다. 이 형식의 밸브는 구조가 간단하고 조작이 쉬우면서 확실하므로 유량이 적고 압력이 낮은 원격 제어용 파일럿 밸브로 사용되는 경우가 많다.

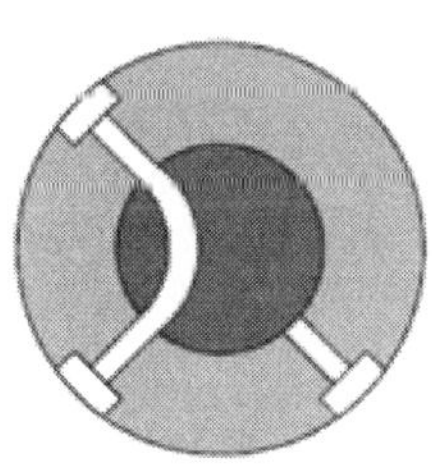

그림 2.14.3 로터리슬라이드 밸브의 구조

(2) 방향 제어 밸브의 전환 위치

방향 제어 밸브 내에서 다양한 유로를 형성하기 위하여 밸브기구가 작동되어야 할 위치를 전환 위치라 말한다.

그림 2.14.4는 방향 제어 밸브에서 이용되고 있는 전환위치에 대한 설명이다.

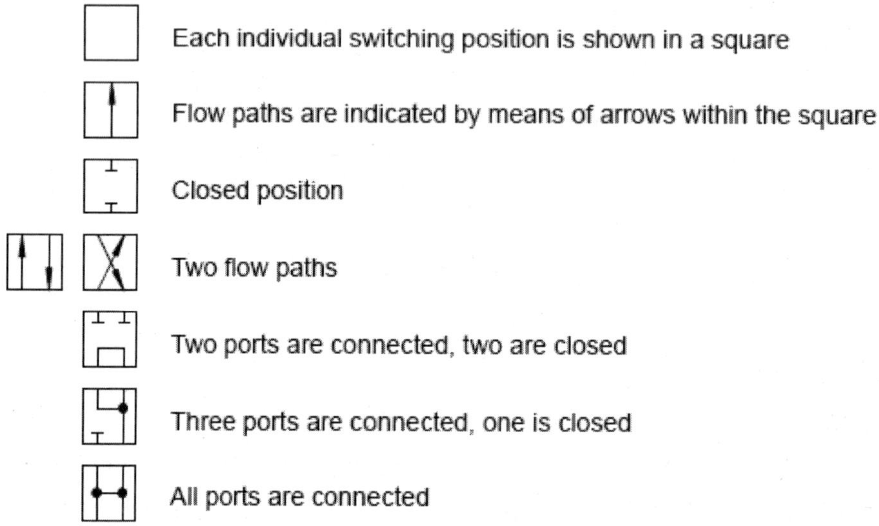

그림 2.14.4 방향 제어 밸브의 스위칭 위치

(3) 3위치 방향 제어 밸브

양측 스프링 부착 3위치 밸브에서 밸브의 조작 입력이 가해지지 않을 때의 위치를 중립위치라 한다. 조작 입력을 가해서 위치를 변환시킨 후 입력을 제거하면 스스로 원위치(중립위치)로 되돌아오는 밸브는 스프링 복원형(spring off set type)이다. 3위치 전환 밸브는 중앙위치가 중립위치이고 좌우의 양 위치를 양단위치(extreme position)라 한다. 또 조작 압력이 가해지지 않을 때 스프링의 힘으로 중립위치에 되돌아오는 밸브를 스프링 중립형이라 한다. 양단위치는 흐름의 방향을 반대로 유로를 만드는 것이 보통이다.

중립위치에서 유로 형식을 표 2.14.1에 나타내었다.

표 2.14.1 중립위치의 형식

4/3-WV	Mid position "closed" (P, A, B, T)	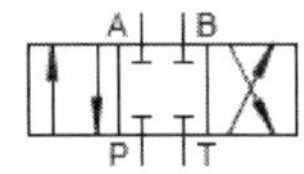
4/3-WV	Mid position "Pump re-circulating" (P → T, A, B)	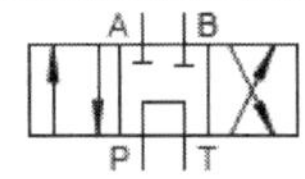
4/3-WV	"H" mid position (P → A → B → T)	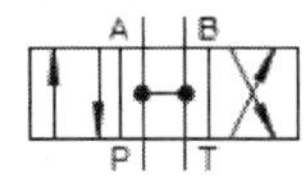
4/3-WV	Mid position "working lines de-pressurised" (P, A → B → T)	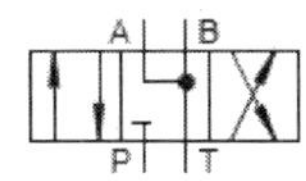
4/3-WV	Mid position "By-pass" (P → A → B, T)	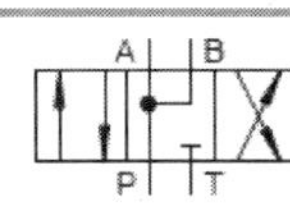

(3) 방향 제어 밸브의 구조와 기호

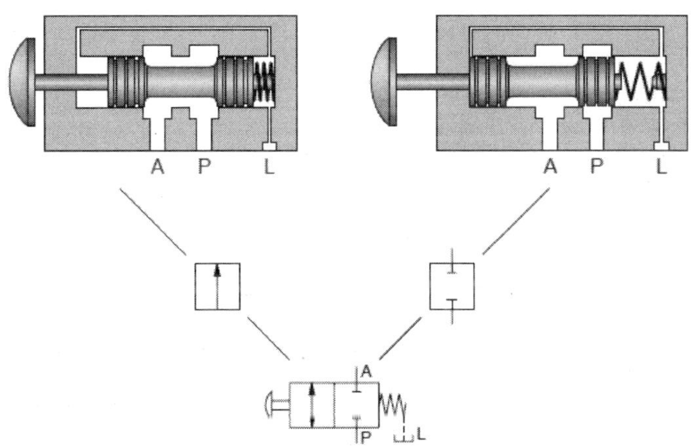

그림 2.14.5 방향 제어 밸브의 구조와 기호의 관계

실습 순서

1. 실습 준비

(1) 주어진 과제와 실습 목표를 이해한다.
(2) 실습에 필요한 유압 부품을 준비한다.
(3) 시험 운전하기 전까지 실습 장치의 전원은 차단한다.

2. 유압 부품 선정

(1) 제시된 회로도를 사용하여 부품을 선정하게 한다.
(2) 각각의 부품에 표시된 기호와 일치 여부를 확인한다.

3. 유압 부품 배치

(1) 부품의 배치는 서로 방해되지 않도록 충분히 간격을 두고 배치한다.
(2) 부품의 배치는 회로도와 같은 위치에 배치한다.

4. 유압 배관

(1) 유압이 원활하게 전달되도록 적당한 길이의 호스를 사용한다.
(2) 회로도를 참고하여 각 기호의 연결구 번호와 유압 부품에 표시되어 있는 연결구 번호를 확인하여 정확한 연결구에 연결한다.
(3) 호스는 연결구 내의 체크밸브를 통과할 수 있도록 완전하게 연결하고 호스 내부 압력을 제거한 후 사용한다.

5. 동작 확인 시험 운전

(1) 제시된 회로를 사용하여 유압 회로를 구성한다.
(2) 릴리프 밸브 ②의 조절 핸들을 조절하여 관로를 완전히 개방한 후 유압 펌프를 가동한다.
(3) 릴리프 밸브 ②의 조절 핸들을 시계방향으로 회전시켜 설정 압력을 30 MPa로 설정한다.
(4) 4/3-way 방향 제어 밸브 ③를 c 위치로 전환시켜 실린더가 100mm 정도 전진하면 b 위치로 전환시킨다.
(5) 다시 4/3-way 방향 제어 밸브 ③를 c 위치로 전환시켜 실린더가 전진 완료하면 b 위치로 전환시키고 a 위치로 전환시켜 실린더를 후진시킨다.
(6) 릴리프 밸브 ②의 조절 핸들을 완전히 열고 유압 펌프를 정지시킨다.
(7) 실습 결과를 〈표 1-2〉에 기록하시오.

6. 정리 정돈

(1) 실습 장치에 전기를 차단하여 유압 펌프를 정지시킨다.

(2) 유압 호스를 제거하여 정리한다.

(3) 실린더, 밸브 등 사용된 부품을 제거하여 정리한다.

표 2.14.2 방향 제어 밸브 특성 실험

Set pressure of the relief valve (MPa)	Valve Position	Flow connections	Pressure gauge		cylinder movement direction
			⑤-1	⑤-2	
30	a				
	b				
	c				
40	a				
	b				
	c				
50	a				
	b				
	c				

실습과제명	2-14. 중간정지회로	소요시간 : 4 H

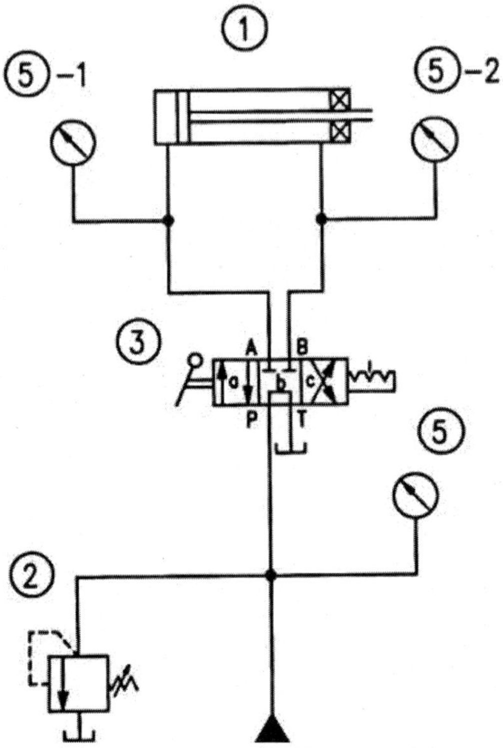

<table>
<tr><td rowspan="3">평가자 :</td><td colspan="3">1회 평가 :</td></tr>
<tr><td colspan="3">2회 평가 :</td></tr>
<tr><td colspan="3">3회 평가 :</td></tr>
<tr><th>평가항목</th><th>우수</th><th>양호</th><th>부진</th></tr>
<tr><td>1. 부품 선정</td><td></td><td></td><td></td></tr>
<tr><td>2. 부품 배치</td><td></td><td></td><td></td></tr>
<tr><td>3. 배관</td><td></td><td></td><td></td></tr>
<tr><td>4. 회로 동작</td><td></td><td></td><td></td></tr>
<tr><td>5. 질문지</td><td></td><td></td><td></td></tr>
<tr><td>6. 안전사항</td><td></td><td></td><td></td></tr>
</table>

2-14 질문지 평가

1. 아래에 제시된 표의 빈칸을 완성하시오.

2/2-WV	Normal position "closed" (P, A) Normal position "flow" (P → A)	
3/2-WV	Normal position "closed" (P, T → A) Normal position "flow" (P → A, T)	
		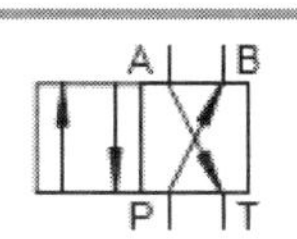
5/2-WV	Normal position "flow" (A → R, P → B, T)	
		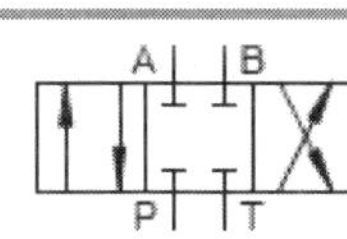
4/3-WV	Mid position "Pump re circulating" (P → T, A, B)	
		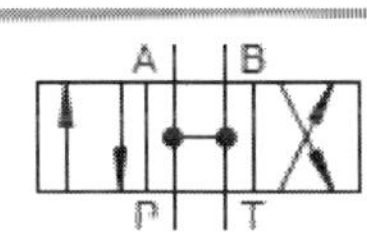
4/3-WV	Mid position "working lines de-pressurised" (P, A → B → T)	
		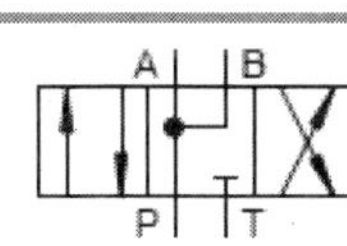

2-15. 로킹회로

실습과제명	2-15. 로킹회로	소요 시간
		4 H
목 표	① 파일럿조작 체크밸브의 구조를 이해하고 기능을 설명할 수 있다. ② 파일럿조작 체크밸브를 사용하여 로킹회로를 구성할 수 있다. ③ 파일럿조작 체크밸브의 기호를 그릴 수 있다.	

기계 및 공구	재료명	규 격	안전 및 유의사항
· 유압 펌프 유닛 · 유압실습장치 · 수공구 세트	· 복동실린더 · 릴리프 밸브 · 방향 제어 밸브 · 파일럿조작 체크밸브 · 압력계 · 체크밸브 내장호스세트	ϕ 25×200 M6, 3/8" M6, 3/8" M6, 3/8" 0～10 MPa 21 MPa	· 실습장치의 전원을 점검한다. · 탱크 오일의 양 및 상태를 육안으로 점검한다. · 전원을 투입한 후 5분 정도 무부하 운전한다. · 실린더의 작동 공간에 장애물이 없어야 한다. · 호스의 연결과 제거 방법을 알아야 한다. · 일상점검을 통하여 장비와 공구를 유지 관리한다. · 산업안전법규를 준수한다.

장치 설명

1. 완성된 제품을 컨베이어 벨트를 통하여 이송시키는 장치를 구성하려고 한다.
2. 복동실린더의 왕복 운동에 의하여 컨베이어의 표면이 팽팽하게 유지되어야 한다.
3. 컨베이어가 이동 중에도 파일럿조작 체크밸브를 사용하여 복동실린더가 이동할 때 중간에서 멈출 수 있게 한다.

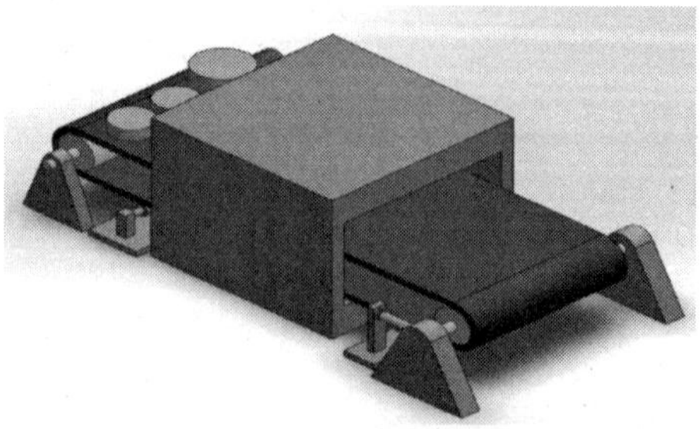

그림 2.15.1 컨베이어 장력 유지장치

관련 지식

1. 로킹회로

체크밸브는 한 방향으로만 유체 흐름을 허용하고 반대 방향의 흐름을 차단하는 밸브이다. 이 체크밸브에 파일럿조작으로 반대 방향의 흐름도 허용하는 밸브가 파일럿조작 체크밸브이다. 즉, 파일럿조작 체크밸브는 한쪽 방향으로의 유동은 자유롭게 허용하고 반대 방향의 유동은 차단되나 파일럿 신호가 존재할 때에만 허용하는 밸브이다.

파일럿조작 체크밸브는 실린더를 행정 임의의 위치에서 정지시키는 회로에 사용되며 특히 외부 하중에 의해서도 실린더를 확실히 고정할 수 있는 이점이 있어 로킹회로에 많이 이용되고 있다.

2. 체크밸브

체크밸브는 한 방향의 유동을 허용하나 역방향의 유동은 완전히 저지하는 역할을 하는 밸브로서 그림 2.15.2와 같이 밸브 본체, 포핏(볼, 시트, 스프링) 등의 부품으로 구성되어 있다. 또 형식에 따라 흡입형, 스프링 부하형, 파일럿조작형 등으로 나눈다.

기호 : 

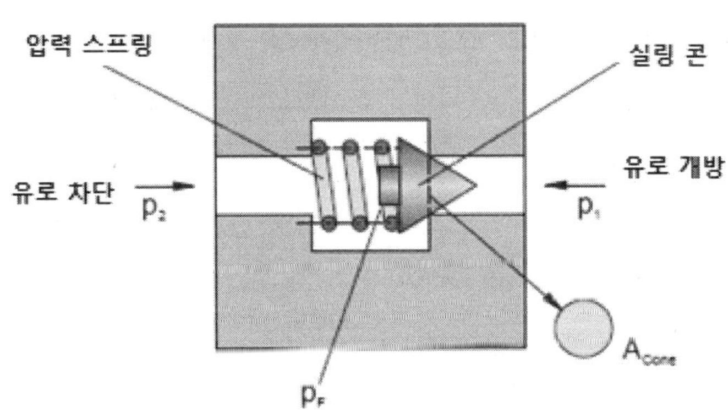

그림 2.15.2 스프링 붙이 체크밸브의 구조

(1) 흡입형 체크밸브

흡입형 체크밸브는 공동 현상 발생을 방지할 목적으로 사용한다. 즉 펌프 흡입구 또는 유압회로의 부(-)압 부분에 이 밸브를 사용하여 유압이 어느 정도 압력 이하로 내려가면 포핏이 열려 유압유를 보충한다.

(2) 스프링 부하형 체크밸브

관로 내에 항상 유압유를 채워 놓을 경우나 열 교환기나 필터에 급격한 고압유가 흐르는 것을 막고 그림 2.15.3과 같이 기기를 보호할 목적으로 사용하는 일종의 안전밸브이다.

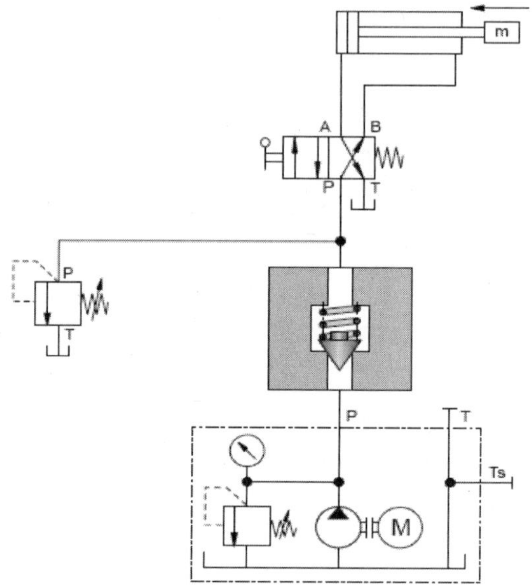

그림 2.15.3 펌프 보호 회로

(3) 파일럿조작 체크밸브(pilot operated check valves)

작동 방식은 스프링 부하형과 같으나 필요에 따라서는 파일럿 작동에 의하여 역류도 허용될 수 있는 밸브이다.

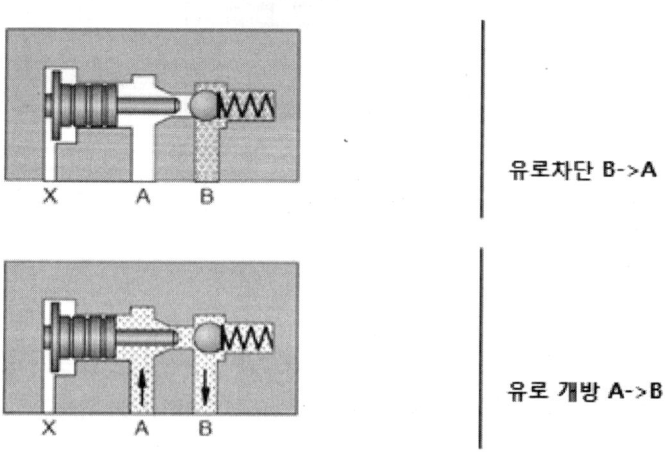

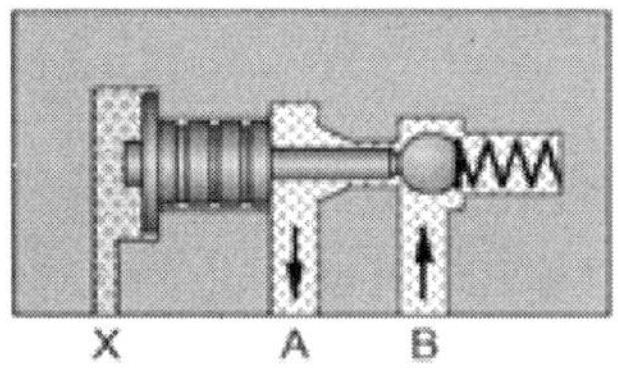

그림 2.15.4 파일럿 작동 체크밸브

실습 순서

1. 실습 준비

(1) 주어진 과제와 실습 목표를 이해한다.

(2) 실습에 필요한 유압 부품을 준비한다.

(3) 시험 운전하기 전까지 실습 장치의 전원은 차단한다.

2. 유압 부품 선정

(1) 제시된 회로도를 사용하여 부품을 선정하게 한다.

(2) 각각의 부품에 표시된 기호와 일치 여부를 확인한다.

3. 유압 부품 배치

(1) 부품의 배치는 서로 방해되지 않도록 충분히 간격을 두고 배치한다.

(2) 부품의 배치는 회로도와 같은 위치에 배치한다.

4. 유압 배관

(1) 유압이 원활하게 전달되도록 적당한 길이의 호스를 사용한다.

(2) 회로도를 참고하여 각 기호의 연결구 번호와 유압 부품에 표시되어 있는 연결구 번호를 확인하여 정확한 연결구에 연결한다.

(3) 호스는 연결구 내의 체크밸브를 통과할 수 있도록 완전하게 연결하고 호스 내부 압력을 제거한 후 사용한다.

5. 동작 확인 시험 운전

(1) 제시된 회로를 사용하여 유압 회로를 구성한다.

(2) 릴리프 밸브 ⑤의 조절 핸들을 조절하여 관로를 완전히 개방한 후 유압 펌프를 가동한다.

(3) 릴리프 밸브 ⑤의 조절 핸들을 시계방향으로 회전시켜 설정 압력을 30 MPa로 설정한다.

(4) 4/2-way 방향 제어 밸브 ②를 a 위치로 전환시켜 실린더가 100mm 정도 전진하면 b 위치로 전환시키고 실린더의 상태를 확인한다.

(5) 다시 4/2-way 방향 제어 밸브 ②를 a 위치로 전환시켜 실린더가 전진 완료하면 b 위치로 전환시키고 실린더의 상태를 확인한다.

(6) 3/2-way 방향 제어 밸브 ③을 a 위치로 전환시켜 실린더가 하강하는지 확인하고 중간 위치에서 b 위치로 복귀시킨 후 실린더의 상태를 확인한다.

(7) 3/2-way 방향 제어 밸브 ③을 a 위치로 전환시켜 실린더가 하강 완료하면 중간 위치에서 b 위치로 복귀시킨 후 실린더의 상태를 확인한다.

(8) 실습 결과를 표 2.15.1에 기록한다.

6. 정리 정돈

(1) 실습 장치에 전기를 차단하여 유압 펌프를 정지시킨다.

(2) 유압 호스를 제거하여 정리한다.

(3) 실린더, 밸브 등 사용된 부품을 제거하여 정리한다.

표 2.15.1 로킹회로 특성 실험

Set pressure relief valve (MPa)	Position of the valve ②	Position of the valve ②	Intermediate stop pressure		Piston position	Pilot operated check valve status
			⑥-1	⑥-2		
30	a	b	30	0	전진	
	b	a	0	30	후진	
40	a	b				
	b	a				
50	a	b				
	b	a				

실습과제명	2-15. 로킹회로	소요시간 : 4 H

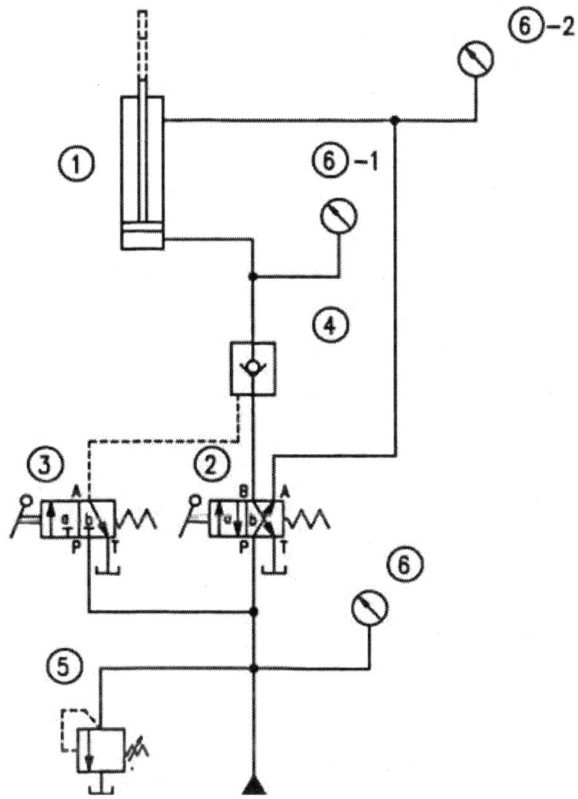

평가자 :	1회 평가 :
	2회 평가 :
	3회 평가 :

평가항목	우수	양호	부진
1. 부품 선정			
2. 부품 배치			
3. 배관			
4. 회로 동작			
5. 질문지			
6. 안전사항			

2-15 질문지 평가

1. 아래에 제시된 표의 빈칸을 완성하시오.

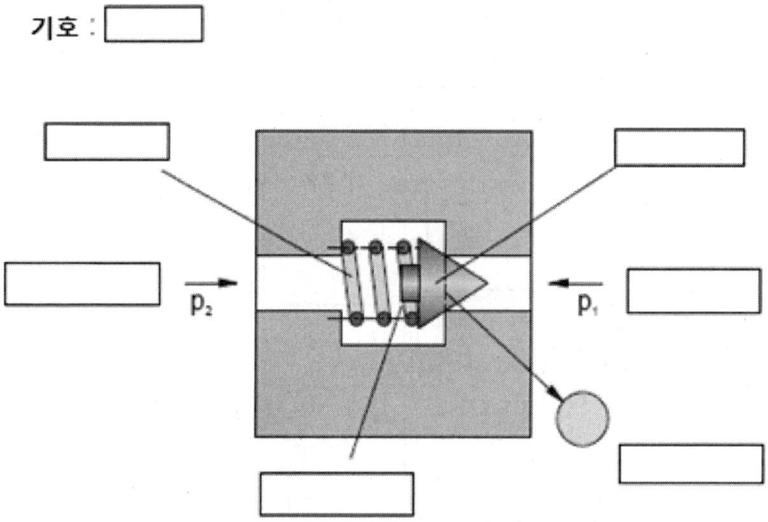

체크밸브가 스프링이 내장되어 있지 않을 경우에는 압력 P1이 원뿔형 포핏에 작용하여 반대편 쪽의 압력 P2보다 큰 힘으로 밀어서 유로를 개방한다. 스프링이 내장되어 있을 경우에는 원뿔형 포핏에 작용하는 스프링의 힘과 P2에 의한 힘이 합해지게 된다.

이 경우 P1 > P2 + PF가 만족되어야 유로가 개방된다.

스프링에 대한 압력은 다음과 같이 나타낼 수 있다.

$$P_F = \frac{F_{spring}}{A_{cone}}$$

2-16. 감압회로

<table>
<tr><th>실습과제명</th><th colspan="2">2-16. 감압회로</th><th>소요 시간
4 H</th></tr>
<tr><td>목 표</td><td colspan="3">① 감압 밸브의 구조를 이해하고 기능을 설명할 수 있다.
② 감압 밸브를 사용하여 두 개 실린더의 압력을 고압과 저압으로 공급하여 동작시킬 수 있다.
③ 감압 밸브의 기호를 그릴 수 있다.</td></tr>
<tr><th>기계 및 공구</th><th>재료명</th><th>규 격</th><th>안전 및 유의사항</th></tr>
<tr><td>· 유압 펌프 유닛
· 유압실습장치
· 수공구 세트</td><td>· 복동실린더
· 릴리프 밸브
· 방향 제어 밸브
· 감압 밸브
· 압력계
· 체크밸브
내장호스세트</td><td>ϕ 25×200
M6, 3/8"
M6, 3/8"
M6, 3/8"
0～10 MPa
21 MPa</td><td>· 실습장치의 전원을 점검한다.
· 탱크 오일의 양 및 상태를 육안으로 점검한다.
· 전원을 투입한 후 5분 정도 무부하 운전한다.
· 실린더의 작동 공간에 장애물이 없어야 한다.
· 호스의 연결과 제거 방법을 알아야 한다.
· 일상점검을 통하여 장비와 공구를 유지 관리한다.
· 산업안전법규를 준수한다.</td></tr>
</table>

장치 설명

1. 두 개의 복동실린더를 사용하여 드릴링 머신의 유압제어 장치를 제작하려고 한다.
2. 두 개의 복동실린더는 한 개의 유압 펌프로 구동된다.
3. 고정장치에 사용되는 실린더는 40 [MPa]의 압력을 사용하고 스핀들에 사용되는 실린더의 압력은 20 [MPa]의 압력을 사용한다.

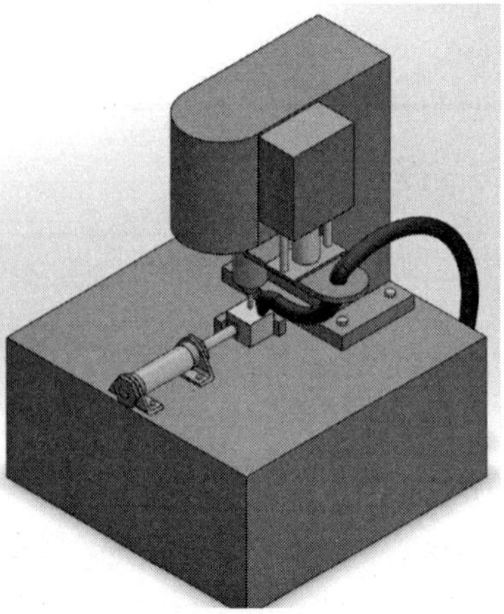

그림 2.16.1 드릴링 머신의 유압 장치

관련 지식

1. 감압 밸브를 이용한 감압회로

주 회로 압력은 높은 데 비해 기계적 강도 등에 의해 주 회로 압력보다 낮은 압력이 필요할 때 감압회로가 이용된다. 한 개의 유압 동력원으로 두 개의 실린더가 동작되고, 한 개의 실린더는 고압으로, 다른 하나는 저압으로 구동시킨다.

(1) 감압 밸브(pressure reducing valve)

유압 회로에서 어떤 부분 회로의 압력을 주회로의 압력보다 저압으로 해서 사용하고자 할 때 사용한다.

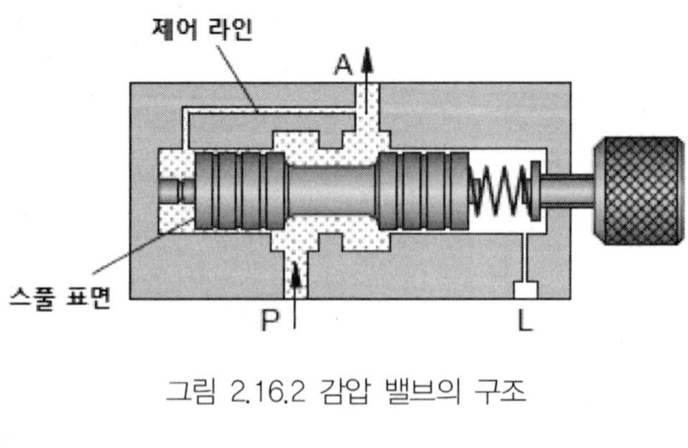

그림 2.16.2 감압 밸브의 구조

실습 순서

1. 실습 준비

(1) 주어진 과제와 실습 목표를 이해한다.

(2) 실습에 필요한 유압 부품을 준비한다.

(3) 시험 운전하기 전까지 실습 장치의 전원은 차단한다.

2. 유압 부품 선정

(1) 제시된 회로도를 사용하여 부품을 선정하게 한다.

(2) 각각의 부품에 표시된 기호와 일치 여부를 확인한다.

3. 유압 부품 배치

(1) 부품의 배치는 서로 방해되지 않도록 충분히 간격을 두고 배치한다.

(2) 부품의 배치는 회로도와 같은 위치에 배치한다.

4. 유압 배관

(1) 유압이 원활하게 전달되도록 적당한 길이의 호스를 사용한다.

(2) 회로도를 참고하여 각 기호의 연결구 번호와 유압 부품에 표시되어 있는 연결구 번호를 확인하여 정확한 연결구에 연결한다.

(3) 호스는 연결구 내의 체크밸브를 통과할 수 있도록 완전하게 연결하고 호스 내부 압력을 제거한 후 사용한다.

5. 동작 확인 시험 운전

(1) 제시된 회로를 사용하여 유압 회로를 구성한다.

(2) 릴리프 밸브 ⑤의 조절 핸들을 조절하여 관로를 완전히 개방한 후 유압 펌프를 가동한다.

(3) 릴리프 밸브 ⑤의 조절 핸들을 시계방향으로 회전시켜 설정 압력은 40 MPa로 설정한다.

(4) 감압 밸브 ⑥은 설정 압력은 20 MPa이 되도록 압력계 ⑦-2를 보면서 설정한다.

(5) 4/3-way 방향 제어 밸브 ④를 c 위치로 전환시켜 실린더의 동작상태를 확인한다.

(6) 4/2-way 방향 제어 밸브 ③을 a 위치로 전환시켜 실린더의 동작상태를 확인한다.

(7) 두 개의 실린더를 모두 복귀시킨 후 릴리프 밸브 ⑤의 조정핸들을 완전히 개방한 후 유압 펌프를 정지시킨다.

(8) 실습 결과를 표 2.16.1에 기록하시오.

6. 정리 정돈

(1) 실습 장치에 전기를 차단하여 유압 펌프를 정지시킨다.

(2) 유압 호스를 제거하여 정리한다.

(3) 실린더, 밸브 등 사용된 부품을 제거하여 정리한다.

표 2.16.1 감압 밸브 특성 실험

division	operating pressure of the cylinder [MPa]	output of the cylinder [MPa]
cylinder A		
cylinder B		

실습과제명	2-16. 감압회로	소요시간 : 4 H

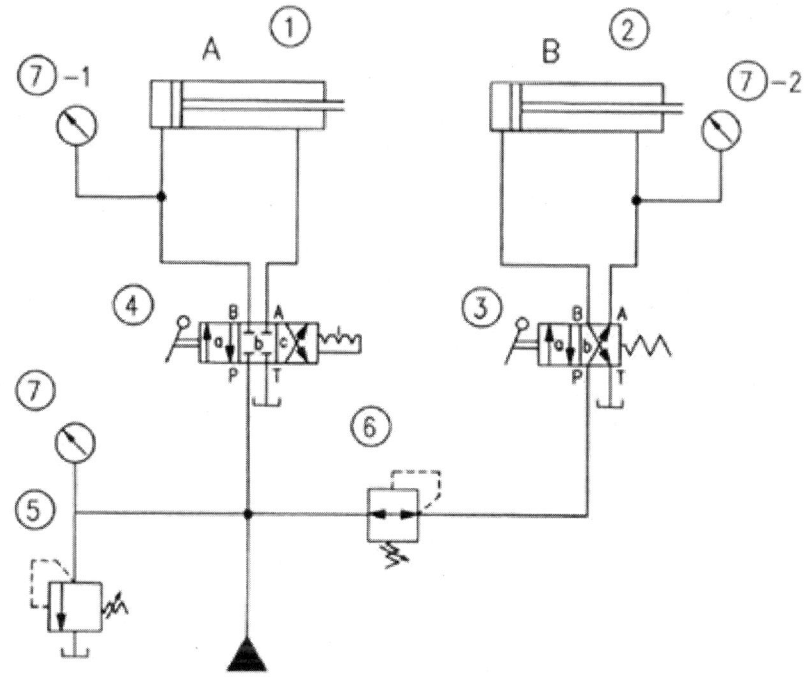

평가자 :	1회 평가 :
	2회 평가 :
	3회 평가 :

평가항목	우수	양호	부진
1. 부품 선정			
2. 부품 배치			
3. 배관			
4. 회로 동작			
5. 질문지			
6. 안전사항			

2-16 질문지 평가

1. 아래에 제시된 문장의 [ ]을 완성하시오.

▶ 회로도에서 감압 밸브는 다음 원리에 의해서 작동된다.

▶ 밸브는 정상위치에서 열려 있다. [ ]에서의 출구 압력은 제어라인 [ ]을 통하여 스풀 면 [ ]에 전달된다.

▶ 스풀 면 [ ]에 가해지는 힘은 그 반대편 스프링의 힘과 관계된다.

▶ 스풀 면 [ ]에 가해지는 힘이 설정된 스프링의 힘보다 크게 되면 밸브의 슬라이드(스풀)는 힘의 평형이 이루어질 때까지 스프링 방향으로 이동하면서 유로의 일부를 막게 된다. 이렇게 되면 유로가 좁아져서 압력이 낮아지게 되고, 출구 [ ]에서의 압력이 계속 증가하면 스풀은 유로를 완전히 차단한다.

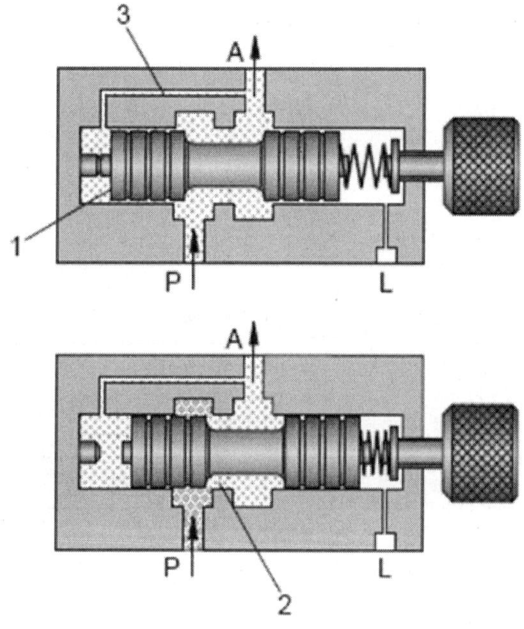

2-17. 시퀀스회로

실습과제명	2-17. 시퀀스회로		소요 시간
			4 H
목 표	① 시퀀스회로의 의미를 설명할 수 있다. ② 시퀀스 밸브를 사용하여 두 개 실린더의 작동순서를 결정하여 동작시킬 수 있다. ③ 시퀀스 밸브의 기호를 그릴 수 있다.		
기계 및 공구	재료명	규 격	안전 및 유의사항
· 유압 펌프 유닛 · 유압실습장치 · 수공구 세트	· 복동실린더 · 차동실린더 · 릴리프 밸브 · 방향 제어 밸브 · 시퀀스 밸브 · 압력계 · 체크밸브 내장호스세트	ϕ 25×200 ϕ 25×200 M6, 3/8" M6, 3/8" M6, 3/8" 0~10 MPa 21 MPa	· 실습장치의 전원을 점검한다. · 탱크 오일의 양 및 상태를 육안으로 점검한다. · 전원을 투입한 후 5분 정도 무부하 운전한다. · 실린더의 작동 공간에 장애물이 없어야 한다. · 호스의 연결과 제거 방법을 알아야 한다. · 일상점검을 통하여 장비와 공구를 유지 관리한다. · 산업안전법규를 준수한다.

장치 설명

1. 두 개의 복동실린더를 사용하여 부품 삽입 장치의 유압제어 장치를 제작하려고 한다.
2. 두 개의 복동실린더 중 한 개의 실린더는 차동실린더를 사용한다.
3. 두 개의 실린더 중 실린더 A가 전진하고 난 후에 실린더 B가 전진되어야 한다.
4. 복귀는 실린더 B가 후진한 후에 실린더 A가 후진되어야 한다.

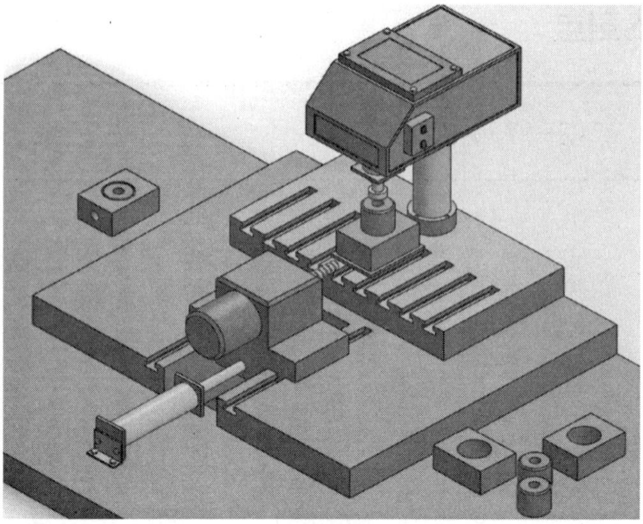

그림 2.17.1 부품 삽입 장치

관련 지식

1. 시퀀스 밸브를 이용한 시퀀스회로

시퀀스 밸브는 일명 순차작동 밸브라고도 하며, 회로의 압력에 따라 액추에이터의 작동 순서를 자동적으로 제어하는 데 사용된다. 실습할 회로는 두 개의 시퀀스 밸브를 사용하여 실린더 A와 실린더 B를 순차적으로 작동시키는 유압 회로이다.

여기서 A 실린더를 클램핑용 실린더라 하고, B 실린더를 드릴 이송용 실린더라 가정할 때, 그 작동 순서는 먼저 클램핑용 실린더가 클램핑을 완료한 후에 드릴 이송용 실린더가 전진해야 되며, 복귀는 반대로 드릴 이송용 실린더가 복귀된 후에 클램프가 해제되어야 안전하다.

(1) 시퀀스 밸브(sequence valves)

주회로의 압력을 일정하게 유지하면서 조작의 순서를 제어할 때 사용하는 밸브이다. 예를 들면 따로따로 작동하는 2개의 유압 실린더가 있을 때 한쪽이 행정을 완료하면 다른 한쪽의 실린더가 작동을 시작하게 하는 작동 순서를 순차적으로 제어하고자 할 때 사용한다. 그러므로 이 밸브는 다음 작동이 행해지는 동안 먼저 작동한 유압 실린더를 설정 압력으로 유지시킬 수 있다.

실습 순서

1. 실습 준비

(1) 주어진 과제와 실습 목표를 이해한다.

(2) 실습에 필요한 유압 부품을 준비한다.

(3) 시험 운전하기 전까지 실습 장치의 전원은 차단한다.

2. 유압 부품 선정

(1) 제시된 회로도를 사용하여 부품을 선정하게 한다.

(2) 각각의 부품에 표시된 기호와 일치 여부를 확인한다.

3. 유압 부품 배치

(1) 부품의 배치는 서로 방해되지 않도록 충분히 간격을 두고 배치한다.

(2) 부품의 배치는 회로도와 같은 위치에 배치한다.

4. 유압 배관

(1) 유압이 원활하게 전달되도록 적당한 길이의 호스를 사용한다.

(2) 회로도를 참고하여 각 기호의 연결구 번호와 유압 부품에 표시되어 있는 연결구 번호를 확인하여 정확한 연결구에 연결한다.

(3) 호스는 연결구 내의 체크밸브를 통과할 수 있도록 완전하게 연결하고 호스 내부 압력을 제거한 후 사용한다.

5. 동작 확인 시험 운전

(1) 제시된 회로를 사용하여 유압 회로를 구성한다.

(2) 릴리프 밸브 ④의 조절 핸들을 조절하여 관로를 완전히 개방한 후 유압 펌프를 가동한다.

(3) 릴리프 밸브 ④의 조절 핸들을 시계방향으로 회전시켜 설정 압력은 30 MPa로 설정한다.

(4) 4/3-way 방향 제어 밸브 ③은 c 위치로 전환시켜 실린더의 동작상태를 확인한다.

(5) 4/2-way 방향 제어 밸브 ③을 a 위치로 전환시켜 실린더의 동작상태를 확인한다.

(6) 두 개의 실린더를 모두 복귀시킨 후 릴리프 밸브 ⑤의 조정핸들을 완전히 개방한 후 유압 펌프를 정지시킨다.

6. 정리 정돈

(1) 실습 장치에 전기를 차단하여 유압 펌프를 정지시킨다.

(2) 유압 호스를 제거하여 정리한다.

(3) 실린더, 밸브 등 사용된 부품을 제거하여 정리한다.

실습과제명	2-17. 시퀀스회로	소요시간 : 4 H

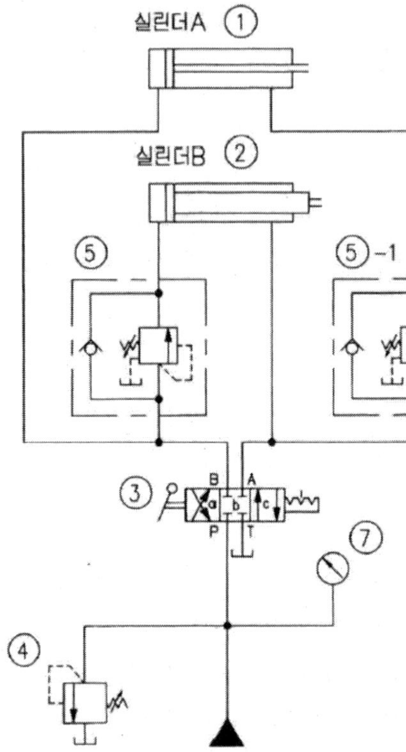

평가자 :	1회 평가 :
	2회 평가 :
	3회 평가 :

평가항목	우수	양호	부진
1. 부품 선정			
2. 부품 배치			
3. 배관			
4. 회로 동작			
5. 질문지			
6. 안전사항			

2-17 질문지 평가

1. 아래에 제시된 표의 빈칸을 완성하시오.

Pressure relief valve	
2-way pressure regulator	
	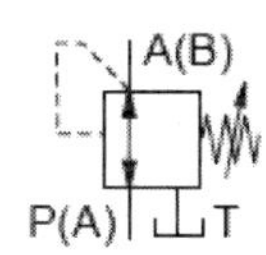

2. 아래의 회로에서 감압 밸브의 용도를 쓰시오.

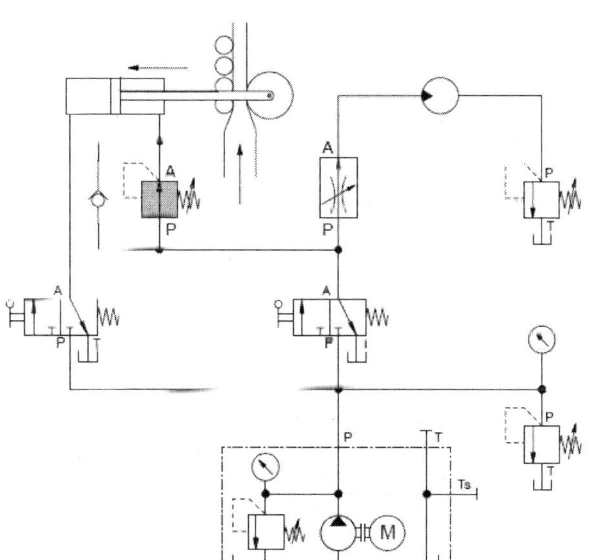

2-18. 카운터밸런스회로

실습과제명	2-18. 카운터밸런스회로	소요 시간
		4 H
목 표	① 카운터밸런스밸브의 기능과 용도를 설명할 수 있다. ② 카운터밸런스밸브를 사용한 회로를 구성하여 동작시킬 수 있다. ③ 카운터밸런스밸브의 기호를 그릴 수 있다.	

기계 및 공구	재료명	규 격	안전 및 유의사항
· 유압 펌프 유닛 · 유압실습장치 · 수공구 세트	· 복동실린더 · 차동실린더 · 릴리프 밸브 · 방향 제어 밸브 · 유량 제어 밸브 · 카운터밸런스 밸브 · 압력계 · 체크밸브 내장호스세트 · 하중	φ 25×200 φ 25×200 M6, 3/8" M6, 3/8" M6, 3/8" M6, 3/8" 0∼10 MPa 21 MPa 100 N	· 실습장치의 전원을 점검한다. · 탱크 오일의 양 및 상태를 육안으로 점검한다. · 전원을 투입한 후 5분 정도 무부하 운전한다. · 실린더의 작동 공간에 장애물이 없어야 한다. · 호스의 연결과 제거 방법을 알아야 한다. · 일상점검을 통하여 장비와 공구를 유지 관리한다. · 산업안전법규를 준수한다.

장치 설명

1. 복동실린더를 사용하여 소각로 칸막이 개폐 장치의 유압제어 장치를 제작하려고 한다.
2. 개폐장치가 열려 있을 때 개폐장치의 하중에 의하여 복동실린더가 전진하지 않도록 한다.
3. 카운터밸런스밸브를 사용하여 실린더의 귀환 포트에 배압을 형성한다.

그림 2.18.1 소각로 개폐장치

관련 지식

1. 카운터밸런스밸브(counter balance valves)

이 밸브는 회로의 일부에 배압을 발생시키고자 할 때 사용하는 밸브이다. 예를 들어 드릴 작업이 끝나는 순간 부하 저항이 급히 감소하게 된다. 이때 드릴의 돌출을 막기 위하여 실린더에 배압을 형성해준다. 또는 수직 방향으로 작동하는 램이 중력에 의하여 낙하하는 것을 방지할 경우에 사용한다.

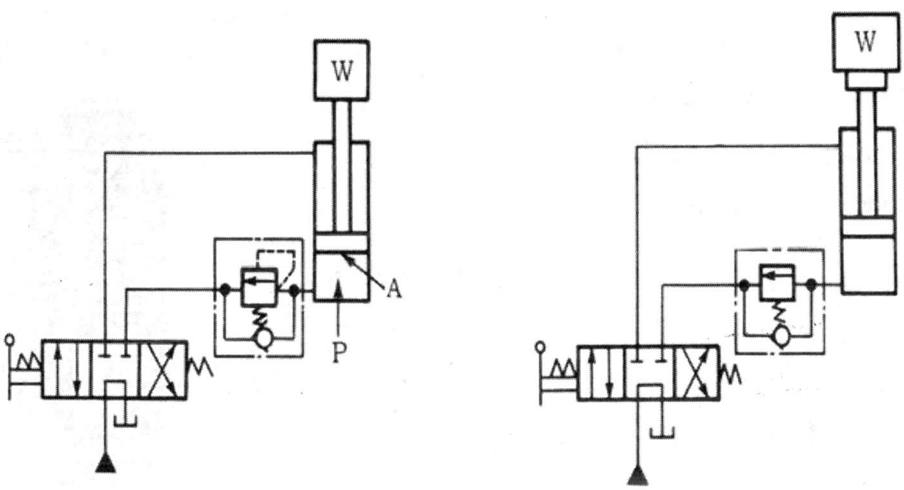

그림 2.18.2 카운터밸런스밸브의 사용 예

실습 순서

1. 실습 준비

(1) 주어진 과제와 실습 목표를 이해한다.

(2) 실습에 필요한 유압 부품을 준비한다.

(3) 시험 운전하기 전까지 실습 장치의 전원은 차단한다.

2. 유압 부품 선정

(1) 제시된 회로도를 사용하여 부품을 선정하게 한다.

(2) 각각의 부품에 표시된 기호와 일치 여부를 확인한다.

3. 유압 부품 배치

(1) 부품의 배치는 서로 방해되지 않도록 충분히 간격을 두고 배치한다.

(2) 부품의 배치는 회로도와 같은 위치에 배치한다.

4. 유압 배관

(1) 유압이 원활하게 전달되도록 적당한 길이의 호스를 사용한다.

(2) 회로도를 참고하여 각 기호의 연결구 번호와 유압 부품에 표시되어 있는 연결구 번호를 확인하여 정확한 연결구에 연결한다.

(3) 호스는 연결구 내의 체크밸브를 통과할 수 있도록 완전하게 연결하고 호스 내부 압력을 제거한 후 사용한다.

5. 동작 확인 시험 운전

(1) 제시된 회로를 사용하여 유압 회로를 구성한다.

(2) 릴리프 밸브 ④의 조절 핸들을 조절하여 관로를 완전히 개방한 후 유압 펌프를 가동한다.

(3) 릴리프 밸브 ④의 조절 핸들을 시계방향으로 회전시켜 설정 압력을 30 MPa로 설정한다.

(4) 4/2-way 방향 제어 밸브 ②를 a 위치로 전환시켜 실린더의 동작상태를 확인하고 압력계 ⑥-1과 ⑥-2의 값을 확인한다.

(5) 4/2-way 방향 제어 밸브 ②를 b 위치로 전환시켜 압력계 ⑥-1과 ⑥-2의 값을 확인한다.

(6) 릴리프 밸브 ④의 완전히 개방한 후 유압 펌프를 정지시킨다.

6. 정리 정돈

(1) 실습 장치에 전기를 차단하여 유압 펌프를 정지시킨다.

(2) 유압 호스를 제거하여 정리한다.

(3) 실린더, 밸브 등 사용된 부품을 제거하여 정리한다.

실습과제명	2-18. 카운터밸런스회로	소요시간 : 4 H

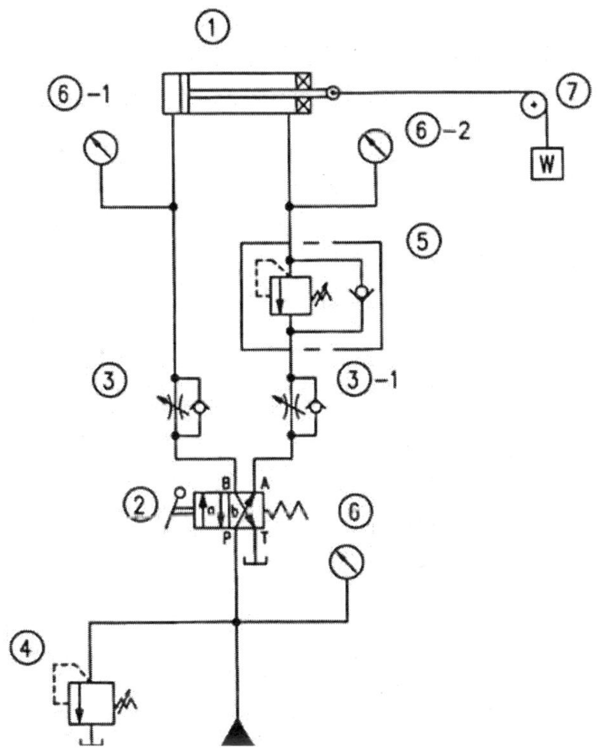

평가자 :	1회 평가 :
	2회 평가 :
	3회 평가 :

평가항목	우수	양호	부진
1. 부품 선정			
2. 부품 배치			
3. 배관			
4. 회로 동작			
5. 질문지			
6. 안전사항			

2-18 질문지 평가

1. 아래에 제시된 (a), (b)를 사용하여 회로를 완성하시오.
   (유압시스템의 압력은 100 bar, 카운터밸런스밸브의 압력은 20 bar)

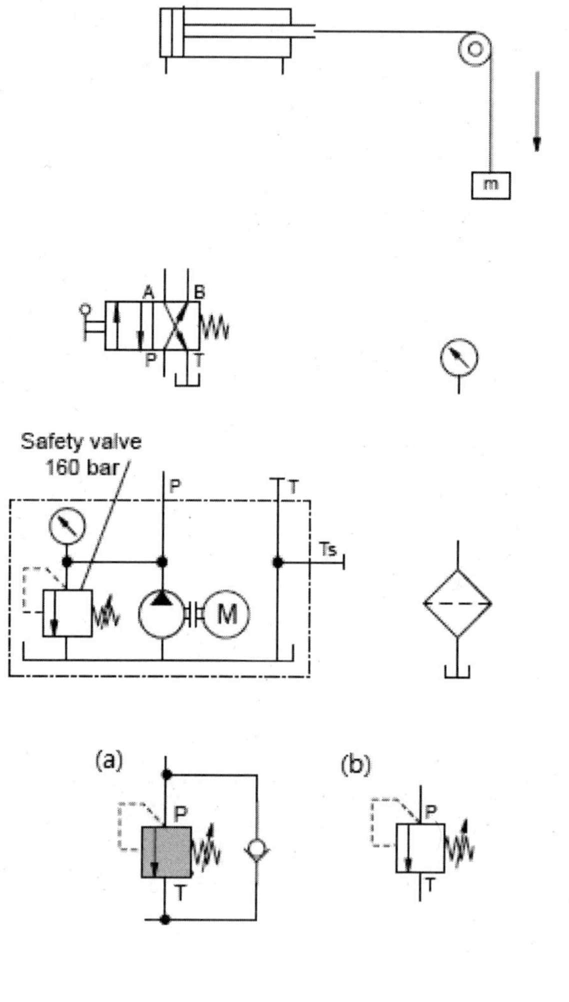

2. 카운터밸런스밸브의 용도를 쓰시오.

2-19. 유압모터 제어회로

실습과제명	2-19. 유압모터 제어회로			소요 시간 4 H
목 표	① 유압모터의 기능과 용도를 설명할 수 있다. ② 유압모터를 사용한 회로를 구성하여 동작시킬 수 있다. ③ 유압모터의 기호를 그릴 수 있다.			
기계 및 공구	재료명	규 격	안전 및 유의사항	
· 유압 펌프 유닛 · 유압실습장치 · 수공구 세트	· 유압모터 · 릴리프 밸브 · 방향 제어 밸브 · 유량 제어 밸브 · 압력계 · 체크밸브 내장호스세트	1 kW M6, 3/8" M6, 3/8" M6, 3/8" 0~10 MPa 21 MPa	· 실습장치의 전원을 점검한다. · 탱크 오일의 양 및 상태를 육안으로 점검한다. · 전원을 투입한 후 5분 정도 무부하 운전한다. · 실린더의 작동 공간에 장애물이 없어야 한다. · 호스의 연결과 제거 방법을 알아야 한다. · 일상점검을 통하여 장비와 공구를 유지 관리한다. · 산업안전법규를 준수한다.	

관련 지식

1. 유압모터

유압모터 제어회로도 실린더 제어와 마찬가지로 압력, 유량, 방향의 3가지 제어를 바탕으로 구성된다. 유압모터의 출력은 회전력과 회전 속도에 의해 결정되며, 공급 압력과 공급 유량을 제어하는 것에 따라 회전력과 회전 속도가 제어된다. 유압모터의 발생 토크를 일정하게 하려면 공급 압력을 일정하게 해야 한다.

실습 순서

1. 실습 준비

(1) 주어진 과제와 실습 목표를 이해한다.
(2) 실습에 필요한 유압 부품을 준비한다.
(3) 시험 운전하기 전까지 실습 장치의 전원은 차단한다.

2. 유압 부품 선정

(1) 제시된 회로도를 사용하여 부품을 선정하게 한다.
(2) 각각의 부품에 표시된 기호와 일치 여부를 확인한다.

3. 유압 부품 배치

(1) 부품의 배치는 서로 방해되지 않도록 충분히 간격을 두고 배치한다.
(2) 부품의 배치는 회로도와 같은 위치에 배치한다.

4. 유압 배관

(1) 유압이 원활하게 전달되도록 적당한 길이의 호스를 사용한다.
(2) 회로도를 참고하여 각 기호의 연결구 번호와 유압 부품에 표시되어 있는 연결구 번호를 확인하여 정확한 연결구에 연결한다.
(3) 호스는 연결구 내의 체크밸브를 통과할 수 있도록 완전하게 연결하고 호스 내부 압력을 제거한 후 사용한다.

5. 동작 확인 시험 운전

(1) 제시된 회로를 사용하여 유압 회로를 구성한다.
(2) 릴리프 밸브 ③의 조절 핸들을 조절하여 관로를 완전히 개방한 후 유압 펌프를 가동한다.
(3) 릴리프 밸브 ③의 조절 핸들을 시계방향으로 회전시켜 설정 압력을 30 MPa로 설정한다.
(4) 4/3-way 방향 제어 밸브 ②를 a, b, c 위치로 전환시켜 모터의 동작상태를 확인하고 유량 제어 밸브 ④와 ④-1을 조절하여 회전속도를 변화시켜 본다.
(5) 릴리프 밸브 ③을 완전히 개방한 후 유압 펌프를 정지시킨다.

6. 정리 정돈

(1) 실습 장치에 전기를 차단하여 유압 펌프를 정지시킨다.
(2) 유압 호스를 제거하여 정리한다.
(3) 실린더, 밸브 등 사용된 부품을 제거하여 정리한다.

실습과제명	2-19. 유압모터 제어회로	소요시간 : 4 H

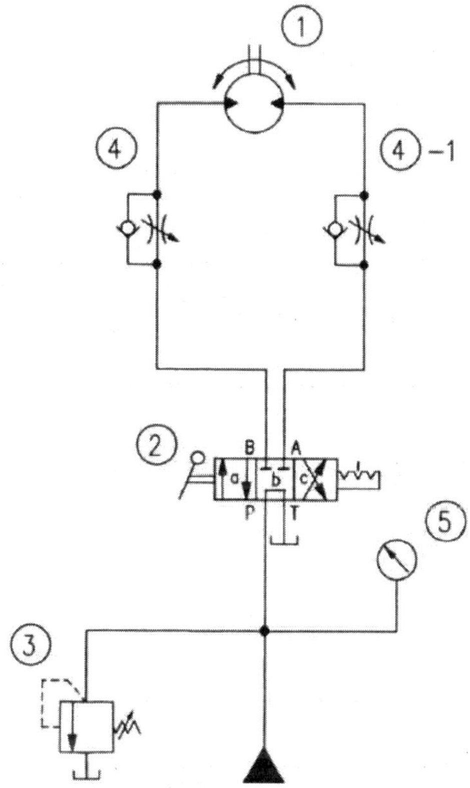

평가자 :	1회 평가 :
	2회 평가 :
	3회 평가 :

평가항목	우수	양호	부진
1. 부품 선정			
2. 부품 배치			
3. 배관			
4 회로 동작			
5. 질문지			
6. 안전사항			

2-19 질문지 평가

1. 유압모터를 구분하였다. 빈칸을 완성하시오.

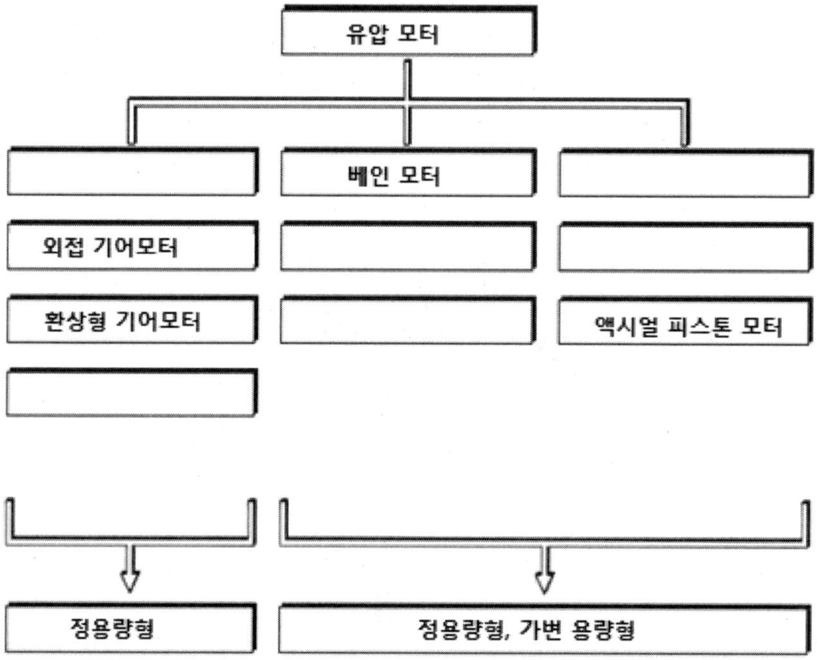

2. 유압모터의 사용 예 3가지를 열거하시오.

3. 다음 기호를 그리시오.

(a) 에어 컴프레셔

(b) 에어 모터

(c) 유압 펌프

(d) 유압모터

CHAPTER 03

시험운전 하기

3-1. 분류장치회로
3-2. 부품조립장치회로
3-3. 물품 밀어내기장치 회로
3-4. 자동왕복회로
3-5. 스탬핑장치회로
3-6. 접합장치회로
3-7. 클램핑장치회로
3-8. 엠보싱장치회로
3-9. 벤딩장치회로
3-10. 시퀀스제어의 부가조건
3-11 비상정지 기구
3-12. 유압프레스 벤딩장치회로
3-13. 덤프트럭 적재함 제어
3-14. 유압 클램핑장치 제어
3-15. 소각로 도어 개폐장치 제어
3-16. 리밍장치 제어
3-17. 차단 밸브 개폐장치 제어
3-18. 탁상 유압프레스 제어
3-19. 제품 세척장치 제어
3-20. 유압모터 정역회로

3-1. 분류장치회로

실습과제명	3-1. 분류장치회로			소요 시간 4 H
목 표	① 전기 공압회로를 구성하여 단동실린더를 왕복운동시킬 수 있다. ② 스위치, 릴레이, 솔레노이드 밸브를 설명할 수 있다.			
기계 및 공구	재료명	규 격	안전 및 유의사항	
· 공기 압축기 · 공압실습장치 · 수공구 세트	· 복동실린더 · 3/2-way 방향 제어 밸브 (single solenoid type) · 푸시버튼 스위치세트 (3/2-way valve) · 릴레이세트 · 공압튜브 · 전기케이블 세트	ϕ 25×125 m5, 1/8" 2a-2b 4C형×3 ϕ 4, ϕ 6	· 공급되는 압축공기의 압력을 600 [kPa]로 조절한다. · 배관할 때 압축공기의 공급을 차단한다. · 튜브를 정확히 연결하여 공기의 누설을 방지한다. · 실린더의 작동 공간에 장애물이 없어야 한다. · 튜브의 연결과 제거 방법을 알아야 한다. · 전기 배선시 전원공급이 차단되어야 한다. · 합선되었을 때 전원을 즉시 차단하고 전기 배선을 점검한다. · 일상점검을 통하여 장비와 공구를 유지 관리한다. · 산업안전법규를 준수한다.	

장치 설명

1. 공압 복동실린더를 사용하여 컨베이어 벨트로 이송되는 부품을 분류하려고 한다.
2. 푸시버튼 스위치를 누르면 실린더가 전진하고 푸시버튼에서 손을 떼면 실린더는 후진한다.

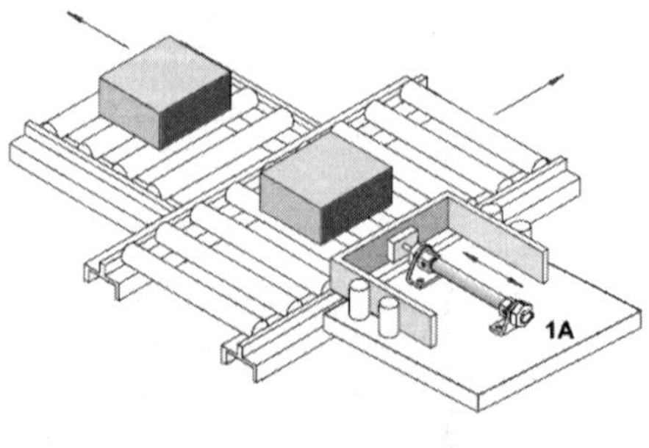

그림 3.1.1 물품 분류 장치

관련 지식

1. 전기회로 구성요소

기본적인 전기회로도를 구성하기 위해서는 그림 3.1.2와 같이 다음의 4가지 부품이 필요하다.

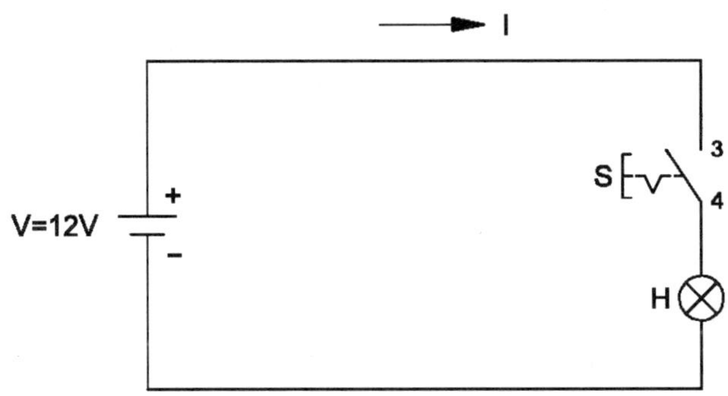

그림 3.1.2 직류회로

- 전원 공급을 담당하는 에너지원(power source)
- 제어계의 입력과 제어기능의 구성을 위한 스위치(switch)
- 램프, 모터, 솔레노이드코일 등 동작을 위한 부하(load)
- 회로를 구성하는 요소를 연결하는 전선(cables)

전기회로의 구성에 있어서 전기신호의 흐름방향을 결정하는 것은 스위치라고 하는 접점을 사용하는 것이다.

2. 전기 스위치의 종류

(1) a접점 스위치

a접점 스위치는 외력이 작용하지 않은 상태에서 접점이 열려있기 때문에 정상상태 열림형(normally open contact, N.O형) 접점이라고도 한다.

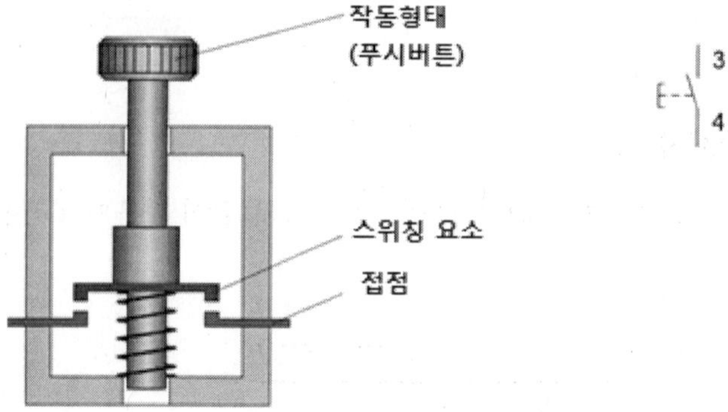

그림 3.1.3 상시 열림 접점(make)

제어 회로도에서 모든 부품은 표준화된 기호로 표시하게 되어 있다. 표시 방법에는 유럽에서 많이 이용되는 IEC(International Electro-technical Commission)에서 정한 방식과, 미국에서 많이 이용되는 래더(Ladder) 방법이 있다.

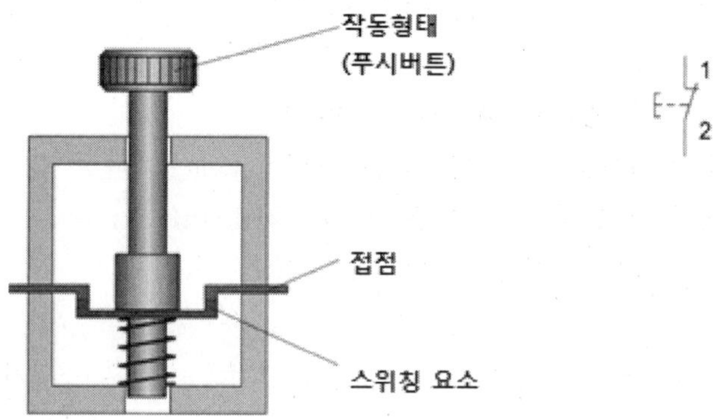

그림 3.1.4 상시 닫힘 접점(break)

이 두 방법은 표현 방법이 차이 날 뿐 사용되는 부품은 동일하다. a접점을 IEC 방법으로 표현할 때 접점의 단자를 3번과 4번의 기호로 표현한다.

(2) b접점 스위치

b접점 스위치는 a접점 스위치와는 반대로 스위치가 작동되지 않은 상태에서 접점이 닫혀 있기 때문에 정상상태 닫힘형 접점(Normally Closed Contact, N.C형)이라고 한다. 그림 3.1.4는 상시 닫힘 접점(break)의 그림이다.

(3) c접점 스위치

c접점 스위치는 하나의 스위치를 a접점이나 b접점으로 사용이 가능한 스위치이다. 이 스위치는 작동되면 접점의 전환(change-over)이 일어나기 때문에 c접점이라 한다.

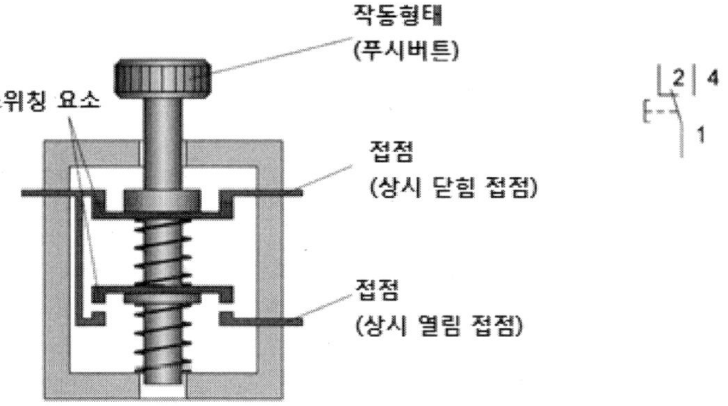

그림 3.1.5 전환 접점

(4) 릴레이

릴레이(relay)는 전기 신호에 의하여 작동되는 여러 개의 절연된 접점을 가지고 있는 스위치이다. 일반적으로 수동조작 스위치는 여러 개의 독립된 접점을 갖고 있지만 전기 리미트 스위치나 센서는 하나의 독립된 접점밖에 없다. 그러므로 전기적으로 독립된 여러 개의 접점이 필요한 경우에는 다른 전기부품을 이용하여 접점을 늘려주어야만 한다. 이때 접점을 늘려주는 것이 전기제어에서 핵심적인 역할을 수행하는 전기릴레이이다.

제어 회로도에서 릴레이도 역시 표준화된 기호로서만 표시되어야 한다. 릴레이의 표시기호에는 IEC 방법과 래더 방법의 두 가지가 있다. IEC 방법에서 릴레이의 코일은 일반적으로 K라는 약호로 표시하고, 래더 방법에서는 CR(control relay)이라는 약호를 사용한다.

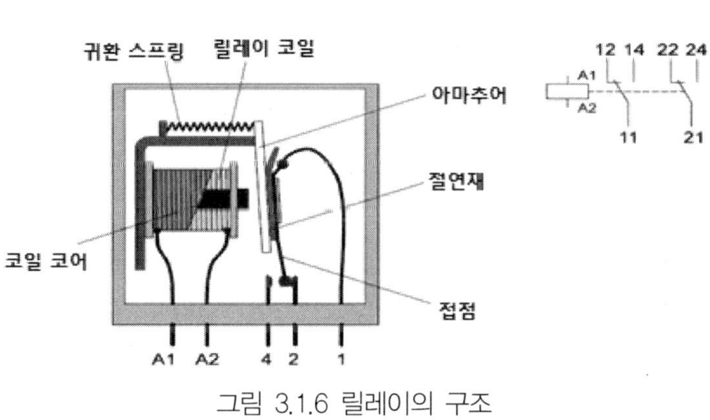

그림 3.1.6 릴레이의 구조

3. 전기공압회로

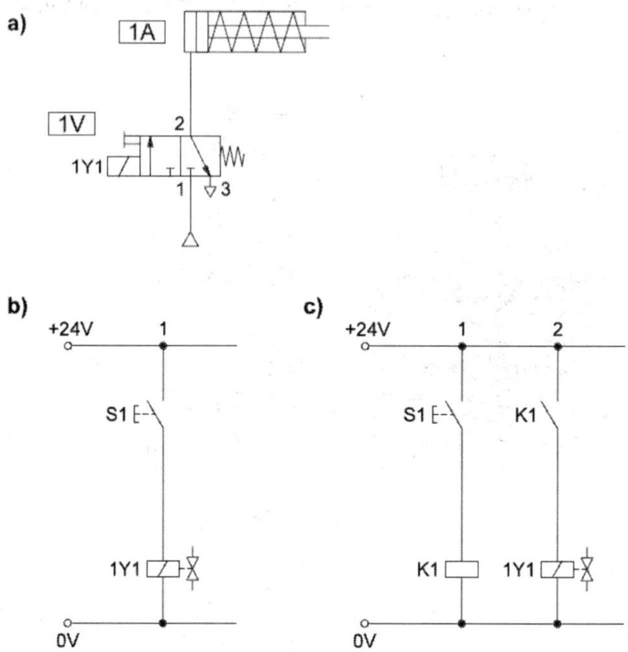

그림 3.1.7 단동실린더 제어의 공압회로와 전기회로

(a) 공압회로도
(b) 직접 연결 방식의 전기회로도
(c) 간접 연결 방식의 전기회로도

그림 3.1.7과 같이 푸시버튼 스위치를 이용하여 실린더의 왕복운동을 제어하는 경우 솔레노이드에 신호를 주기 위한 전기회로를 구성하는 방법은 두 가지가 있다. 하나는 푸시버튼 스위치에서 출력되는 전기신호를 직접 솔레노이드 코일에 연결하는 방법이다. 또 다른 방법은 푸시버튼 스위치의 출력신호로 릴레이를 작동시켜 릴레이의 접점에서 출력되는 신호로 솔레노이드 코일에 신호를 주는 방법이 있다.

4. 회로 구성 시 주의 사항

(1) 회로도의 배치는 순서도와 같이 하고 신호는 가능하면 아래에서 위로 흐르도록 한다.
(2) 에너지도 아래에서 위로 공급되도록 하고 간결하게 표시한다.
(3) 요소들의 실제 배치는 무시한다. 그러나 실린더와 방향 제어 밸브는 될 수 있으면 수평으로 그린다.

(4) 공압 요소는 튜브를 사용하여 배관하고 전기요소는 전선을 사용하여 배선한다.

(5) 공압 배관과 전기배선은 회로도와 같게 해야 한다.

(6) 요소들은 초기상태로 그리고 초기상태가 작동된 상태일 경우에는 이것을 표시해야 한다.

(7) 기호는 실제 설비의 부품에 그려진 것과 같도록 한다.

(8) 가능하면 배선은 교차점이 없도록 하고 또 직선으로 그리고 필요한 경우에 배선의 명칭을 표시한다.

(9) 필요하다면 기술적 자료나 설치가격을 기입하고 시스템의 작동순서, 유효 가동조건과 수리 부속품 등을 명기한다.

실습 순서

1. 실습 준비

(1) 주어진 과제와 실습 목표를 이해한다.

(2) 압축공기 공급 장치를 개방하여 실습 준비한다.

(3) 시험 운전하기 전까지 실습 장치의 공압은 차단 밸브에 의해 차단한다.

2. 전기 공압 부품 선정

(1) 제시된 전기회로도를 사용하여 전기 공압 부품을 선정하게 한다.

(2) 각각의 부품에 표시된 기호와 일치 여부를 확인한다.

3. 공압 부품 배치 및 배관

(1) 부품의 배치는 서로 방해되지 않도록 충분히 간격을 두고 배치한다.

(2) 공압이 원활하게 전달되도록 적당한 길이의 튜브를 사용한다.

(3) 회로도를 참고하여 각 기호의 연결구 번호와 공압 부품에 표시되어 있는 연결구 번호를 확인하여 정확한 연결구에 연결한다.

(4) 튜브는 연결구 내의 체크밸브를 통과할 수 있도록 완전하게 연결한다.

4. 전기회로 배선

(1) 선정된 전기 스위치, 릴레이 등과 솔레노이드 밸브를 전기회로와 같이 배선한다.

(2) 회로도의 접점과 양극, 음극을 확인하여 정확히 연결한다.

5. 동작 확인 시험 운전

(1) 실습 장치의 차단 밸브를 열어서 압축공기를 공급한다.

(2) 압력조절기의 압력을 500 [kPa]로 설정한다.

(3) 푸시버튼 스위치(3/2-way 밸브)를 작동시켰을 때 단동실린더가 전진되는지 확인한다.

(4) 푸시버튼 스위치(3/2-way 밸브)를 작동시키지 않으면 단동실린더가 후진되는지 확인한다.

(5) 질문지 평가를 실시한다.

6. 정리 정돈

(1) 실습장치의 차단 밸브를 닫아서 압축공기 공급을 차단한다.

(2) 공압 튜브를 제거하여 정리한다.

(3) 실린더, 밸브 등 사용된 부품을 제거하여 정리한다.

실습과제명	3-1. 분류장치회로 구성하기	소요시간 : 4 H

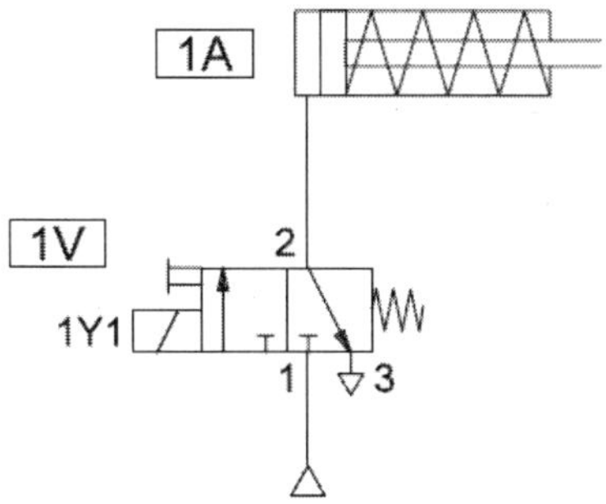

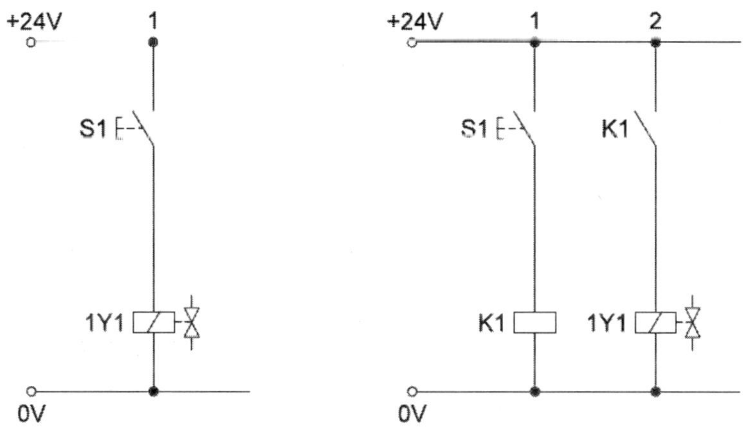

평가자 :	1회 평가 :
	2회 평가 :
	3회 평가 :

평가항목	우수	양호	부진
1. 부품 선정			
2. 부품 배치			
3. 배관			
4. 회로 동작			
5. 질문지			
6. 안전사항			

질문지 평가

1. 전기공압회로 구성에 사용하는 기호의 명칭을 쓰시오.

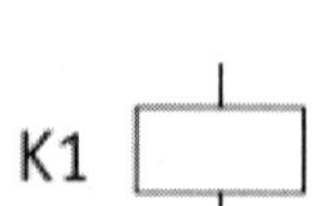

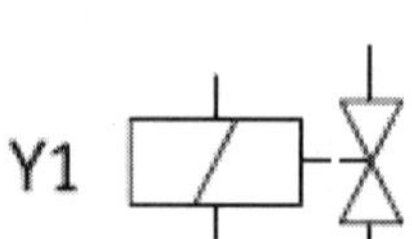

3-2. 부품조립장치회로

<table>
<tr><th>실습과제명</th><th colspan="2">3-2. 부품조립장치회로</th><th>소요 시간
4 H</th></tr>
<tr><td>목 표</td><td colspan="3">① 논리회로의 기본 구성을 설명할 수 있다.
② 직렬회로를 구성할 수 있다.
③ 병렬회로를 구성할 수 있다.</td></tr>
<tr><th>기계 및 공구</th><th>재료명</th><th>규 격</th><th>안전 및 유의사항</th></tr>
<tr><td>· 공기 압축기
· 공압실습장치
· 수공구 세트</td><td>· 복동실린더
· 5/2-way 방향 제어 밸브 (single solenoid type)
· 푸시버튼 스위치세트 (3/2-way valve)
· 릴레이세트
· 공압튜브
· 전기케이블 세트</td><td>φ 25×125
m5, 1/8"

2a-2b

4C형× 3
φ 4, φ 6</td><td>· 공급되는 압축공기의 압력을 600 [kPa]로 조절한다.
· 배관할 때 압축공기의 공급을 차단한다.
· 튜브를 정확히 연결하여 공기의 누설을 방지한다.
· 실린더의 작동 공간에 장애물이 없어야 한다.
· 튜브의 연결과 제거 방법을 알아야 한다.
· 전기 배선시 전원공급이 차단되어야 한다.
· 합선되었을 때 전원을 즉시 차단하고 전기 배선을 점검한다.
· 일상점검을 통하여 장비와 공구를 유지 관리한다.
· 산업안전법규를 준수한다.</td></tr>
</table>

장치 설명

1. 두 개의 푸시버튼 스위치를 사용하여 부품 조립 장치를 작동시키려고 한다.
2. 안전한 작업을 위하여 두 개의 푸시버튼을 모두 눌렀을 때 작업이 시작된다.
3. 푸시버튼 스위치에서 손을 떼면 실린더는 원래 위치로 복귀한다.

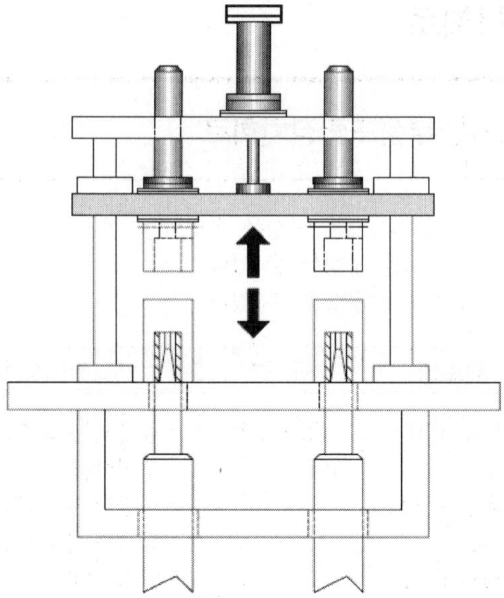

그림 3.2.1 부품 조립 장치

관련 지식

1. 논리회로

제어 시스템을 구성하는 것은 출력과 입력 신호의 관계를 정의하는 것이라 할 수 있다. 하나의 출력을 위한 입력신호인 조건은 하나이거나 그 이상일 수 있고, 그 조건들은 표 3.2.1과 같이 논리적 기능을 만족한 형태로 구성된다.

논리회로는 일반적으로 2개 이상의 입력 단자와 1개의 출력 단자를 갖는 게이트와 이들의 조합으로 구성되어 있다. 게이트는 논리 기본 소자이며 입력 논리 조건을 만족하면 '1' 또는 '0'을 출력하게 된다.

2. 기본 논리

(1) 긍정(YES)

긍정(YES) 논리회로는 입력 스위치를 누르면 출력이 있는 회로이다. 전기적 표현 방식으로 a 접점을 사용한다.

(가) 논리 기호

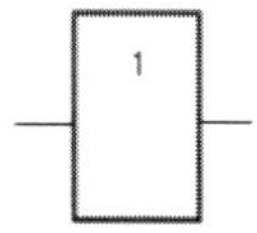

(나) 진리표

a(입력)	y(출력)
0	0
1	1

(다) 논리식

y=a

(라) 전기회로

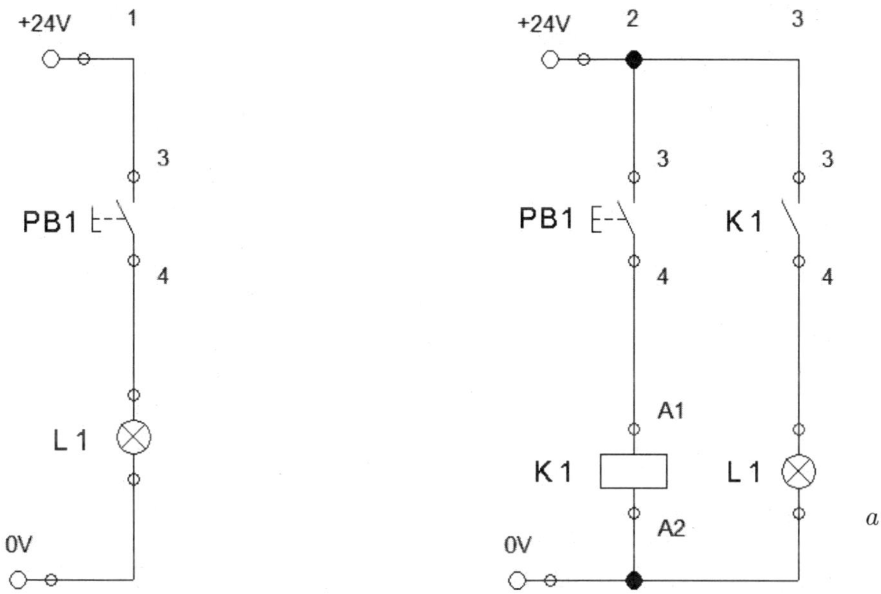

(2) 부정(NOT)

긍정(YES) 논리회로는 입력 스위치를 누르면 출력이 있는 회로이다. 전기적 표현 방식으로 a 접점을 사용한다.

(가) 논리 기호

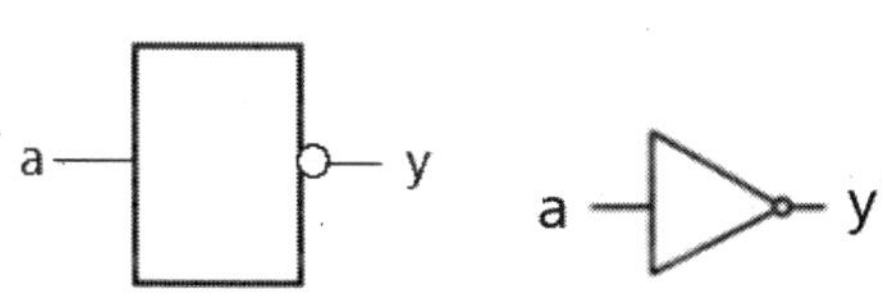

(나) 진리표

a(입력)	y(출력)
0	1
1	0

(다) 논리식

$y = \overline{a}$

(라) 전기회로

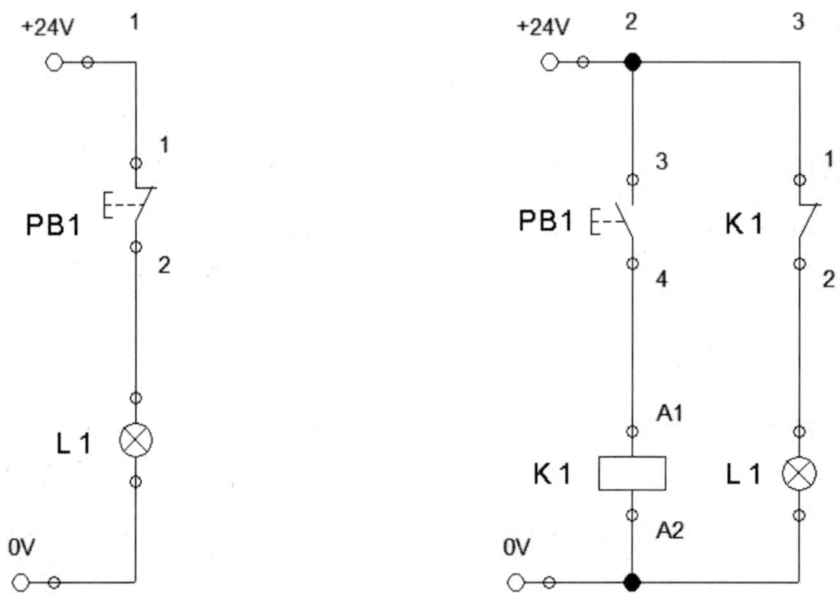

(3) 직렬(AND)

직렬(AND) 논리회로는 모든 입력신호가 존재할 때만 출력하는 회로이다.

(가) 논리 기호

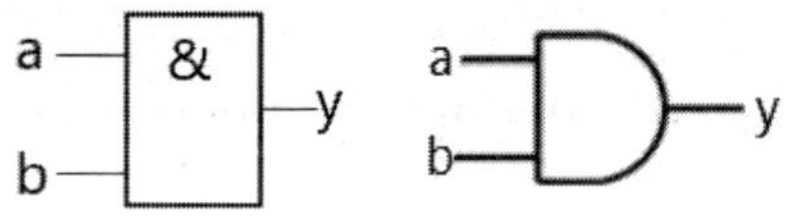

(나) 진리표

입력		출력
a	b	y
0	0	0
0	1	0
1	0	0
1	1	1

(다) 논리식

$y = a \wedge b$, $y = a \cdot b$

(라) 전기회로

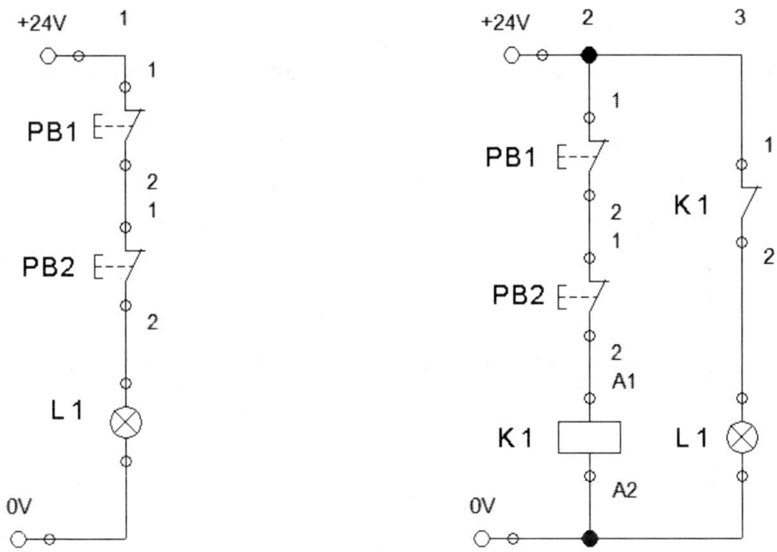

(4) 병렬(OR)

병렬(OR) 논리회로는 여러 개의 입력변수 중에서 한 개 이상의 입력 신호가 존재하면 출력하는 회로이다.

(가) 논리 기호

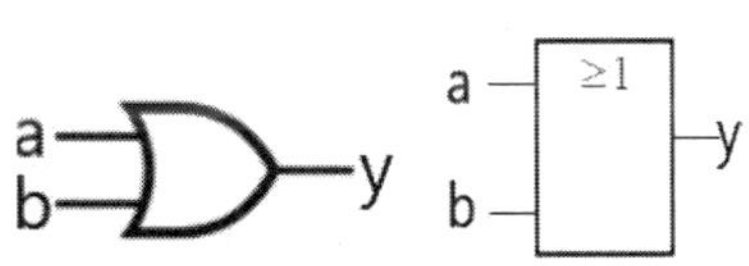

(나) 진리표

입력		출력
a	b	y
0	0	0
0	1	1
1	0	1
1	1	1

(다) 논리식

$y = a \wedge b$, $y = a \cdot b$

(라) 전기회로

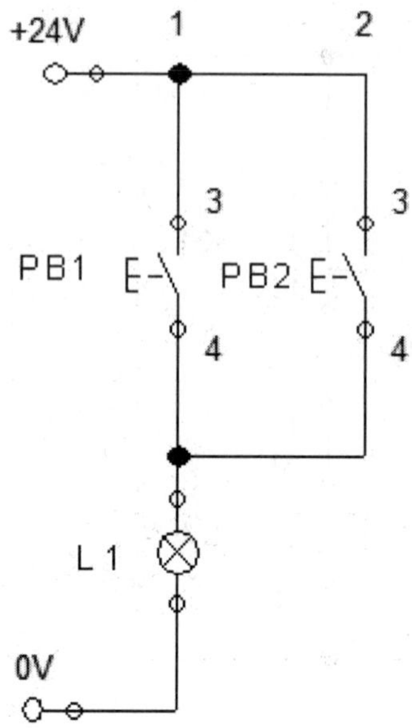

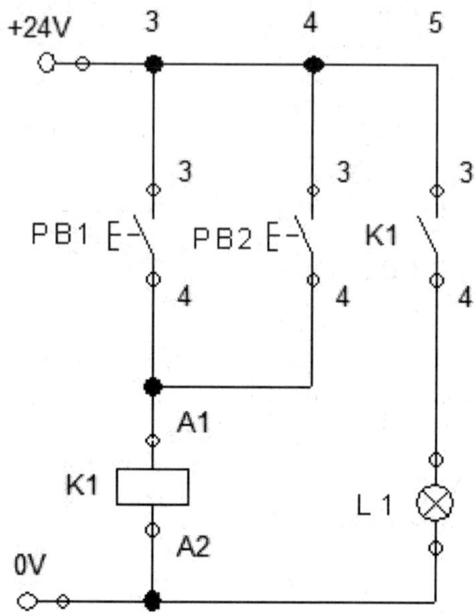

(5) 노어(NOR)

노어(NOR) 논리회로는 OR회로와 NOT회로를 조합하여 OR 회로를 부정한 회로이다. 2개의 푸시버튼 스위치 중 하나만 작동시켜도 사용한 릴레이의 접점이 b접점이므로 출력이 되지 않는 회로이다.

(가) 논리 기호

(나) 진리표

입력		출력
a	b	y
0	0	1
0	1	0
1	0	0
1	1	0

(다) 논리식

y = a+b

(라) 전기회로

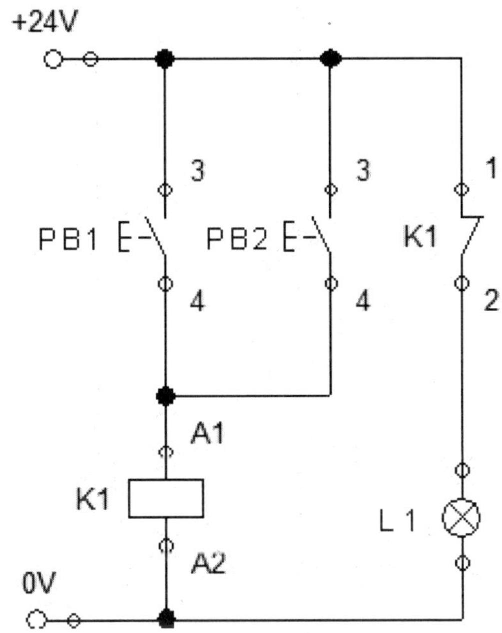

(6) 낸드(NAND)

낸드(NAND) 논리회로는 AND 회로와 NOT 회로를 조합한 회로로, AND 회로를 부정한 회로이다. 2개의 푸시버튼 스위치에 모두 입력 신호가 있을 때가 아니면 항상 출력이 되는 회로이다.

(가) 논리 기호

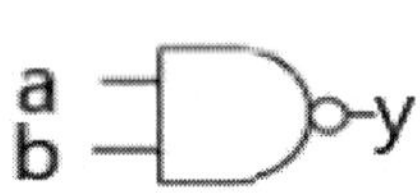

(나) 진리표

입력		출력
a	b	y
0	0	1
0	1	1
1	0	1
1	1	0

(다) 논리식

$y = \overline{a \cdot b}$

(라) 전기회로

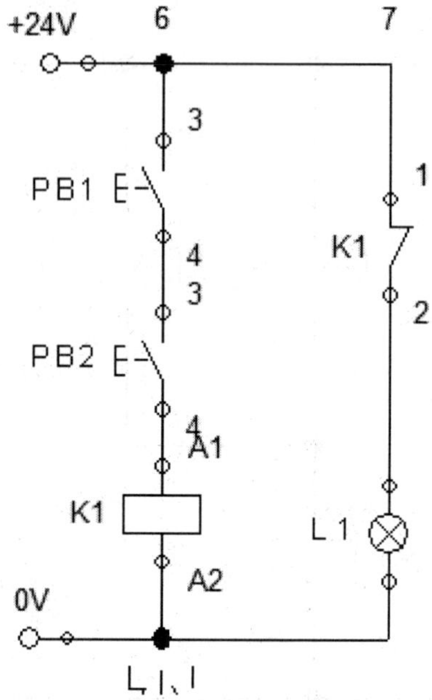

(7) 배타적 OR(XOR)회로

배타적 OR 논리(Exclusive OR)회로는 두 신호가 다를 때 나오는 논리이다.

(가) 논리 기호

(나) 진리표

입력		출력
a	b	y
0	0	0
0	1	1
1	0	1
1	1	0

(다) 논리식

$y = a \oplus b$

(라) 전기회로

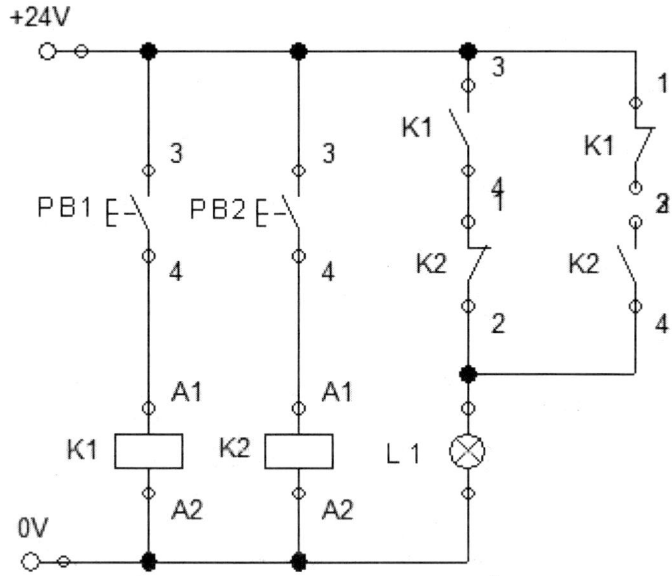

표 3.2.1 기본논리와 회로

기능	공압	전기	PLC래더도
긍정	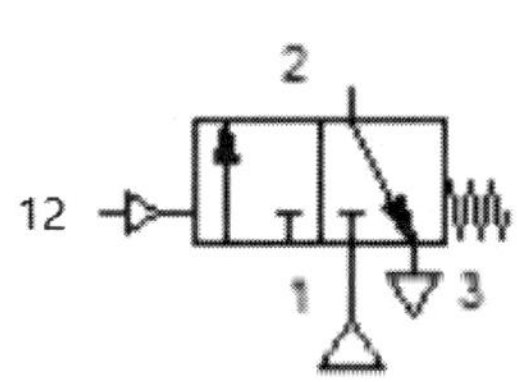	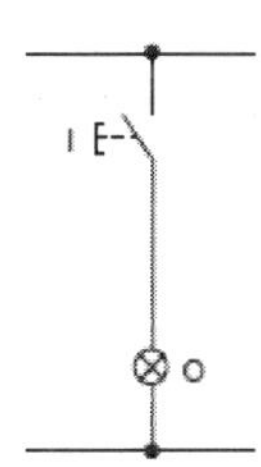	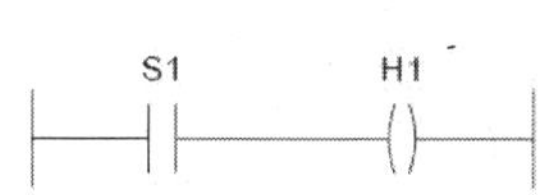
부정	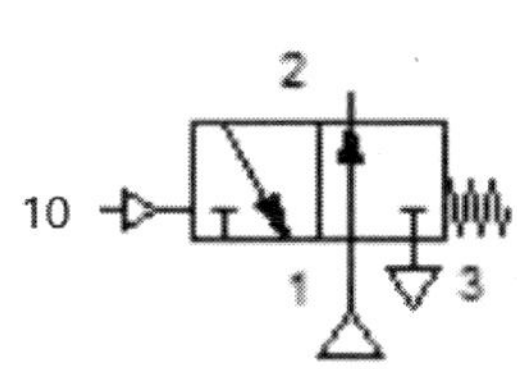	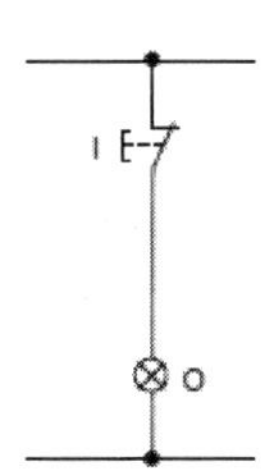	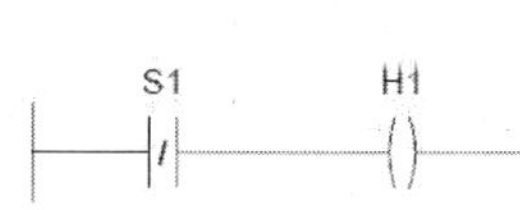

직렬	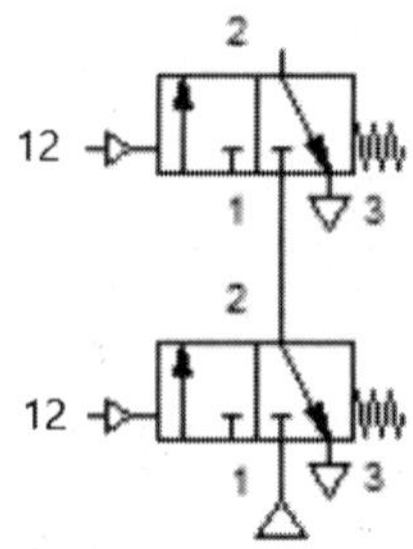	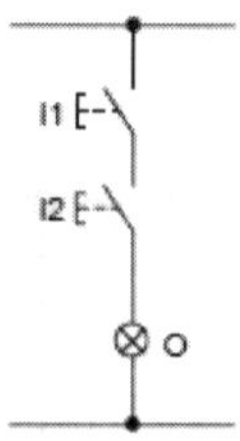	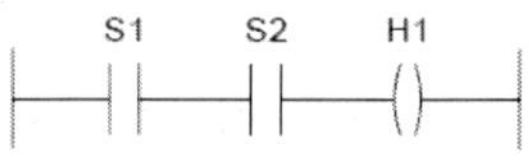
병렬	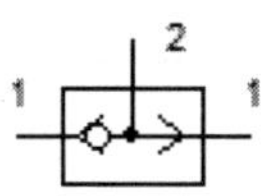	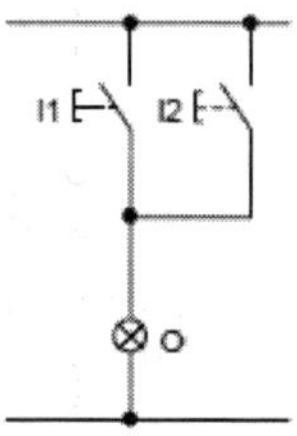	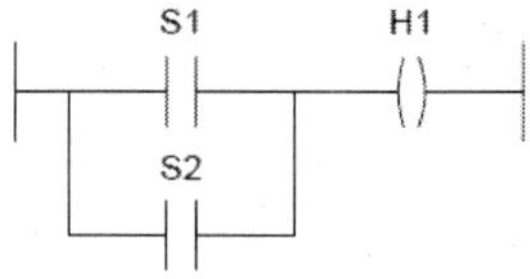

실습 순서

1. 실습 준비

(1) 주어진 과제와 실습 목표를 이해한다.

(2) 압축공기 공급 장치를 개방하여 실습 준비한다.

(3) 시험 운전하기 전까지 실습 장치의 공압은 차단 밸브에 의해 차단한다.

2. 전기 공압 부품 선정

(1) 제시된 전기회로도를 사용하여 전기 공압 부품을 선정하게 한다.

(2) 각각의 부품에 표시된 기호와 일치 여부를 확인한다.

3. 공압 부품 배치 및 배관

(1) 부품의 배치는 서로 방해되지 않도록 충분히 간격을 두고 배치한다.

(2) 공압이 원활하게 전달되도록 적당한 길이의 튜브를 사용한다.

(3) 회로도를 참고하여 각 기호의 연결구 번호와 공압 부품에 표시되어 있는 연결구 번호를 확인하여 정확한 연결구에 연결한다.

(4) 튜브는 연결구 내의 체크밸브를 통과할 수 있도록 완전하게 연결한다.

4. 전기회로 배선

(1) 선정된 전기 스위치, 릴레이 등과 솔레노이드 밸브를 전기회로와 같이 배선한다.

(2) 회로도의 접점과 양극,음극을 확인하여 정확히 연결한다.

5. 동작 확인 시험 운전

(1) 실습 장치의 차단 밸브를 열어서 압축공기를 공급한다.

(2) 압력조절기의 압력을 500 [kPa]로 설정한다.

(3) 1개의 푸시버튼 스위치를 작동시켰을 때 단(복)동실린더가 전진되는지 확인한다.

(4) 2개의 푸시버튼 스위치를 작동시켰을 때 단(복)동실린더가 전진되는지 확인한다.

(5) 푸시버튼 스위치를 작동시키지 않으면 단(복)동실린더가 전(후)진되는지 확인한다.

(6) 질문지 평가를 실시한다.

6. 정리 정돈

(1) 실습장치의 차단 밸브를 닫아서 압축공기 공급을 차단한다.

(2) 공압 튜브를 제거하여 정리한다.

(3) 실린더, 밸브 등 사용된 부품을 제거하여 정리한다.

실습과제명	3-2. 부품조립장치회로 (1)	소요시간 : 4 H

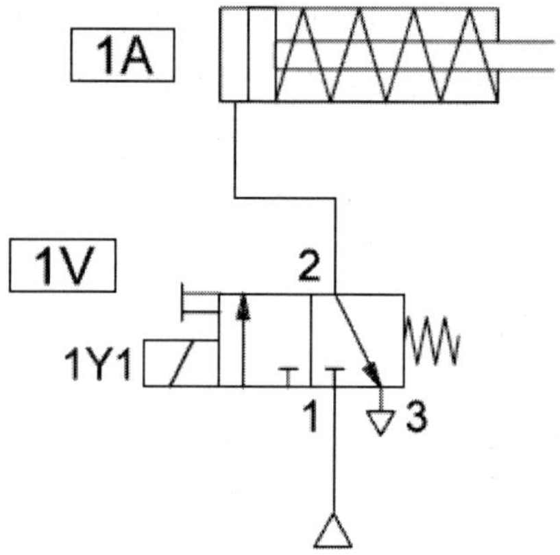

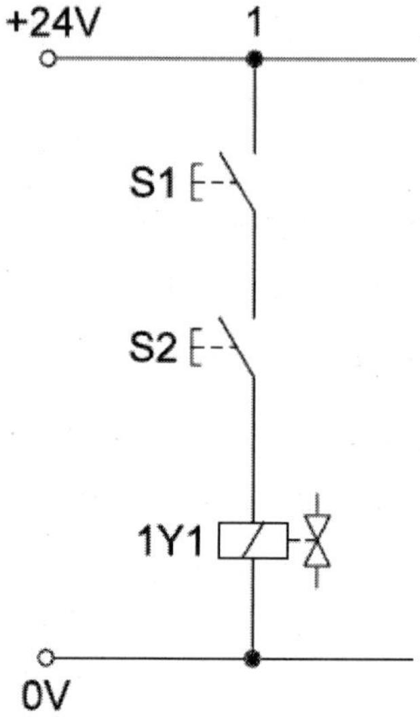

평가자 :	1회 평가 :
	2회 평가 :
	3회 평가 :

평가항목	우수	양호	부진
1. 부품 선정			
2. 부품 배치			
3. 배관			
4. 회로 동작			
5. 질문지			
6. 안전사항			

실습과제명	3-2. 부품조립장치회로 (2)	소요시간 : 4 H

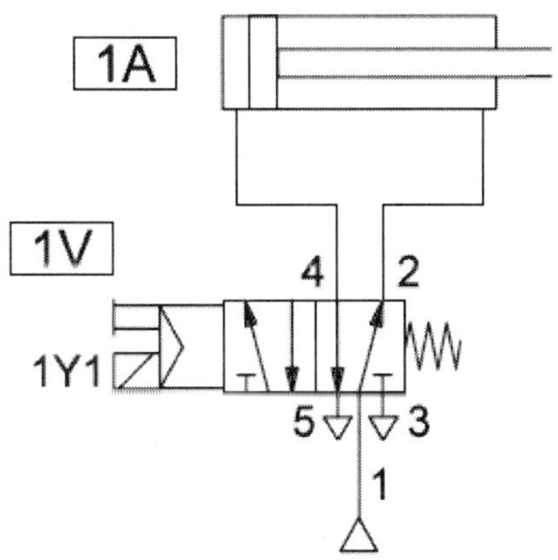

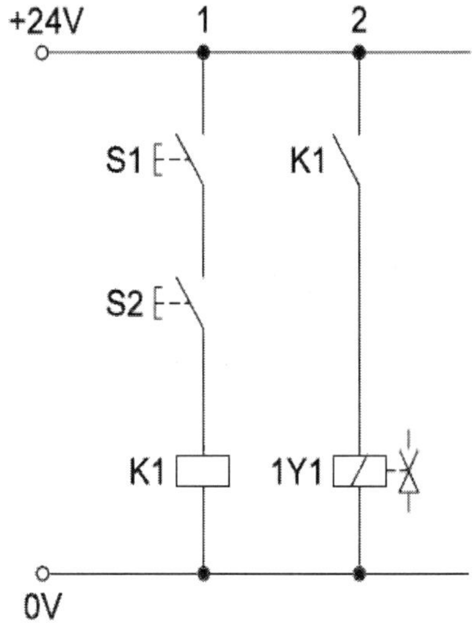

평가자 :	1회 평가 :
	2회 평가 :
	3회 평가 :

평가항목	우수	양호	부진
1. 부품 선정			
2. 부품 배치			
3. 배관			
4. 회로 동작			
5. 질문지			
6. 안전사항			

실습과제명	3-2. 부품조립장치회로 (3)	소요시간 : 4 H

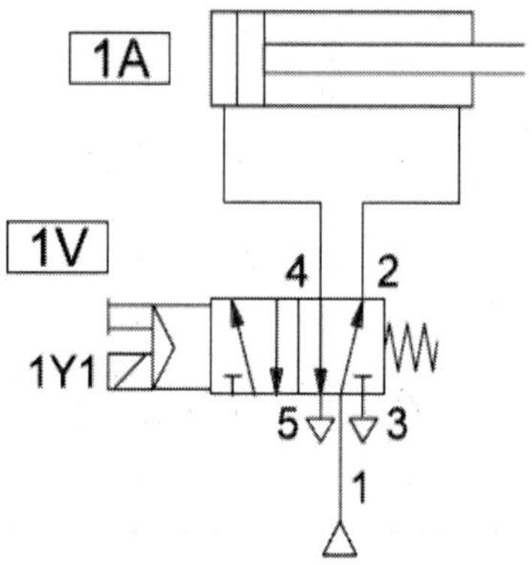

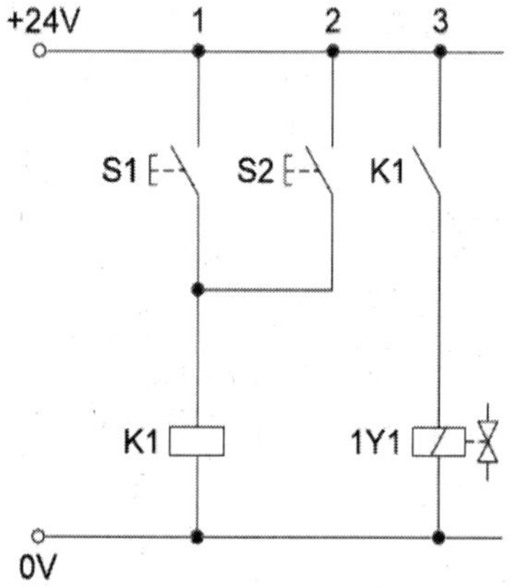

평가자 :	1회 평가 :
	2회 평가 :
	3회 평가 :

평가항목	우수	양호	부진
1. 부품 선정			
2. 부품 배치			
3. 배관			
4. 회로 동작			
5. 질문지			
6. 안전사항			

3-2 질문지 평가

1. 다음 진리표를 완성하시오.

※ OR 기능의 예

Pushbutton S1 pressed	*Pushbutton S2 pressed*	*Piston rod advances*
No	No	No
Yes	No	Yes
No	Yes	Yes
Yes	Yes	Yes

(1) OR 기능

S1	*S2*	*1Y1*

(2) AND 기능

S1	*S2*	*1Y1*

3-3. 물품 밀어내기 장치회로

실습과제명	3-3. 물품 밀어내기 장치회로		소요 시간 4 H
목 표	① 릴레이를 이용하여 자기유지회로를 구성할 수 있다. ② 리셋(reset)우선회로를 구성할 수 있다. ③ 셋(set)우선회로를 구성할 수 있다.		
기계 및 공구	**재료명**	**규 격**	**안전 및 유의사항**
· 공기 압축기 · 공압실습장치 · 수공구 세트	· 복동실린더 · 5/2-way 방향 제어 밸브 (single/double solenoid type) · 푸시버튼 스위치세트 (3/2-way valve) · 릴레이세트 · 공압튜브 · 전기케이블 세트	ϕ 25×125 m5, 1/8" 2a-2b 4C형×3 ϕ 4, ϕ 6	· 공급되는 압축공기의 압력을 600 [kPa]로 조절한다. · 배관할 때 압축공기의 공급을 차단한다. · 튜브를 정확히 연결하여 공기의 누설을 방지한다. · 실린더의 작동 공간에 장애물이 없어야 한다. · 튜브의 연결과 제거 방법을 알아야 한다. · 전기 배선시 전원공급이 차단되어야 한다. · 합선되었을 때 전원을 즉시 차단하고 전기 배선을 점검한다. · 일상점검을 통하여 장비와 공구를 유지 관리한다. · 산업안전법규를 준수한다.

장치 설명

1. 매거진에 쌓여있는 반제품을 가공 장소로 이송하기 위한 장치이다.
2. 시작 스위치를 누르면 복동실린더의 전진운동에 의하여 중력 매거진의 반제품을 가공 장소로 이동한다. 이때 시작 스위치에서 손을 떼어도 실린더는 전진상태를 유지한다.
3. 정지 스위치를 누르면 복동실린더가 후진하여 초기 상태로 복귀한다.

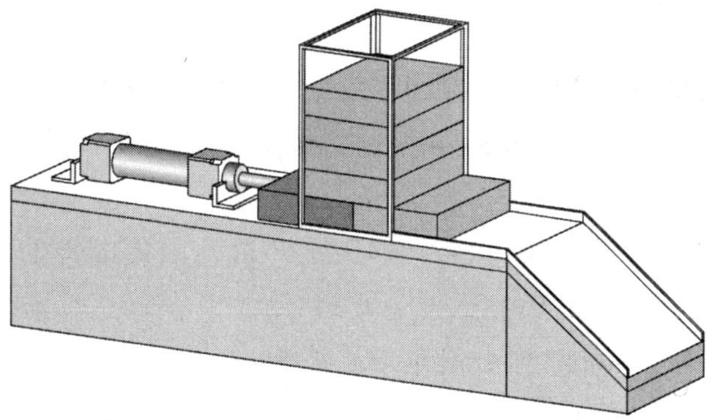

그림 3.3.1 물품 밀어내기 장치

관련 지식

1. 자기유지회로의 원리

일반적으로 많이 사용하는 4개의 C 접점을 가지고 있는 릴레이를 사용하여 간단하게 자기유지회로를 구성할 수 있다.

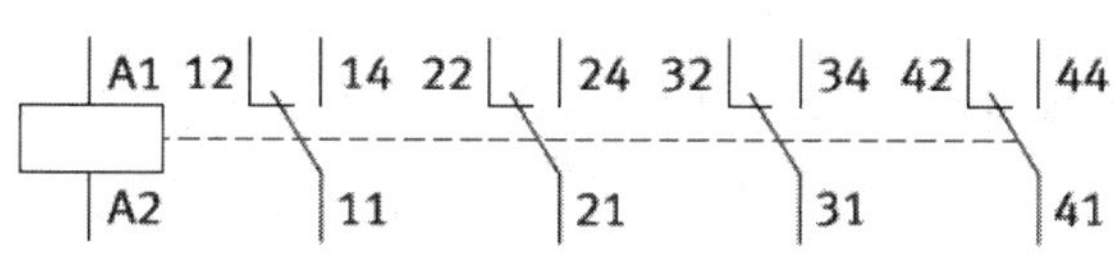

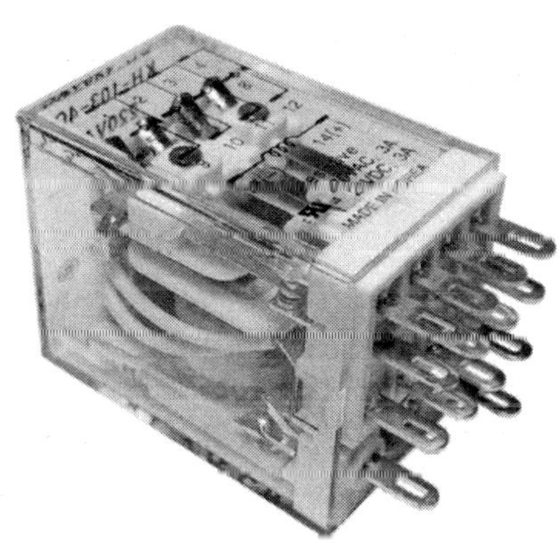

그림 3.3.2 4C 접점 릴레이[건흥전기 미니어처 파워 릴레이 4극 LED용 KH-103-4CL]

(1) 자기유지회로의 구성

그림 3.3.3에서 START(푸시버튼) 스위치를 작동시키면 릴레이가 작동된다. 릴레이가 작동되면 릴레이 코일 K1이 자성을 띠어 K1의 접점 13과 14번, 23번과 24번이 동시에 닫혀 램프가 ON 상태가 된다.

이때 START(푸시버튼) 스위치에서 손을 떼어도 2번 라인(K1의 접점 13과 14번)이 자기유지되어 릴레이 코일이 자성을 잃지 않으므로 3번 라인(K1의 접점 23과 24번)이 닫혀 있으므로 램프는 ON 상태를 계속 유지한다. 그러나 램프를 OFF하기 위해서는 자기유지를 해제할 수 있는 다른 전기신호 스위치가 필요하다.

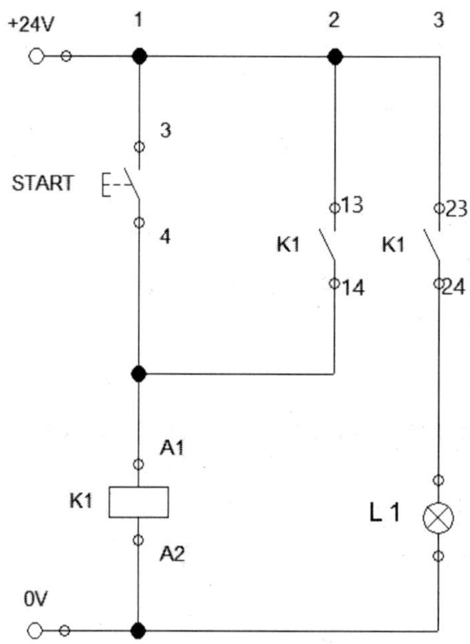

그림 3.3.3 자기유지회로

(2) 자기유지 해제회로

그림 3.3.3의 회로도에서는 제어 모선에 공급되는 전원이 차단되기 전까지 램프의 ON 상태가 계속 유지된다. 램프를 OFF 상태로 하려면 회로 중에 정지 스위치를 설치하여 K1 릴레이 코일의 자성을 제거해야 한다.

정지 스위치를 설치하는 방법은 기동(set)우선회로와 정지(reset)우선회로가 있다.

(가) 정지(reset)우선회로

OFF 우선회로라 부르기도 하며 그림 3.3.4와 같이 b접점의 스위치를 설치하여 사용한다. 정지(reset) 스위치를 누르고 있으면 시작(start) 스위치의 조작 여부에 관계없이 K1 릴레이 코일이 자성을 띨 수 없으므로 정지(reset)우선 회로라고 한다.

(나) 기동(set)우선회로

ON 우선회로라고 부르기도 한다. 시작(start) 스위치를 누르면 K1 릴레이의 코일에 전류가 흐르고 K1 릴레이의 접점이 닫혀 정지(reset) 스위치를 통하여 릴레이 코일에 전류를 공급한다. 이때 시작(start) 스위치에서 손을 떼어도 K1접점과 정지(reset) 스위치를 통하여 전류가 공급되므로 램프는 계속 ON 상태를 유지한다.

램프를 OFF하기 위해서 정지(reset) 스위치를 누르면 K1 릴레이 코일은 자성을 잃게 되어 자기유지가 해제된다.

시작(start) 스위치와 정지(reset) 스위치를 동시에 누르고 있으면 정지(reset) 스위치의 조작 여부에 관계없이 K1 릴레이 코일이 작동되므로 기동(set)우선 회로라고 한다.

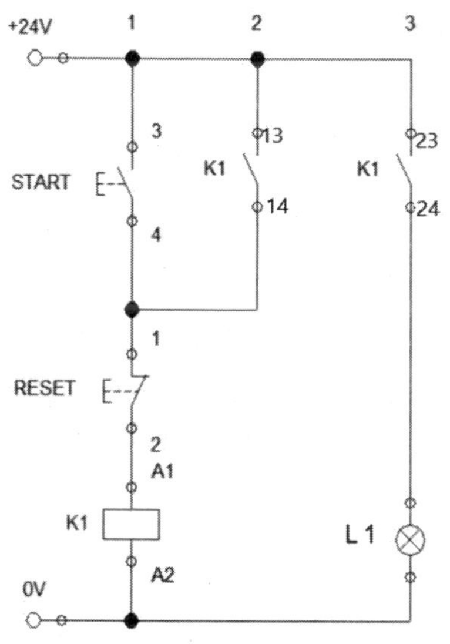

그림 3.3.4 정지우선 자기유지회로

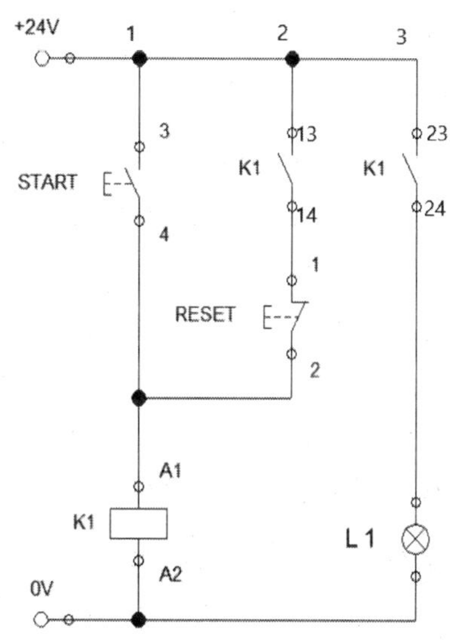

그림 3.3.5 기동우선 자기유지회로

실습 순서

1. 실습 준비

(1) 주어진 과제와 실습 목표를 이해한다.

(2) 압축공기 공급 장치를 개방하여 실습 준비한다.

(3) 시험 운전하기 전까지 실습 장치의 공압은 차단 밸브에 의해 차단한다.

2. 전기 공압 부품 선정

(1) 제시된 전기 회로도를 사용하여 전기 공압 부품을 선정하게 한다.

(2) 각각의 부품에 표시된 기호와 일치 여부를 확인한다.

3. 공압 부품 배치 및 배관

(1) 부품의 배치는 서로 방해되지 않도록 충분히 간격을 두고 배치한다.

(2) 공압이 원활하게 전달되도록 적당한 길이의 튜브를 사용한다.

(3) 회로도를 참고하여 각 기호의 연결구 번호와 공압 부품에 표시되어 있는 연결구 번호를 확인하여 정확한 연결구에 연결한다.

(4) 튜브는 연결구 내의 체크밸브를 통과할 수 있도록 완전하게 연결한다.

4. 전기회로 배선

(1) 선정된 전기 스위치, 릴레이 등과 솔레노이드 밸브를 전기회로와 같이 배선한다.

(2) 회로도의 접점과 양극, 음극을 확인하여 정확히 연결한다.

5. 동작 확인 시험 운전

(1) 실습 장치의 차단 밸브를 열어서 압축공기를 공급한다.

(2) 압력조절기의 압력을 500 [kPa]로 설정한다.

(3) S1 스위치를 작동시켰을 때 단/복동실린더가 자기유지되는지 확인한다.

(4) S2 작동시켰을 때 단/복동실린더의 초기 상태로 돌아오는지 확인한다.

(5) S1, S2 스위치를 동시에 작동시켰을 때 단/복동실린더의 작동 여부를 확인한다.

(6) 관련 지식을 참고하여 ON 우선 회로를 구성하고 (1)~(5)와 같은 요령으로 실습한다.

(7) 질문지 평가를 실시한다.

6. 정리 정돈

(1) 실습장치의 차단 밸브를 닫아서 압축공기 공급을 차단한다.

(2) 공압 튜브를 제거하여 정리한다.

(3) 실린더, 밸브 등 사용된 부품을 제거하여 정리한다.

실습과제명	3-3. 물품 밀어내기 장치회로 구성하기	소요시간 : 4 H

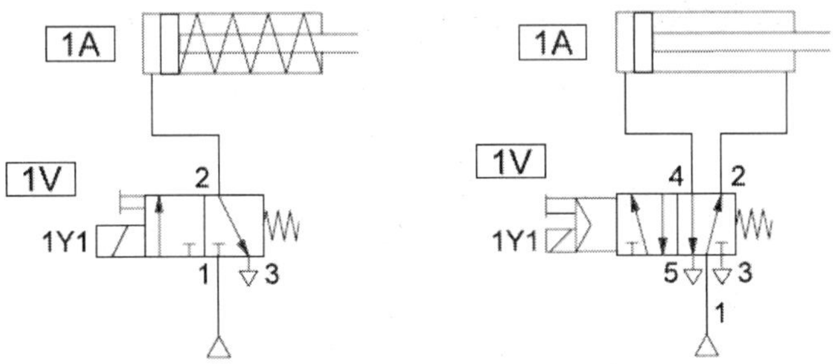

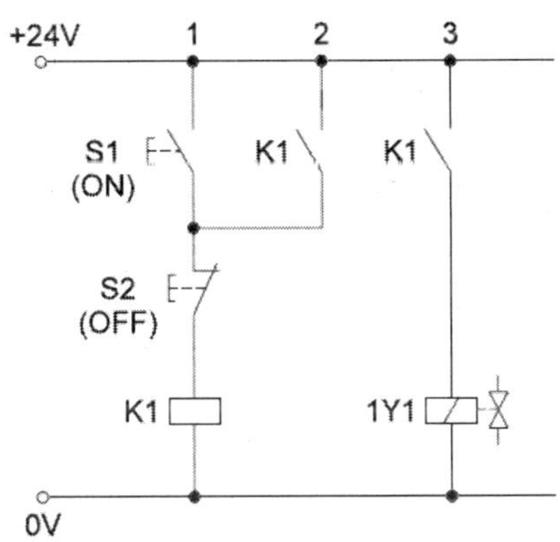

평가자 :	1회 평가 :
	2회 평가 :
	3회 평가 :

평가항목	우수	양호	부진
1. 부품 선정			
2. 부품 배치			
3. 배관			
4. 회로 동작			
5. 질문지			
6. 안전사항			

3-3 질문지 평가

1. 다음 그림은 14pin 릴레이의 구조이다. 각 명칭을 기술하시오.

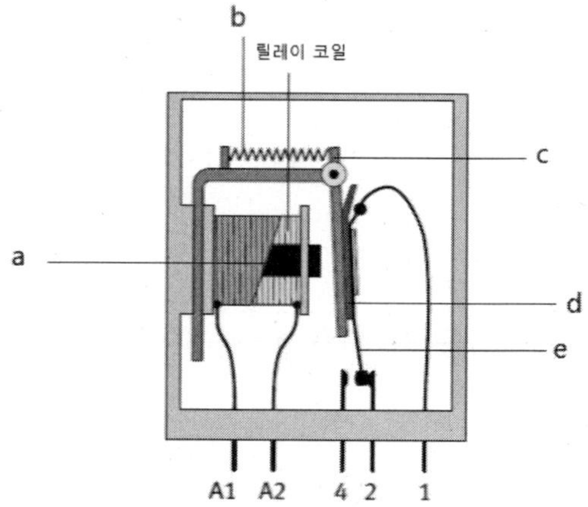

a (코일 코어) b ( ) c ( )

d ( ) e ( )

2. 시작(start) 스위치를 누르면 실린더가 전진한다. 실린더가 전진 완료하여 리미트 스위치를 작동시키고 정지 스위치를 작동시킬 때 후진하는 회로를 구성하라.
(단, 실린더는 복동실린더를 사용한다.)

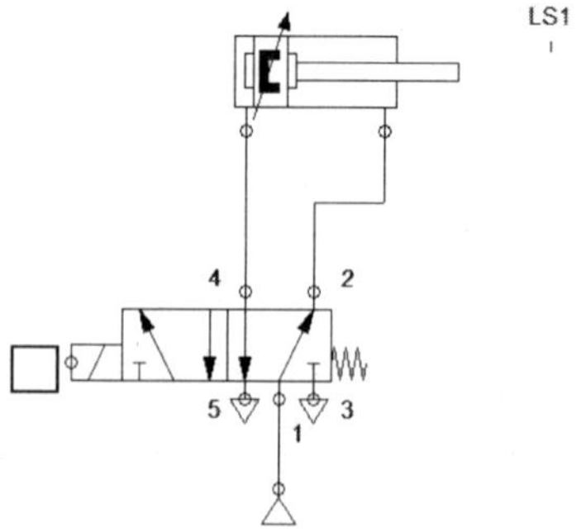

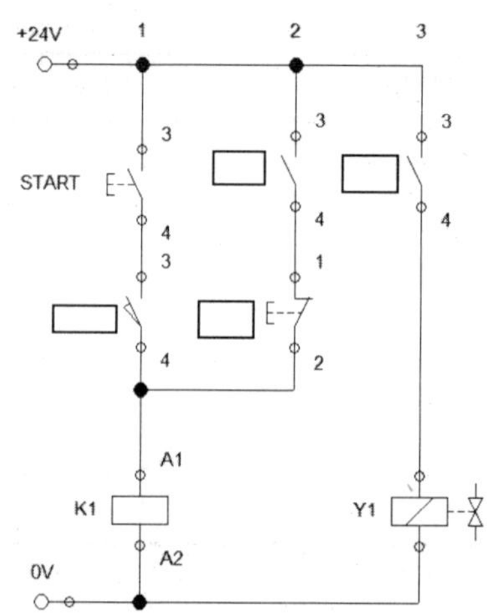

3-4. 자동왕복회로

실습과제명	3-4. 자동왕복회로		소요 시간
			4 H
목 표	① 리미트 밸브를 이용하여 자동왕복 회로를 구성할 수 있다. ② 솔레노이드 밸브의 특징과 용도를 설명할 수 있다.		
기계 및 공구	재료명	규 격	안전 및 유의사항
· 공기 압축기 · 공압실습장치 · 수공구 세트	· 복동실린더 · 5/2-way 방향 제어 밸브 (single/double solenoid type) · 푸시버튼 스위치세트 (3/2-way valve) · 릴레이세트 · 공압튜브 · 전기케이블 세트	ϕ 25×125 m5, 1/8" 2a-2b 4C형×3 ϕ 4, ϕ 6	· 공급되는 압축공기의 압력을 600 [kPa]로 조절한다. · 배관할 때 압축공기의 공급을 차단한다. · 튜브를 정확히 연결하여 공기의 누설을 방지한다. · 실린더의 작동 공간에 장애물이 없어야 한다. · 튜브의 연결과 제거 방법을 알아야 한다. · 진기 배선시 전원공급이 치단되어야 한다. · 합선되었을 때 전원을 즉시 차단하고 전기 배선을 점검한다. · 일상점검을 통하여 장비와 공구를 유지 관리한다. · 산업안전법규를 준수한다.

장치 설명

1. 두 개의 리미트 스위치를 복동실린더의 전신, 후신 부분에 부착하여 배서신의 제품을 cart에 담으려고 한다.
2. 시작 스위치를 누르면 복동실린더의 자동왕복운동에 의하여 중력 매거진의 제품을 cart에 저장한다.
3. 시작 스위치를 다시 누르면 장치는 작동을 멈춘다.

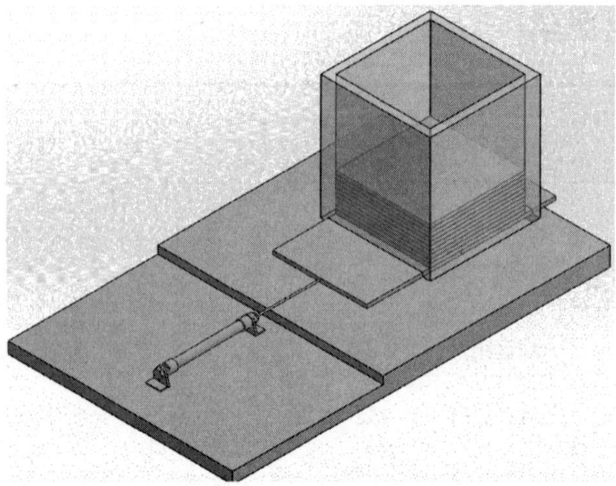

그림 3.3.1 자동왕복회로 장치

관련 지식

1. 솔레노이드

솔레노이드(solenoid)는 일반적으로 전류를 코일에 흘려보내어 철심에 자성을 부여한 전자석이다. 전기 기기나 전자 릴레이 등에 사용되고 있다.

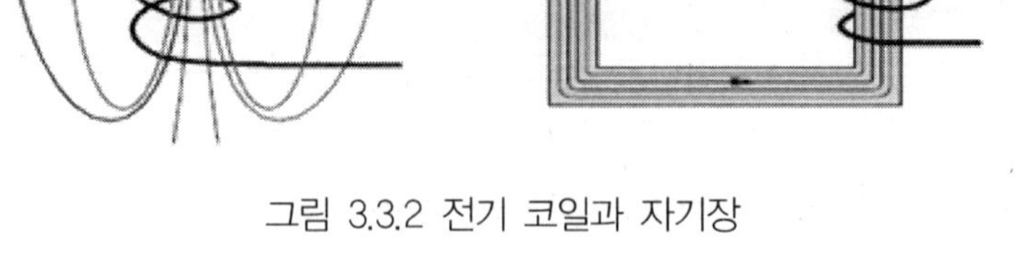

그림 3.3.2 전기 코일과 자기장

(1) 솔레노이드의 작동 원리

솔레노이드는 전선이 코일 형상으로 구성되는 전자석으로, 그림 3.3.2와 같이 전류가 코일을 통과하게 되면 기전력이 발생한다. 도체(여기서는 코일) 주위에 있는 힘은 원형 형태로 집중되고 이 원형의 기전력은 한 방향으로 모이게 된다.

코일의 감김 수를 증가시키면 자장이 강해지고 기전력은 증가하게 되며, 전선이 공기 중에 감겨 있을 때보다 철 코어 주위에 감겨지면 기전력은 훨씬 더 증가한다.

(2) DC 솔레노이드

그림 3.3.3의 DC 솔레노이드는 간단하고 내구성이 있는 코어가 내장되어 있다. 이 코어는 솔레노이드의 작동 중 발생한 열을 발산해준다.

DC 솔레노이드는 ON 신호가 입력되면 전류는 천천히 상승하여 자장이 형성되는 동안 코일의 인덕턴스는 작용 전압에 대한 역기전력을 발생시켜 솔레노이드의 여자를 부드럽게 한다. 따라서 운전이 정숙하며 부드러운 스위칭(ON) 형태, 낮은 유지전력 등의 특징으로 긴 수명이 보장된다. 그러나 상대적으로 스위칭 시간이 길고, 소자시의 과전압 발생, 접점의 마모, AC 전원 용할 때 정류기 필요 등의 단점도 있다.

그림 3.3.3 DC 솔레노이드

(3) AC 솔레노이드

AC 솔레노이드에 ON 신호가 입력되면 매우 높은 전류가 흐르게 된다. 전류는 코일 임피던스, 권선의 저항과 인덕턴스에 따라 달라진다. 높은 전류에 의해 큰 작동력이 생기므로 작동시간은 상대적으로 짧다. 아마추어와 코어 사이의 에어 갭은 심한 온도 상승과 많은 전기가 소비되므로 최소화하여야 한다.

전기 공기압 회로에서 밸브를 제어하기 위하여 밸브의 전환 빈도가 잦으면 그 때마다 순간 전류가 흐르게 되어 코일의 온도가 상승된다. 일반적으로 밸브의 전환 빈도는 매초 1회 이하로 규정하고 있다.

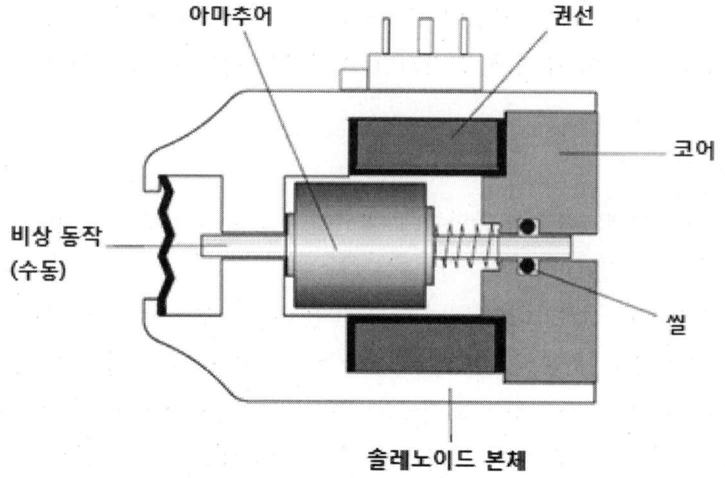

그림 3.3.4 AC 솔레노이드의 구조(건조형)

실습 순서

1. 실습 준비

(1) 주어진 과제와 실습 목표를 이해한다.

(2) 압축공기 공급 장치를 개방하여 실습 준비한다.

(3) 시험 운전하기 전까지 실습 장치의 공압은 차단 밸브에 의해 차단한다.

2. 전기 공압 부품 선정

(1) 제시된 전기회로도를 사용하여 전기 공압 부품을 선정하게 한다.

(2) 각각의 부품에 표시된 기호와 일치 여부를 확인한다.

3. 공압 부품 배치 및 배관

(1) 부품의 배치는 서로 방해되지 않도록 충분히 간격을 두고 배치한다.

(2) 공압이 원활하게 전달되도록 적당한 길이의 튜브를 사용한다.

(3) 회로도를 참고하여 각 기호의 연결구 번호와 공압 부품에 표시되어 있는 연결구 번호를 확인하여 정확한 연결구에 연결한다.

(4) 튜브는 연결구 내의 체크밸브를 통과할 수 있도록 완전하게 연결한다.

4. 전기회로 배선

(1) 선정된 전기 스위치, 릴레이 등과 솔레노이드 밸브를 전기회로와 같이 배선한다.

(2) 회로도의 접점과 양극, 음극을 확인하여 정확히 연결한다.

5. 동작 확인 시험 운전

(1) 실습 장치의 차단 밸브를 열어서 압축공기를 공급한다.

(2) 압력조절기의 압력을 500 [kPa]로 설정한다.

(3) 푸시버튼 스위치를 작동시켰을 때 복동실린더가 자동왕복 되는지 확인한다.

(4) 푸시버튼 스위치를 다시 작동시켰을 때 복동실린더의 자동왕복이 멈추는지 확인한다.

(5) 질문지 평가를 실시한다.

6. 정리 정돈

(1) 실습장치의 차단 밸브를 닫아서 압축공기 공급을 차단한다.

(2) 공압 튜브를 제거하여 정리한다.

(3) 실린더, 밸브 등 사용된 부품을 제거하여 정리한다.

실습과제명	3-4. 자동왕복회로 구성하기	소요시간 : 4 H

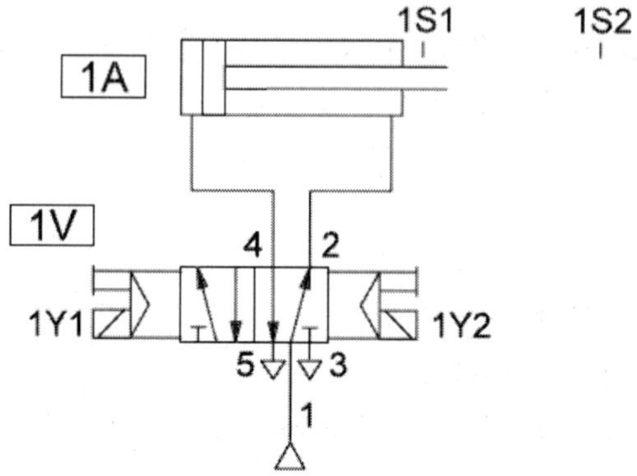

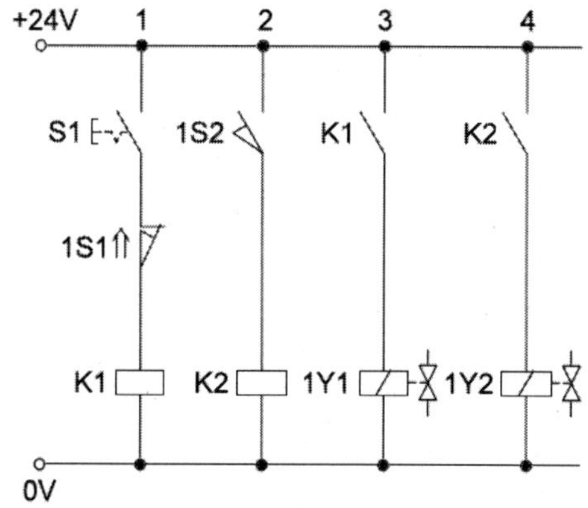

평가자 :	1회 평가 :
	2회 평가 :
	3회 평가 :

평가항목	우수	양호	부진
1. 부품 선정			
2. 부품 배치			
3. 배관			
4. 회로 동작			
5. 질문지			
6. 안전사항			

3-4 질문지 평가

1. 다음 ( ) 안에 적당한 단어를 쓰시오.

가. 솔레노이드(solenoid)는 일반적으로 ( )를 ( )에 흘려보내어 철심에 자성을 부여한 ( )이며 전기 기기나 전자 릴레이 등에 사용되고 있다. 나. 코일의 감김 수를 ( )시키면 자장이 강해지고 기전력은 ( )하게 되며 전선이 ( ) 중에 감겨 있을 때보다 철 코어 주위에 감겨지면 ( )은 훨씬 더 증가한다.

2. 5/2-way 방향 제어 밸브의 포트 명칭을 ISO5599의 표기 방법에 의해 ☐ 안에 표시하고 아래의 밸브 단면도에 색연필을 사용하여 공기의 흐름을 표기하시오.

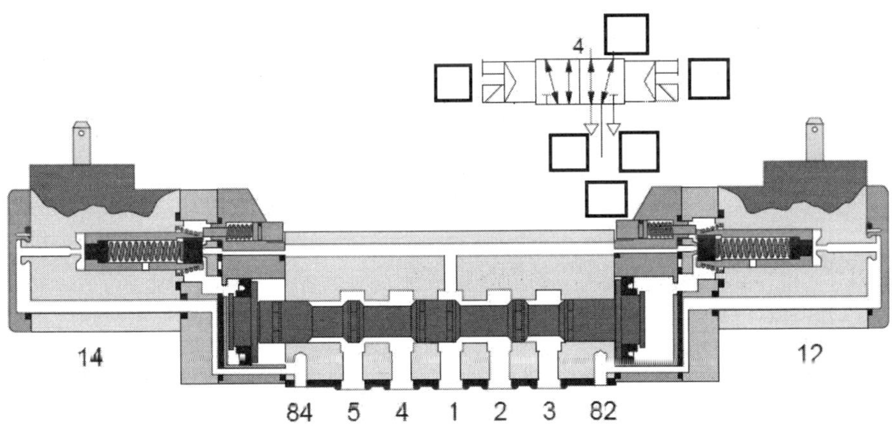

(→ 계 속)

3. 다음 밸브의 기호에서 나타내는 의미를 3개 이상 쓰시오.

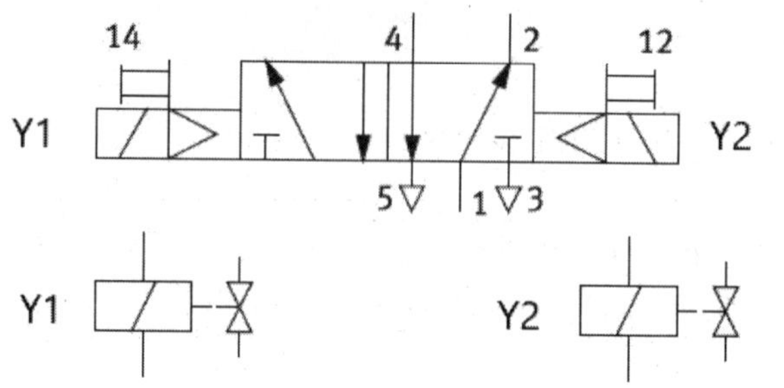

가. 더블 솔레노이드 작동　　나.　　다.　　라.

4. 다음 밸브의 기호를 작도하시오.

가. 3/2-way 방향 제어 밸브(single solenoid 작동)

나. 5/2-way 방향 제어 밸브 (double solenoid 작동)

3-5. 스탬핑 장치회로

실습과제명	3-5. 스탬핑 장치회로		소요 시간 4 H
목 표	① 압력스위치를 사용한 압력 제어 회로를 구성할 수 있다. ② 압력스위치의 특징과 용도를 설명할 수 있다.		
기계 및 공구	재료명	규 격	안전 및 유의사항
· 공기 압축기 · 공압실습장치 · 수공구 세트	· 복동실린더 · 5/2-way 방향 제어 밸브 (single/double solenoid type) · 푸시버튼 스위치세트 (3/2-way valve) · 압력스위치 · 릴레이세트 · 공압튜브 · 전기케이블 세트	ϕ 25×125 m5, 1/8" 2a-2b 4C형×3 ϕ 4, ϕ 6	· 공급되는 압축공기의 압력을 600 [kPa]로 조절한다. · 배관할 때 압축공기의 공급을 차단한다. · 튜브를 정확히 연결하여 공기의 누설을 방지한다. · 실린더의 작동 공간에 장애물이 없어야 한다. · 튜브의 연결과 제거 방법을 알아야 한다. · 전기 배선시 전원공급이 차단되어야 한다. · 합선되었을 때 전원을 즉시 차단하고 전기 배선을 점검한다. · 일상점검을 통하여 장비와 공구를 유지 관리한다. · 산업안전법규를 준수한다.

장치 설명

1. 사각형의 좁은 철판이 컨베이어 장치에 의해서 이송되고 있다. 일정 시간 간격으로 복동실린더의 전진 운동에 의하여 스탬핑하려고 한다.
2. 시작 스위치를 누르면 복동실린더의 전진 운동에 의하여 사각형의 철판에 스탬핑을 하게 된다.
3. 스탬핑이 이루어진 후 설정된 압력에 도달하게 되면 복동실린더가 후진하여 초기 상태로 복귀한다.

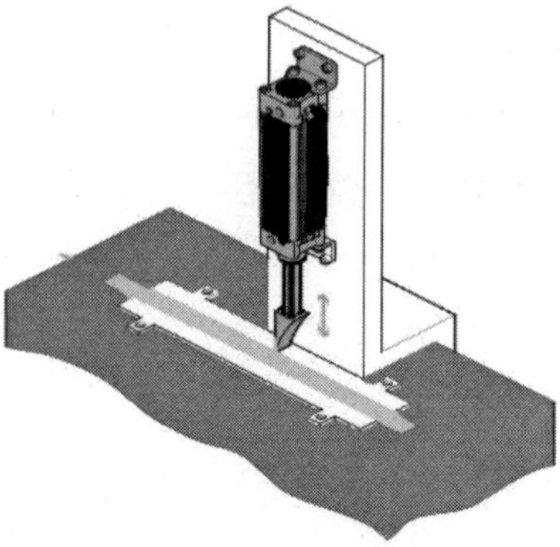

그림 3.5.1 자동왕복회로 장치

관련 지식

1. 압력스위치

압력스위치(pressure switch)는 지정된 압력에 도달할 때 전기 출력 신호를 생성하기 위해 사용된다.

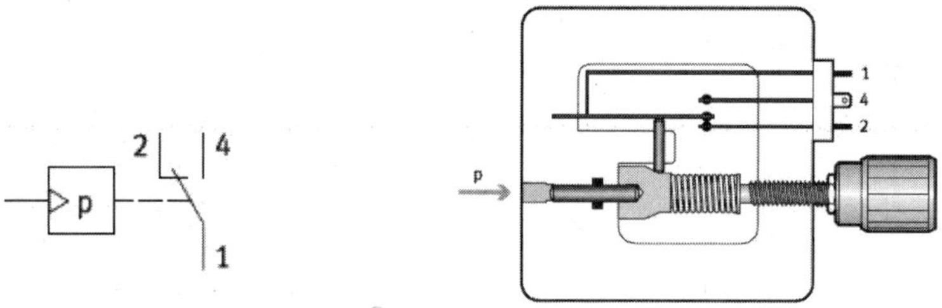

그림 3.5.2 압력스위치의 기호와 구조

(1) 압력스위치의 작동 원리

기계식 압력스위치의 경우 압력이 피스톤 표면에 작용되고 기본 압력에 의해 생성된 힘이 사용된 스프링의 힘을 초과하면 피스톤이 이동하고 전환 접점을 작동시킨다. 스프링의 조절은 나사와 연결된 다이얼에 의해서 조절이 가능하며 스위칭 압력을 조절할 수 있다.

(2) 압력 센서

압력 센서는 증폭기가 내장되어 있고 온도 보상 기능이 내장된 압전 저항형 상대 압력 변환기이다. 측정될 압력은 실리콘 층을 통해 압저항 소자로 전달된다. 이 소자에 의해 생성된 신호 변화는 전압 신호 또는 스위칭 신호로서 통합 증폭기를 통해 플러그 커넥터에 판독된다. 압력 센서에는 압축공기 공급 포트가 있으며, 측정된 압력은 숫자와 그래픽으로 디스플레이에 나타난다(bar, Psi 또는 kPa).

그림 3.5.3 압력 센서_compact Pneumatic Pressure Sensor PSE54(SMC)

(3) 리드 스위치

리드 스위치는 자기적으로 작동되는 근접 센서이다. 비활성 기체로 채워진 유리 튜브에 있는 두 개의 접점 리드에 자성이 작용하면 두 리드가 접촉하여 전류가 흐르게 되어 신호를 발생시킨다.

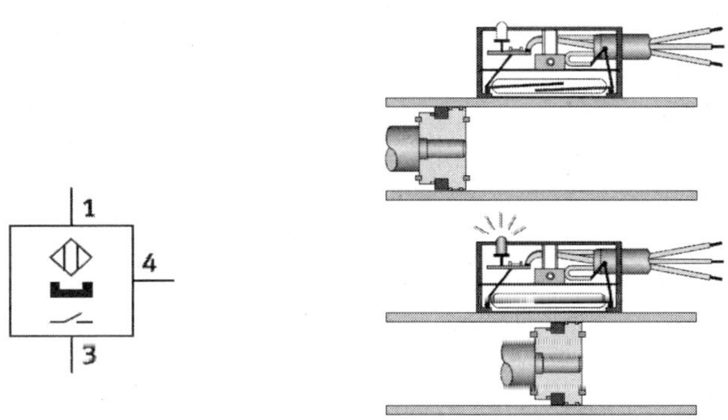

그림 3.5.4 리드 스위치의 기호와 동작_TP 201 Transparency 24

실습 순서

1. 실습 준비

(1) 주어진 과제와 실습 목표를 이해한다.
(2) 압축공기 공급 장치를 개방하여 실습을 준비한다.
(3) 시험 운전하기 전까지 실습 장치의 공압은 차단 밸브에 의해 차단한다.

2. 전기 공압 부품 선정

(1) 제시된 전기회로도를 사용하여 전기 공압 부품을 선정하게 한다.
(2) 각각의 부품에 표시된 기호와 일치 여부를 확인한다.

3. 공압 부품 배치 및 배관

(1) 부품의 배치는 서로 방해되지 않도록 충분히 간격을 두고 배치한다.
(2) 공압이 원활하게 전달되도록 적당한 길이의 튜브를 사용한다.
(3) 회로도를 참고하여 각 기호의 연결구 번호와 공압 부품에 표시되어 있는 연결구 번호를 확인하여 정확한 연결구에 연결한다.
(4) 튜브는 연결구 내의 체크밸브를 통과할 수 있도록 완전하게 연결한다.

4. 전기회로 배선

(1) 선정된 전기 스위치, 릴레이 등과 솔레노이드 밸브를 전기회로와 같이 배선한다.
(2) 회로도의 접점과 양극, 음극을 확인하여 정확히 연결한다.

5. 동작 확인 시험 운전

(1) 실습 장치의 차단 밸브를 열어서 압축공기를 공급한다.
(2) 압력조절기의 압력을 500 [kPa]로 설정한다.
(3) 푸시버튼 스위치를 작동시켰을 때 복동실린더가 전진되는지 확인한다.
(4) 복동실린더가 전진 완료하고 압력스위치의 설정 압력에 도달했을 때 복동실린더가 후진하는지 확인한다.
(5) 질문지 평가를 실시한다.

6. 정리 정돈

(1) 실습장치의 차단 밸브를 닫아서 압축공기 공급을 차단한다.
(2) 공압 튜브를 제거하여 정리한다.
(3) 실린더, 밸브 등 사용된 부품을 제거하여 정리한다.

실습과제명	3-5. 스탬핑 장치회로	소요시간 : 4 H

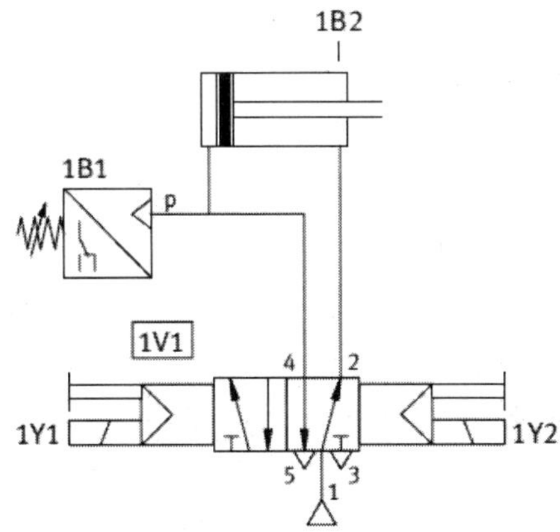

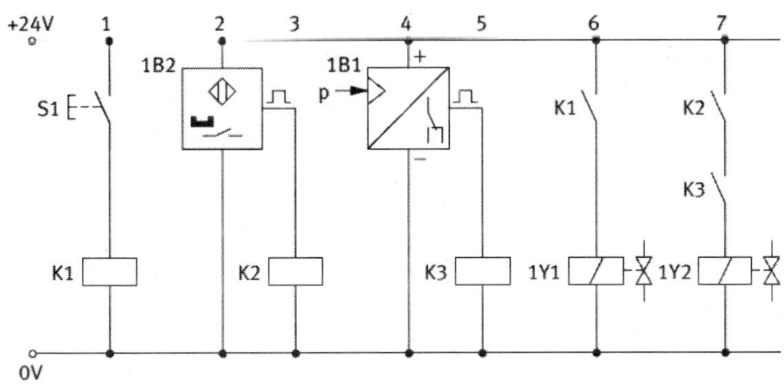

평가자 :	1회 평가 :
	2회 평가 :
	3회 평가 :

평가항목	우수	양호	부진
1. 부품 선정			
2. 부품 배치			
3. 배관			
4. 회로 동작			
5. 질문지			
6. 안전사항			

3-5 질문지 평가

1. 다음 (   ) 안에 적당한 단어를 쓰시오.

가. 압력스위치(pressure switch)는 지정된 (   )에 도달할 때 (   ) 출력 신호를 생성하기 위해 사용된다. 나. 압력 센서는 (   )가 내장되어 있고 온도 보상 기능이 내장된 (   )형 상대 압력 변환기이다. 다. (   )는 자기적으로 작동되는 근접 센서이다.

2. 다음 표의 기호를 학습하고 명칭과 특성을 기입하시오.

기 호	기호의 명칭 및 특성
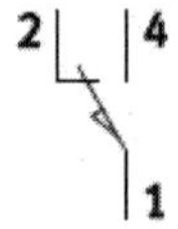	명칭 : 리미트 스위치(limit switch) 특징 : 전환 접점 형(change over type)
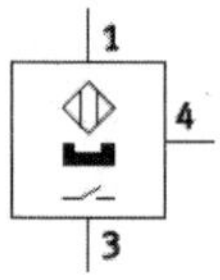	명칭 : 리드 스위치 특징 :
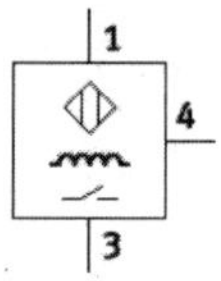	명칭 : 특징 :
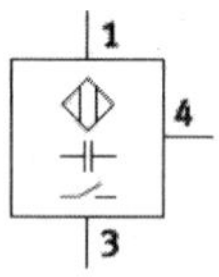	명칭 : 특징 :
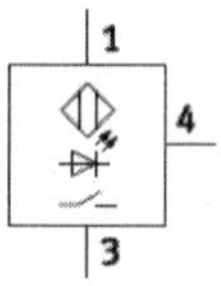	명칭 : 특징 :

3-6. 접합 장치회로

<table>
<tr><th rowspan="2">실습과제명</th><th rowspan="2" colspan="2">3-6. 접합 장치회로</th><th>소요 시간</th></tr>
<tr><th>4 H</th></tr>
<tr><td>목 표</td><td colspan="3">① 타이머 릴레이와 압력스위치를 사용하여 시퀀스회로를 구성할 수 있다.
② 타이머의 종류, 특징과 용도를 설명할 수 있다.</td></tr>
<tr><th>기계 및 공구</th><th>재료명</th><th>규 격</th><th>안전 및 유의사항</th></tr>
<tr><td>• 공기 압축기
• 공압실습장치
• 수공구 세트</td><td>• 복동실린더
• 5/2-way 방향 제어 밸브 (single/double solenoid type)
• 푸시버튼 스위치세트 (3/2-way valve)
• 압력스위치
• 타이머릴레이
• 릴레이세트
• 공압튜브
• 전기케이블 세트</td><td>ϕ 25×125
m5, 1/8"

2a-2b

on/off type
4C형×3
ϕ 4, ϕ 6</td><td>• 공급되는 압축공기의 압력을 600 [kPa]로 조절한다.
• 배관할 때 압축공기의 공급을 차단한다.
• 튜브를 정확히 연결하여 공기의 누설을 방지한다.
• 실린더의 작동 공간에 장애물이 없어야 한다.
• 튜브의 연결과 제거 방법을 알아야 한다.
• 전기 배선 시 전원공급이 차단되어야 한다.
• 합선되었을 때 전원을 즉시 차단하고 전기 배선을 점검한다.
• 일상점검을 통하여 장비와 공구를 유지 관리한다.
• 산업안전법규를 준수한다.</td></tr>
</table>

장치 설명

1. 두 개의 리미트 스위치를 복동실린더의 전진, 후진 부분에 부착하여 실린더의 위치를 감지한다.
2. 시작 스위치를 누르면 후진 상태의 복동실린더가 전진하여 제품을 접합한다.
3. 복동실린더가 전진완료 상태에서 여자 지연 타이머(ON time delay type timer)가 작동되고 압력스위치가 설정 압력에 도달하면 복동실린더는 초기 상태로 귀환한다.

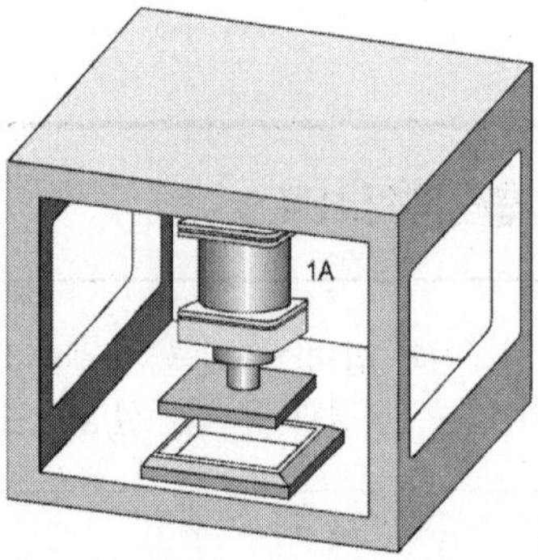

그림 3.3.1 접합 장치

관련 지식

1. 타이머

타이머(timer)에는 전기 신호를 입력하면 설정 시간이 지난 후에 전류를 통과시키는 여자지연 타이머(on delay timer)와, 입력 신호를 회수하면 일정 시간 후에 접점을 작동시키는 소자지연 타이머(off delay timer)가 있다.

그림 3.3.2 타이머 릴레이_[건흥] 타이밍릴레이(소켓부착용)_KTM-3M

기 호	기호의 명칭 및 특성
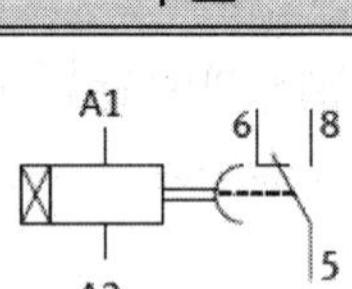	명칭 : ON 타임 릴레이(time relay with switch on) 특징 : 전환 접점 형(change over type)으로 신호가 입력되면 설정시간 후에 ON 되는 NC 형과, 설정시간 후에 OFF 되는 NO 형이 있음
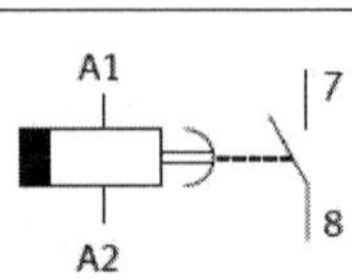	명칭 : OFF 타임 릴레이(time relay with switch off) 특징 : 신호가 입력되면 즉시 ON되고 설정시간 후에 OFF

2. 타이머 회로

가. 여자 지연 타이머 회로

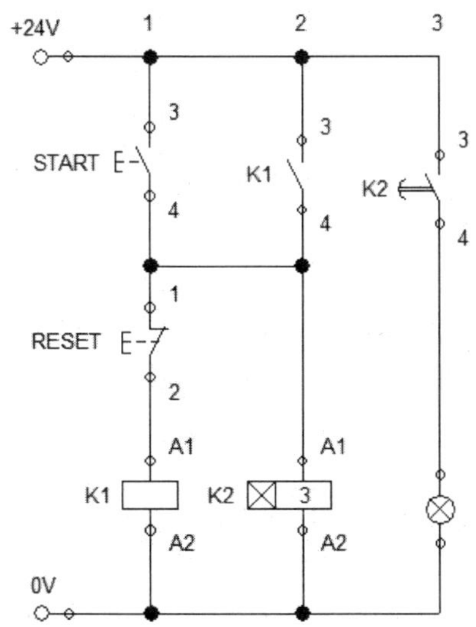

나. 일정 시간 동작 회로

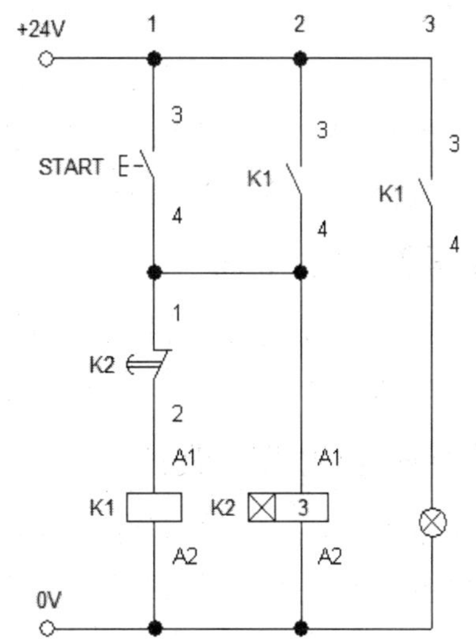

다. 주기 동작 회로

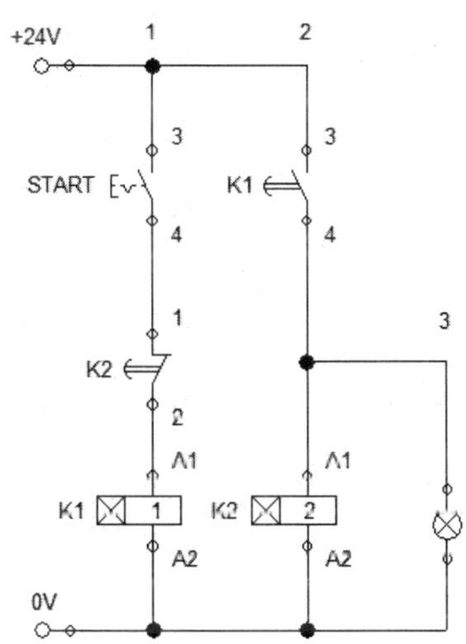

라. 소자 지연 회로

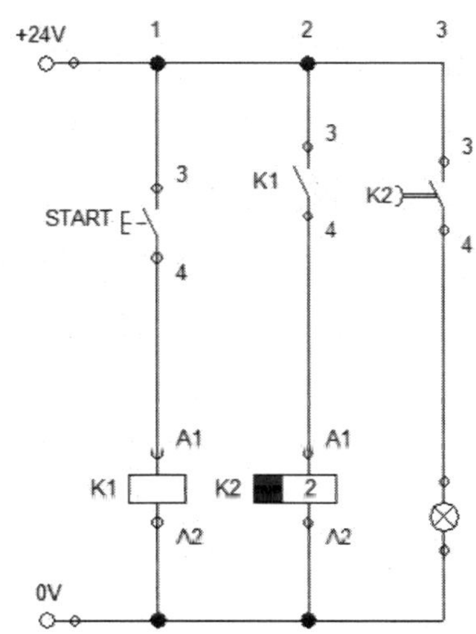

실습 순서

1. 실습 준비

(1) 주어진 과제와 실습 목표를 이해한다.
(2) 압축공기 공급 장치를 개방하여 실습 준비한다.
(3) 시험 운전하기 전까지 실습 장치의 공압은 차단 밸브에 의해 차단한다.

2. 전기 공압 부품 선정

(1) 제시된 전기회로도를 사용하여 전기 공압 부품을 선정하게 한다.
(2) 각각의 부품에 표시된 기호와 일치 여부를 확인한다.

3. 공압 부품 배치 및 배관

(1) 부품의 배치는 서로 방해되지 않도록 충분히 간격을 두고 배치한다.
(2) 공압이 원활하게 전달되도록 적당한 길이의 튜브를 사용한다.
(3) 회로도를 참고하여 각 기호의 연결구 번호와 공압 부품에 표시되어 있는 연결구 번호를 확인하여 정확한 연결구에 연결한다.
(4) 튜브는 연결구 내의 체크밸브를 통과할 수 있도록 완전하게 연결한다.

4. 전기회로 배선

(1) 선정된 전기 스위치, 릴레이 등과 솔레노이드 밸브를 전기회로와 같이 배선한다.
(2) 회로도의 접점과 양극, 음극을 확인하여 정확히 연결한다.

5. 동작 확인 시험 운전

(1) 실습 장치의 차단 밸브를 열어서 압축공기를 공급한다.
(2) 압력조절기의 압력을 500 [kPa]로 설정한다.
(3) 푸시버튼 스위치를 작동시켰을 때 복동실린더가 전진되는지 확인한다.
(4) 복동실린더가 전진 완료하고 압력스위치의 설정 압력에 도달했을 때 복동실린더가 5초 후에 후진하는지 확인한다.
(5) 질문지 평가를 실시한다.

6. 정리 정돈

(1) 실습장치의 차단 밸브를 닫아서 압축공기 공급을 차단한다.
(2) 공압 튜브를 제거하여 정리한다.
(3) 실린더, 밸브 등 사용된 부품을 제거하여 정리한다.

실습과제명	3-6. 접합 장치회로	소요시간 : 4 H

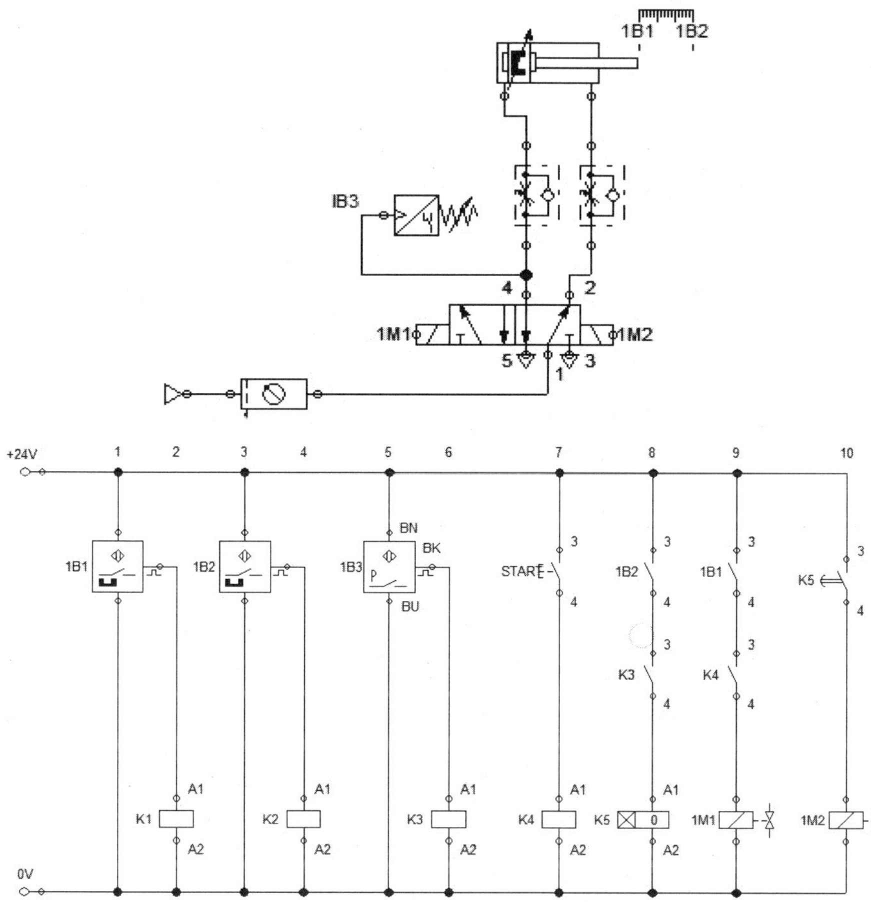

평가사:	1회 평가 : 2회 평가 : 3회 평가 :

평가항목	우수	양호	부진
1. 부품 선정			
2. 부품 배치			
3. 배관			
4. 회로 동작			
5. 질문지			
6. 안전사항			

3-6 질문지 평가

1. 타이머의 기호를 그리시오.

기 호	기호의 명칭 및 특성
	명칭 : ON 타임 릴레이(time relay with switch on) 특징 : 전환 접점 형(change over type)으로 신호가 입력되면 설정시간 후에 ON 되는 NC 형과 설정시간 후에 OFF 되는 NO 형이 있음
	명칭 : OFF 타임 릴레이(time relay with switch off) 특징 : 신호가 입력되면 즉시 ON되고 설정시간 후에 OFF

2. 실습과제 3-6의 접합 장치 회로를 보고 부품리스트를 작성하시오.

부품명	수 량
압축공기 공급 장치	1
DC 24V 전원 공급 장치	1
공기압 조절기	1

3-7. 클램핑 장치회로

실습과제명	3-7. 클램핑 장치회로		소요 시간
			4 H
목 표	① 타이머와 압력스위치, 카운터를 사용하여 시퀀스회로를 구성할 수 있다. ② 시퀀스회로에서 계수기(counter)의 역할을 설명할 수 있다.		
기계 및 공구	재료명	규 격	안전 및 유의사항
· 공기 압축기 · 공압실습장치 · 수공구 세트	· 복동실린더 · 5/2-way 방향 제어 밸브 (single/double solenoid type) · 푸시버튼 스위치세트 (3/2-way valve) · 릴레이세트 · 압력스위치 · 타이머릴레이 · 카운터 · 공압튜브 · 전기케이블 세트	ϕ 25×125 m5, 1/8" 2a-2b 4C형×3 ϕ 4, ϕ 6	· 공급되는 압축공기의 압력을 600 [kPa]로 조절한다. · 배관할 때 압축공기의 공급을 차단한다. · 튜브를 정확히 연결하여 공기의 누설을 방지한다. · 실린더의 작동 공간에 장애물이 없어야 한다. · 튜브의 연결과 제거 방법을 알아야 한다. · 전기 배선 시 전원공급이 차단되어야 한다. · 합선되었을 때 전원을 즉시 차단하고 전기 배선을 점검한다. · 일상점검을 통하여 장비와 공구를 유지 관리한다. · 산업안전법규를 준수한다.

장치 설명

1. 같은 단면의 형태를 갖는 두 개의 제품을 클램핑 장치를 사용하여 접합시키려고 한다.
2. 시작 스위치를 누르면 후진 상태의 복동실린더가 전진하여 제품을 접합한다.
3. 복동실린더가 전진완료 상태에서 이자 지연 타이머(ON time delay type timer)가 작동되고 압력스위치가 설정 압력에 도달하면 복동실린더는 초기 상태로 귀환한다.
4. 5회 접합 과정을 완료한 후 사이클을 종료한다. 새로운 사이클을 시작하려면 카운터를 리셋해야 한다.

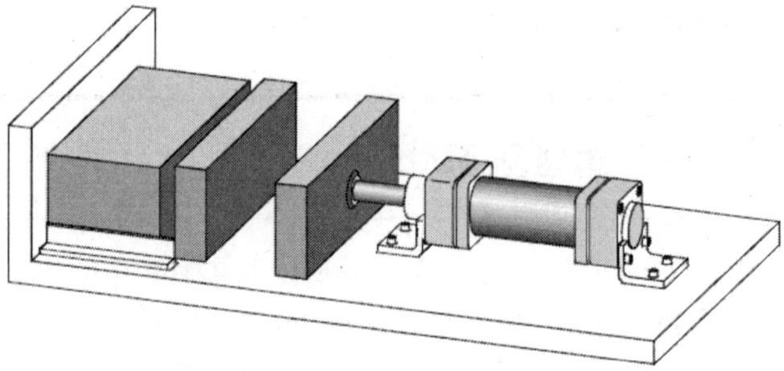

그림 3.7.1 자동왕복회로 장치

관련 지식

1. 계수기(counter)

계수기란 클럭펄스를 세어서 수치를 처리하기 위한 논리 회로(디지털 회로)이다. 계수기가 계수한 이진수나 이진화 십진수가 디코더를 통해서 7 세그먼트 발광 다이오드에 표시되는 숫자로 변환하여 인간이 알아볼 수 있는 정보가 된다. 또한 인코더가 정보를 이진수로 변환한 것을 계수기를 통해 계수 처리를 실시할 수 있다.

그림 3.7.2 카운터(타이머 겸용)_건흥 kct72

(1) 카운터의 종류

(가) 전자 카운터(Electronic Counter)

전자 회로를 통해 계수 회로가 구성되어 있다.

1) 전자 프리셋 카운터(Electronic Preset Counter)

설정된 수치까지 계수되면 출력부가 동작하는 전자 카운터

2) 전자 토털 카운터(Electronic Total Counter)

단순히 계수 내용을 표시하는 전자 카운터

(나) 전자 카운터(Electromagnetic Counter)

전자석을 여자 및 소자하여 문자차를 동작시켜 계수하는 카운터이며, 수명이 보장된다. 그러나 상대적으로 스위칭 시간이 길고, 소자시의 과전압 발생, 접점의 마모, AC 전원 용할 때 정류기가 필요한 점 등의 단점도 있다.

(다) 메커니컬 카운터(mechanical counter)

회전운동이나 왕복 운동 등의 기계적 입력을 기초로 계수한다.

(라) 공기압 카운터(pneumatic counter)

공기압으로 구동되는 카운터이며 공기압으로 출력된다.

그림 3.7.3 메커니컬 카운터(mechanical counter)_trumeter 1-3635

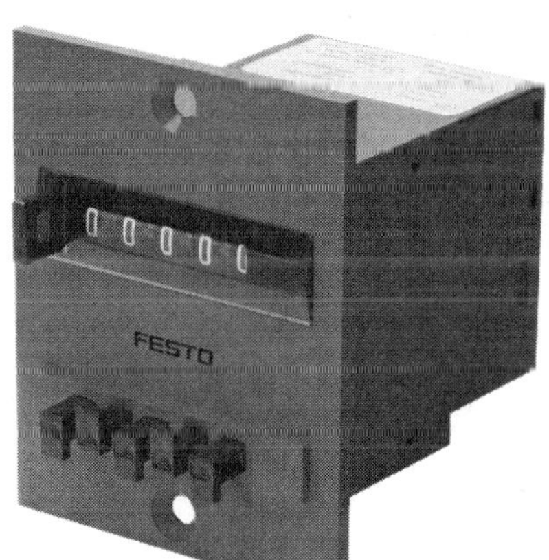

그림 3.7.4 공기압 카운터(pneumatic counter)_festo

실습 순서

1. 실습 준비

(1) 주어진 과제와 실습 목표를 이해한다.
(2) 압축공기 공급 장치를 개방하여 실습 준비한다.
(3) 시험 운전하기 전까지 실습 장치의 공압은 차단 밸브에 의해 차단한다.

2. 전기 공압 부품 선정

(1) 제시된 전기회로도를 사용하여 전기 공압 부품을 선정하게 한다.
(2) 각각의 부품에 표시된 기호와 일치 여부를 확인한다.

3. 공압 부품 배치 및 배관

(1) 부품의 배치는 서로 방해되지 않도록 충분히 간격을 두고 배치한다.
(2) 공압이 원활하게 전달되도록 적당한 길이의 튜브를 사용한다.
(3) 회로도를 참고하여 각 기호의 연결구 번호와 공압 부품에 표시되어 있는 연결구 번호를 확인하여 정확한 연결구에 연결한다.
(4) 튜브는 연결구 내의 체크밸브를 통과할 수 있도록 완전하게 연결한다.

4. 전기회로 배선

(1) 선정된 전기 스위치, 릴레이 등과 솔레노이드 밸브를 전기회로와 같이 배선한다.
(2) 회로도의 접점과 양극, 음극을 확인하여 정확히 연결한다.

5. 동작 확인 시험 운전

(1) 실습 장치의 차단 밸브를 열어서 압축공기를 공급한다.
(2) 압력조절기의 압력을 500 [kPa]로 설정한다.
(3) 푸시버튼 스위치를 작동시켰을 때 복동실린더가 자동왕복 되는지 확인한다.
(4) 푸시버튼 스위치를 다시 작동시켰을 때 복동실린더의 자동왕복이 멈추는지 확인한다.
(5) 질문지 평가를 실시한다.

6. 정리 정돈

(1) 실습장치의 차단 밸브를 닫아서 압축공기 공급을 차단한다.
(2) 공압 튜브를 제거하여 정리한다.
(3) 실린더, 밸브 등 사용된 부품을 제거하여 정리한다.

실습과제명	3-7. 클램핑 장치회로	소요시간 : 4 H

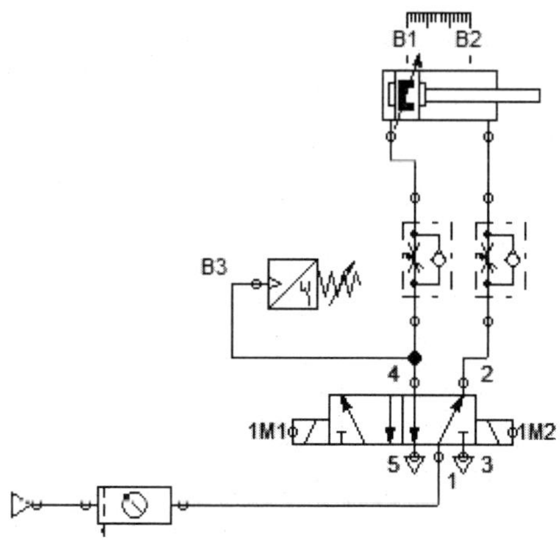

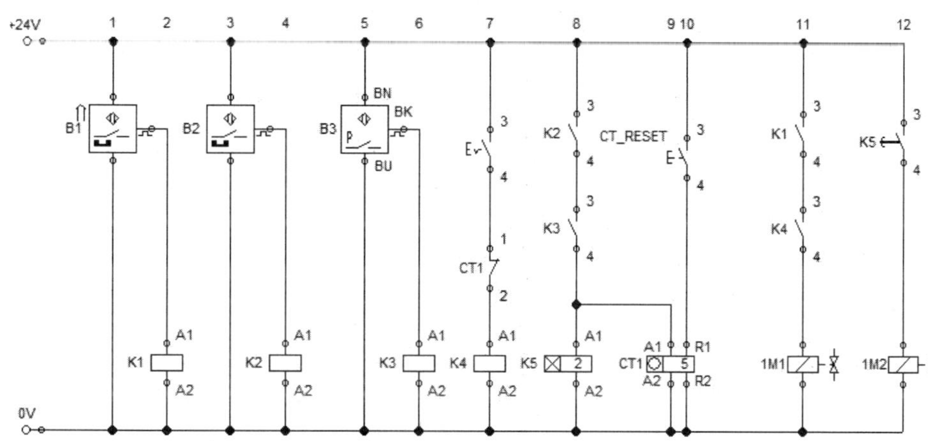

평가자 :	1회 평가 :
	2회 평가 :
	3회 평가 :

평가항목	우수	양호	부진
1. 부품 선정			
2. 부품 배치			
3. 배관			
4. 회로 동작			
5. 질문지			
6. 안전사항			

3-7 질문지 평가

1. 다음 공기압 회로를 참고하여 제어 조건을 만족하는 전기 시퀀스회로를 그려보시오.
(제공된 전기 시퀀스회로는 미완성 회로도임)

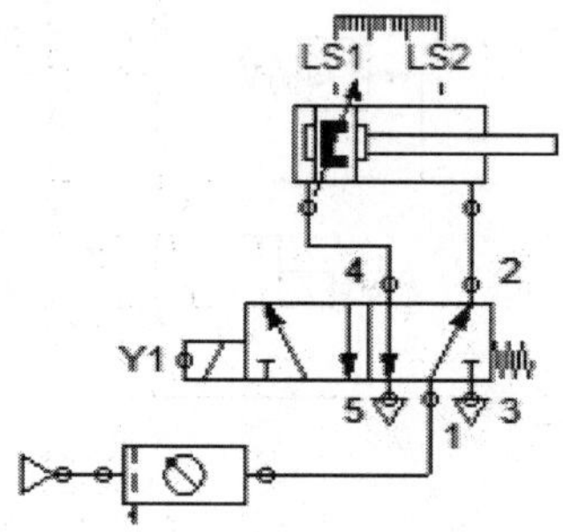

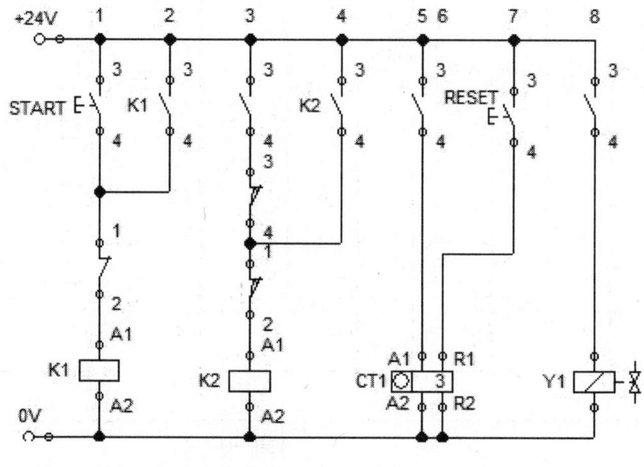

3-8. 엠보싱 장치회로

실습과제명	3-8. 엠보싱 장치회로		소요 시간 4 H
목 표	① 복동실린더 2개를 이용하여 시퀀스회로를 구성할 수 있다. ② 제어신호의 중첩현상을 해결할 수 있다. ③ 캐스케이드 회로 구성 방법을 사용한 시퀀스회로를 구성할 수 있다.		
기계 및 공구	**재료명**	**규 격**	**안전 및 유의사항**
· 공기 압축기 · 공압실습장치 · 수공구 세트	· 복동실린더 · 5/2-way 방향 제어 밸브 (single/double solenoid type) · 푸시버튼 스위치세트 (3/2-way valve) · 릴레이세트 · 공압튜브 · 전기케이블 세트	φ 25×125 m5, 1/8" 2a-2b 4C형×3 φ 4, φ 6	· 공급되는 압축공기의 압력을 600 [kPa]로 조절한다. · 배관할 때 압축공기의 공급을 차단한다. · 튜브를 정확히 연결하여 공기의 누설을 방지한다. · 실린더의 작동 공간에 장애물이 없어야 한다. · 튜브의 연결과 제거 방법을 알아야 한다. · 전기 배선시 전원공급이 차단되어야 한다. · 합선되었을 때 전원을 즉시 차단하고 전기 배선을 점검한다. · 일상점검을 통하여 장비와 공구를 유지 관리한다. · 산업안전법규를 준수한다.

관련 지식

시퀀스제어(Sequence Control)란 말 그대로 순차적으로 제어신호가 출력되는 것을 의미한다. 즉, 주어진 조건이 충족되면 미리 프로그램에 의하여 설정된 순서대로 제어신호가 출력되어 순차적으로 작업이 수행되는 제어방법으로, 실제 공장자동화에서 가장 많이 이용되고 있는 방법이다.

시퀀스제어에는 제어방법에 따라 일정한 시간이 경과되면 그 다음 단계의 작업이 수행되는 시간에 따른 제어방법과, 전 단계 작업의 완료여부를 리미트 스위치나 센서 등으로 확인하여 다음 단계의 작업을 수행하는 위치에 따른 제어방법 2가지가 있다. 타이머를 이용하는 시간에 따른 제어방법은 세탁기 등과 같은 곳에 응용되고 있으나, 공장자동화에는 위치에 따른 제어방법이 주로 이용되고 있다. 시퀀스제어에서는 상반된 제어신호가 같이 존재하게 되면 문제가 발생되게 된다. 즉, 같은 실린더의 전진운동 제어신호와 후진운동 제어신호가 같이 기능을 발휘할 수 없게 되며 솔레노이드 밸브에서는 코일 손상의 원인이 되기도 한다. 그러므로 시퀀스 제어에서는 상반된 제어신호가 같이 존재하게 되는 제어신호의 중첩현상이 발생되지 않도록 해야 되며, 제어신호의 중첩현상을 없애주는 방법에 따라 시퀀스제어에는 몇 가지 방법이 있게 된다.

일반적으로 제어신호의 중첩현상은 한번 입력된 제어신호가 너무 길게 지속되기 때문에 제어신호가 짧은 기간 동안만 지속되는 펄스(pulse)신호화를 하면 해결할 수 있다. 공압밸브를 이용하는 방법에서는 제어신호의 펄스화에 공압타이머 및 방향성 리미트 스위치 등도 이용되었으나 전기적인 방법에서는 이 방법이 거의 사용되지 않는다. 전기 타임 릴레이는 보통 릴레이보다 고가이며 전기 방향성 리미트 스위치는 작은 작동력으로도 작동될 수 있어 작동의 신뢰성을 보장할 수 없기 때문에 거의 사용되지 않는다. 그러므로 전기 릴레이를 이용하는 시퀀스제어는 회로 상으로 해결하는 캐스케이드(Cascade) 방법, 전기 시퀀스(electric sequencer) 방법, stepper 방법의 3가지가 주로 이용되고 있다.

1. 캐스케이드(Cascade) 방법

시퀀스제어에서 항상 발생되는 제어신호의 중첩현상을 근본적으로 해결하는 방법은 작동 시퀀스를 간섭현상이 발생되지 않게 몇 개의 제어그룹으로 분류하여 필요한 제어 그룹에만 에너지가 공급되도록 하면 가능하게 된다.

제어그룹을 분류하기 위해서는 우선적으로 작동 시퀀스를 약호로 표시하는 것이 바람직하다. 가장 많이 이용되는 표현방법은 전진운동을 +, 후진운동을 -로 표시하는 것이다. 즉, A 실린더의 전진운동을 A+, B 실린더의 후진운동을 B-와 같이 표현하는 것이다. 이와 같이 작동시퀀스를 약호로 표시하면 제어그룹을 쉽게 분류할 수 있게 된다. 제어그룹을 분류하는 방법은 같은 액추에이터의 상반된 운동이 같은 그룹에 포함되지 않게만 하면 된다. 즉, A 실린더의 전진운동인 A+와 후진운동인 A-, B+와 B-는 같은 그룹에 속할 수 없게 된다. 그러나 A+와 B-는 서로 다른 액추에이터가 되기 때문에 같은 그룹에 포함되어도 제어신호의 간섭현상은 발생되지 않게 된다.

한 예로 다음과 같은 작동 시퀀스는 2개의 제어그룹으로 나눌 수 있다.

A+, B+, C+	C−, B−, A−
group1	group2

실린더의 개수가 같더라도 작동 시퀀스가 다르게 되면 제어그룹의 개수도 다르게 된다. 즉, 다음과 같은 경우는 같은 세 개의 실린더가 사용된 경우지만 제어그룹의 개수는 각각 3개와 4개가 된다.

A+ B+	B- A- C+	C-
group1	group2	group3

A+	A- B+	B- C+	C-
group1	group2	group3	group4

제어그룹의 개수가 N개인 작동시퀀스를 제어하려면 N개의 릴레이가 필요하게 되나, 제어그룹이 2개인 경우에 한해서 1개의 릴레이로 제어할 수 있게 된다.

2. 캐스케이드(cascade) 회로 작성법

그림 3.4.1과 같이 2개의 실린더를 이용한 밸브의 몸체에 엠보싱 작업을 하는 장치의 제어회로를 캐스케이드 방법으로 작성하기로 한다. 즉, A 실린더가 작업 대상물을 작업위치로 이송시키게 되면, B 실린더가 엠보싱 작업을 하게 된다.

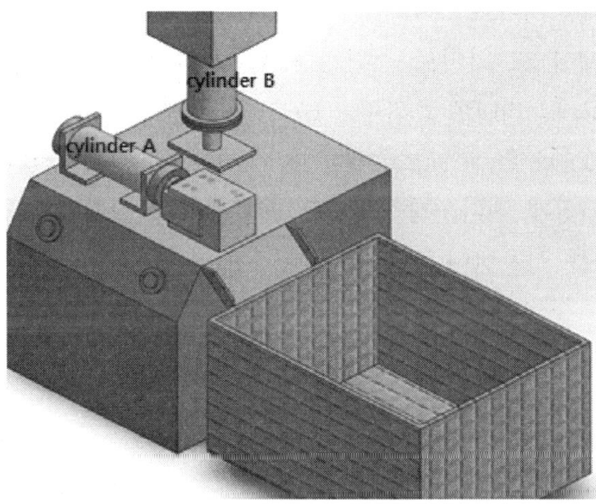

그림 3.8.1 엠보싱 장치

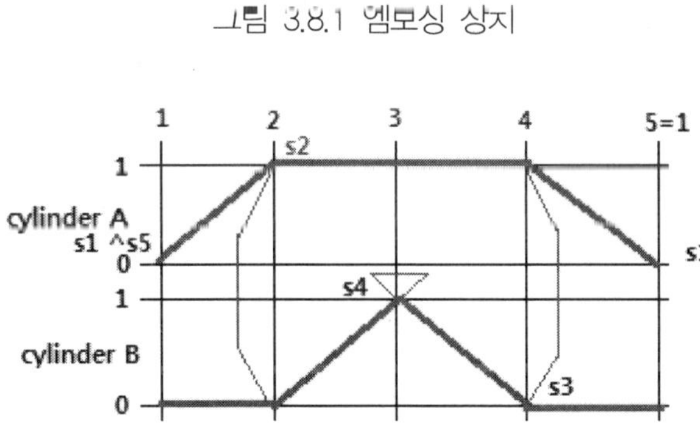

그림 3.8.2 엠보싱 장치의 변의 단계 선도

(1) 1단계 : 제어그룹의 분류 및 캐스케이드 제어 라인 준비

그림 3.8.1의 엠보싱 작업기의 작동순서를 약호로 나타내고 간섭현상이 발생되지 않게 그룹을 나누게 되면 다음과 같이 2개로 나눌 수 있게 된다.

A^+	B^+	B^-	A^-
S_2	S_4	S_3	S_1
I		II	

← Check back Signal

여기에서 S1, S2, … 는 실린더의 운동완료 여부를 확인하는 리미트 스위치를 나타낸다. 전기 제어 회로도에서 모든 리미트 스위치는 S라는 약호로 표시하기로 약속되어 있다. 실린더의 전진 운동을 확인하는 리미트 스위치는 짝수로, 후진 운동을 확인하는 리미트 스위치는 홀수로 표시된다. 즉, A 실린더의 후진 운동을 확인하는 리미트 스위치는 S1, A 실린더의 전진 운동을 확인하는 리미트 스위치는 S2가 된다.

앞의 작동시퀀스에서 S2 리미트 스위치는 A+ 작업의 완료를 확인하여 다음 단계인 B+ 작업을 발생시켜 주고, S4 리미트 스위치는 B+ 작업의 완료를 확인하여 다음 단계인 B- 작업을 가능하게 해주므로 Check back signal이라 한다. 제어그룹이 2개인 경우에는 1개의 릴레이를 이용하여 제어할 수 있게 된다. 캐스케이드 방법에서는 실린더의 운동을 제어하는 밸브는 양 솔레노이드 밸브를 사용한다.

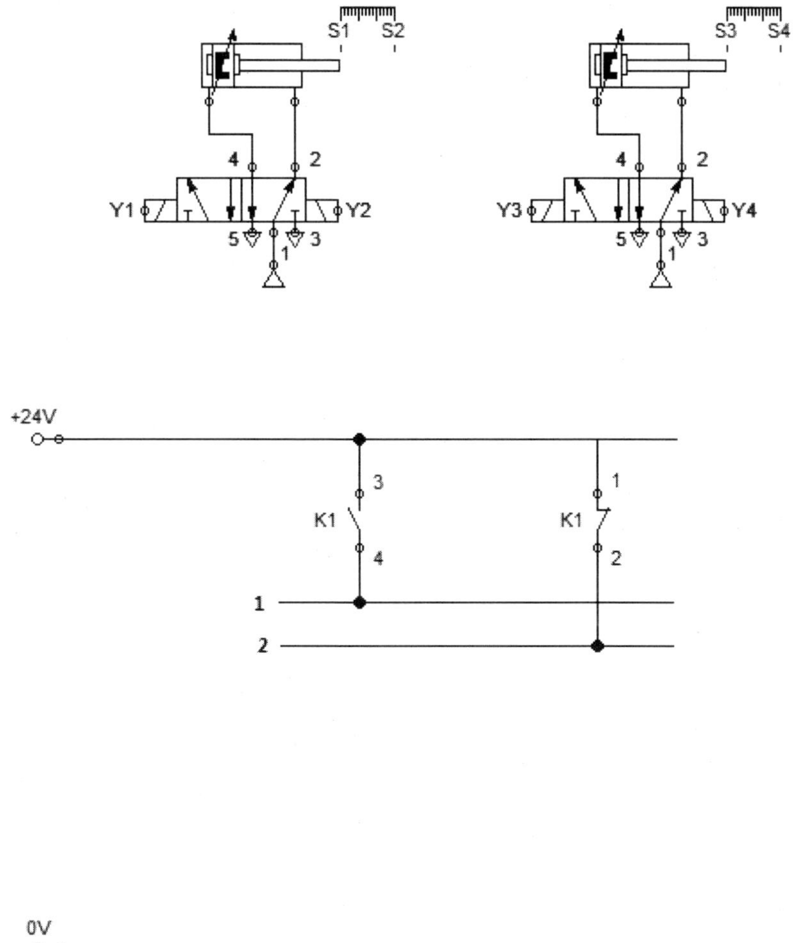

그림 3.8.3 1단계 : 실린더와 캐스케이드 제어선 준비

(2) 2단계 : 첫 번째 A+ 작업 완성

첫 번째 작업인 A+ 작업은 제어그룹에 속하는 작업이다. 그러므로 A+ 작업이 가능하기 위해서는 첫 번째 제어선에 에너지가 공급돼야 하므로 K1 릴레이가 ON되어야만 한다. A+ 작업을 담당하는 맨 마지막 그룹의 마지막 작업(A-)의 완료여부를 확인하는 리미트 스위치 S1과 작업을 시작하겠냐는 의시를 나타내는 시동 스위치(S5)는 K1 릴레이를 ON시켜주어야만 한다.

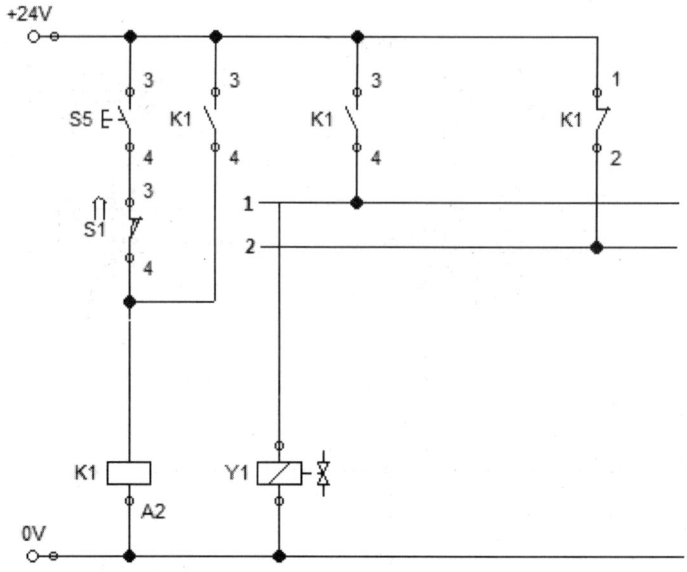

그림 3.8.4 첫 번째 작업인 A+ 작업의 제어 회로도

K1 릴레이가 ON되면 우선 자기유지회로를 이용하여 자기유지 되어야만, S1 리미트 스위치가 OFF되어도 한 제어 그룹을 관장하는 K1 릴레이는 작동된 상태로 있게 된다. A+ 작업을 담당하는 Y1 솔레노이드는 K1 릴레이(첫 번째 제어선)를 통하여 직접 에너지를 공급받게 되어 A 실린더가 전진 운동을 할 수 있게 된다. S1 리미트 스위치는 초기 시동조건에서 A 실린더에 의하여 작동된 상태로 존재하기 때문에 작동된 상태로 제어 회로도에 표시되게 된다. 즉, S1 리미트 스위치의 접점은 b접점과 같이 표시되어 있지만 a접점 스위치이다.

(3) 3단계 : 2번째 B+ 완성

2번째 작업인 B+ 작업은 전단계의 A+ 작업과 마찬가지로 첫 번째 제어그룹에 속하는 작업이다. 그러므로 B+ 작업을 하기 위해서는 제어선을 바꿀 필요 없이 이미 바뀐 첫 번째 제어선을 이용하여 작업을 하면 된다. 즉, A+ 작업의 완료여부를 확인하는 S2 리미트 스위치가 첫 번째 제어선에서 에너지를 공급받아 Y3 솔레노이드 밸브를 작동시켜주면 B+ 작업이 가능하게 된다.

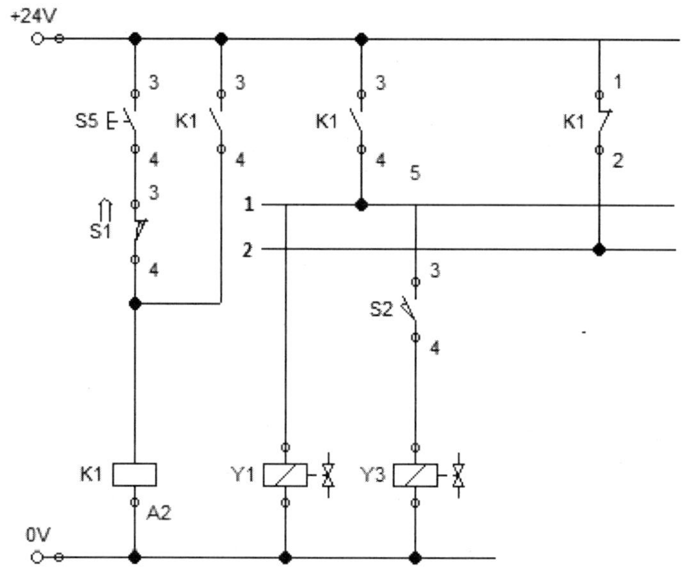

그림 3.8.5 3단계 전기 제어 회로도

(4) 4단계 : 3번째 B– 작업 완성

3번째 B- 작업은 2번째 제어그룹에 속하는 작업이다. 그러므로 B- 작업이 가능하기 위해서는 우선 첫 번째 제어선에서 2번째 제어선으로 바꿔야만 한다. 첫 번째 제어선에서 2번째 제어선으로 바꿔주기 위해서는 K1 릴레이를 OFF시켜야 하므로 B- 작업을 담당하는 리미트 스위치 S4는 K1을 OFF시켜주게 된다. 즉, 첫 번째 제어그룹의 마지막 작업(B+)의 완료 여부를 확인하는 리미트 스위치 S4는 제어선을 첫 번째부터 2번째로 바꿔주게 된다. 그러면 B- 작업을 담당하는 Y4 솔레노이드 2번째 제2선으로부터 직접 에너지를 공급받게 되어 B- 작업이 일어나게 된다.

(5) 5단계 : 마지막 A– 작업 및 제어 회루두의 완성

A- 작업은 2번째 제어그룹에 속하는 작업이다. 3번째 B- 작업을 하기 위하여 제어선을 2번째로 이미 바꿔 놓았기 때문에 다시 제어선을 바꿀 필요가 없다. 그러므로 A- 작업을 담당하는 리미트 스위치 S3은 두 번째 제어선에서 에너지를 공급받아 Y2 솔레노이드를 작동시켜 A- 작업을 가능하게 한다. S3리미트 스위치는 초기 시동조건에서 B 실린더에 의하여 작동된 상태로 존재하고 있기 때문에 작동된 상태로 표시된다.

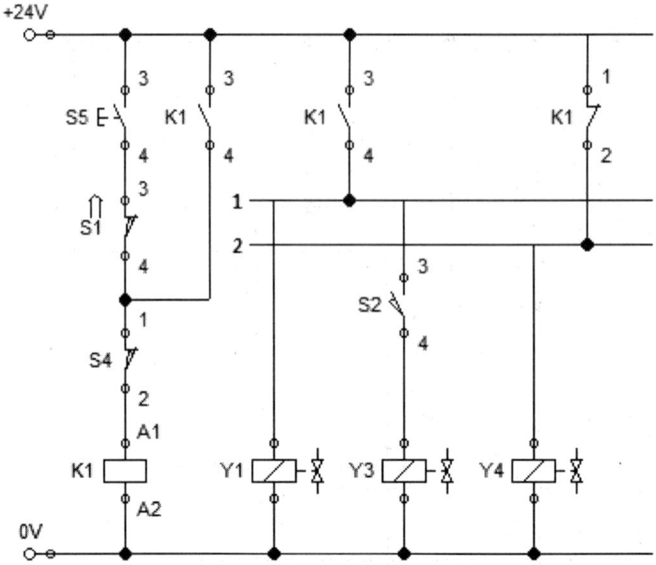

그림 3.8.6 4단계 전기 제어 회로도

이와 같이 하여 제어 회로도가 완성되면 제어회로도의 배선 및 보수유지를 용이하게 하기 위하여 제어 회로도의 각 라인에는 라인번호, 접점에는 접점번호를 부여하는 것을 나타낸다.

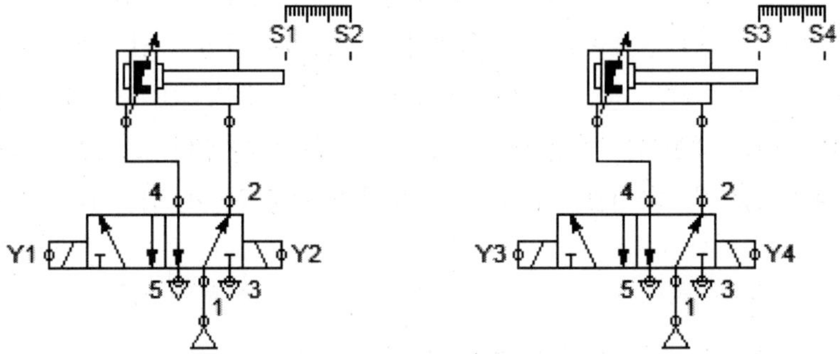

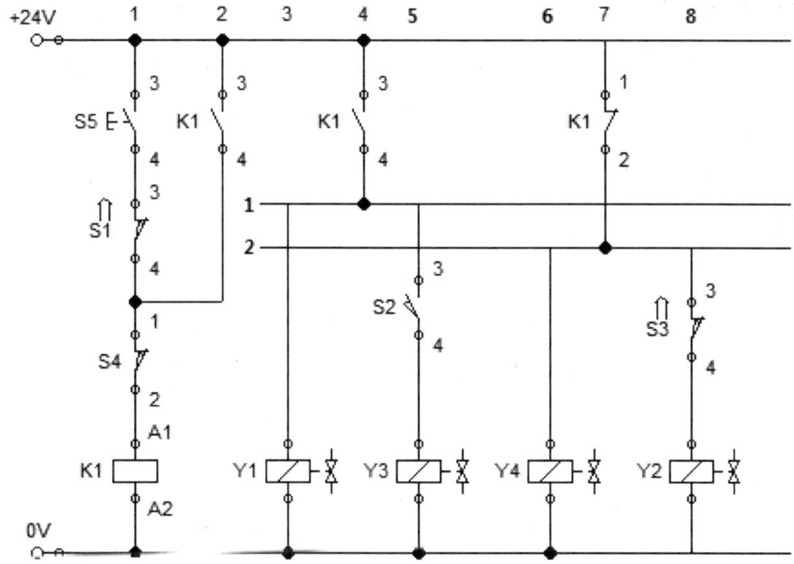

그림 3.8.7 완성된 제어 회로도

실습 순서

1. 실습 준비

(1) 주어진 과제와 실습 목표를 이해한다.

(2) 압축공기 공급 장치를 개방하여 실습 준비한다.

(3) 시험 운전하기 전까지 실습 장치의 공압은 차단 밸브에 의해 차단한다.

2. 전기 공압 부품 선정

(1) 제시된 전기회로도를 사용하여 전기 공압 부품을 선정하게 한다.

(2) 각각의 부품에 표시된 기호와 일치 여부를 확인한다.

3. 공압 부품 배치 및 배관

(1) 부품의 배치는 서로 방해되지 않도록 충분히 간격을 두고 배치한다.

(2) 공압이 원활하게 전달되도록 적당한 길이의 튜브를 사용한다.

(3) 회로도를 참고하여 각 기호의 연결구 번호와 공압 부품에 표시되어 있는 연결구 번호를 확인하여 정확한 연결구에 연결한다.

(4) 튜브는 연결구 내의 체크밸브를 통과할 수 있도록 완전하게 연결한다.

4. 전기회로 배선

(1) 선정된 전기 스위치, 릴레이 등과 솔레노이드 밸브를 전기회로와 같이 배선한다.

(2) 회로도의 접점과 양극, 음극을 확인하여 정확히 연결한다.

5. 동작 확인 시험 운전

(1) 실습 장치의 차단 밸브를 열어서 압축공기를 공급한다.

(2) 압력조절기의 압력을 500 [kPa]로 설정한다.

(3) 푸시버튼 스위치를 작동시켰을 때 복동실린더가 자동왕복이 되는지 확인한다.

(4) 푸시버튼 스위치를 다시 작동시켰을 때 복동실린더의 자동왕복이 멈추는지 확인한다.

(5) 질문지 평가한다.

6. 정리 정돈

(1) 실습장치의 차단 밸브를 닫아서 압축공기 공급을 차단한다.

(2) 공압 튜브를 제거하여 정리한다.

(3) 실린더, 밸브 등 사용된 부품을 제거하여 정리한다.

실습과제명	3-8. 엠보싱 장치회로	소요시간 : 4 H

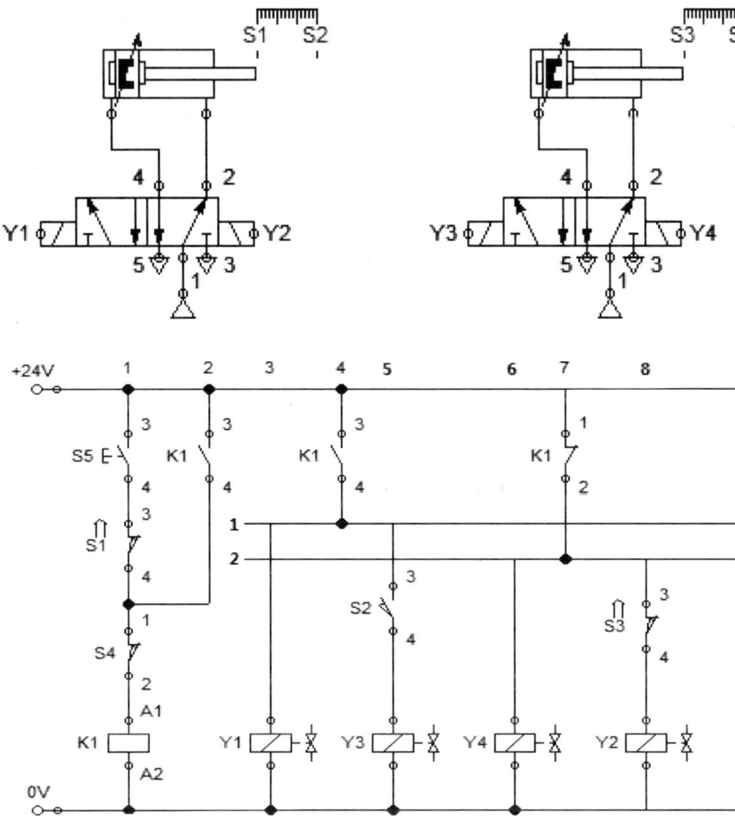

평가자 :	1회 평가 :
	2회 평가 :
	3회 평가 :

평가항목	우수	양호	부진
1. 부품 선정			
2. 부품 배치			
3. 배관			
4. 회로 동작			
5. 질문지			
6. 안전사항			

3-8 질문지 평가

1. 제어 조건 :

START 스위치를 동작시키면 실린더 A가 전진 완료하여 뚜껑 형태로 벤딩하고 후진한다. 실린더 A의 후진이 완료된 후 실린더 B가 전진하여 제품을 절단한 후 후진한다. 이때 재료의 공급 및 완성된 제품은 수작업으로 한다.

문제 해결 :

(1) 제어 조건을 이해한 후 변위 단계 선도를 작성하시오.

(2) 실린더 A의 전진 속도 조절을 METER OUT 방식으로 공압 회로도를 완성하시오.

(3) 연속운동이 가능할 수 있도록 스위치 1개를 추가하여 전기 회로도를 완성하시오.

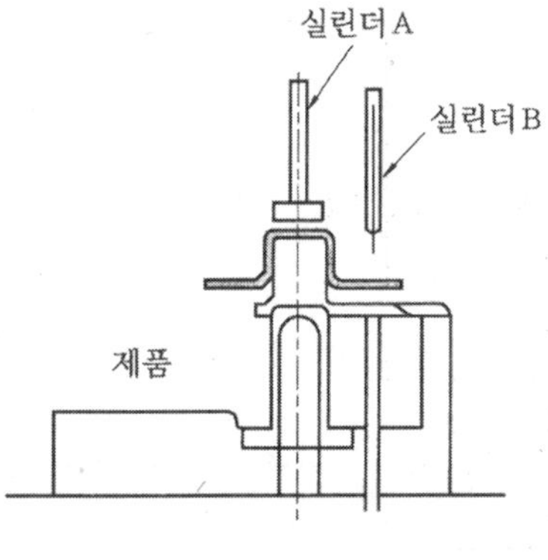

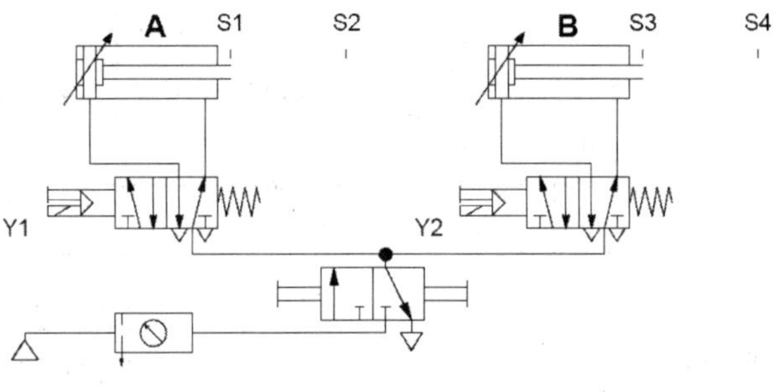

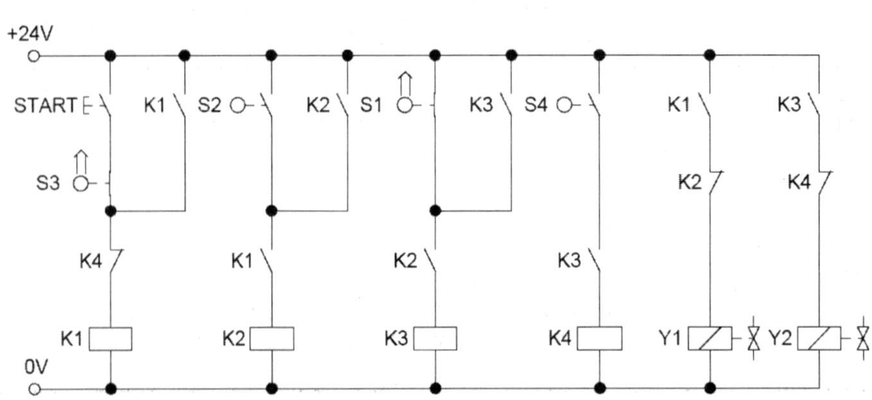

3-9. 벤딩 장치회로

<table>
<tr><th>실습과제명</th><th colspan="3" rowspan="2">3-9. 벤딩 장치회로</th><th>소요 시간</th></tr>
<tr><th></th><th>4 H</th></tr>
<tr><td>목 표</td><td colspan="4">① 복동실린더 3개를 이용하여 시퀀스회로를 구성할 수 있다.
② 제어신호의 중첩현상을 해결할 수 있다.
③ 캐스케이드 회로 구성 방법을 사용한 시퀀스회로를 구성할 수 있다.</td></tr>
<tr><th>기계 및 공구</th><th>재료명</th><th>규 격</th><th colspan="2">안전 및 유의사항</th></tr>
<tr><td>· 공기 압축기
· 공압실습장치
· 수공구 세트</td><td>· 복동실린더
· 5/2-way 방향 제어 밸브 (single/double solenoid type)
· 푸시버튼 스위치세트 (3/2-way valve)
· 릴레이세트
· 공압튜브
· 전기케이블 세트</td><td>φ 25×125
m5, 1/8"

2a-2b

4C형×3
φ 4, φ 6</td><td colspan="2">· 공급되는 압축공기의 압력을 600 [kPa]로 조절한다.
· 배관할 때 압축공기의 공급을 차단한다.
· 튜브를 정확히 연결하여 공기의 누설을 방지한다.
· 실린더의 작동 공간에 장애물이 없어야 한다.
· 튜브의 연결과 제거 방법을 알아야 한다.
· 전기 배선시 전원공급이 차단되어야 한다.
· 합선되었을 때 전원을 즉시 차단하고 전기 배선을 점검한다.
· 일상점검을 통하여 장비와 공구를 유지 관리한다.
· 산업안전법규를 준수한다.</td></tr>
</table>

관련 지식

1. 전기 시퀀스(electric sequence) 회로 작성법

캐스케이드 제어방법은 가장 적은 개수의 릴레이가 소요되게 되므로 어느 면에서는 가장 경제적인 해결책이 될 수도 있다. 그러나 캐스케이드 제어방법은 하나의 릴레이가 한 그룹 전체를 담당하게 되어 비상스위치나 수동조작 스위치 등의 부가조건이 삽입되면 제어회로가 복잡하게 되는 단점이 있게 된다. 또한 배선이 복잡하고, 운전 중에 제어 시스템에 문제가 발생하게 되면 trouble shooting이 쉽지 않게 된다. 그러므로 캐스케이드 방식은 많이 이용되지는 않는다.

그림 3.9.1의 벤딩 작업기는 캐스케이드 방법으로 제어그룹을 나누면 3개가 된다. 그러나 작동시퀀스 하나하나를 하나의 제어그룹으로 간주하면 6개의 그룹으로 나눌 수가 있게 된다.

이렇게 하나하나의 작동시퀀스를 하나의 제어 그룹으로 생각하여 제어회로도를 작성하는 것이 전기 시퀀스(Electric Sequences) 방법이다.

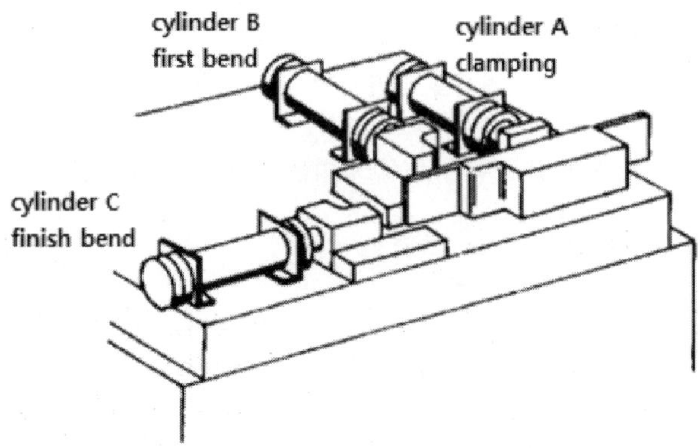

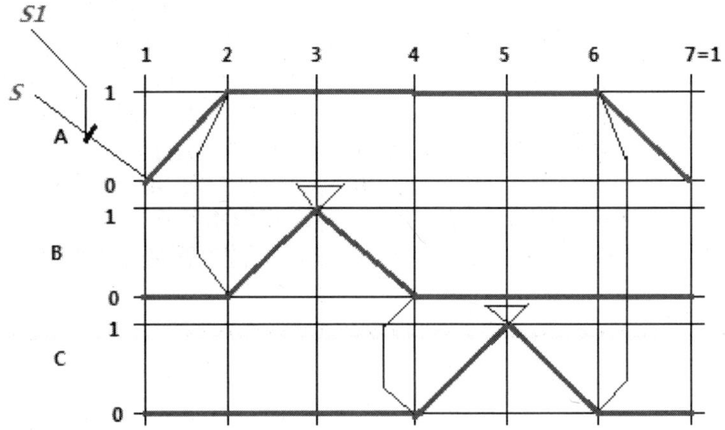

그림 3.9.1 벤딩 작업기의 구조도 및 운동 순서도

그러므로 전기 시퀀스 방식은 캐스케이드 방식을 확장한 것이 되기 때문에 캐스케이드 방식에서 지켜지는 모든 규칙이 그대로 적용되게 된다. 즉, 실린더를 제어하는 제어밸브는 memory 기능이 있는 양 솔레노이드 밸브여야만 한다. 이 전기 시퀀스 방식은 캐스케이드 방식에 비해 전기릴레이는 많이 필요하게 되지만 제어 회로도의 작성이 용이하고 복잡한 부가조건이 요구되는 경우에도 쉽게 해결할 수 있는 장점이 있다. 그리고 리미트 스위치가 부착되는 위치를 제외하고는 어느 작동 시퀀스나 공통이므로 리미트 스위치의 위치만 바꿔주게 되면 작동시퀀스를 쉽게 바꿀 수가 있게 된다. 그리고 불시에 정전이 되어도 제어밸브가 그때의 제어위치를 기억하기 때문에 실린더가 돌발적인 운동을 하지 않게 되는 장점 또한 있다.

그룹을 6개로 구분하였으므로 신호 그룹에 제어 신호를 분배하는 데 사용되는 릴레이는 6개가 필요하게 된다. 이 작업을 수행하기 위한 회로도를 구성해보자.

공압 작동부위와 전기 리미트 스위치의 위치를 표시한다.

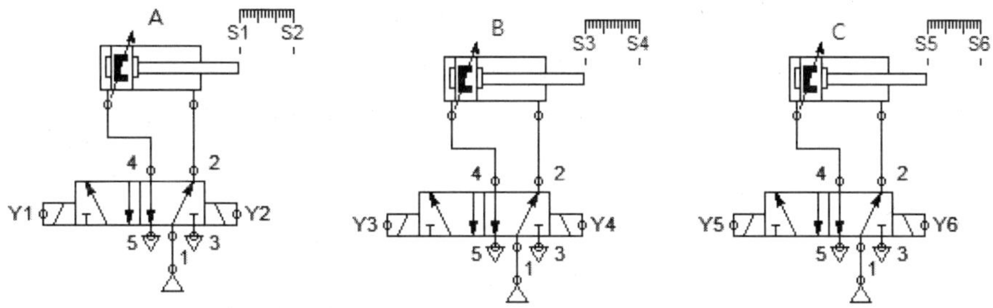

그림 3.9.2 공압실린더와 리미트 스위치의 표시

(1) 1단계 : A+ 운동을 위한 제어 회로도

이미 작동되어 있는 리미트 스위치 S1, K6의 a접점(실제로는 셋 스위치에 의해 폐회로 상태가 됨) K2의 b접점이 연결되어 있는 상태에서 시동스위치가 작동되면 릴레이 K1이 여자되고 릴레이 K1이 병렬 연결된 K1의 a접점에 의하여 자기유지된다. 그런 다음 K1의 다른 a접점에 의해 솔레노이드 코일 Y1이 여자되고 릴레이 K_1이 병렬 연결된 K_1의 a접점에 의하여 자기유지가 된다. 그러면 K_1의 또 다른 a접점에 의해 솔레노이드 코일 Y_1이 여자되고 밸브의 제어 위치를 전환시켜 실린더 A를 전진 운동시킨다.

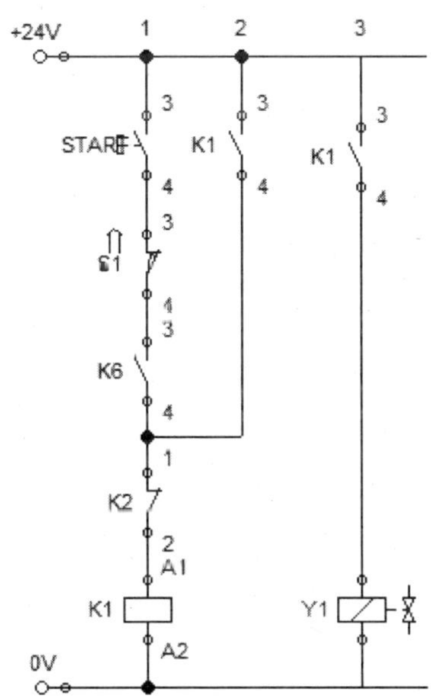

그림 3.9.3 A+ 운동을 위한 제어 회로도

(2) 2단계 : B+ 운동을 위한 제어 회로도

실린더 A가 전진운동을 하여 리미트 스위치 S_2를 작동 시키면 K_1의 a접점은 폐로된 상태이고, K_3의 b접점은 여자되지 않은 상태이므로 릴레이 K_2가 여자된다. 릴레이 K_2에 병렬 연결된 a접점에 의하여 자기유지된다. 동시에 첫 번째 K_1릴레이의 자기유지회로는 K_2의 b접점을 통하여 해제된다. K_2의 a접점에 의하여 솔레노이드 코일 Y_3가 여자되고 실린더 B가 전진 운동을 하게 된다.

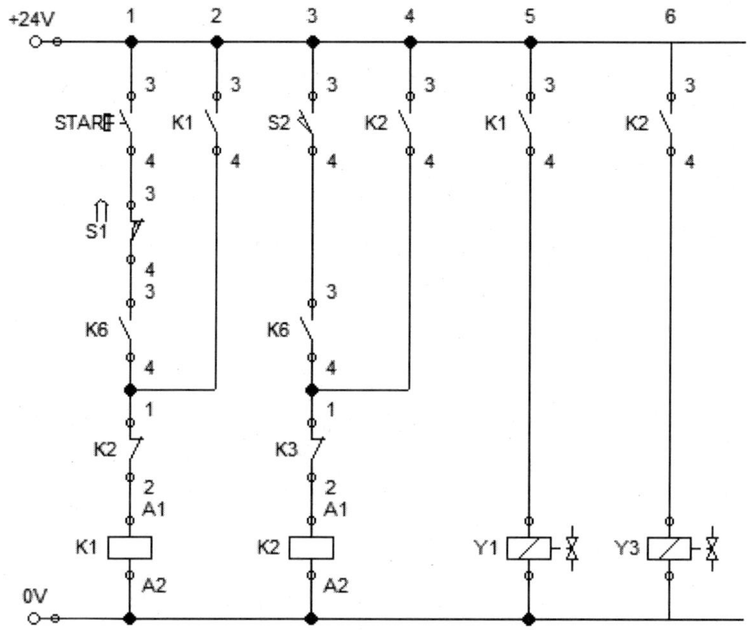

그림 3.9.4 B+ 운동을 위한 제어 회로도

(3) 3단계 : B- 운동을 위한 제어 회로도

실린더 B가 전진운동을 완료하여 리미트 스위치 S_4를 작동시키면, K_2의 a접점은 폐로 된 상태이고, K_4의 b접점은 여자되지 않은 상태이므로 릴레이 K_3가 여자된다. 그러면 릴레이 K_3에 병렬연결 된 K_3의 a접점에 의하여 릴레이 K_3가 자기유지 된다.

방금 전에 자기유지 되었던 K_2릴레이는 K_3의 b접점을 통하여 자기유지가 해제되고 오직 릴레이 K_3만 살아있게 된다. Y_4가 작동되어 B실린더가 후진운동을 할 수 있게 된다. 이와 같이 스테퍼 제어 회로에서는 릴레이가 하나씩만 살면서 시퀀스 제어를 수행하게 된다.

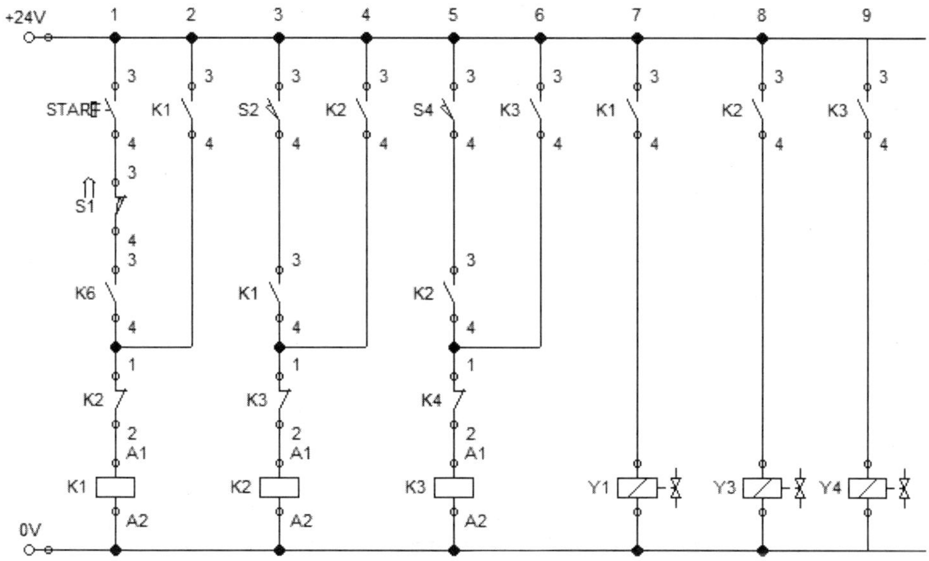

그림 3.9.5 B- 운동을 위한 제어 회로도

(4) 4단계 : C+ 운동을 위한 제어 회로도

B 실린더가 후진 운동하여 리미트 스위치 S_3을 작동시키면 K_3의 a접점은 폐로된 상태이고, K_5의 b접점은 여자되지 않은 상태이므로 릴레이 K_4가 여자된다. 릴레이 K_4에 병렬 연결된 a접점에 의해서 릴레이 K_4는 자기유지되고 K_4의 b접점을 통하여 전 단계의 릴레이 K_3의 자기유지가 해제된다. 주회로에서는 K_4의 a접점을 통하여 솔레노이드 코일 Y_5가 여자되고 4/2-way 밸브의 제어위치가 전환되어 실린더 C가 전진운동을 하게 된다.

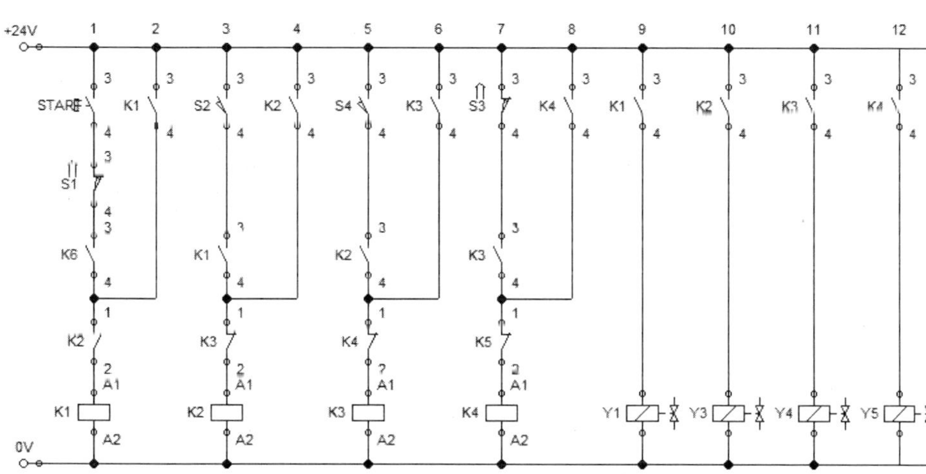

그림 3.9.6 C+ 운동을 위한 제어 회로도

(5) 5단계: C- 운동을 위한 제어 회로도

실린더 C가 전진운동을 하여 리미트 스위치 S_6을 작동시킨다. 리미트 스위치 S_6가 작동되면 K_4의 a접점은 폐로된 상태이고 K_6의 b접점은 여자되지 않은 상태이므로 릴레이 K_5가 여자된다. 릴레이 K_5에 연결된 a접점에 의해서 자기유지가 이루어지고, K_5의 b접점을 통하여 릴레이 K_4의 자기유지회로가 해제된다. 즉, 릴레이 K_5만 살아있는 상태가 된다. 주 회로에서는 K_5의 a접점이 폐로 되어 솔레노이드 코일 Y_2를 여자시키고 실린더 A가 후진운동을 하게 된다.

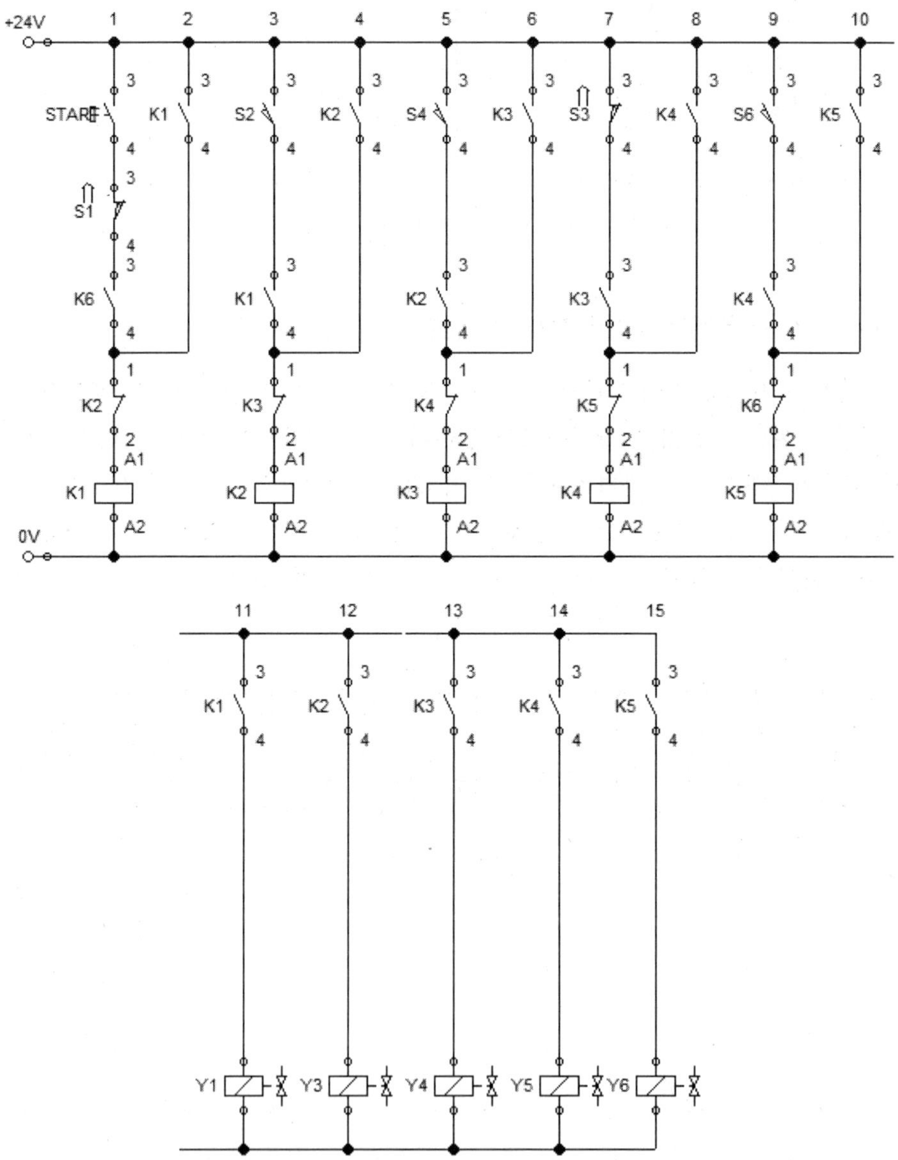

그림 3.9.10 C- 운동을 위한 제어 회로도

(6) 6단계 : A- 운동을 위한 제어 회로도

6단계인 마지막 운동도 전과 같은 신호 동작을 통해 이루어진다. 실린더 C가 리미트 스위치 S_5를 작동시키면 K_5의 a접점은 폐로된 상태이고 K_1의 b접점도 폐로 된 상태이므로 릴레이 K_6가 여자되고 릴레이 K_6에 병렬연결된 a접점을 통하여 자기유지가 이루어진다. 동시에 릴레이 K_6의 b접점을 통하여 릴레이 K_5의 자기유지를 해제시키고 릴레이 K_6의 a접점을 통하여 릴레이 K_1이 작동될 수 있는 준비를 해준다.

주회로에서는 K_6의 a접점이 폐로 되어 솔레노이드 코일 Y_2를 여자시키고 실린더 B가 후진운동을 할 수 있게 한다. 이상에서의 연속동작을 통하여 한 사이클의 작업이 수행되고 제어 시스템은 다시 초기상태가 된다. 이 상태에서 시동신호가 살아있으면 연속동작이 되는 것이고 시동신호가 살아있지 않으면 시동신호가 들어올 때까지 시스템은 작업대기 상태가 된다. 스테퍼 제어 회로도를 적용한 제어시스템을 초음 동작시키거나 정전이 발생된 후 다시 작업을 시작하기 위해서는 릴레이 K_6가 여자되어 있어야 하는데 이를 위해서 제어 회로도에서도 나타나 있듯이 셋 스위치를 설치하여 이러한 상황을 만들어 준다. 따라서 셋 스위치는 작업을 처음 시작할 때 한 번만 동작시켜주면 된다.

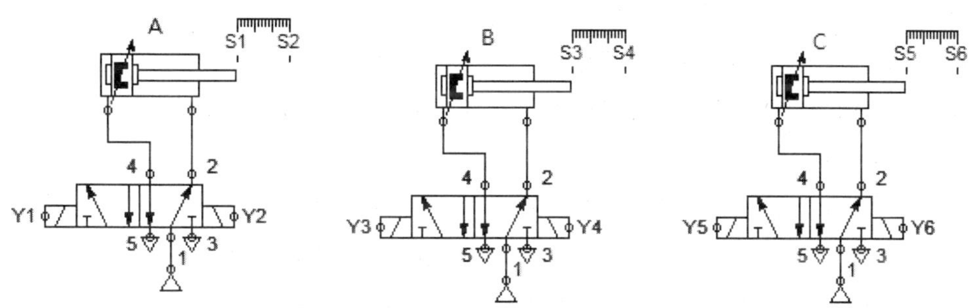

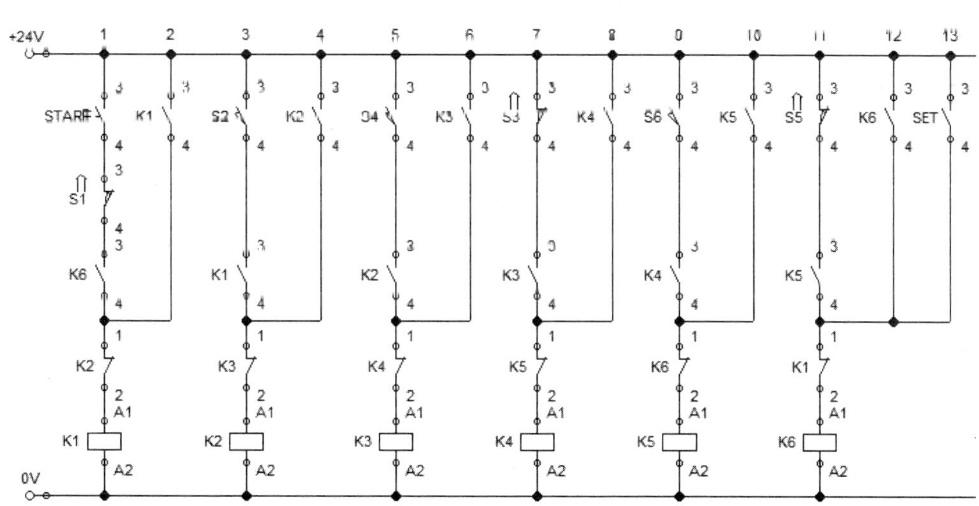

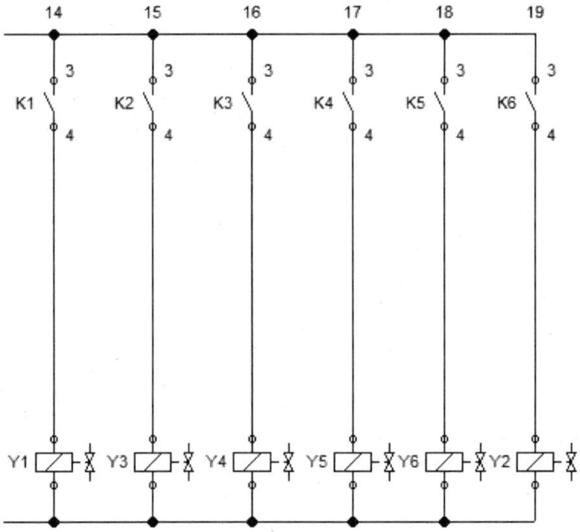

그림 3.9.11 벤딩 작업기의 전기시퀀스 제어 회로도

2. 전기 스테퍼(electric stepper) 회로 작성법

캐스케이드 방법과 전기 시퀀스 방식은 모두 실린더를 제어하는 밸브에 양 솔레노이드 밸브를 이용하게 된다. 양 솔레노이드 밸브를 이용하면 갑자기 전원이 차단되어도 제어 밸브는 기계적으로 그때의 제어 위치를 유지하게 되므로 실린더가 돌발적인 운동을 하지 않게 되는 장점은 있으나 배선이 복잡하게 되고 비싼 밸브를 사용하게 되므로 값비싼 해결책이 될 수 있다. 그러므로 전기 릴레이를 이용하여 시퀀스 제어를 할 경우에는 실린더의 제어에 편 솔레노이드 밸브를 이용하는 것을 원칙으로 하는 전기 스테퍼 제어방법이 가장 널리 이용되고 있다.

다음 그림과 같은 드릴 작업기를 이용하여 전기 스테퍼 제어회로도의 작성법을 알아보기로 한다. A 실린더와 B 실린더가 피가공물을 클램핑하면 C 실린더가 드릴작업을 행하게 된다. 드릴작업에는 정확한 작업속도가 요구되므로 폐회로 유압체크 실린더를 공압실린더에 부착하여 사용한다.

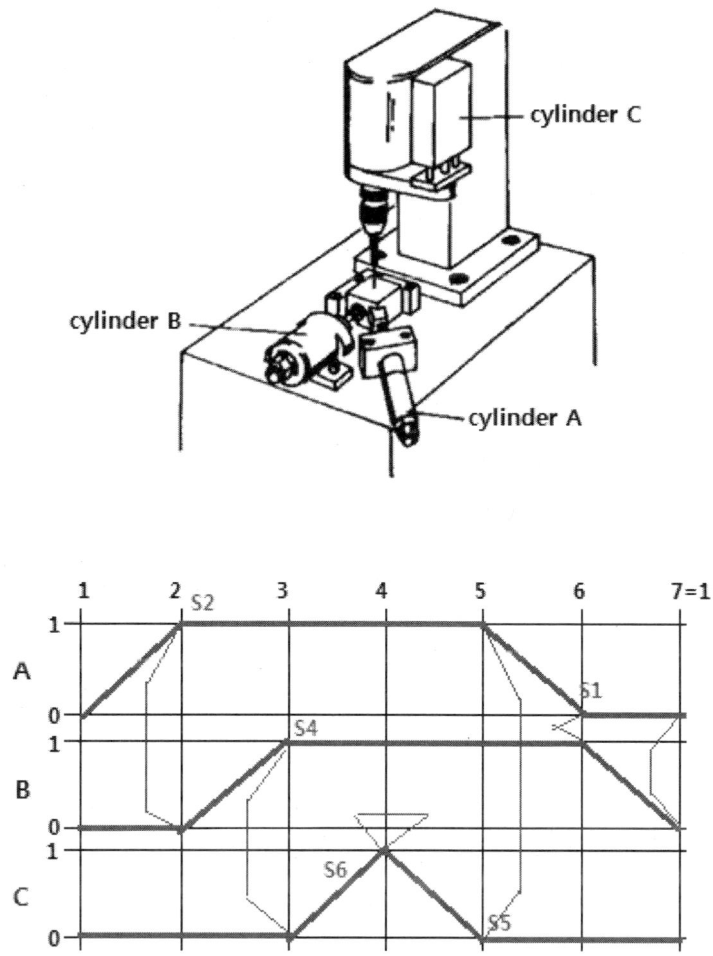

그림 3.9.12 드릴작업기의 구조도 및 운동 순서도

(1) 1단계 : A+ 작업 완성

전기 스테퍼 방식도 전기 시퀀스 방식과 마찬가지로 하나하나의 자동 시퀀스를 하나의 제어 그룹으로 간주하여 제어한다. 첫 번째 A+ 작업이 일어나기 위한 조건은 맨 마지막 작업인 B- 작업의 완료여부를 확인하는 리미트 스위치 S3과 시동 스위치 S7이 작동되어야만 한다. 그러나 전기 시퀀스 방식에서는 다음 단계의 릴레이가 ON되면 전단계의 릴레이가 OFF됐으나, 이 방식에서는 실린더의 제어에 메모리 기능이 없는 편 솔레노이드 밸브를 이용하기 때문에 필요할 때까지 계속 ON되어 있어야 하므로 다음 단계의 릴레이에 의하여 OFF되지 않고 맨 마지막 릴레이 K6에 의하여 OFF된다.

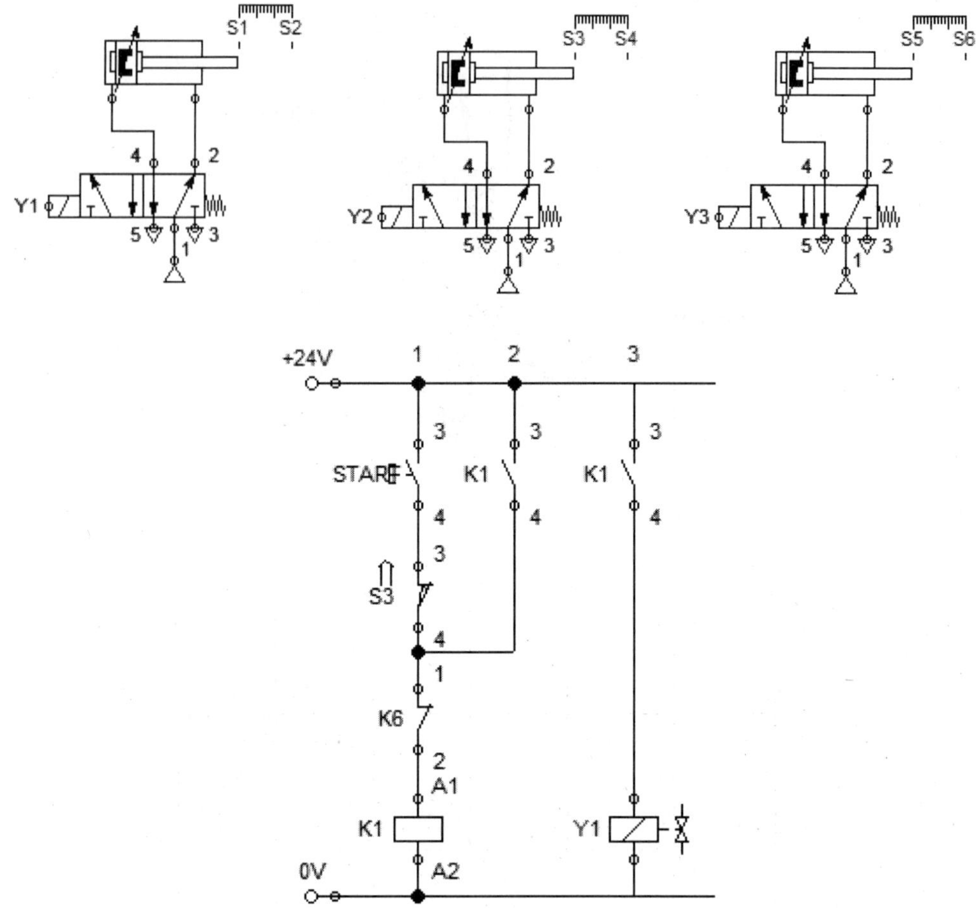

그림 3.9.13 첫 번째 A+ 작업의 제어 회로도

(2) 2단계 : B+ 작업 완성

두 번째의 B+ 작업이 일어나기 위해서는 첫 번째 A+ 작업의 완료여부를 확인하는 S2 리미트 스위치의 제어신호가 필요하게 된다. 그리고 두 번째 작업은 첫 번째 작업 다음이므로 작업의 순서를 지키기 위해 K1릴레이가 ON되어 있어야만 한다. 즉 K2 릴레이가 작동되기 위해서는 K1과 S2가 모두 ON되어 있어야만 하며 K2 릴레이 또한 자기유지 되어야만 한다.

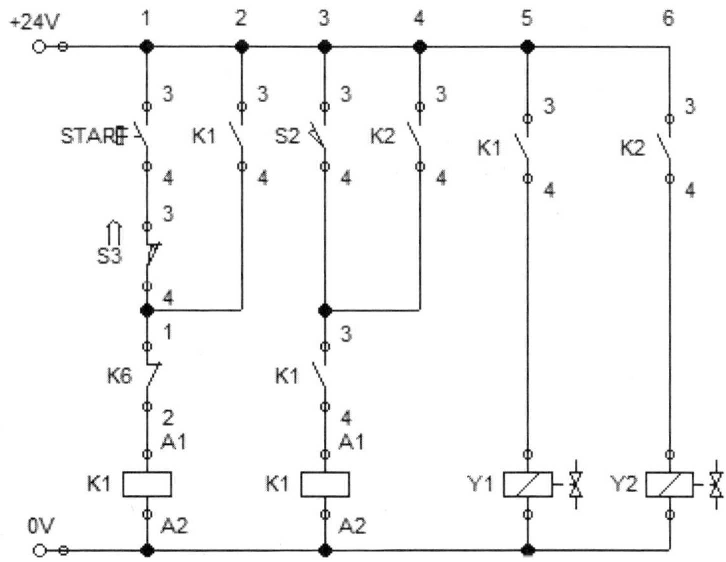

그림 3.9.14 B+ 운동을 위한 제어 회로도

(3) 3단계 : C+ 작업 완성

세 번째 작업인 C+ 작업이 일어나기 위해서는 2번째 작업의 완료여부를 확인하는 리미트 스위치 S4와 두 번째 작업을 담당하는 릴레이 K2가 모두 작동된 상태로 있어야만 한다. 이때 릴레이 K1, K2, K3은 모두 ON된 상태로 존재하게 된다.

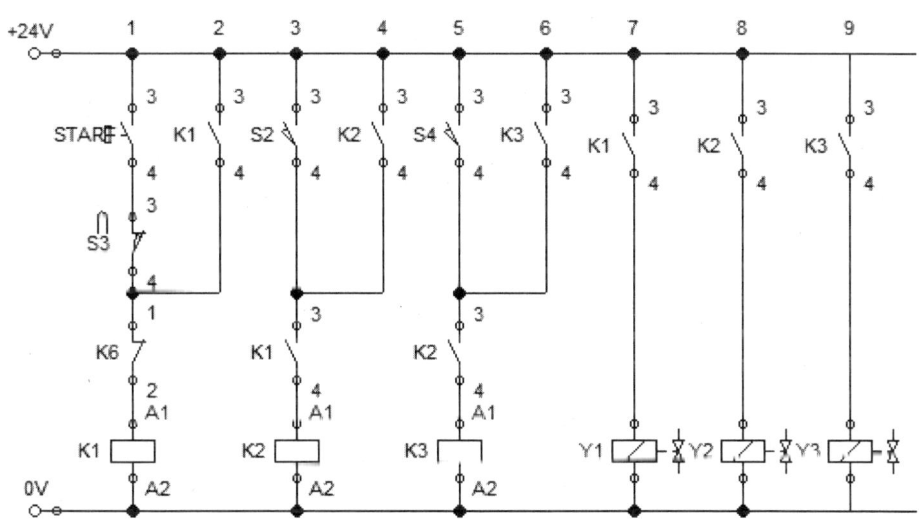

그림 3.9.15 C+ 운동을 위한 제어 회로도

(4) 4단계: C- 작업 완성

C- 작업을 관장하는 릴레이 K4가 ON되기 위해서는 3번째 작업 완료를 확인하는 리미트 스위치 S6과 K3 릴레이가 ON되어 있어야 한다. K4 릴레이가 작동되어도 K1, K2, K3 릴레이가 모두 작동된 상태로 존재하기 때문에 K4 릴레이를 이용하여 C- 작업을 하기 위해서는 솔레노이드 코일 Y3에 공급되는 전원을 차단해야만 한다.

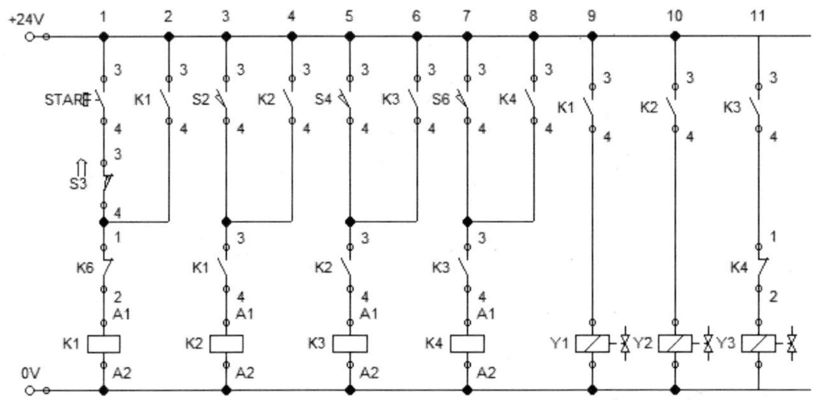

그림 3.9.16 C- 운동을 위한 제어 회로도

(5) 5단계 : A- 작업 완성

전 단계와 마찬가지로 A- 작업을 담당하는 K5 릴레이가 작동되기 위해서는 C- 작업의 체크백 신호(Checkback signal)인 S5리미트 스위치의 제어신호와 K4 릴레이가 ON되어 있어야만 한다. K5 릴레이가 작동된 상태에서는 K1에서 K5까지의 모든 릴레이가 작동된 상태로 존재하게 되기 때문에 A- 작업을 하기 위해서는 K5 릴레이의 b접점을 이용하여 Y1 솔레노이드 코일에 공급되는 전원을 차단시켜 주어야만 한다. Y1 솔레노이드 코일에 공급되는 전원이 차단되면 밸브가 내장된 스프링에 의하여 원위치되므로 A 실린더는 귀환 운동을 할 수 있게 된다.

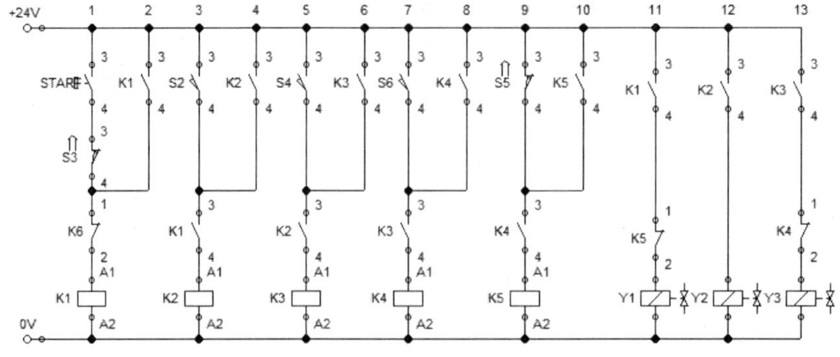

그림 3.9.17 A- 운동을 위한 제어 회로도

(6) 6단계 : B− 작업 완성 및 제어 회로도의 완성

마지막 작업인 B- 작업을 담당하는 릴레이 K6이 작동되기 위한 조건은 전단계 작업을 확인하는 리미트 스위치 S1과 전단계의 릴레이 K5가 모두 ON 되어 있어야 한다. B- 작업은 이 작동시퀀스에서 마지막 작업이기 때문에 이 작업이 끝나면 모든 제어 시스템은 리셋되어야만 한다.

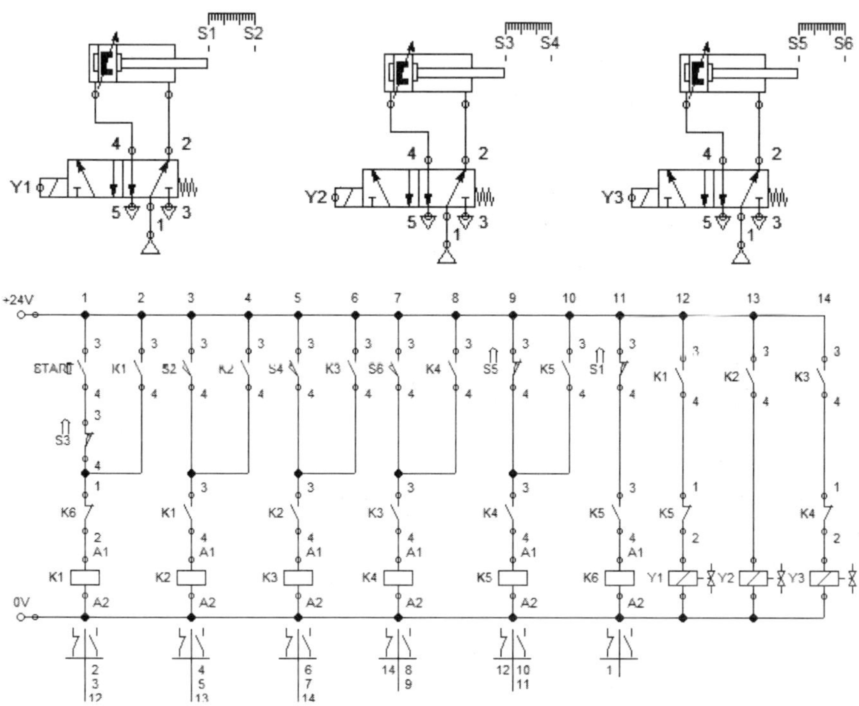

그림 3.9.18 완성된 제어 회로

즉, K6 릴레이에 의하여 모든 릴레이가 OFF되어야 한다. 모든 릴레이를 OFF시키는 가장 간단한 방법은 K1 릴레이를 OFF시키는 것이다. K1 릴레이가 OFF되면 K2 릴레이가, K2 릴레이는 K3을 순차적으로 OFF시키기 때문에 K6을 포함한 모든 릴레이가 OFF되기 때문에 모든 제어시스템이 리셋되게 되고 B 실린더도 후진 운동을 할 수 있게 된다. 마지막 작업을 관장하는 릴레이는 자기유지될 필요가 없다. 전기 스테퍼 방식은 실린더의 제어에 편 솔레노이드 밸브를 이용하고 배선이 간단하기 때문에 가장 경제적인 방법이 되나 전원이 갑자기 차단되면 모든 실린더가 즉시 원래의 위치로 돌아가기 때문에 작업환경에 따라서는 큰 사고를 야기할 수도 있기 때문에 주의하여야 한다.

(7) 모두 양 솔레노이드가 사용된 경우 또는 양 솔레노이드와 편 솔레노이드가 함께 사용된 경우의 스테퍼 제어 회로의 작성법

모두 양 솔레노이드가 사용된 경우나 양 솔레노이드와 편 솔레노이드가 함께 사용된 경우에도 시퀀스 제어 회로 방법은 유사하다. 즉, 계속 릴레이를 살려가면서 해당되는 작업을 시켜주는데 다음의 경우를 주의한다.

① 마지막 작업이 편 솔레노이드 밸브를 소자시켜주는 경우

이 경우에는 맨 마지막 릴레이가 살았을 때 첫 번째 릴레이를 b접점으로 끊어줌으로써 모든 릴레이가 소자되며 이때에는 마지막 작업이 편 솔레노이드가 소자됨으로 저절로 이루어지게 된다.

그리고 릴레이 접점을 이용하여 양 솔레노이드 밸브의 코일에 신호를 줄 경우에는 신호를 가하는 코일의 반대쪽 코일이 죽어있는지, 살아있는지를 확인하여야 한다. 신호를 가하는 코일의 반대쪽 코일이 죽어있는 경우에는 그냥 릴레이 접점을 통하여 신호를 가하여 주면 되지만 신호를 가하는 코일의 반대쪽 코일이 살아있는 경우에는 릴레이 접점을 통하여 반대쪽 코일을 죽이고 내가 살리고자 하는 코일에 접점을 통하여 신호를 가해주어야 한다.

② 마지막 작업이 양 솔레노이드 밸브를 사용하는 경우

마지막 작업이 양 솔레노이드 밸브를 살려서 이루어지는 경우에서는 맨 마지막 릴레이를 릴레이 코일 전에서 자기유지를 시켜주고 첫 번째 릴레이를 b접점으로 끊어줌으로써 마지막 릴레이를 제외한 모든 릴레이를 소자시킨다. 즉, 마지막 릴레이가 자기유지되어 살아있는 것을 제외하고는 모든 릴레이들이 소자된다. 마지막 릴레이만 살아있으므로 이 릴레이의 접점을 이용하여 마지막 작업을 수행해 주는 솔레노이드 코일에 신호를 주어 작업을 완료한다. 그런데 마지막 작업이 수행된 후에 마지막 릴레이가 계속 자기유지가 되어있으므로 첫 단계부터 다시 작업이 이루어질 수 없게 된다. 따라서 마지막 작업이 끝났을 때 이를 확인하는 리미트 스위치나 센서를 이용하여 마지막 릴레이에 설정되어 있는 자기유지를 해제시켜 주어야 한다. 그러나 마지막 작업을 수행하는 리미트 스위치나 센서는 다른 제어에도 사용되므로 릴레이를 이용하여 신호를 여러 곳에서 사용할 수 있도록 만들어 주면 된다.

여기에서도 마찬가지로 릴레이 접점을 이용하여 양 솔레노이드 밸브의 코일에 신호를 줄 경우에는 신호를 가하는 코일의 반대쪽 코일이 죽어있는지, 살아있는지를 확인하여야 한다. 신호를 가하는 코일의 반대쪽 코일이 죽어있는 경우에는 그냥 릴레이접점을 통하여 신호를 가해주면 되지만 신호를 가하는 코일의 반대쪽 코일이 살아있는 경우에는 릴레이 접점을 통하여 반대쪽 코일을 죽이고 내가 살리고자 하는 코일에 접점을 통하여 신호를 가해주어야 한다.

다음의 예를 들어 제어 회로를 설명하기로 한다.

작업내용 : 플라스틱 부품을 홀더에 놓고 시동 버튼을 누르면 A 실린더가 이 부품을 엠보싱 위치로 이송시키게 된다. B 실린더에 의해서 엠보싱 작업이 끝나면 B 실린더가 돌아오고 그러면 A 실린더도 돌아오게 된다. 실린더 A는 양 솔레노이드 밸브에 의하여 제어되고 실린더 B는 편 솔레노이드 밸브에 의하여 제어된다.

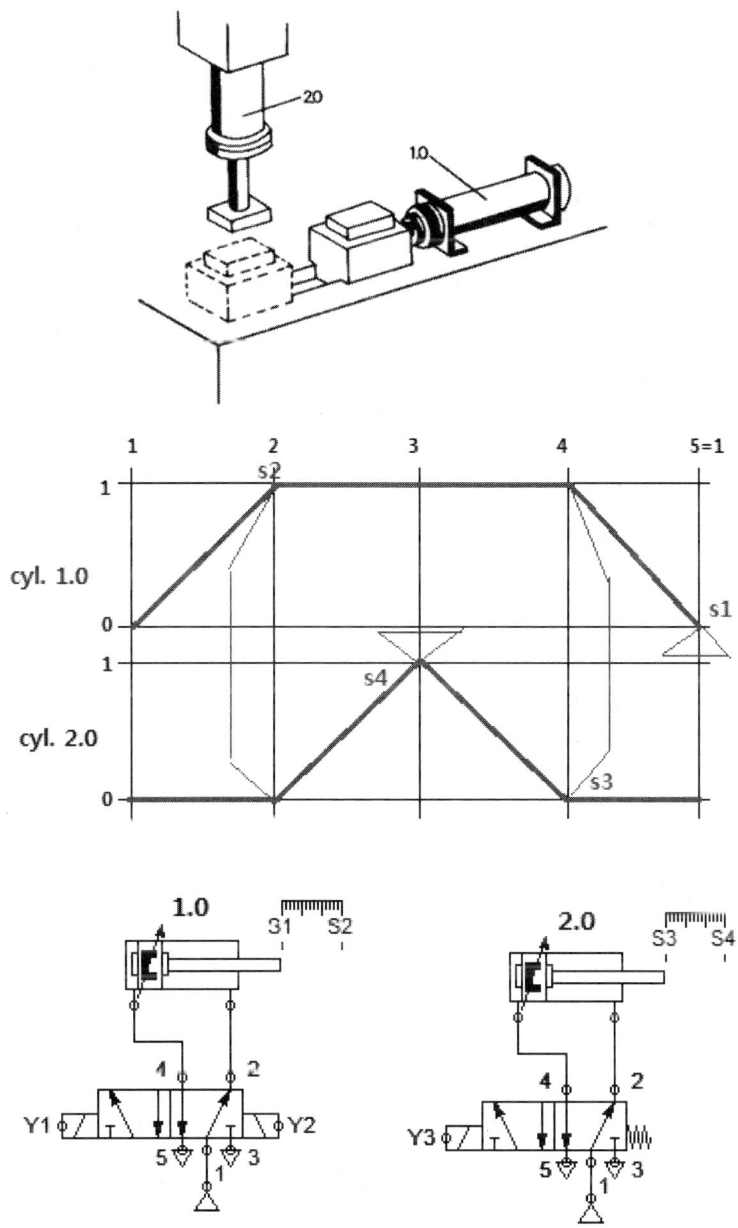

그림 3.9.19 운동 순서도와 공압실린더의 준비

다음의 제어회로에서 보듯이 리미트 스위치 S_1이 두 군데서 사용되었으므로 릴레이를 사용하여 리미트 스위치 S_1의 신호가 필요한 곳에 릴레이 신호로 대체하였다. 또한 마지막 작업이 양 솔레노이드를 작동시켜서 이루어지는 작업이므로(A- 작업) 맨 마지막 릴레이 (K_4)를 자기유지 시켜서 마지막 작업을 수행하고 마지막 작업을 확인하는 리미트 스위치 S_1(여기에서는 K5 신호) 신호를 이용하여 자기유지회로를 해제하였다. 결론적으로 한 사이클이 끝난 상태에서 제어회로는 초기상태를 유지하여야 한다.

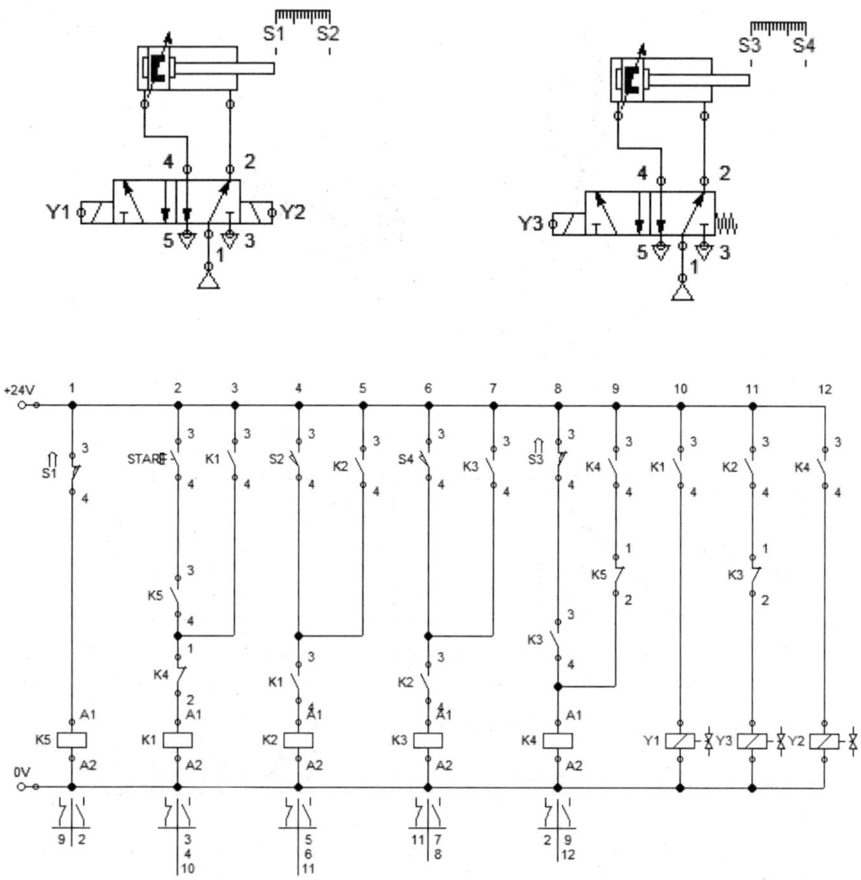

그림 3.9.20 완성된 제어 회로도

실습과제명	3-9 (1) 벤딩 장치회로	소요시간 : 4 H

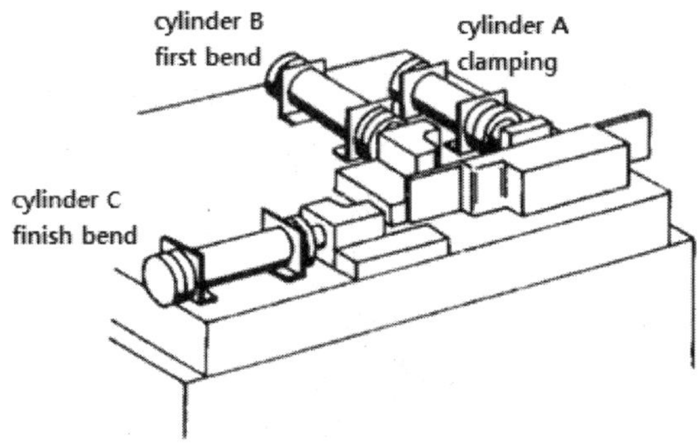

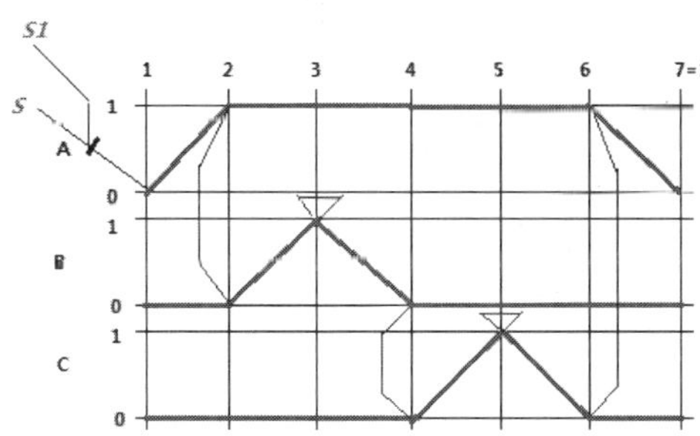

☞ 요구사항

주어진 변위 단계 선도를 참고하여 전기시퀀스회로 구성 방법에 의한 공압 회로와 전기 시퀀스회로를 구성하시오.

평가자 :	1회 평가 :
	2회 평가 :
	3회 평가 :

평가항목	우수	양호	부진
1. 부품 선정			
2. 부품 배치			
3. 배관			
4. 회로 동작			
5. 질문지			
6. 안전사항			

실습과제명	3–9 (2) 드릴링 머신 회로	소요시간 : 4 H

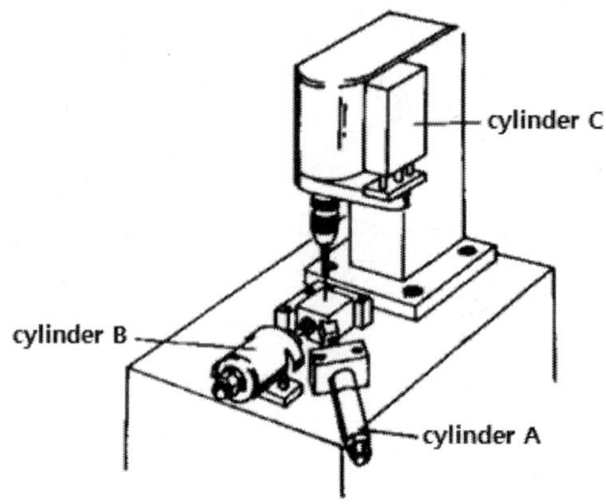

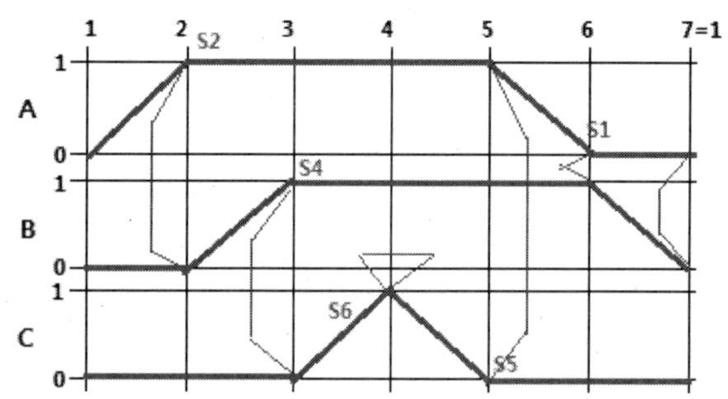

☞ 요구사항

주어진 변위 단계 선도를 참고하여 전기스테퍼 회로 구성 방법에 의한 공압 회로와 전기 시퀀스 회로를 구성하시오.

평가자 :	1회 평가 :
	2회 평가 :
	3회 평가 :

평가항목	우수	양호	부진
1. 부품 선정			
2. 부품 배치			
3. 배관			
4. 회로 동작			
5. 질문지			
6. 안전사항			

3-9 질문지 평가

1. 시작 스위치를 누르면 소재 공급 매거진에서 실린더 A가 전진하여 소재를 공급한다. 그리고 실린더 B의 전 후진 동작에 의하여 소재를 카트에 넣는다. 실린더 B의 후진이 완료되면 실린더 A가 후진하여 초기 상태로 된다.

문제 해결 :

실린더 B의 전진 속도는 미터인 회로로 속도를 제어할 수 있게 적합한 밸브를 선택하여 설치하고, 실린더 B가 전진 완료 후 2초 후에 복귀할 수 있도록 전기 시퀀스회로를 변경하여 완성한다.

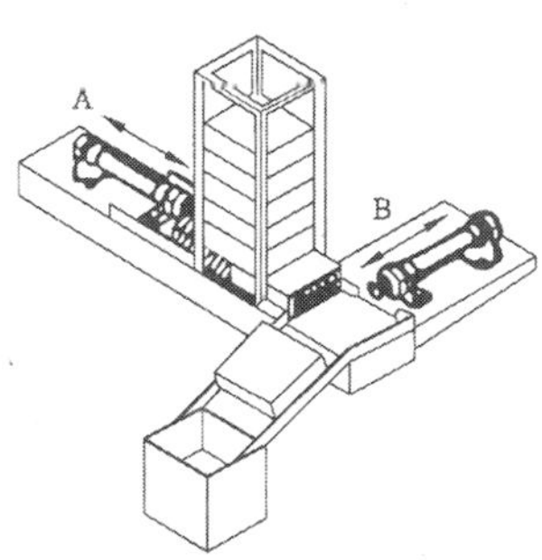

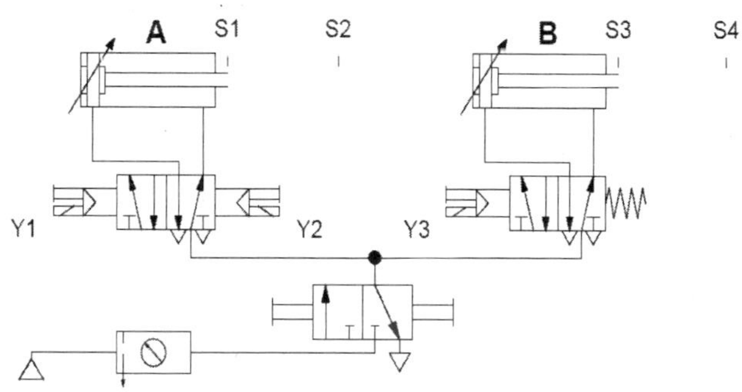

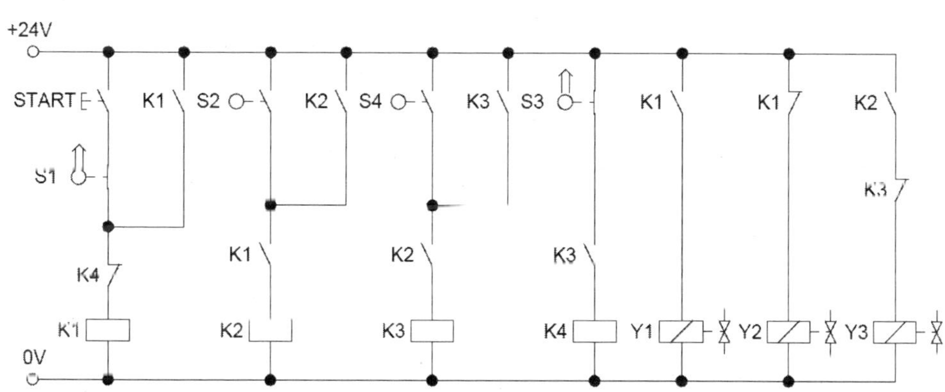

3-10. 시퀀스 제어의 부가조건

실습과제명	3-10. 시퀀스 제어의 부가조건		소요 시간 4 H
목 표	① 시퀀스 제어회로의 부가 조건을 설명할 수 있다. ② 싱글/더블 솔레노이드 밸브 사용회로에서 1회 사이클 / 자동 연속 사이클 회로를 구성하고 동작시킬 수 있다.		
기계 및 공구	재료명	규 격	안전 및 유의사항
· 공기 압축기 · 공압실습장치 · 수공구 세트	· 복동실린더 · 5/2-way 방향 제어 밸브 (single/double solenoid type) · 푸시버튼 스위치세트 (3/2-way valve) · 릴레이세트 · 공압튜브 · 전기케이블 세트	ϕ 25×125 m5, 1/8" 2a-2b 4C형×3 ϕ 4, ϕ 6	· 공급되는 압축공기의 압력을 600 [kPa]로 조절한다. · 배관할 때 압축공기의 공급을 차단한다. · 튜브를 정확히 연결하여 공기의 누설을 방지한다. · 실린더의 작동 공간에 장애물이 없어야 한다. · 튜브의 연결과 제거 방법을 알아야 한다. · 전기 배선시 전원공급이 차단되어야 한다. · 합선되었을 때 전원을 즉시 차단하고 전기 배선을 점검한다. · 일상점검을 통하여 장비와 공구를 유지 관리한다. · 산업안전법규를 준수한다.

관련 지식

1. 시퀀스 제어에서 부가조건

시퀀스 제어회로를 구성할 때는 기본적인 신호입력 요소, 즉 시작 스위치, 리미트 스위치 등이 필요하다. 그러나 실제 제어회로를 구성할 경우 회로를 작업자가 구동할 때 작업자의 안전이나 용이한 작업 방법 등의 상황을 구현하기 위한 부가조건이 필요하게 된다. 다만 이런 조건은 매우 흡사한 몇 가지 조건들로 이루어져 실제 회로를 구성할 때 첨가해서 회로를 설계하거나 구성해야 비로소 시운전이 가능한 시퀀스 제어회로가 될 것이다.

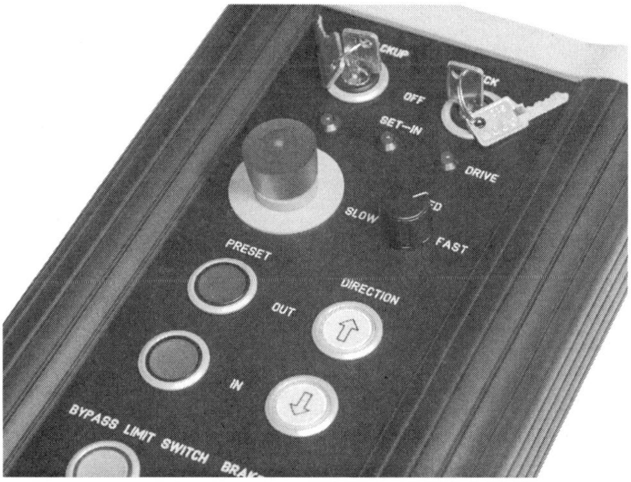

그림 3.10.1 부가조건이 있는 스위치 패널_개풍전자_E-Stop compact with UL Series 61

2. 부가조건의 정의

가. ON-OFF 메인(Main) 스위치

대부분의 자동화 장치나 기계는 보수 유지 혹은 정기점검, 청소 등을 위한 장시간 동력 차단이 필요한 경우가 있다. 이런 경우에 사용되는 스위치가 메인 스위치인데, 다음의 조건을 만족해야 한다.

(1) 수동 작동이 가능하고 ON, OFF 스위치가 있어야 한다.
(2) 차단된 위치나 그 상태가 표시될 수 있어야 한다.
(3) 조작은 외부에서 가능해야 하며 OFF 위치에는 잠금 장치가 있어야 한다.

나. 시퀀스 제어의 시동과 정지

시동스위치 동작으로 시퀀스 제어계가 시작되며 시동은 전원이 투입된 상태에서 이루어져야 한다.

다. 수동(Manual) / 자동(Auto) 제어

선택스위치를 사용하여 수동 또는 자동을 선택하며 자동화 장치라도 점검, 테스트 등의 이유로 반드시 수동 조작할 수 있게 설계와 구성이 필요하다.

라. 연속작업(Continue cycle)

시퀀스 제어계의 시작 조건이 만족되면 정지 스위치가 동작할 때까지 연속적인 작업이 이루어진다.

마. 정지 스위치

연속 작업(Continue cycle)을 중지시킨다.

바. 리셋 스위치

모든 시퀀스 제어계가 다시 시작이 가능하도록 초기 위치로 되돌리는 신호이다.

사. 비상 정지(Emergency stop)

작업 도중에 비상사태(안전사고 위험, 화재 등) 발생 시 모든 시퀀스 제어계가 즉각 정지될 수 있어야 하며 전기 장치는 동력원으로부터 차단되어야 한다.

아. 비상정지 기구

비상정지 기구는 비상시에 작업자와 기계 장치의 안전을 위하여 모든 것을 정지시켜야 한다. 전기 또는 기계적으로 작동될 수 있는 비상정지 스위치는 기계 장치의 전기적 장치 부분의 공급선로에 설치되어야 한다.

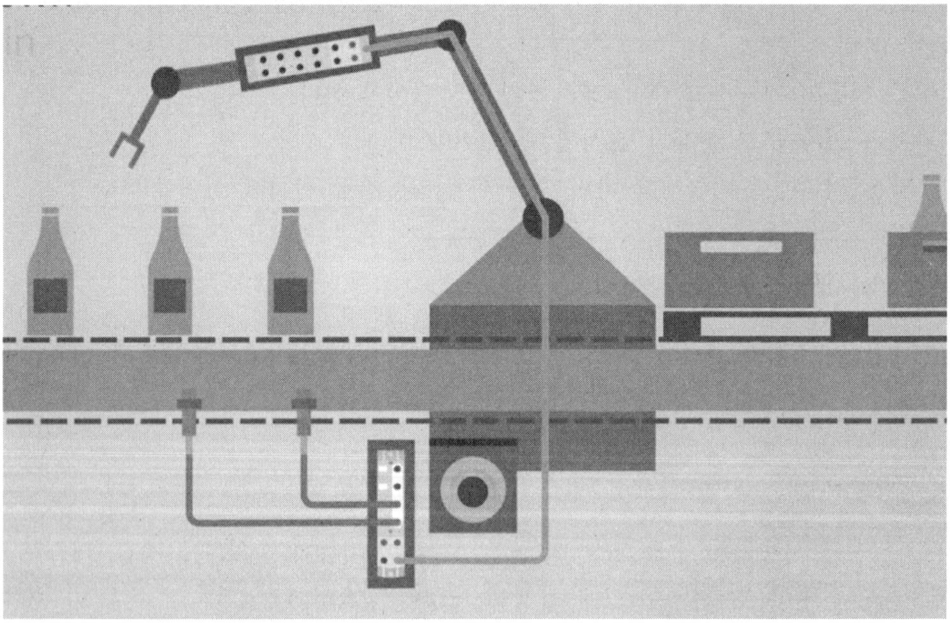

그림 3.10.2 비상정지 스위치가 설치된 자동화 라인_SIMENS_SIMATIC ET 200

실습과제명	3–10 (1) 정지(STOP) 스위치가 있는 단 / 연속 사이클 회로	소요시간 : 4 H

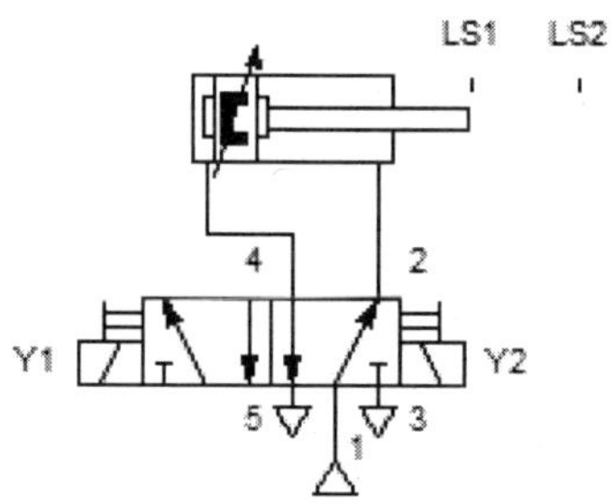

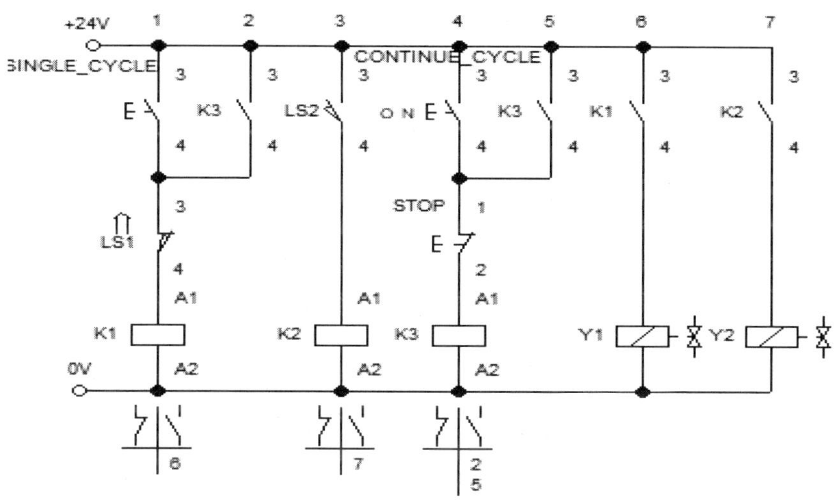

평가자 :	1회 평가 :
	2회 평가 :
	3회 평가 :

평가항목	우수	양호	부진
1 부품 선정			
2. 부품 배치			
3. 배관			
4. 회로 동작			
5. 질문지			
6. 안전사항			

실습과제명	3-10 (2) 정지(STOP) 스위치가 있는 단 / 연속 사이클 회로	소요시간 : 4 H

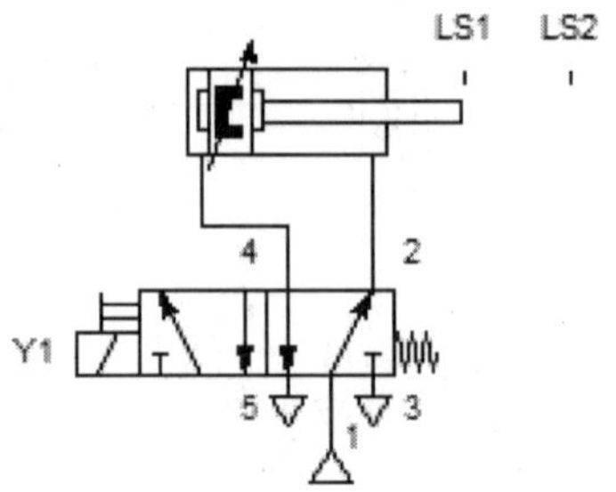

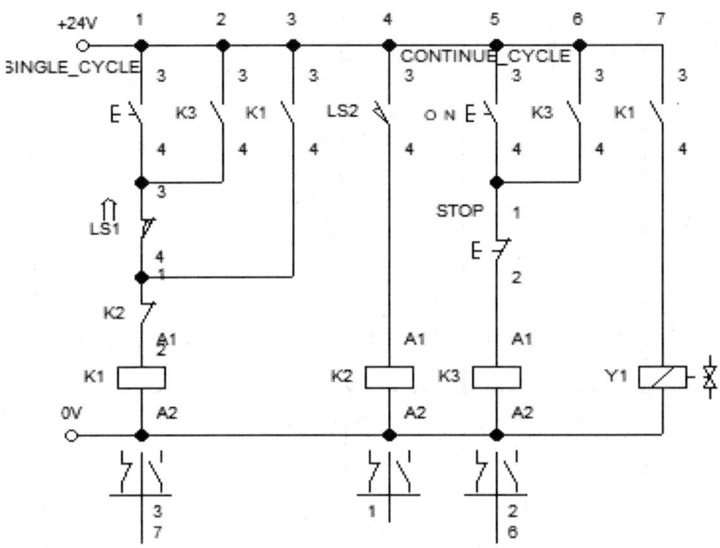

평가자 :	1회 평가 :
	2회 평가 :
	3회 평가 :

평가항목	우수	양호	부진
1. 부품 선정			
2. 부품 배치			
3. 배관			
4. 회로 동작			
5. 질문지			
6. 안전사항			

실습과제명	3-10 (3) 시작(START) 스위치가 있는 회로	소요시간 : 4 H

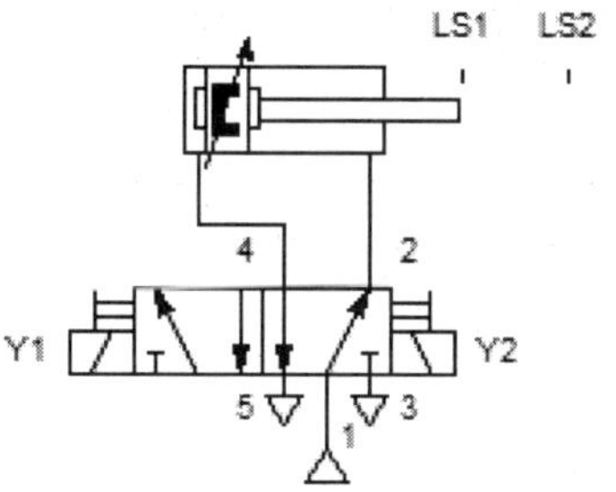

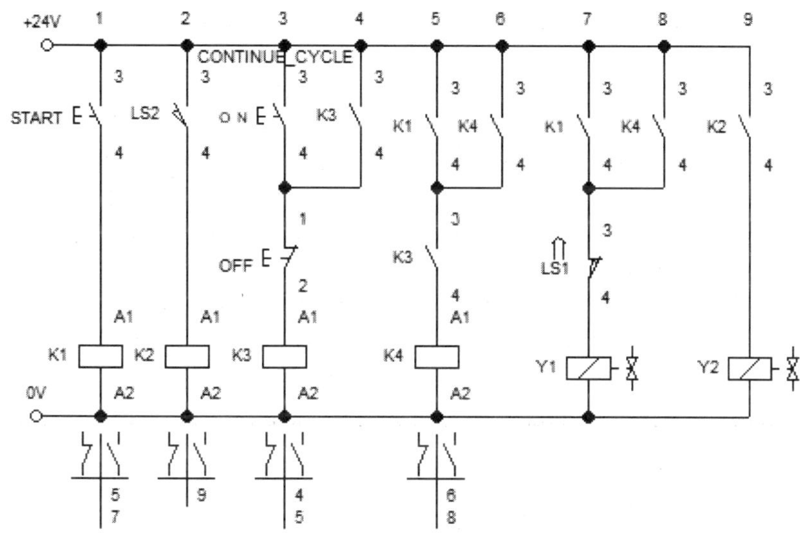

평가자 :	1회 평가 :
	2회 평가 :
	3회 평가 :

평가항목	우수	양호	부진
1. 부품 선정			
2. 부품 배치			
3. 배관			
4. 회로 동작			
5. 질문지			
6. 안전사항			

3-11. 비상정지 기구

<table>
<tr><th rowspan="2">실습과제명</th><th rowspan="2" colspan="3">3-11. 비상정지회로 연습</th><th>소요 시간</th></tr>
<tr><th>4 H</th></tr>
<tr><td>목 표</td><td colspan="4">① 시퀀스제어 회로의 비상정지 조건을 설명할 수 있다.
② 시퀀스제어 회로에서 비상정지 부가회로를 구성하고 동작시킬 수 있다.</td></tr>
<tr><th>기계 및 공구</th><th>재료명</th><th>규 격</th><th colspan="2">안전 및 유의사항</th></tr>
<tr><td>· 공기 압축기
· 공압실습장치
· 수공구 세트</td><td>· 복동실린더
· 5/2-way 방향 제어 밸브 (single/double solenoid type)
· 푸시버튼 스위치세트 (3/2-way valve)
· 릴레이세트
· 공압튜브
· 전기케이블 세트</td><td>ϕ 25×125
m5, 1/8"

2a-2b

4C형×3
ϕ 4, ϕ 6</td><td colspan="2">· 공급되는 압축공기의 압력을 600 [kPa]로 조절한다.
· 배관할 때 압축공기의 공급을 차단한다.
· 튜브를 정확히 연결하여 공기의 누설을 방지한다.
· 실린더의 작동 공간에 장애물이 없어야 한다.
· 튜브의 연결과 제거 방법을 알아야 한다.
· 전기 배선시 전원공급이 차단되어야 한다.
· 합선되었을 때 전원을 즉시 차단하고 전기 배선을 점검한다.
· 일상점검을 통하여 장비와 공구를 유지 관리한다.
· 산업안전법규를 준수한다.</td></tr>
</table>

관련 지식

1. 비상정지 기구

시퀀스 제어계를 사용한 기계장치에서 비상사태(안전사고 위험, 화재 등) 발생 시 모든 기계 장치가 비상사태에서 즉시 차단되어야 하며, 주 동력발생장치로부터 모든 장치가 차단되어야 한다.

그러나 전기부분과 공기압 부분이 조합된 장치에서는 두 부분이 모두 즉시 정지해야 하므로 전기 공기압 제어계의 설계 시 비상정지의 조건을 명확히 분석하여 어떤 형태로 사용할지, 그 순서를 어떤 형태로 설계할 것인지가 고려되어야 한다.

어떠한 경우에도 작업자가 비상사태(안전사고 위험, 화재 등)에서도 안전하게 유지될 수 있도록 기계장치가 즉각 정지해야만 한다.

실습과제명	3-11 (1) 실린더 초기 위치 복귀 비상정지 스위치 C접점 사용	소요시간 : 1 H

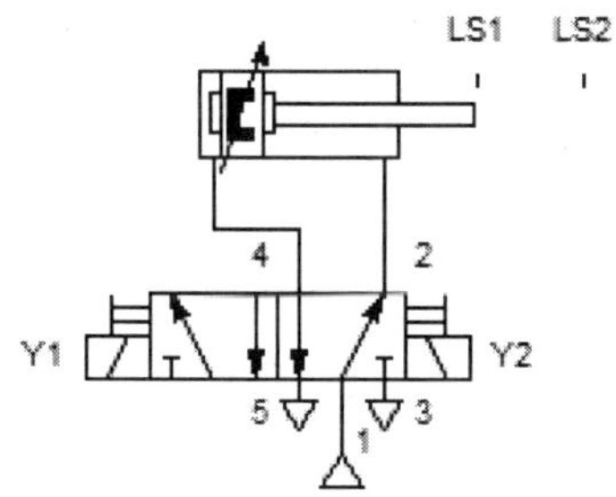

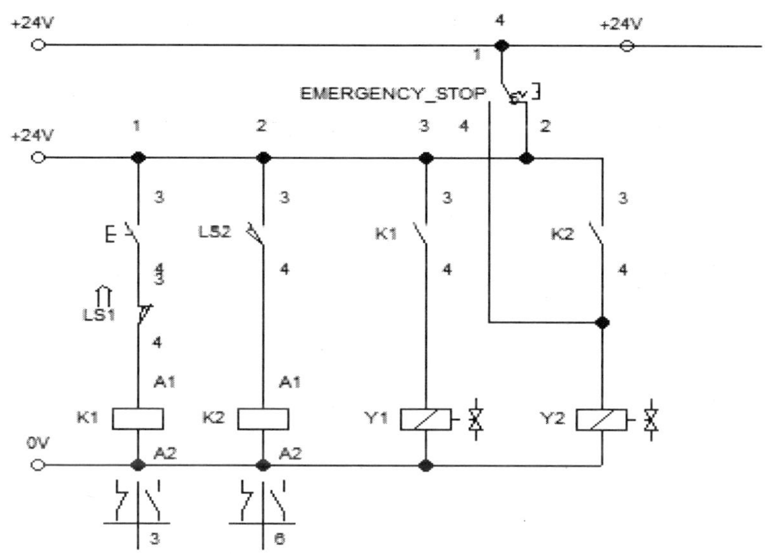

평가자 :	1회 평가 :
	2회 평가 :
	3회 평가 :

평가항목	우수	양호	부진
1. 부품 선정			
2. 부품 배치			
3. 배관			
4. 회로 동작			
5. 질문지			
6. 안전사항			

실습과제명	3-11 (2) 실린더 초기 위치 복귀 비상정지 스위치 C접점 사용	소요시간 : 1 H

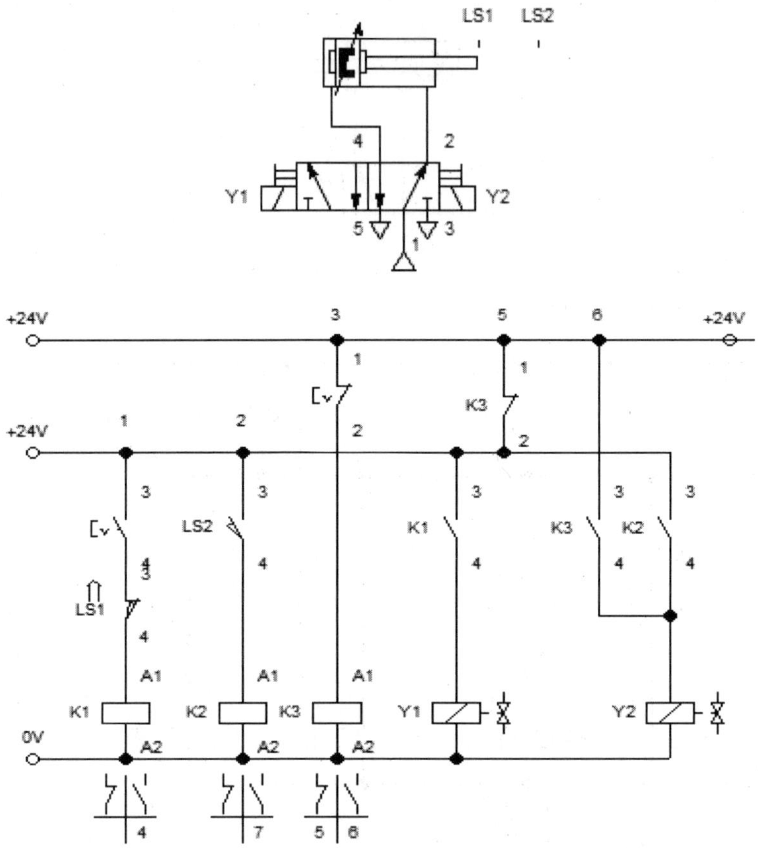

평가자 :	1회 평가 :
	2회 평가 :
	3회 평가 :

평가항목	우수	양호	부진
1. 부품 선정			
2. 부품 배치			
3. 배관			
4. 회로 동작			
5. 질문지			
6. 안전사항			

실습과제명	3-11 (3) 작동 중인 실린더 항상 초기위치 복귀 회로	소요시간 : 1 H

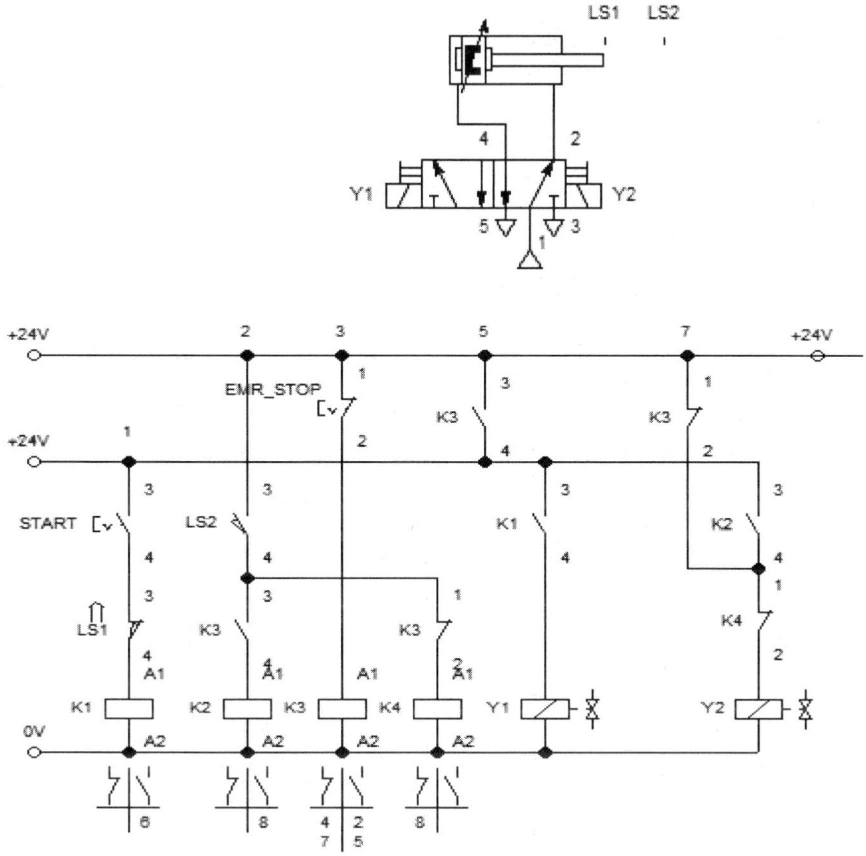

<table>
<tr><td rowspan="3">평가자 :</td><td>1회 평가 :</td></tr>
<tr><td>2회 평가 :</td></tr>
<tr><td>3회 평가 :</td></tr>
</table>

평가항목	우수	양호	부진
1. 부품 선정			
2. 부품 배치			
3. 배관			
4. 회로 동작			
5. 질문지			
6. 안전사항			

실습과제명	3-11 (4) 공기압 실린더의 압력차단 유지회로	소요시간 : 1 H

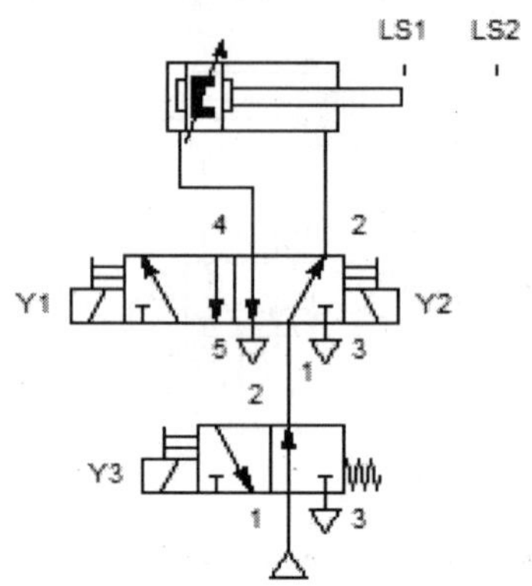

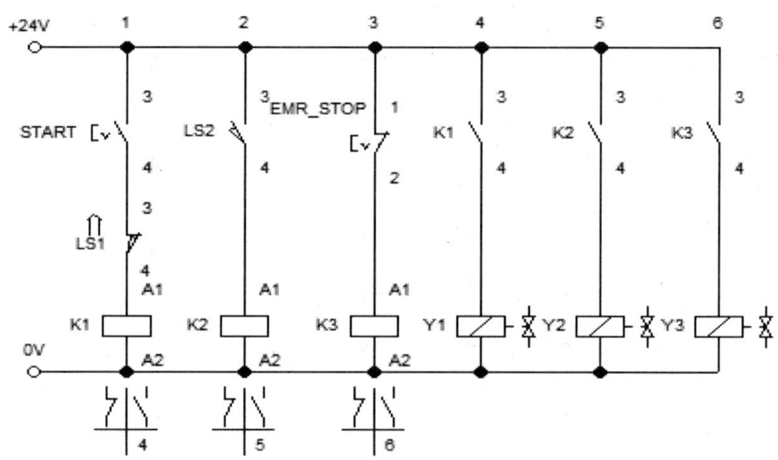

평가자 :	1회 평가 :
	2회 평가 :
	3회 평가 :

평가항목	우수	양호	부진
1. 부품 선정			
2. 부품 배치			
3. 배관			
4. 회로 동작			
5. 질문지			
6. 안전사항			

실습과제명	3-11 (5) Auto / Manual 작동 회로 1	소요시간 : 1 H

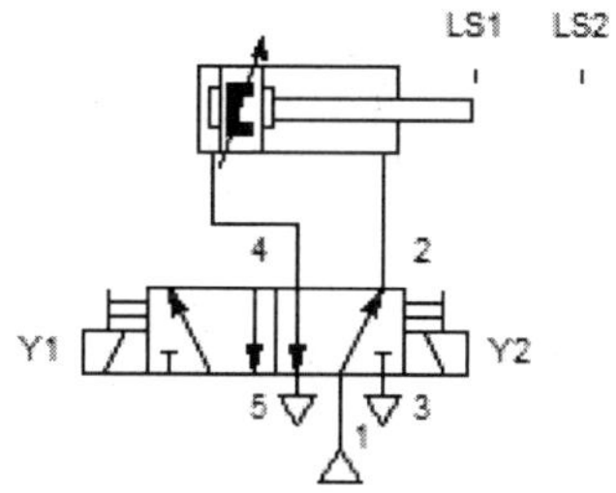

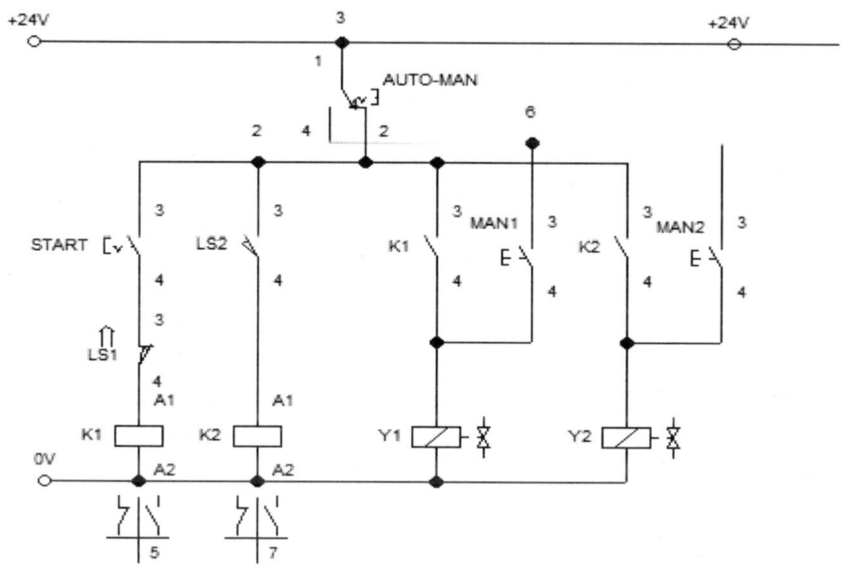

평가자 :	1회 평가 :
	2회 평가 :
	3회 평가 :

평가항목	우수	양호	부진
1. 부품 선정			
2. 부품 배치			
3. 배관			
4. 회로 동작			
5. 질문지			
6. 안전사항			

실습과제명	3-11 (6) Auto / Manual 작동 회로 2	소요시간 : 1 H

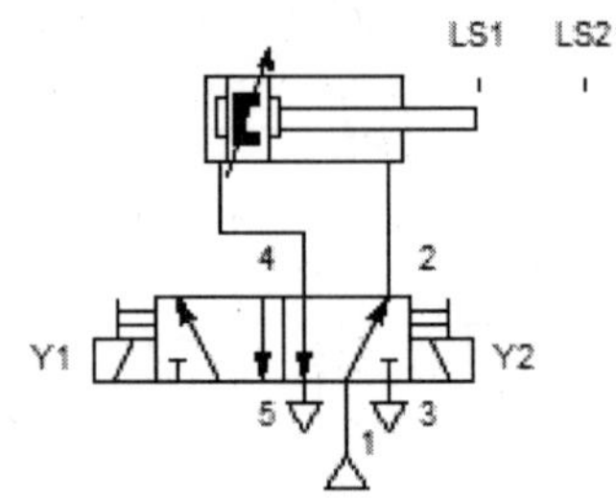

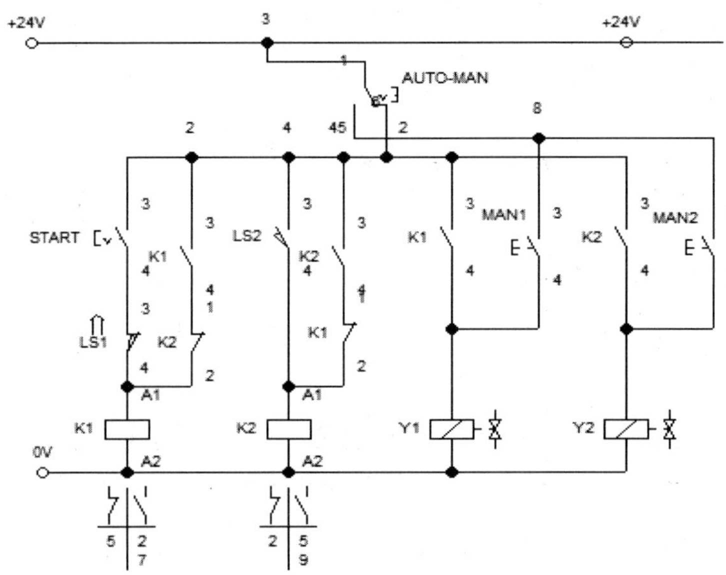

평가자 :	1회 평가 :
	2회 평가 :
	3회 평가 :

평가항목	우수	양호	부진
1. 부품 선정			
2. 부품 배치			
3. 배관			
4. 회로 동작			
5. 질문지			
6. 안전사항			

3-12. 유압프레스 벤딩장치 제어

실습과제명	3-12. 유압프레스 벤딩장치 제어		소요 시간 4 H
목 표	① 복동실린더 제어를 위한 유압회로를 구성할 수 있다. ② Single solenoid 작동 밸브의 작동원리를 설명할 수 있다. ③ 자기유지회로를 구성할 수 있다.		
기계 및 공구	**재료명**	**규 격**	**안전 및 유의사항**
· 유압 펌프 유닛 · 유압실습장치 · 수공구 세트	· 복동실린더 · 릴리프 밸브 · 방향 제어 밸브 (4/2way solenoid valve) · 일방향 유량 제어 밸브 · 압력계 · 스위치세트 · 릴레이세트 · 체크밸브 내장호스세트	ϕ 25×200 M6, 3/8" M6, 3/8" M6, 3/8" 0~10 MPa 2a-2b 4c형×3 21 MPa	· 실습장치의 전원을 점검한다. · 탱크 오일의 양 및 상태를 육안으로 점검한다. · 전원을 투입한 후 5분 정도 무부하 운전한다. · 실린더의 작동 공간에 장애물이 없어야 한다. · 호스의 연결과 제거 방법을 알아야 한다. · 일상점검을 통하여 장비와 공구를 유지 관리한다. · 산업안전법규를 준수한다.

장치 설명

1. 유압 복동실린더를 사용하여 유압 벤딩장치를 구동시키려고 한다.
2. 시작 스위치를 누르면 복동실린더가 전진하여 제품을 벤딩한다.
3. 복동실린더의 전진운동은 복귀 스위치가 작동할 때까지 정지 상태를 유지하고 있다.
4. 정지 우선회로에 의한 자기유지회로를 구성한다.
5. 후진 신호에 의해 파일럿램프와 버저를 구동한다.

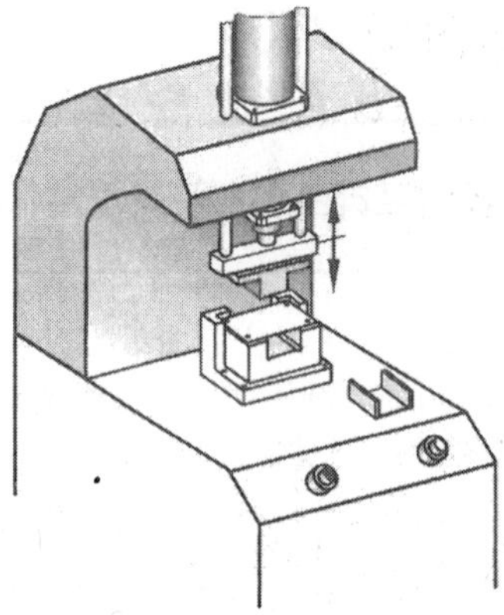

그림 3.12.1 유압프레스 벤딩 작업

관련 지식

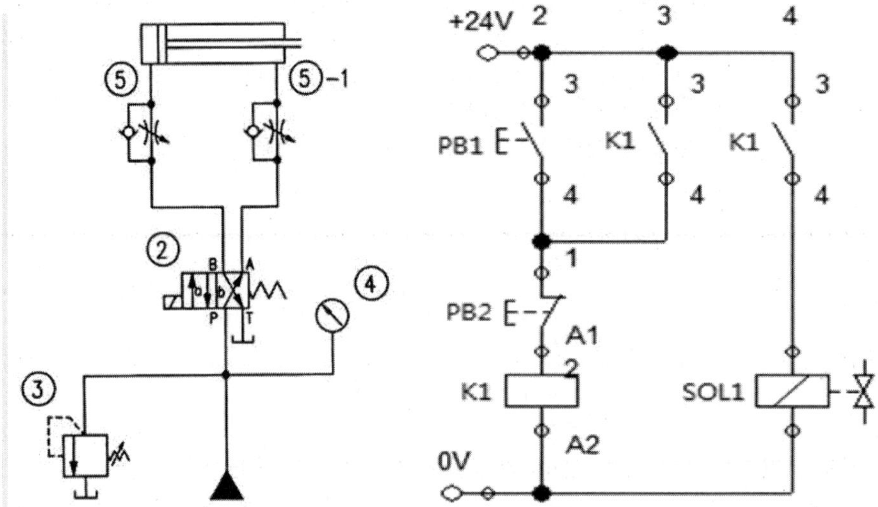

그림 3.12.2 자기유지회로

복동실린더를 제어하는 솔레노이드 밸브가 4포트의 한쪽(Single) 작동 솔레노이드 밸브이기 때문에 자기유지회로를 구성하여야 한다. PB1 스위치를 눌렀다 떼도 실린더가 계속 전진하도록 되어 있다. 그리고 실린더를 후진시키기 위해서는 솔레노이드에 통전하고 있는 K1접점을 OFF시켜야 되므로 자기유지 해지용의 PB2 스위치를 누르면 된다.

실습 순서

1. 실습 준비

(1) 주어진 과제와 실습 목표를 이해한다.
(2) 실습에 필요한 유압 부품을 준비한다.
(3) 시험 운전하기 전까지 실습 장치의 전원은 차단한다.

2. 유압 부품 선정 및 배치

(1) 제시된 회로도를 사용하여 부품을 선정하게 한다.
(2) 각각의 부품에 표시된 기호와 일치 여부를 확인한다.
(3) 부품의 배치는 서로 방해되지 않도록 충분히 간격을 두고 배치한다.

3. 유압 배관

(1) 유압이 원활하게 전달되도록 적당한 길이의 호스를 사용한다.
(2) 회로도를 참고하여 각 기호의 연결구 번호와 유압 부품에 표시되어 있는 연결구 번호를 확인하여 정확한 연결구에 연결한다.

4. 전기회로 구성

(1) 선정된 전기 스위치, 릴레이 등과 솔레노이드 밸브를 전기회로와 같이 배선한다.
(2) 회로도의 접점과 양극, 음극을 확인하여 정확히 연결한다.

5. 동작 확인 시험 운전

(1) 제시된 회로를 사용하여 유압 회로를 구성한다.
(2) 릴리프 밸브의 상태를 확인하고 유압 펌프를 가동한다.
(3) 릴리프 밸브의 조절 핸들을 시계방향으로 회전시켜 설정 압력을 50 MPa로 설정한다.
(4) 전기회로에 전원을 투입하고 START 버튼을 누른 후 동작을 확인한다.
(5) STOP 버튼을 누른 후 동작을 확인한다.
(6) 릴리프 밸브를 완전히 개방한 후 유압 펌프를 정지시킨다.

6. 정리 정돈

(1) 실습 장치에 전기를 차단하여 유압 펌프를 정지시킨다.
(2) 유압 호스, 실린더 등의 부품을 제거하여 정리한다.

실습과제명	3-12. 유압프레스 벤딩장치 제어	소요시간 : 4 H

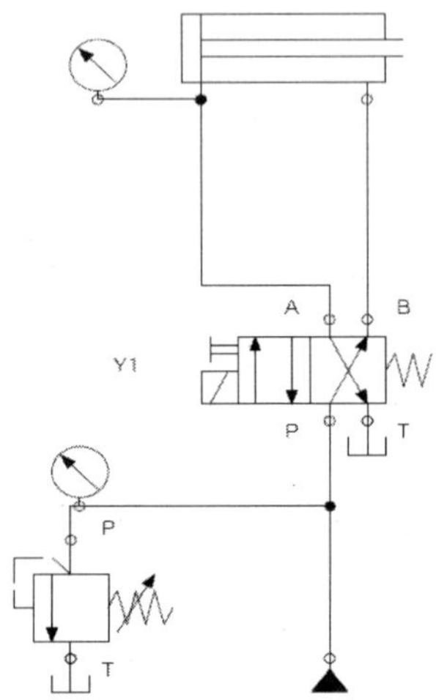

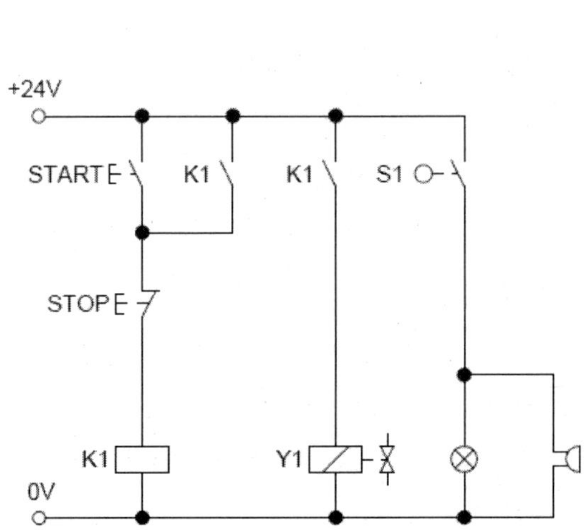

평가자 :	1회 평가 :
	2회 평가 :
	3회 평가 :

평가항목	우수	양호	부진
1. 부품 선정			
2. 부품 배치			
3. 배관			
4. 회로 동작			
5. 질문지			
6. 안전사항			

3-12 질문지 평가

1. 다음 기호의 명칭을 쓰시오.

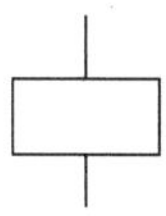

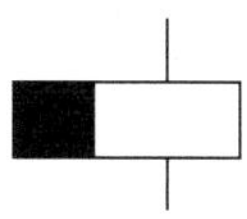

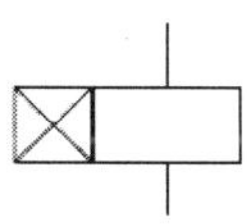

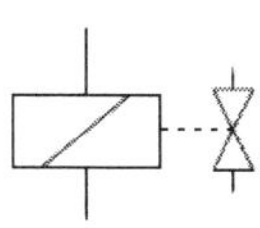

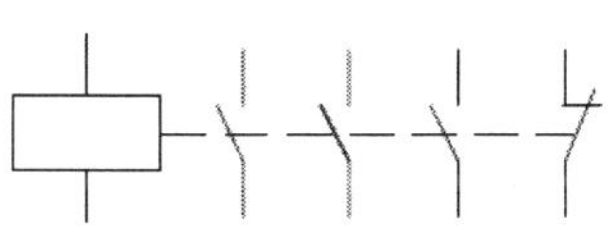

2. 아래 그림에서 빈칸 a ~ j까지 완성하시오.

truth table

S1	S2	K1
0	0	a
0	1	b
1	0	c
d	e	f

logic diagram

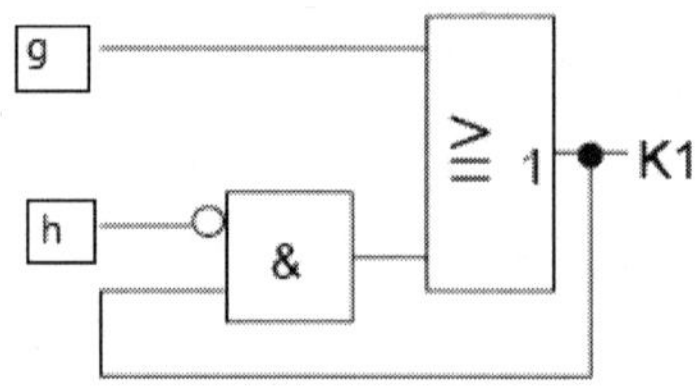

electrical circuit diagram

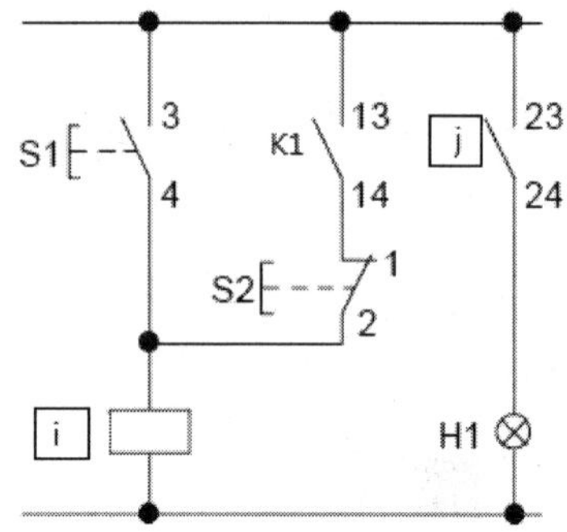

dominant ON

Boolean equation

$K1 = S1 \lor (\overline{S2} \land K1)$

a :

b :

c :

d :

e :

f :

g :

h :

i :

j :

3-13. 덤프트럭 적재함 제어

<table>
<tr><th rowspan="2">실습과제명</th><th colspan="2" rowspan="2">3-13. 덤프트럭 적재함 제어</th><th>소요 시간</th></tr>
<tr><th>4 H</th></tr>
<tr><td>목 표</td><td colspan="3">① 복동실린더 제어를 위한 유압회로를 구성할 수 있다.
② 4/3-way 방향 제어 밸브의 작동원리를 설명할 수 있다.
③ 3 제어위치 밸브에서 중립 위치의 종류를 설명할 수 있다.</td></tr>
<tr><th>기계 및 공구</th><th>재료명</th><th>규 격</th><th>안전 및 유의사항</th></tr>
<tr><td>· 유압 펌프 유닛
· 유압실습장치
· 수공구 세트</td><td>· 복동실린더
· 릴리프 밸브
· 방향 제어 밸브 (4/3way solenoid valve)
· 일방향 유량 제어 밸브
· 압력계
· 스위치세트
· 릴레이세트
· 체크밸브 내장호스세트</td><td>ϕ 25×200
M6, 3/8"
M6, 3/8"

M6, 3/8"

0~10 MPa
2a-2b
4c형×3
21 MPa</td><td>· 실습장치의 전원을 점검한다.
· 탱크 오일의 양 및 상태를 육안으로 점검한다.
· 전원을 투입한 후 5분 정도 무부하 운전한다.
· 실린더의 작동 공간에 장애물이 없어야 한다.
· 호스의 연결과 제거 방법을 알아야 한다.
· 일상점검을 통하여 장비와 공구를 유지 관리한다.
· 산업안전법규를 준수한다.</td></tr>
</table>

장치 설명

1. 큰 중량을 운반하는 덤프트럭의 적재함에 설치된 유압 복동실린더를 사용하여 하역 장치를 구동시키려고 한다.
2. START 스위치를 누르면 복동실린더가 전진하여 적재함을 일으켜 세워 그 안의 적재물을 하역 작업한다.
3. 복동실린더의 전진운동은 STOP 스위치가 작동할 때까지 전진 상태를 유지하고 있다.
4. 정지 우선회로에 의한 자기유지회로를 구성한다.
5. STOP 스위치를 계속 누르고 있어야 복동실린더가 후진을 완료한다.

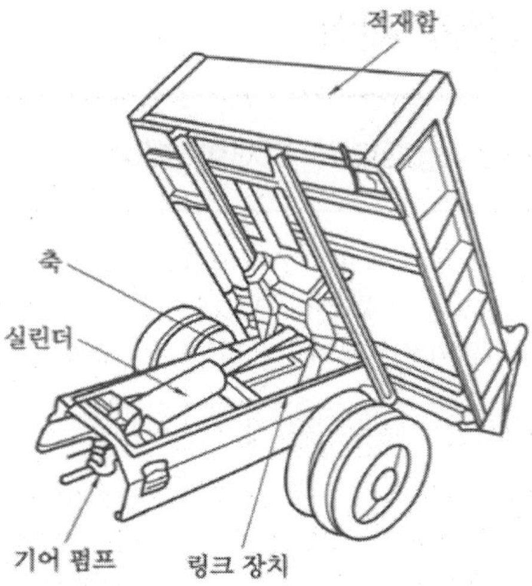

그림 3.13.1 덤프트럭 적재함 장치

관련 지식

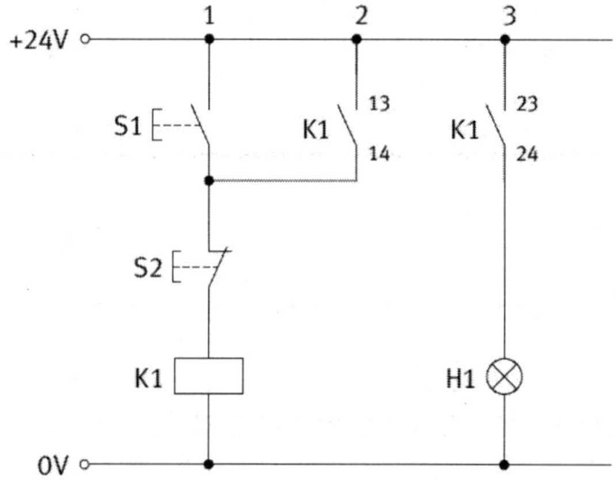

그림 3.13.2 정지우선 자기유지회로

S1 스위치를 눌렀다 떼도 K1 릴레이 코일에 자성이 생겨 K1의 접점은 닫혀 있게 된다. 리셋 스위치 S2가 없다면 H1 램프는 계속 켜진 상태로 있게 된다. 이 상태를 자기유지 상태라고 한다. 자기유지를 해제하려면 K1접점을 OFF시켜야 되므로 자기유지 해제용의 S2 스위치를 누르면 된다. 시작 스위치 S1과 정지스위치 S2를 동시에 동작시키면 K1이 단전 상태에 있으므로 램프 H1은 꺼진 상태로 있게 된다. 이 회로의 명칭을 정지우선형(dominant off type) 자기유지회로라고 한다.

실습 순서

1. 실습 준비

(1) 주어진 과제와 실습 목표를 이해한다.
(2) 실습에 필요한 유압 부품을 준비한다.
(3) 시험 운전하기 전까지 실습 장치의 전원은 차단한다.

2. 유압 부품 선정 및 배치

(1) 제시된 회로도를 사용하여 부품을 선정하게 한다.
(2) 각각의 부품에 표시된 기호와 일치 여부를 확인한다.
(3) 부품의 배치는 서로 방해되지 않도록 충분히 간격을 두고 배치한다.

3. 유압 배관

(1) 유압이 원활하게 전달되도록 적당한 길이의 호스를 사용한다.
(2) 회로도를 참고하여 각 기호의 연결구 번호와 유압 부품에 표시되어 있는 연결구 번호를 확인하여 정확한 연결구에 연결한다.

4. 전기회로 구성

(1) 선정된 전기 스위치, 릴레이 등과 솔레노이드 밸브를 전기회로와 같이 배선한다.
(2) 회로도의 접점과 양극, 음극을 확인하여 정확히 연결한다.

5. 동작 확인 시험 운전

(1) 제시된 회로를 사용하여 유압 회로를 구성한다.
(2) 릴리프 밸브 ③을 확인하고 유압 펌프를 가동한다.
(3) 릴리프 밸브 ③의 조절 핸들을 시계방향으로 회전시켜 설정 압력을 30 MPa로 설정한다.
(4) 전기회로에 전원을 투입하고 PB1을 누른 후 동작을 확인한다.
(5) PB2를 누른 후 동작을 확인한다.
(6) 릴리프 밸브 ③을 완전히 개방한 후 유압 펌프를 정지시킨다.

6. 정리 정돈

(1) 실습 장치에 전기를 차단하여 유압 펌프를 정지시킨다.
(2) 유압 호스, 실린더 등의 부품을 제거하여 정리한다.

실습과제명	3-13. 덤프트럭 적재함 제어	소요시간 : 4 H

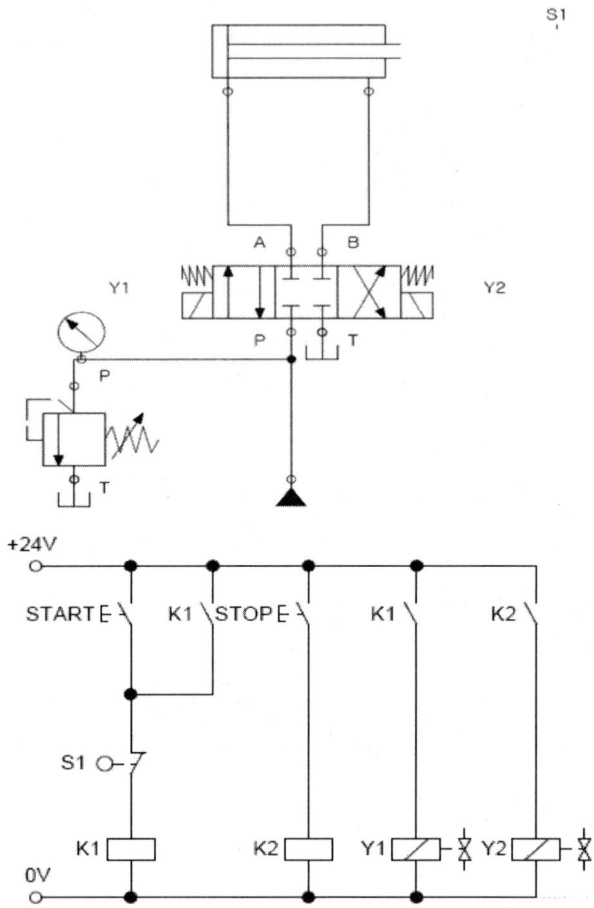

평가자 :	1회 평가 :
	2회 평가 :
	3회 평가 :

평가항목	우수	양호	부진
1. 부품 선정			
2. 부품 배치			
3. 배관			
4. 회로 동작			
5. 질문지			
6. 안전사항			

3-13 질문지 평가

1. 다음 밸브의 명칭을 쓰고 연결구를 절개 회로의 밸브에 표시하시오.

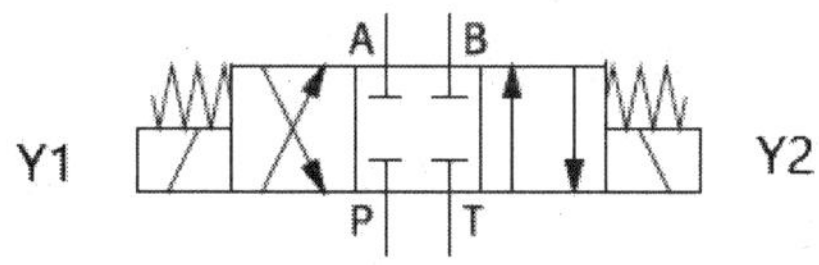

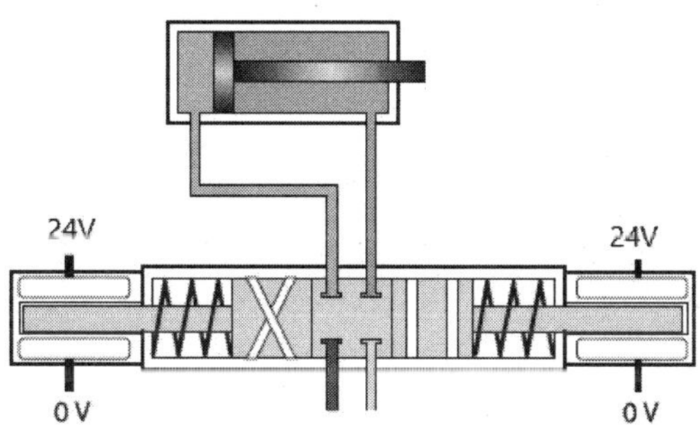

가. 명칭 :　　　나. P :　　　다. T :

라. A :　　　마. B :　　　바. Y1 :

2. 아래 도면에서 정지 우선 자기유지회로와 기동우선 자기유지회로를 완성하시오.

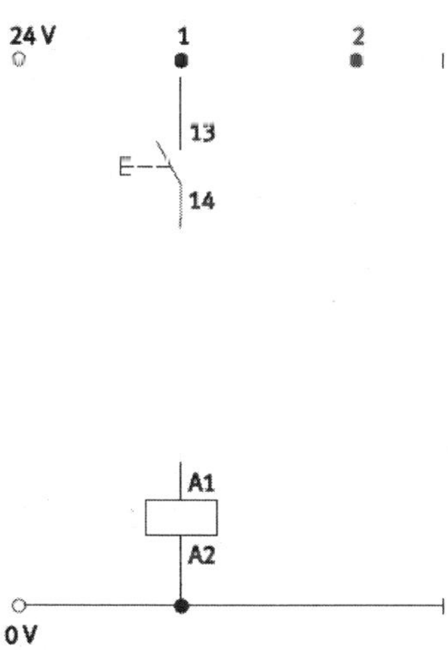

정지 우선(dominant resetting) 자기유지회로

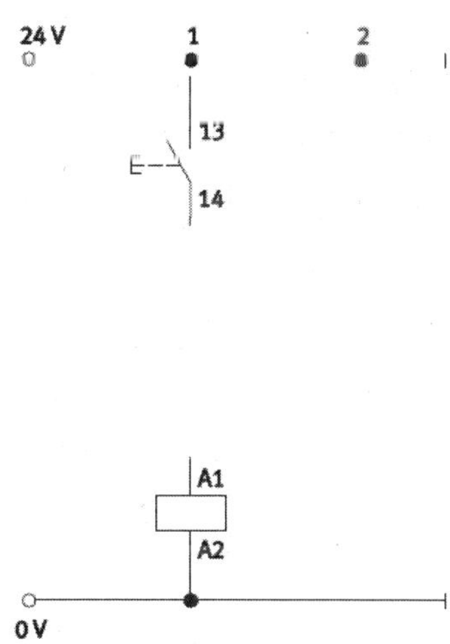

기동 우선(dominant setting) 자기유지회로

3-14. 유압 클램핑장치 제어

실습과제명	3-14. 유압 클램핑장치 제어	소요 시간
		4 H
목 표	① 압력스위치를 이용하여 복동실린더의 자동 왕복회로를 구성할 수 있다. ② 압력스위치의 구조와 원리를 설명할 수 있다.	

기계 및 공구	재료명	규 격	안전 및 유의사항
· 유압 펌프 유닛 · 유압실습장치 · 수공구 세트	· 복동실린더 · 릴리프 밸브 · 방향 제어 밸브 (4/2way solenoid valve) · 일방향 유량 제어 밸브 · 압력스위치 · 압력계 · 스위치세트 · 릴레이세트 · 체크밸브 내장호스세트	ϕ 25×200 M6, 3/8" M6, 3/8" M6, 3/8" 0～10 MPa 2a-2b 4c형×3 21 MPa	· 실습장치의 전원을 점검한다. · 탱크 오일의 양 및 상태를 육안으로 점검한다. · 전원을 투입한 후 5분 정도 무부하 운전한다. · 실린더의 작동 공간에 장애물이 없어야 한다. · 호스의 연결과 제거 방법을 알아야 한다. · 일상점검을 통하여 장비와 공구를 유지 관리한다. · 산업안전법규를 준수한다.

장치 설명

1. 큰 중량을 운반하는 덤프트럭의 적재함에 설치된 유압 복동실린더를 사용하여 하역 장치를 구동시키려고 한다.
2. START 스위치를 누르면 복동실린더가 전진하여 적재함을 일으켜 세워 그 안의 적재물을 하역 작업한다.
3. 복동실린더의 전진운동은 STOP 스위치가 작동할 때까지 전진 상태를 유지하고 있다.
4. 정지 우선회로에 의한 자기유지회로를 구성한다.
5. STOP 스위치를 계속 누르고 있어야 복동실린더가 후진을 완료한다.

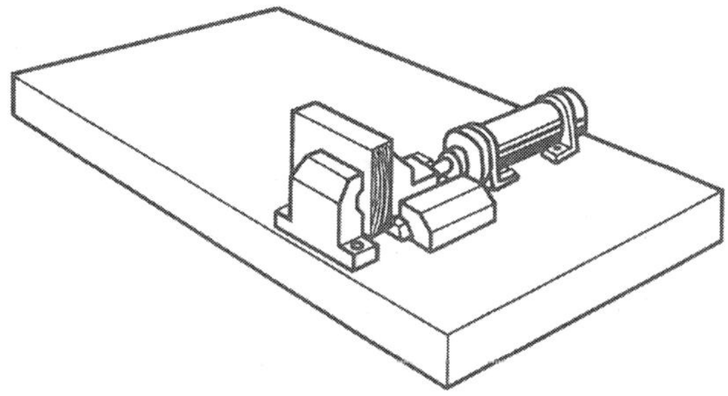

그림 3.14.1 유압 클램핑 장치

관련 이론

1. 압력스위치(pressure switch)

압력스위치는 유압 신호를 전기 신호로 전환시키는 일종의 스위치이다. 이 스위치는 전동기의 기동, 정지, 솔레노이드 조작 밸브의 개폐 등의 목적에 사용한다.

이 스위치 구조상 다음과 같은 것들이 널리 사용된다.

(1) 소형 피스톤과 스프링과의 평형을 이용하는 것

(2) 부르동관(bourdon tube)을 사용한 것

(3) 벨로우즈(bellows)를 사용하는 것

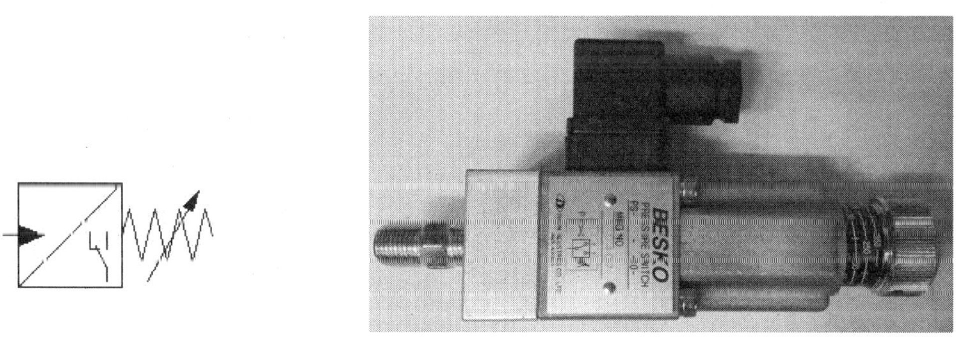

그림 3.14.2 유압 압력스위치_BESKO_PS_350_10

실습 순서

1. 실습 준비

(1) 주어진 과제와 실습 목표를 이해한다.

(2) 실습에 필요한 유압 부품을 준비한다.

(3) 시험 운전하기 전까지 실습 장치의 전원은 차단한다.

2. 유압 부품 선정 및 배치

(1) 제시된 회로도를 사용하여 부품을 선정하게 한다.

(2) 각각의 부품에 표시된 기호와 일치 여부를 확인한다.

(3) 부품의 배치는 서로 방해되지 않도록 충분히 간격을 두고 배치한다.

3. 유압 배관

(1) 유압이 원활하게 전달되도록 적당한 길이의 호스를 사용한다.

(2) 회로도를 참고하여 각 기호의 연결구 번호와 유압 부품에 표시되어 있는 연결구 번호를 확인하여 정확한 연결구에 연결한다.

4. 전기회로 구성

(1) 선정된 전기 스위치, 릴레이 등과 솔레노이드 밸브를 전기회로와 같이 배선한다.

(2) 회로도의 접점과 양극, 음극을 확인하여 정확히 연결한다.

5. 동작 확인 시험 운전

(1) 제시된 회로를 사용하여 유압 회로를 구성한다.

(2) 릴리프 밸브 ③을 확인하고 유압 펌프를 가동한다.

(3) 릴리프 밸브 ③의 조절 핸들을 시계방향으로 회전시켜 설정 압력을 30 MPa로 설정한다.

(4) 압력스위치 ⑦의 압력을 30 MPa로 설정한다.

(5) 전기회로에 전원을 투입하고 PB1을 누른 후 동작을 확인한다.

(6) 릴리프 밸브 ③을 완전히 개방한 후 유압 펌프를 정지시킨다.

6. 정리 정돈

(1) 실습 장치에 전기를 차단하여 유압 펌프를 정지시킨다.

(2) 유압 호스를 제거하여 정리한다.

(3) 실린더, 밸브 등 사용된 부품을 제거하여 정리한다.

실습과제명	3-14. 유압 클램핑 장치 제어	소요시간 : 4 H

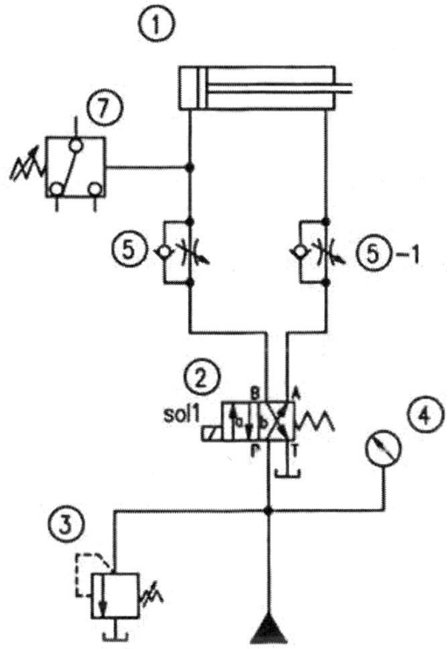

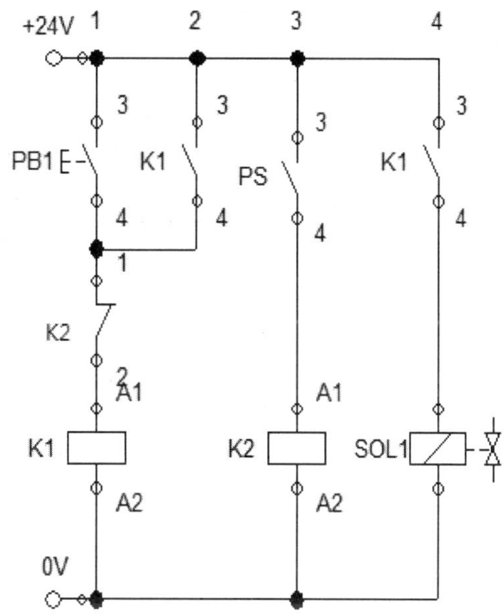

평가자 :	1회 평가 :
	2회 평가 :
	3회 평가 :

평가항목	우수	양호	부진
1. 부품 선정			
2. 부품 배치			
3. 배관			
4. 회로 동작			
5. 질문지			
6. 안전사항			

3-14 질문지 평가

1. 압력스위치의 구조와 원리를 설명하시오.

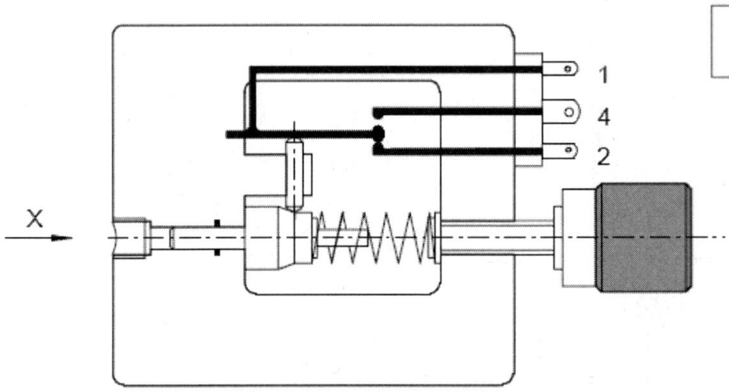

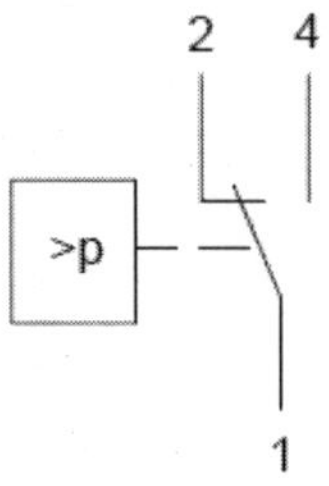

(1) x 방향으로 유압 파일럿 라인에 압력이 작동한다.

(2)

(3)

2. 과제 3-12 (유압 클램핑 장치회로)는 실린더가 전진 도중에 압력스위치 설정 값에 도달하면 즉시 후진된다.

(1) 실린더가 완전히 전진할 수 있도록 압력스위치를 조정했을 때의 압력을 쓰시오.

(2) 실린더 전진 도중에 후진할 수 있는 압력의 상한 값을 쓰시오.

3-15. 소각로 도어 개폐장치 제어

실습과제명	3-15. 소각로 도어 개폐장치 제어		소요 시간
			4 H
목 표	① 파일럿조작 밸브를 사용한 로킹회로를 구성할 수 있다. ② 파일럿조작 체크밸브의 구조와 원리를 설명할 수 있다.		
기계 및 공구	재료명	규 격	안전 및 유의사항
· 유압 펌프 유닛 · 유압실습장치 · 수공구 세트	· 복동실린더 · 릴리프 밸브 · 방향 제어 밸브 (4/3way, 3/2way solenoid valve) · 일방향 유량 제어 밸브 · 파일럿조작 체크밸브 · 압력계 · 스위치세트 · 릴레이세트 · 체크밸브 내장호스세트	ϕ 25×200 M6, 3/8" M6, 3/8" M6, 3/8" M6, 3/8 0～10 MPa 2a-2b 4c형×3 21 MPa	· 실습장치의 전원을 점검한다. · 탱크 오일의 양 및 상태를 육안으로 점검한다. · 전원을 투입한 후 5분 정도 무부하 운전한다. · 실린더의 작동 공간에 장애물이 없어야 한다. · 호스의 연결과 제거 방법을 알아야 한다. · 일상점검을 통하여 장비와 공구를 유지 관리한다. · 산업안전법규를 준수한다.

장치 설명

1. 유압 복동실린더를 이용하여 소각로의 도어를 개폐하려고 한다.
2. OPEN 스위치와 CLOSE 스위치를 사용하여 제어하며 이 두 스위치는 상호 인터록(inter lock)된 상태에서 제어되어야 한다.
3. 스위치를 누르고 있을 때 도어가 제어되며 임의 위치에서 제어되어야 한다.
4. 도어의 안전한 개폐를 위하여 파일럿조작 체크밸브를 사용한다.
5. 파일럿조작 체크밸브를 작동하기 위한 3/2-way 솔레노이드 방향 제어 밸브를 사용한다.

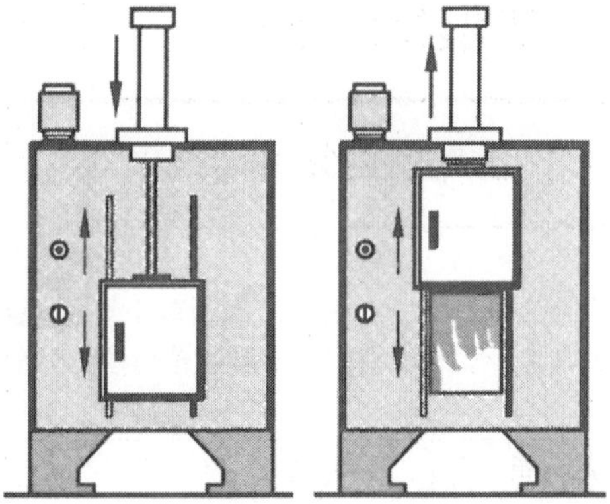

그림 3.15.1 소각로 도어 개폐장치

관련 이론

1. 파일럿조작 체크밸브(pilot-operated check valve)

체크밸브는 한 방향으로만 유체의 흐름을 허용하고 반대 방향의 흐름을 차단하는 밸브이다. 파일럿조작 체크밸브는 한쪽 방향의 흐름은 허용하고 반대 방향의 흐름을 차단하나 파일럿 신호가 있으면 유로를 개방하여 반대 방향의 흐름을 허용하는 밸브이다.

그림 3.15.2 파일럿조작 체크밸브_PARKER_SERIES_ZRE

2. 로킹(locking) 회로

실린더의 왕복운동에 의하여 제어하는 회로 중에 실린더의 전진이나 후진 중에 비교적 오랜 시간을 임의 위치에 정지시킬 필요가 있을 때 구성하는 회로이다.

체크밸브를 사용할 경우도 있으나 경우에 따라 전진 혹은 후진이 가능하도록 파일럿조작 체크밸브를 주로 사용한다.

실습 순서

1. 실습 준비

(1) 주어진 과제와 실습 목표를 이해한다.

(2) 실습에 필요한 유압 부품을 준비한다.

(3) 시험 운전하기 전까지 실습 장치의 전원은 차단한다.

2. 유압 부품 선정 및 배치

(1) 제시된 회로도를 사용하여 부품을 선정하게 한다.

(2) 각각의 부품에 표시된 기호와 일치 여부를 확인한다.

(3) 부품의 배치는 서로 방해되지 않도록 충분히 간격을 두고 배치한다.

3. 유압 배관

(1) 유압이 원활하게 전달되도록 적당한 길이의 호스를 사용한다.

(2) 회로도를 참고하여 각 기호의 연결구 번호와 유압 부품에 표시되어 있는 연결구 번호를 확인하여 정확한 연결구에 연결한다.

4. 전기회로 구성

(1) 선정된 전기 스위치, 릴레이 등과 솔레노이드 밸브를 전기회로와 같이 배선한다.

(2) 회로도의 접점과 양극, 음극을 확인하여 정확히 연결한다.

5. 동작 확인 시험 운전

(1) 제시된 회로를 사용하여 유압 회로를 구성한다.

(2) 릴리프 밸브의 상태를 확인하고 유압 펌프를 가동한다.

(3) 릴리프 밸브의 조절 핸들을 시계방향으로 회전시켜 설정 압력을 5 MPa로 설정한다.

(4) 파일럿조작 체크밸브의 정확한 설치 상태 여부를 확인한다.

(5) 전기회로에 전원을 투입하고 OPEN/CLOSE 스위치를 누른 후 동작을 확인한다.

(6) 릴리프 밸브를 완전히 개방한 후 유압 펌프를 정지시킨다.

6. 정리 정돈

(1) 실습 장치에 전기를 차단하여 유압 펌프를 정지시킨다.

(2) 유압 호스를 제거하여 정리한다.

(3) 실린더, 밸브 등 사용된 부품을 제거하여 정리한다.

실습과제명	3–15. 소각로 도어 개폐장치 제어	소요시간 : 4 H

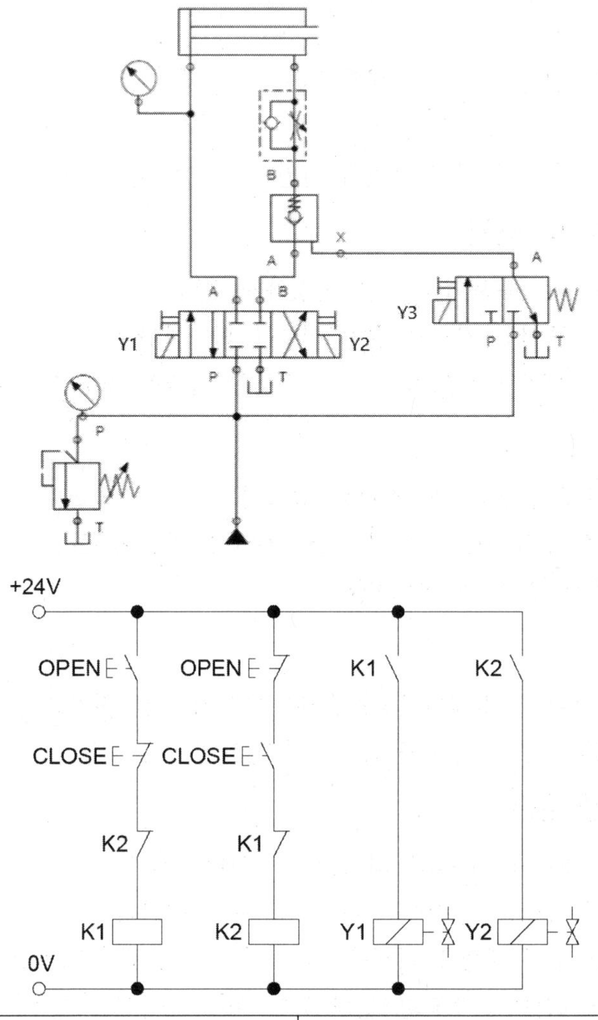

평가자 :	1회 평가 :
	2회 평가 :
	3회 평가 :

평가항목	우수	양호	부진
1. 부품 선정			
2. 부품 배치			
3. 배관			
4. 회로 동작			
5. 질문지			
6. 안전사항			

3-15 질문지 평가

1. 아래의 공기압 회로를 보고 부품 리스트를 작성하시오.

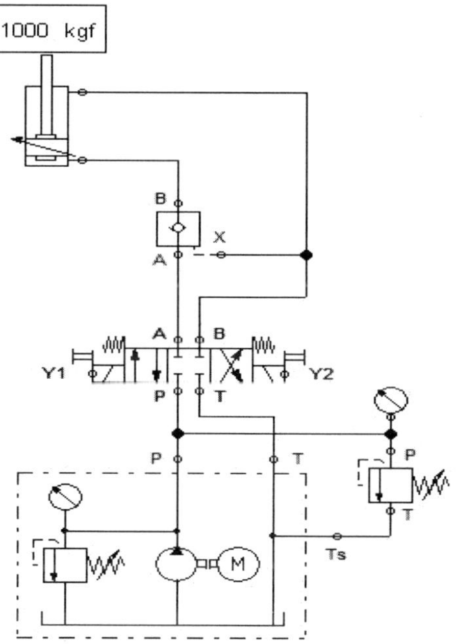

번 호	부품 명	수 량
1	유압 파워 팩	1
2	압력게이지	1
3		
4		
5		
6	복동실린더	1
7		
8		

3-16. 리밍장치 제어

실습과제명	3-16. 리밍장치 제어	소요 시간
		4 H
목 표	① 압력보상형 유량 제어 밸브를 사용하여 부하의 변동에도 속도의 변화 없이 복동실린더의 전·후진 속도를 제어할 수 있다. ② 압력보상형 유량 제어 밸브의 기호와 용도를 설명할 수 있다.	

기계 및 공구	재료명	규 격	안전 및 유의사항
· 유압 펌프 유닛 · 유압실습장치 · 수공구 세트	· 복동실린더 · 릴리프 밸브 · 방향 제어 밸브 (4/2way,3/2way solenoid valve) · 일방향 유량 제어 밸브 · 압력보상형 유량 제어 밸브 · 압력계 · 스위치세트 · 릴레이세트 · 체크밸브 내장호스세트	ϕ 25×200 M6, 3/8" M6, 3/8" M6, 3/8" 0~10 MPa 2a-2b 4c형×3 21 MPa	· 실습장치의 전원을 점검한다. · 탱크 오일의 양 및 상태를 육안으로 점검한다. · 전원을 투입한 후 5분 정도 무부하 운전한다. · 실린더의 작동 공간에 장애물이 없어야 한다. · 호스의 연결과 제거 방법을 알아야 한다. · 일상점검을 통하여 장비와 공구를 유지 관리한다. · 산업안전법규를 준수한다.

장치 설명

1. 드릴 작업이 끝난 제품에 대하여 리밍 작업을 하려고 한다.
2. 리밍 작업의 조건은 유압 복동실린더가 후진 완료된 위치에 있을 때 START 스위치를 누르면 복동실린더가 전진하여 컨베이어 벨트에 의해 이송된 제품을 리밍한다.
3. 복동실린더의 전진운동은 START 스위치를 눌렀다가 손을 떼어도 전진 완료 상태가 될 때까지 전진 상태를 유지하고 있다.
4. 리밍 작업 시 유압 실린더의 구동속도는 부하의 변동에 무관하게 작동될 수 있게 회로를 구성한다.
5. 또한 실린더의 전진할 때의 실린더 속도제어 방식은 미터인제어로 구성하였다.

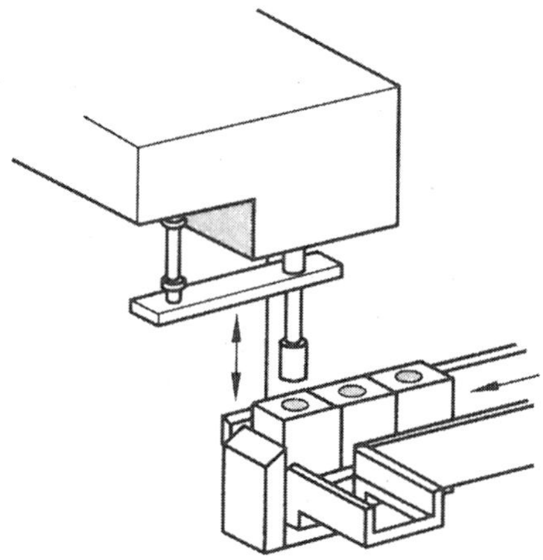

그림 3.16.1 리밍 장치

관련 이론

1. 유량 제어 밸브(flow control valve)

유량 제어 밸브는 점도의 영향을 많이 받는 스로틀(throttle type)형과 점도의 영향을 크게 받지 않는 오리피스(orifice)형으로 구별한다. 또 한 부하의 변동에도 압력 보상형 유량 제어 밸브가 있는데, 그림 3.14.2에서 나타난 것과 같이 가변 스로틀 혹은 가변 오리피스의 기호와 압력 보상을 나타내는 화살표가 그려진 사각형으로 표시한다.

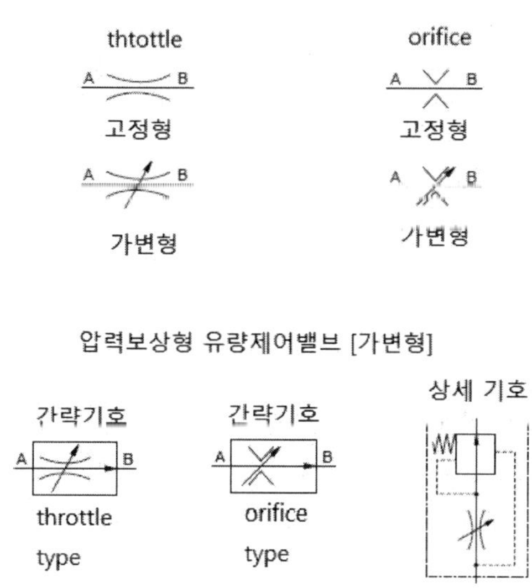

그림 3.16.2 압력보상형 유량 제어 밸브 기호_FESTO_TP501_P97

실습 순서

1. 실습 준비

(1) 주어진 과제와 실습 목표를 이해한다.
(2) 실습에 필요한 유압 부품을 준비한다.
(3) 시험 운전하기 전까지 실습 장치의 전원은 차단한다.

2. 유압 부품 선정 및 배치

(1) 제시된 회로도를 사용하여 부품을 선정하게 한다.
(2) 각각의 부품에 표시된 기호와 일치 여부를 확인한다.
(3) 부품의 배치는 서로 방해되지 않도록 충분히 간격을 두고 배치한다.

3. 유압 배관

(1) 유압이 원활하게 전달되도록 적당한 길이의 호스를 사용한다.
(2) 회로도를 참고하여 각 기호의 연결구 번호와 유압 부품에 표시되어 있는 연결구 번호를 확인하여 정확한 연결구에 연결한다.

4. 전기회로 구성

(1) 선정된 전기 스위치, 릴레이 등과 솔레노이드 밸브를 전기회로와 같이 배선한다.
(2) 회로도의 접점과 양극, 음극을 확인하여 정확히 연결한다.

5. 동작 확인 시험 운전

(1) 제시된 회로를 사용하여 유압 회로를 구성한다.
(2) 릴리프 밸브의 상태를 확인하고 유압 펌프를 가동한다.
(3) 릴리프 밸브 조절 핸들을 시계방향으로 회전시켜 설정 압력을 5 MPa로 설정한다.
(4) 미터인 제어에 의해 실린더의 전진 운동속도가 이루어지는지 확인한다.
(5) 압력보상형 유량 제어 밸브의 선택이 정확한지 확인한다.
(6) 전기회로에 전원을 투입하고 START 버튼을 누른 후 동작을 확인한다.
(7) 릴리프 밸브를 완전히 개방한 후 유압 펌프를 정지시킨다.

6. 정리 정돈

(1) 실습 장치에 전기를 차단하여 유압 펌프를 정지시킨다.
(2) 유압 호스를 제거하여 정리한다.
(3) 실린더, 밸브 등 사용된 부품을 제거하여 정리한다.

실습과제명	3-16. 리밍장치 제어	소요시간 : 4 H

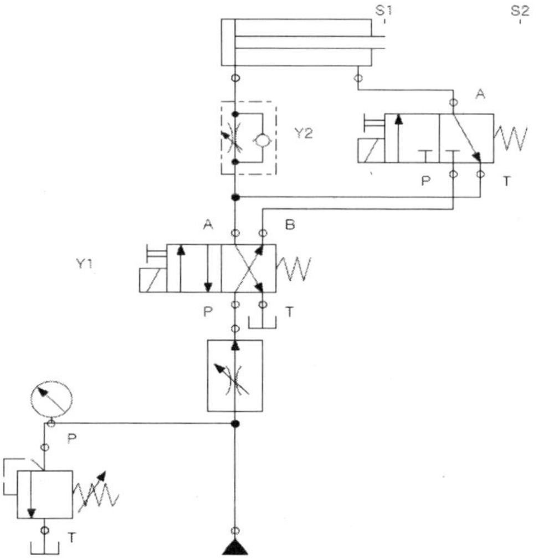

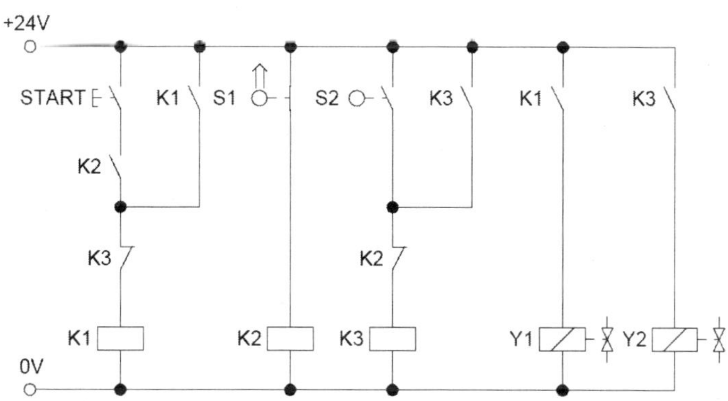

평가자 :	1회 평가 :
	2회 평가 :
	3회 평가 :

평가항목	우수	양호	부진
1. 부품 선정			
2. 부품 배치			
3. 배간			
4. 회로 동작			
5. 질문지			
6. 안전사항			

3–16 질문지 평가

1. 아래의 공기압 회로를 보고 부품 리스트를 작성하시오.

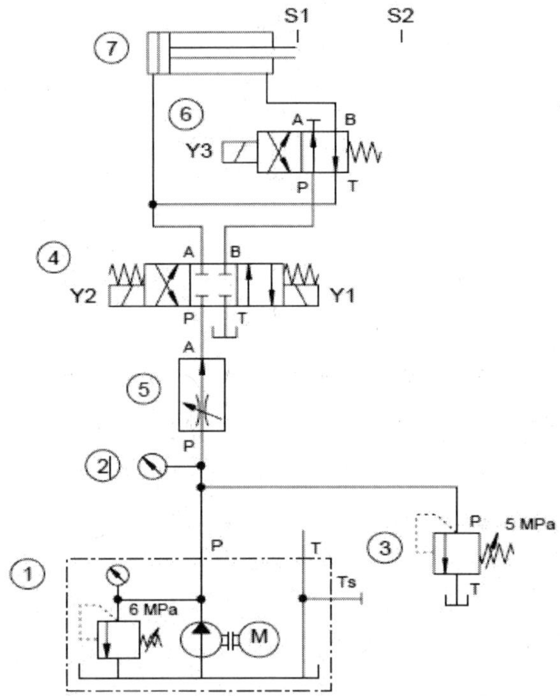

번 호	부품 명	수 량
1	유압 파워 팩	1
2	압력게이지	1
3		
4		
5		
6		
7	복동실린더	1

3-17. 차단 밸브 개폐장치 제어

실습과제명	3-17. 차단 밸브 개폐장치 제어			소요 시간
				4 H
목 표	① 2/2-way 밸브와 스로틀 밸브의 조합에 의한 복동실린더의 전진 운동 속도를 구간별로 제어할 수 있다. ② 복동실린더의 운동 중에 임의 위치에서 속도를 제어할 수 있다.			

기계 및 공구	재료명	규 격	안전 및 유의사항
· 유압 펌프 유닛 · 유압실습장치 · 수공구 세트	· 복동실린더 · 릴리프 밸브 · 방향 제어 밸브 (4/3way, 2/2way solenoid valve) · 스로틀 밸브 · 압력계 · 스위치세트 · 릴레이세트 · 체크밸브 내장호스세트	ϕ 25×200 M6, 3/8" M6, 3/8" M6, 3/8" 0~10 MPa 2a-2b 4c형×3 21 MPa	· 실습장치의 전원을 점검한다. · 탱크 오일의 양 및 상태를 육안으로 점검한다. · 전원을 투입한 후 5분 정도 무부하 운전한다. · 실린더의 작동 공간에 장애물이 없어야 한다. · 호스의 연결과 제거 방법을 알아야 한다. · 일상점검을 통하여 장비와 공구를 유지 관리한다. · 산업안전법규를 준수한다.

장치 설명

1. 파이프라인에 설치된 차단 밸브를 OPEN 스위치와 CLOSE 스위치를 이용하여 제어하려고 한다.
2. 차단 밸브의 제어는 복동실린더의 전 · 후진에 의하여 개폐된다.
3. OPEN 스위치를 누르면 장치의 개폐 과정에서 발생되는 저항을 최소화하기 위하여 처음에는 빠르게 개방되고 일정 시간 후에 천천히 개방된다.
4. 파이프라인의 차단 밸브 개폐장치는 복동실린더의 전진 완료 혹은 후진 완료된 상태에서만 개폐가 이루어진다.
5. OPEN 스위치는 개폐장치의 개방을 CLOSE 스위치는 개폐장치를 차단하기 위하여 사용한다.
6. 차단 밸브 개폐장치의 개방과 차단을 확인하기 위한 표시램프를 설치한다.

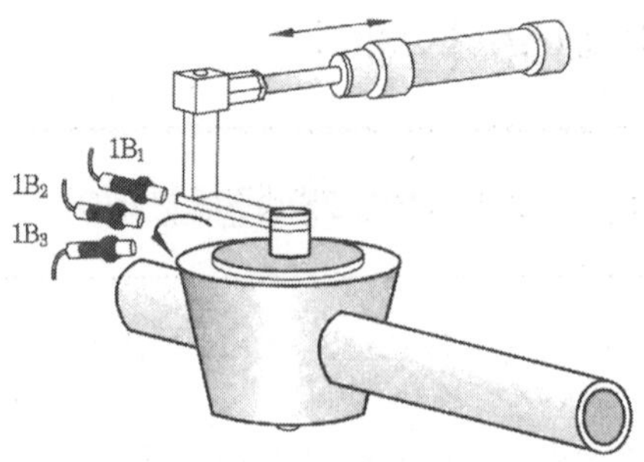

그림 3.17.1 차단 밸브 개폐장치

관련 이론

1. 4/2-way 방향 제어 밸브(4 port 2 position directional control valve)

4/2-way 방향 제어 밸브는 복동실린더의 전 · 후진 제어에 사용하는 것이 일반적이다. 그러나 제어과정에서 3/2-way 방향 제어 밸브나 2/2-way 방향 제어 밸브가 필요할 때 4/2-way 밸브를 사용할 수가 있다. 이때 사용하지 않는 다른 포트는 모두 폐쇄한 상태에서 사용할 수 있다.

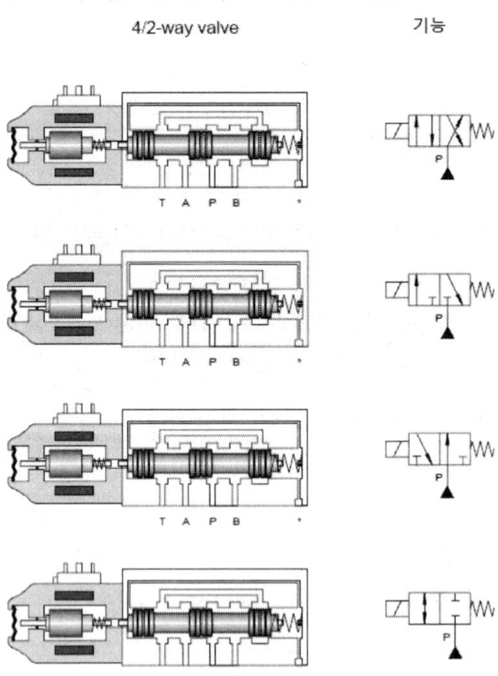

그림 3.17.2 4/2_way 방향 제어 밸브 사용 예_FESTO_TP601_A-25

실습 순서

1. 실습 준비

(1) 주어진 과제와 실습 목표를 이해한다.
(2) 실습에 필요한 유압 부품을 준비한다.
(3) 시험 운전하기 전까지 실습 장치의 전원은 차단한다.

2. 유압 부품 선정 및 배치

(1) 제시된 회로도를 사용하여 부품을 선정하게 한다.
(2) 각각의 부품에 표시된 기호와 일치 여부를 확인한다.
(3) 부품의 배치는 서로 방해되지 않도록 충분히 간격을 두고 배치한다.

3. 유압 배관

(1) 유압이 원활하게 전달되도록 적당한 길이의 호스를 사용한다.
(2) 회로도를 참고하여 각 기호의 연결구 번호와 유압 부품에 표시되어 있는 연결구 번호를 확인하여 정확한 연결구에 연결한다.

4. 전기회로 구성

(1) 선정된 전기 스위치, 릴레이 등과 솔레노이드 밸브를 전기회로와 같이 배선한다.
(2) 회로도의 접점과 양극, 음극을 확인하여 정확히 연결한다.

5. 동작 확인 시험 운전

(1) 제시된 회로를 사용하여 유압 회로를 구성한다.
(2) 릴리프 밸브의 상태를 확인하고 유압 펌프를 가동한다.
(3) 릴리프 밸브의 조절 핸들을 시계방향으로 회전시켜 설정 압력을 5 MPa로 설정한다.
(4) 복동실린더에 설치된 위치 확인 리미트 스위치(혹은 비접촉형 센서)의 위치를 확인한다.
(5) 전기회로에 전원을 투입하고 OPEN/CLOSE 스위치를 누른 후 동작을 확인한다.
(6) 릴리프 밸브를 완전히 개방한 후 유압 펌프를 정지시킨다.

6. 정리 정돈

(1) 실습 장치에 전기를 차단하여 유압 펌프를 정지시킨다.
(2) 유압 호스를 제거하여 정리한다.
(3) 실린더, 밸브 등 사용된 부품을 제거하여 정리한다.

실습과제명	3-17. 차단 밸브 개폐장치	소요시간 : 4 H

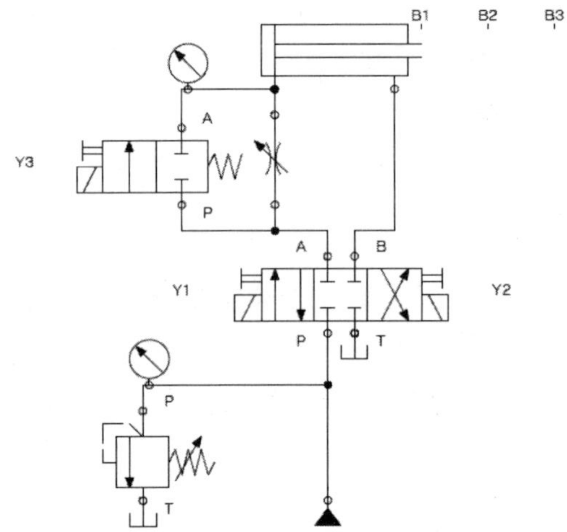

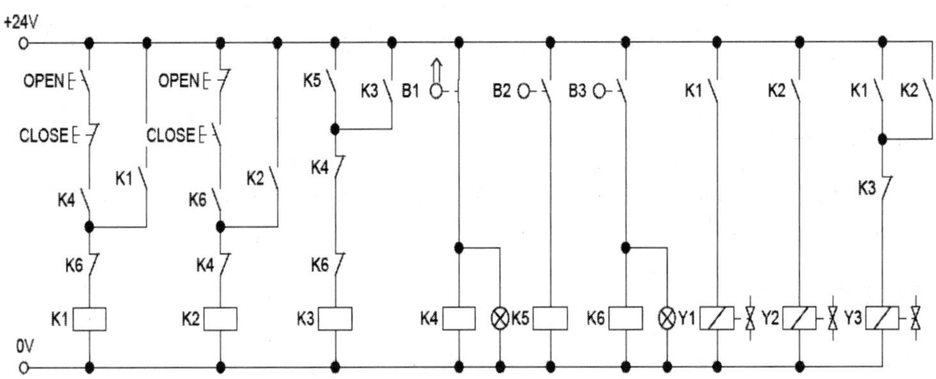

평가자 :	1회 평가 :
	2회 평가 :
	3회 평가 :

평가항목	우수	양호	부진
1. 부품 선정			
2. 부품 배치			
3. 배관			
4. 회로 동작			
5. 질문지			
6. 안전사항			

3-17 질문지 평가

1. 아래의 공기압 회로를 보고 부품 리스트를 작성하시오.

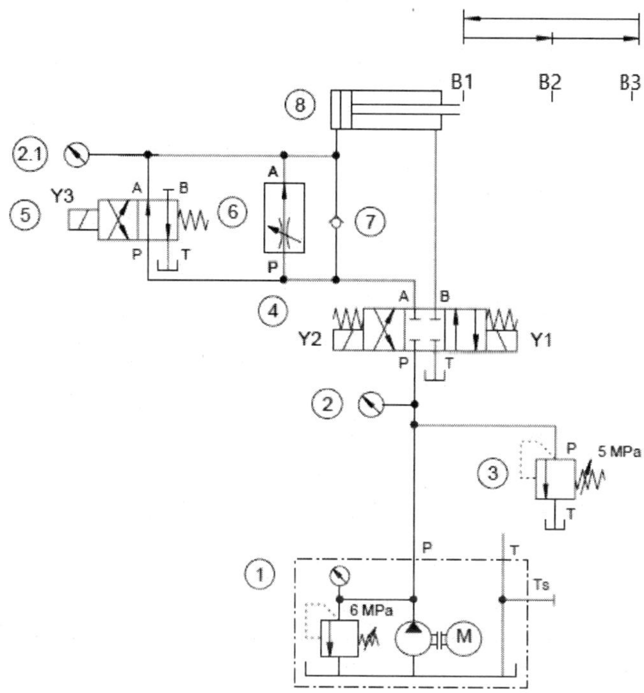

번 호	부품 명	수 량
1	유압 파워 팩	1
2	압력게이지	1
3		
4		
5		
6		
7		
8	복동실린더	1

3-18. 탁상 유압프레스 제어

<table>
<tr><th>실습과제명</th><th colspan="3" rowspan="2">3-18. 탁상 유압프레스 제어</th><th>소요 시간</th></tr>
<tr><th></th><th>4 H</th></tr>
<tr><td>목 표</td><td colspan="4">① 압력 릴리프 밸브와 체크밸브를 조합하여 카운터밸런스밸브(counter balance valve)의 원리를 설명할 수 있다.
② 카운터 밸런스 회로를 구성할 수 있고 그 용도를 설명할 수 있다.</td></tr>
<tr><th>기계 및 공구</th><th>재료명</th><th>규 격</th><th colspan="2">안전 및 유의사항</th></tr>
<tr><td>· 유압 펌프 유닛
· 유압실습장치
· 수공구 세트</td><td>· 복동실린더
· 릴리프 밸브
· 방향 제어 밸브 (4/3way,2/2way solenoid valve)
· 스로틀 밸브
· 카운터 밸런스 밸브
· 압력계
· 스위치세트
· 릴레이세트
· 체크밸브 내장호스세트</td><td>ϕ 25×200
M6, 3/8"
M6, 3/8"

M6, 3/8"
M6, 3/8"

0~10 MPa
2a-2b
4c형×3
21 MPa</td><td colspan="2">· 실습장치의 전원을 점검한다.
· 탱크 오일의 양 및 상태를 육안으로 점검한다.
· 전원을 투입한 후 5분 정도 무부하 운전한다.
· 실린더의 작동 공간에 장애물이 없어야 한다.
· 호스의 연결과 제거 방법을 알아야 한다.
· 일상점검을 통하여 장비와 공구를 유지 관리한다.
· 산업안전법규를 준수한다.</td></tr>
</table>

장치 설명

1. 탁상 유압프레스에서 실린더의 전진속도를 구간별로 제어하려고 한다.
2. START 스위치를 누르면 복동실린더가 상대적으로 빠른 속도로 전진하여 임의의 중간 위치에 도달하면 일정속도로 전진 운동을 계속한다.
3. 복동실린더의 전진운동은 수직으로 설치된 유압실린더가 스스로 하강하지 않도록 설정된 압력에 도달되어야 비로소 전진 운동이 일어난다. 이때 카운터 밸런스 밸브의 설정압력은 3Mpa로 설정한다.
4. 복동실린더의 후진은 복동실린더가 전진 완료된 상태에서 상대적으로 빠른 속도로 후진한다.
5. 실린더의 초기 전진속도는 미터인 제어회로이다.

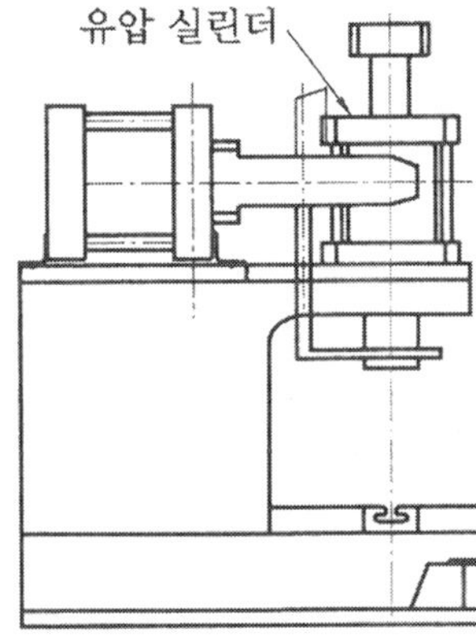

그림 3.18.1 탁상 유압프레스

관련 이론

1. 카운터밸런스밸브(counter-balance valve)

실린더의 부하가 급속히 감소하더라도 피스톤이 급속 이송 방지와 수직으로 설치된 램의 자중에 의한 낙하 방지를 위해 실린더의 한쪽에 배압을 발생시킬 때 사용하는 밸브이다. 그림 3.16.2는 카운터밸런스밸브를 사용한 급속 이송 방지 회로이다.

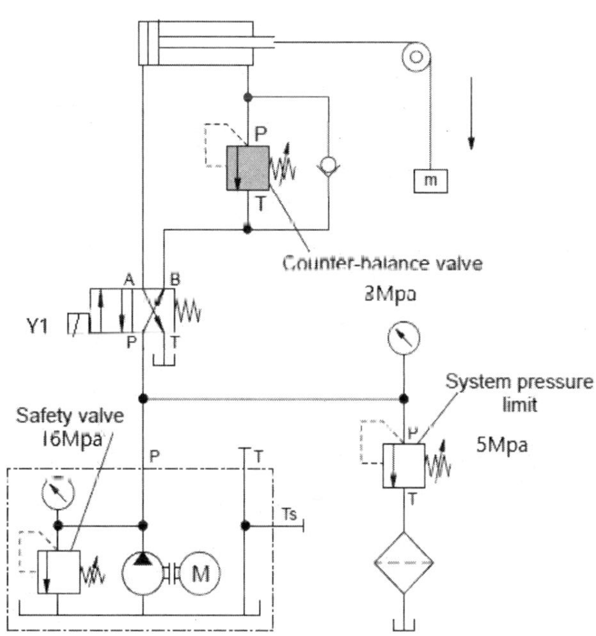

그림 3.18.2 카운터밸런스밸브를 사용한 회로_FESTO_TP501_171

실습 순서

1. 실습 준비

(1) 주어진 과제와 실습 목표를 이해한다.
(2) 실습에 필요한 유압 부품을 준비한다.
(3) 시험 운전하기 전까지 실습 장치의 전원은 차단한다.

2. 유압 부품 선정 및 배치

(1) 제시된 회로도를 사용하여 부품을 선정하게 한다.
(2) 각각의 부품에 표시된 기호와 일치 여부를 확인한다.
(3) 부품의 배치는 서로 방해되지 않도록 충분히 간격을 두고 배치한다.

3. 유압 배관

(1) 유압이 원활하게 전달되도록 적당한 길이의 호스를 사용한다.
(2) 회로도를 참고하여 각 기호의 연결구 번호와 유압 부품에 표시되어 있는 연결구 번호를 확인하여 정확한 연결구에 연결한다.

4. 전기회로 구성

(1) 선정된 전기 스위치, 릴레이 등과 솔레노이드 밸브를 전기회로와 같이 배선한다.
(2) 회로도의 접점과 양극, 음극을 확인하여 정확히 연결한다.

5. 동작 확인 시험 운전

(1) 제시된 회로를 사용하여 유압 회로를 구성한다.
(2) 릴리프 밸브의 상태를 확인하고 유압 펌프를 가동한다.
(3) 릴리프 밸브의 조절 핸들을 시계방향으로 회전시켜 설정 압력을 5 MPa로 설정한다. (카운터밸런스밸브의 압력은 3 MPa로 설정한다.)
(4) 복동실린더에 설치된 위치 확인 리미트 스위치(혹은 비접촉형 센서)의 위치를 확인한다.
(5) 전기회로에 전원을 투입하고 START스위치를 누른 후 동작을 확인한다.
(6) 릴리프 밸브를 완전히 개방한 후 유압 펌프를 정지시킨다.

6. 정리 정돈

(1) 실습 장치에 전기를 차단하여 유압 펌프를 정지시킨다.
(2) 유압 호스를 제거하여 정리한다.
(3) 실린더, 밸브 등 사용된 부품을 제거하여 정리한다.

실습과제명	3-18. 탁상 유압프레스 제어	소요시간 : 4 H

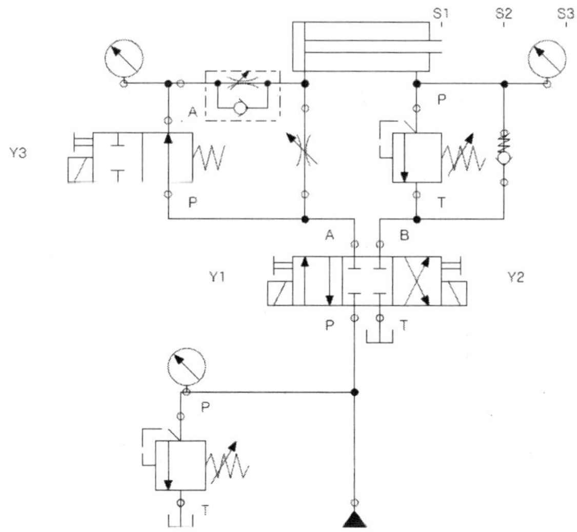

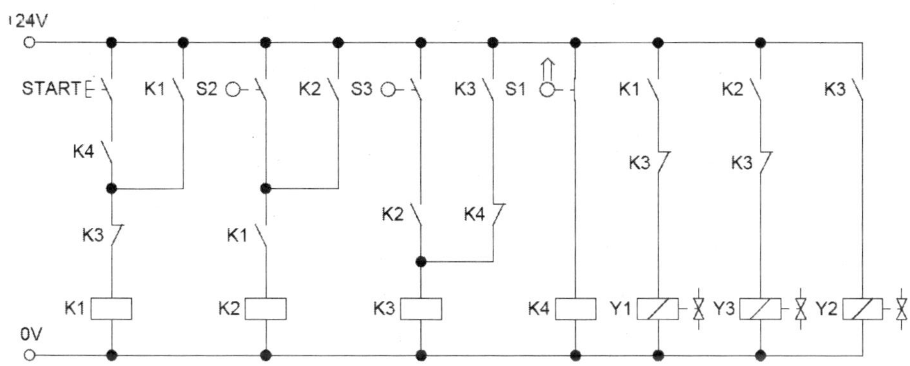

평가자 :	1회 평가 :
	2회 평가 :
	3회 평가 :

평가항목	우수	양호	부진
1. 부품 선정			
2. 부품 배치			
3. 배관			
4. 회로 동작			
5. 질문지			
6. 안전사항			

3-18 질문지 평가

1. 탁상 유압프레스 유압 회로도를 보고 물음에 답하시오.

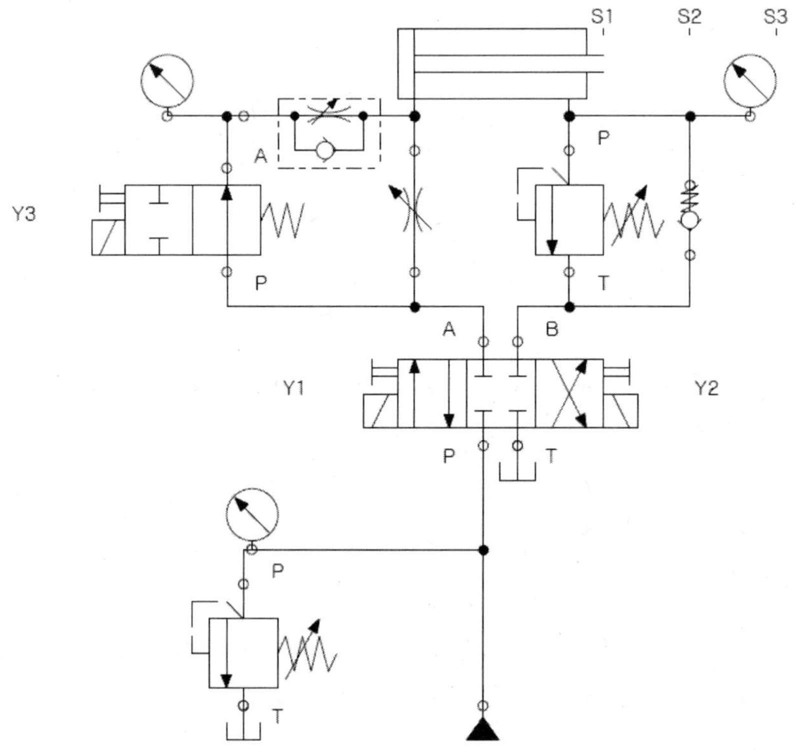

(1) 복동실린더의 전진 속도 제어 형태를 설명하시오.

meter-in 제어 :

(2) 복동실린더가 전진할 때 START 버튼을 눌러도 곧바로 전진하지 않는 이유를 설명하시오.

카운터밸런스밸브 :

(3) Y3 밸브의 역할에 대하여 설명하시오.

2. 3–16 실습과제의 전기시퀀스회로에서 s2가 동작하면 복동실린더의 속도 변화는 어떻게 되는지 설명하시오.

3. 카운터 밸브의 용도에 대하여 기술하시오.

3-19. 제품 세척장치

<table>
<tr><td rowspan="2">실습과제명</td><td colspan="3" rowspan="2">3-19. 제품 세척장치</td><td>소요 시간</td></tr>
<tr><td>4 H</td></tr>
<tr><td>목 표</td><td colspan="4">① 4/3-way 방향 제어 밸브(중립위치 : all port block)를 사용하여 회로를 구성할 때 무부하 회로를 구성할 수 있다.
② 무부하 회로에 대하여 설명할 수 있다.
③ 스테퍼에 의한 전기 시퀀스회로를 구성할 수 있다.</td></tr>
<tr><td>기계 및 공구</td><td>재료명</td><td>규 격</td><td colspan="2">안전 및 유의사항</td></tr>
<tr><td>· 유압 펌프 유닛
· 유압실습장치
· 수공구 세트</td><td>· 복동실린더
· 릴리프 밸브
· 방향 제어 밸브 (4/3way, 2/2way solenoid valve)
· 일방향 유량 제어 밸브
· 카운터밸런스 밸브
· 압력계
· 스위치세트
· 릴레이세트
· 체크밸브 내장호스세트</td><td>φ 25×200
M6, 3/8"
M6, 3/8"

M6, 3/8"

M6, 3/8"

0∼10 MPa
2a-2b
4c형×3
21 MPa</td><td colspan="2">· 실습장치의 전원을 점검한다.
· 탱크 오일의 양 및 상태를 육안으로 점검한다.
· 전원을 투입한 후 5분 정도 무부하 운전한다.
· 실린더의 작동 공간에 장애물이 없어야 한다.
· 호스의 연결과 제거 방법을 알아야 한다.
· 일상점검을 통하여 장비와 공구를 유지 관리한다.
· 산업안전법규를 준수한다.</td></tr>
</table>

장치 설명

1. 그물망 상자에 담긴 열처리된 제품을 세척 통에서 세척하려고 한다.
2. START 스위치를 누르면 복동실린더가 전진하여 그물망 상자 안의 제품을 세척 작업한다.
3. 복동실린더가 전진 완료하면 소재가 1차 세척되고 후진 과정에서 실린더의 중간 부분에 설치되어 있는 리미트 스위치(혹은 비접촉형 센서)가 작동되면 다시 전진하여 2차 세척작업을 실시한다.
4. 2차 세척작업이 완료되면 후진 운동을 완료한다.
5. 복동실린더의 전진 속도 제어는 미터-인 방식으로 구성한다.

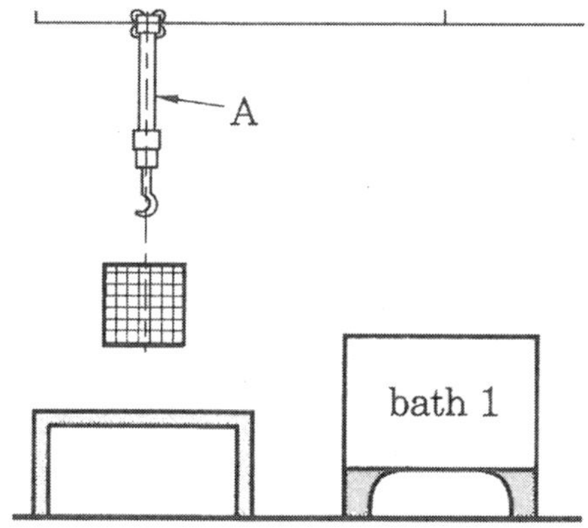

그림 3.19.1 제품 세척장치

관련 이론

1. 무부하(unload) 회로

무부하 회로는 현재 작업과 다음 작업의 시간 공백이 커질 때 펌프를 멈추지 않고 다음 작업 준비할 때 소비동력을 줄이려는 목적으로 사용한다.

정지시간이 길면 펌프를 멈추고 다음 작업이 시작될 때 다시 동작시키면 되겠지만, 그렇게 할 수 없는 상황에서 고압의 작동유를 계속해서 동작시키면 펌프에 과부하가 생길 수 있고 소요 동력의 손실을 가져오게 된다. 이런 동력 손실을 방지할 때 사용하는 회로를 무부하 회로라 하고, 단락회로, 4/3-WAY 방향 제어 밸브(중립위치 : tandem center)사용 회로, 언로드 밸브 사용 회로 등의 회로를 사용한다.

그림 3.19.2는 4/3-way 방향 제어 밸브(올포트블록)를 사용했을 경우 무부하 회로구성이 어려우므로 릴리프 밸브와 4/3-way 방향 제어 밸브를 사용하여 무부하 회로를 구성하였다.

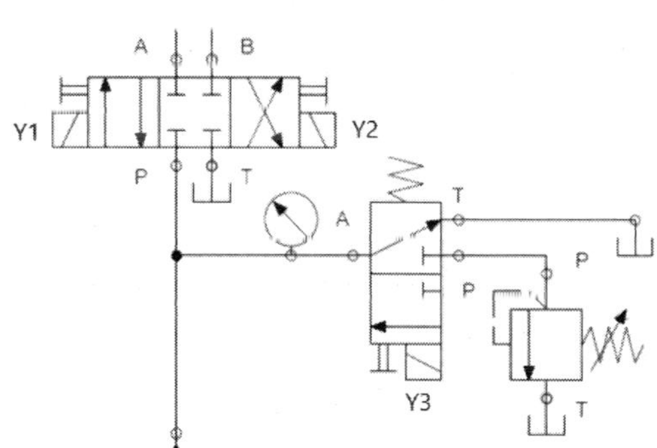

그림 3.19.2 무부하 회로의 사용 예

실습 순서

1. 실습 준비

(1) 주어진 과제와 실습 목표를 이해한다.
(2) 실습에 필요한 유압 부품을 준비한다.
(3) 시험 운전하기 전까지 실습 장치의 전원은 차단한다.

2. 유압 부품 선정 및 배치

(1) 제시된 회로도를 사용하여 부품을 선정하게 한다.
(2) 각각의 부품에 표시된 기호와 일치 여부를 확인한다.
(3) 부품의 배치는 서로 방해되지 않도록 충분히 간격을 두고 배치한다.

3. 유압 배관

(1) 유압이 원활하게 전달되도록 적당한 길이의 호스를 사용한다.
(2) 회로도를 참고하여 각 기호의 연결구 번호와 유압 부품에 표시되어 있는 연결구 번호를 확인하여 정확한 연결구에 연결한다.

4. 전기회로 구성

(1) 선정된 전기 스위치, 릴레이 등과 솔레노이드 밸브를 전기회로와 같이 배선한다.
(2) 회로도의 접점과 양극, 음극을 확인하여 정확히 연결한다.

5. 동작 확인 시험 운전

(1) 제시된 회로를 사용하여 유압 회로를 구성한다.
(2) 릴리프 밸브의 상태를 확인하고 유압 펌프를 가동한다.
(3) 릴리프 밸브의 조절 핸들을 시계방향으로 회전시켜 설정 압력을 5 MPa로 설정한다. (카운터밸런스밸브의 압력은 3 MPa로 설정한다)
(4) 전기회로에 전원을 투입하고 START스위치를 누른 후 동작을 확인한다.
(5) 복동실린더가 1차 세척하고 후진할 때 2차 세척을 실시하는지 확인한다.
(6) 릴리프 밸브를 완전히 개방한 후 유압 펌프를 정지시킨다.

6. 정리 정돈

(1) 실습 장치에 전기를 차단하여 유압 펌프를 정지시킨다.
(2) 유압 호스를 제거하여 정리한다.
(3) 실린더, 밸브 등 사용된 부품을 제거하여 정리한다.

실습과제명	3-19. 제품 세척장치	소요시간 : 4 H

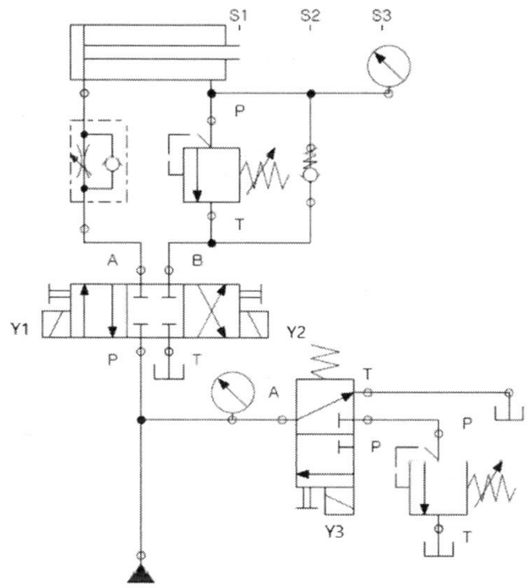

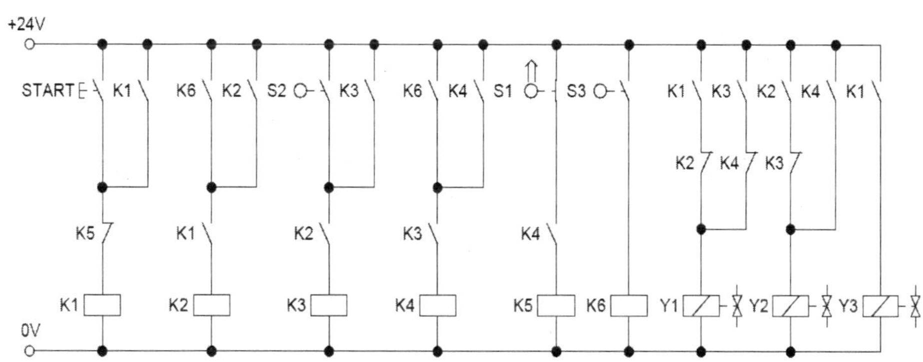

평가자 :	1회 평가 :
	2회 평가 :
	3회 평가 :

평가항목	우수	양호	부진
1. 부품 선정			
2. 부품 배치			
3. 배관			
4. 회로 동작			
5. 질문지			
6. 안전사항			

3-19 질문지 평가

1. 다음에 제시된 4/3-way 밸브의 중립위치의 명칭을 써 보시오.

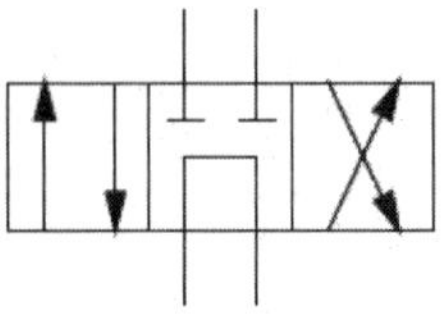

( )

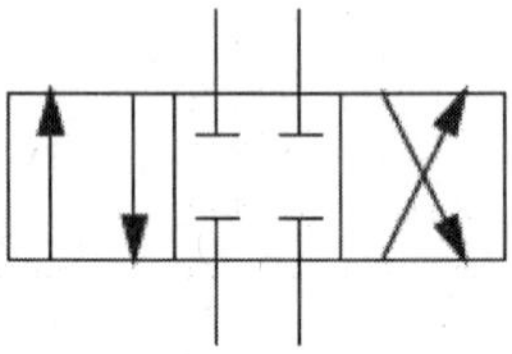

( )

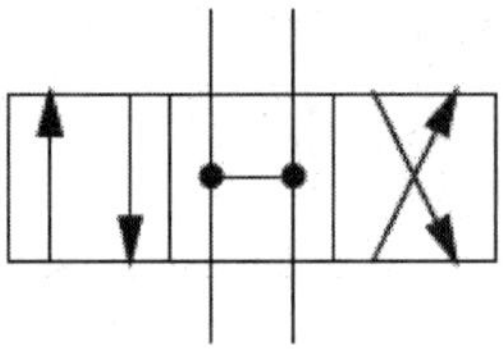

( )

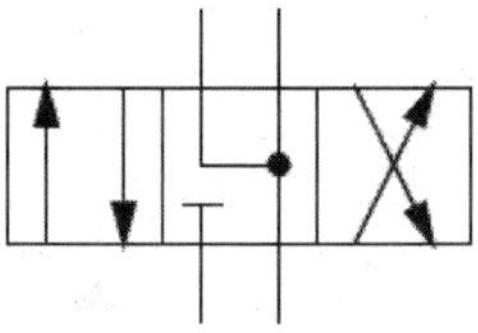

( )

2. 아래의 유압회로도는 전환밸브에 의한 무부하 회로이다. 무부하 회로를 구성하는 데 적합한 밸브의 기호를 그려 보시오.

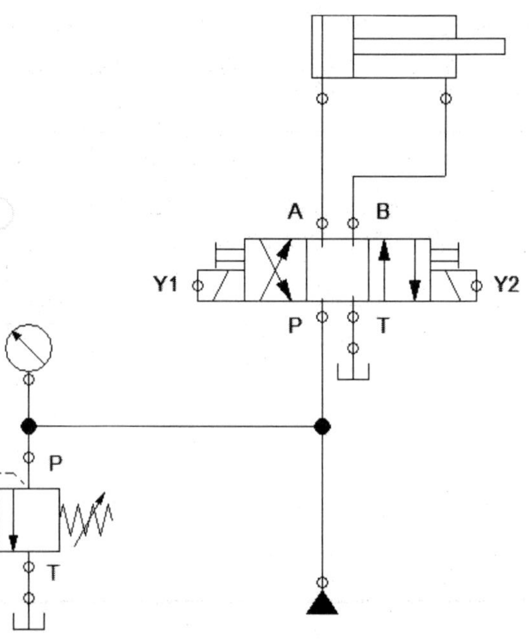

3-20. 유압모터 정역회로

실습과제명	3-20. 유압모터 정역회로			소요 시간
				4 H
목 표	① 유압모터의 정/역회전 회로를 구성할 수 있다. ② 타이머의 작동 원리를 설명할 수 있다.			
기계 및 공구	재료명	규 격	안전 및 유의사항	
· 유압 펌프 유닛 · 유압실습장치 · 수공구 세트	· 유압모터 · 릴리프 밸브 · 방향 제어 밸브 (4/2way solenoid valve) · 일방향 유량 제어 밸브 · 입력계 · 스위치세트 · 릴레이세트 · 타임릴레이세트 · 체크밸브 내장호스세트	1.5 kW M6, 3/8" M6, 3/8" M6, 3/8" 0~10 MPa 2a-2b 4c형×3 ON/OFF delay 21 MPa	· 실습장치의 전원을 점검한다. · 탱크 오일의 양 및 상태를 육안으로 점검한다. · 전원을 투입한 후 5분 정도 무부하 운전한다. · 실린더의 작동 공간에 장애물이 없어야 한다. · 호스의 연결과 제거 방법을 알아야 한다. · 일상점검을 통하여 장비와 공구를 유지 관리한다. · 산업안전법규를 준수한다.	

관련 지식

1. 타이머 회로

복동실린더를 전진시킨 후 설정된 시간이 지난 후에 복귀시키는 회로는 자동화 장치나 기계에서 종종 볼 수 있다. 이 같은 경우는 타이머를 사용하여 실린더의 복귀시간을 제어할 수 있다.

그림 3.20.1은 푸시버튼 스위치 PB1을 누르면 실린더가 전진하게 된다. 전진 완료 위치에서 리미트스위치 LS2가 감지되면 타이머를 동작시킨다. 이때 타이머에 설정된 시간 경과 후에 타이머 접점을 ON시켜 그 신호에 의해 릴레이 K3을 ON시켜 실린더가 후진하는 회로이다.

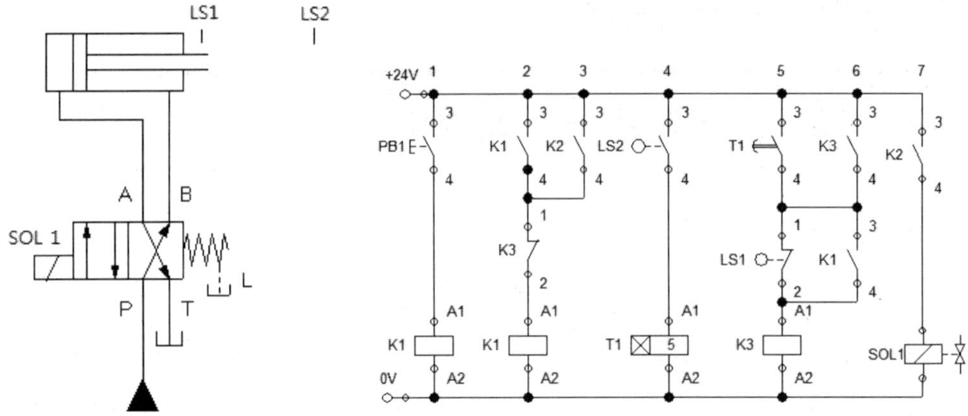

그림 3.20.1 실린더 후진 시간 지연회로

2. 인터록(inter-lock) 회로

기기의 보호나 작업자의 안전을 위해 관련된 기기의 동작을 금지하는 회로를 인터록 회로라 한다.

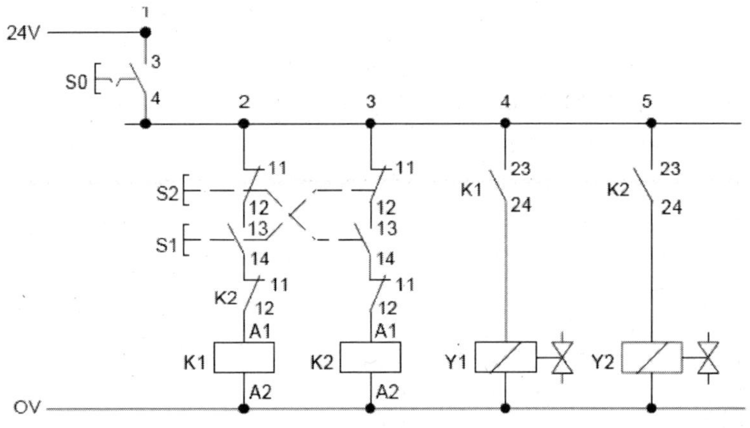

그림 3.20.2 인터록 회로

인터록은 릴레이의 b접점을 상대측 회로에 직렬로 연결하여 어느 한 릴레이가 동작 중일 때는 관련된 다른 릴레이는 동작할 수 없도록 규제한다. 그림 3.20.2는 푸시버튼 스위치 S1이 ON되어 K1 릴레이가 동작하면 S2가 눌려도 K2 릴레이는 동작할 수 없다. 또는 S2가 먼저 입력되어 K2가 동작하면 K1 릴레이는 역시 동작할 수 없다.

3. 유압모터

(1) 유압모터의 동력

유압 펌프는 외력에 의해 구동되면 그 토출구로부터 유압유가 토출되고, 반대로 그 토출구에 기름을 압입하면 회전력을 얻게 되어, 원리적으로는 유압모터로서 작동한다.

기본식은

$$L = \frac{2\pi TN}{60 \times 100 \times 75} \fallingdotseq \frac{TN}{71{,}620} \ (PS)$$

$$L = \frac{qNP}{60 \times 100 \times 75} \ (PS)$$

$$T = \frac{qP}{2\pi} \ (kgf \cdot m)$$

$$\text{각 가속도} = \frac{T}{J} \ (rad/sec^2)$$

$$\text{정정시간} = \frac{2\pi NJ}{60 \times T} \ (sec)$$

여기서, L : 유압모터의 마력(PS)

N : 유압모터의 회전수(rpm)

T : 유압모터의 출력 토크(kgf · m)

P : 작동유의 압력(kgf/cm^2)

q : 유압모터의 1회전당 배출량(m^3/rev)

J : 회전부 관성능률($kg \cdot cm \cdot sec^2$)

정정시간 : 최대 공급 압력 시, 무부하 유압모터를 정지 상태에서 최대 연속운동 속도까지 가속하는 데 필요한 시간을 말한다. 위 식들은 어느 것이나 효율이 100%로 가정한 계산식이다.

(2) 유압모터의 종류

유압모터 중 구조면에서 가장 간단하며 출력 토크가 일정하고, 또한 정회전과 역회전이 가능하다.

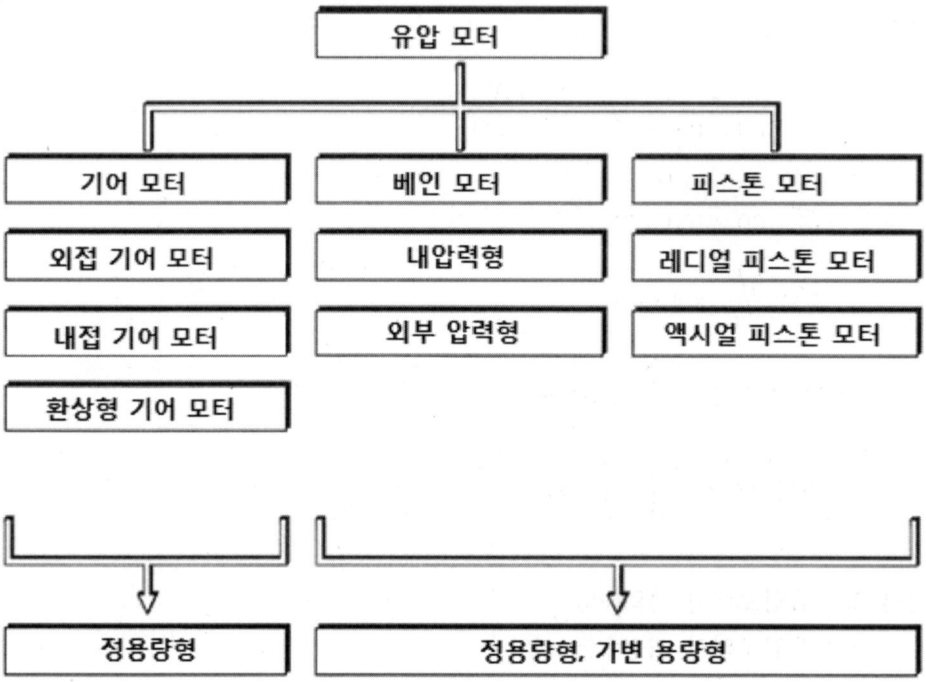

그림 3.20.3 유압모터의 종류

(3) 유압모터의 선정법

유압모터의 종류별 특성과 장단점을 잘 파악하여 사용목적에 가장 적합한 선택을 하는 것이 중요하다. 그 이유는 기계수명과 그 장치의 정확한 기능과 직접 연관이 있기 때문이다.

1) 유압모터의 장·단점

▶ 장점

- 소형 경량으로서 큰 출력을 낼 수 있고 고속 차종에 적당하다.
- 속도나 방향의 제어가 용이하여 릴리프 밸브를 달면 기구적 손상을 주지 않고 급속 정지시킬 수 있다.
- 시동, 정지, 역전, 변속은 metering valve 또는 가변 토출 펌프에 의하여 간단히 제어할 수 있다.
- 종이나 전선의 권취기와 같이 토크 제어의 기계에 사용하면 편리하다.

- 나사고정식 기계와 같이 최대 토크를 제한하려는 기계의 구동에 사용하면 편리하다.
- 2개의 배관만을 사용해도 되므로 내폭성이 우수하다.

▶ 단점
- 작동유 내에 먼지나 공기가 침입하지 않도록, 특히 보수에 주의하지 않으면 안 된다.
- 수명은 사용 조건에 따라 다르다. 보통 지정시간을 사용한 다음에는 분해 검사하는 것이 좋다.
- 작동유는 인화하기 쉬우므로 화재의 위험이 있는 곳에서의 사용은 매우 곤란하다.
- 작동유의 점도 변화에 의해서 사용에 제약을 받는다.

2) 유압모터의 선택 순서

사용목적에 적합한 유압모터를 선정하고 그 회로를 결정하는 순서는 다음과 같다.

a) 부하 특성, 즉 부하 토크와 속도의 관계를 조사 후 선정한다.

b) 부하의 조건을 충족시키는 유압모터를 선정한다.

c) 부하 토크와 유압모터의 크기에서 작동 압력이 정해지고 배관, 부품의 강도를 검토 후 선정한다.

d) 유압모터 속도에서 유량이 정해지고 배관이나 부품, 유로의 안 지름의 크기를 선정한다.

e) 구하는 압력, 유량을 기초로 하여 릴리프 밸브, 체크밸브, 방향 제어 밸브, 여과기, 어큐뮬레이터 등의 부속 기기를 선정하여 유압모터 회로를 결정한다.

실습 순서

1. 실습 준비

(1) 주어진 과제와 실습 목표를 이해한다.

(2) 실습에 필요한 유압 부품을 준비한다.

(3) 시험 운전하기 전까지 실습 장치의 전원은 차단한다.

2. 유압 부품 선정 및 배치

(1) 제시된 회로도를 사용하여 부품을 선정하게 한다.

(2) 각각의 부품에 표시된 기호와 일치 여부를 확인한다.

(3) 부품의 배치는 서로 방해되지 않도록 충분히 간격을 두고 배치한다.

3. 유압 배관

(1) 유압이 원활하게 전달되도록 적당한 길이의 호스를 사용한다.
(2) 회로도를 참고하여 각 기호의 연결구 번호와 유압 부품에 표시되어 있는 연결구 번호를 확인하여 정확한 연결구에 연결한다.

4. 전기회로 구성

(1) 선정된 전기 스위치, 릴레이 등과 솔레노이드 밸브를 전기회로와 같이 배선한다.
(2) 회로도의 접점과 양극, 음극을 확인하여 정확히 연결한다.

5. 동작 확인 시험 운전

(1) 제시된 회로를 사용하여 유압 회로를 구성한다.
(2) 릴리프 밸브 ③을 확인하고 유압 펌프를 가동한다.
(3) 릴리프 밸브 ③의 조절 핸들을 시계방향으로 회전시켜 설정 압력을 30 MPa로 설정한다.
(4) 전기회로에 전원을 투입하고 PB1을 누른 후 동작을 확인한다.
(5) 릴리프 밸브 ③을 완전히 개방한 후 유압 펌프를 정지시킨다.

6. 정리 정돈

(1) 실습 장치에 전기를 차단하여 유압 펌프를 정지시킨다.
(2) 유압 호스를 제거하여 정리한다.
(3) 실린더, 밸브 등 사용된 부품을 제거하여 정리한다.

실습과제명	3-20. 유압모터 정역회로(유압회로)	소요시간 : 4 H

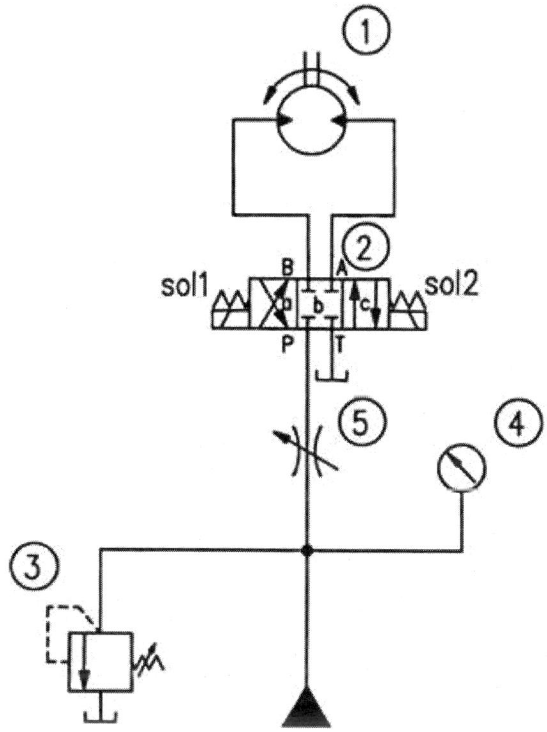

평가자 :	1회 평가 :
	2회 평가 :
	3회 평가 :

평가항목	우수	양호	부진
1. 부품 선성			
2. 부품 배치			
3. 배관			
4. 회로 동작			
5. 질문지			
6. 안전사항			

실습과제명	3-20. 유압모터 정역회로(전기회로)	소요시간 : 4 H

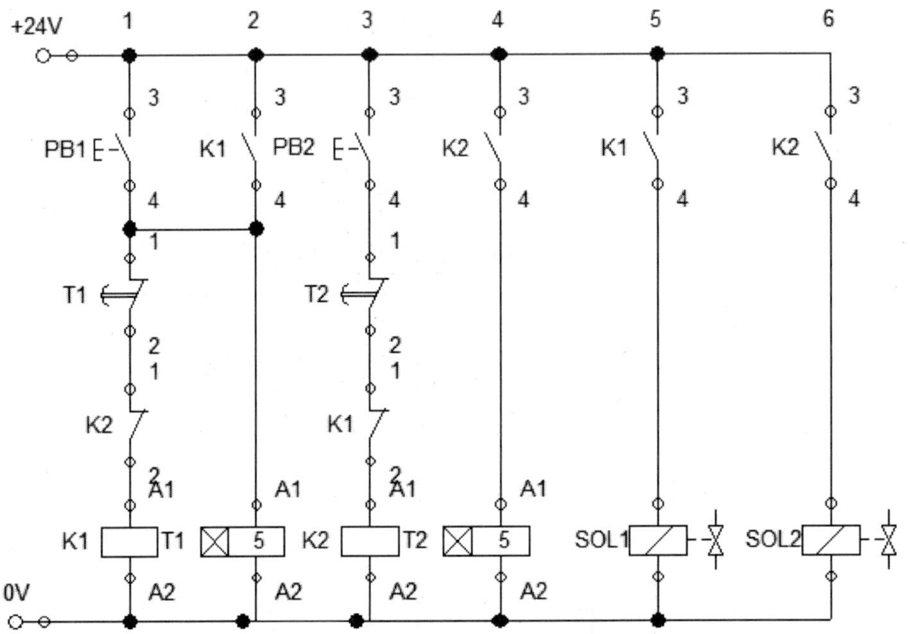

평가자 :	1회 평가 :
	2회 평가 :
	3회 평가 :

평가항목	우수	양호	부진
1. 부품 선정			
2. 부품 배치			
3. 배관			
4. 회로 동작			
5. 질문지			
6. 안전사항			

3-20 질문지 평가

1. 유압모터의 종류를 구분하였다. 빈칸을 채우시오.

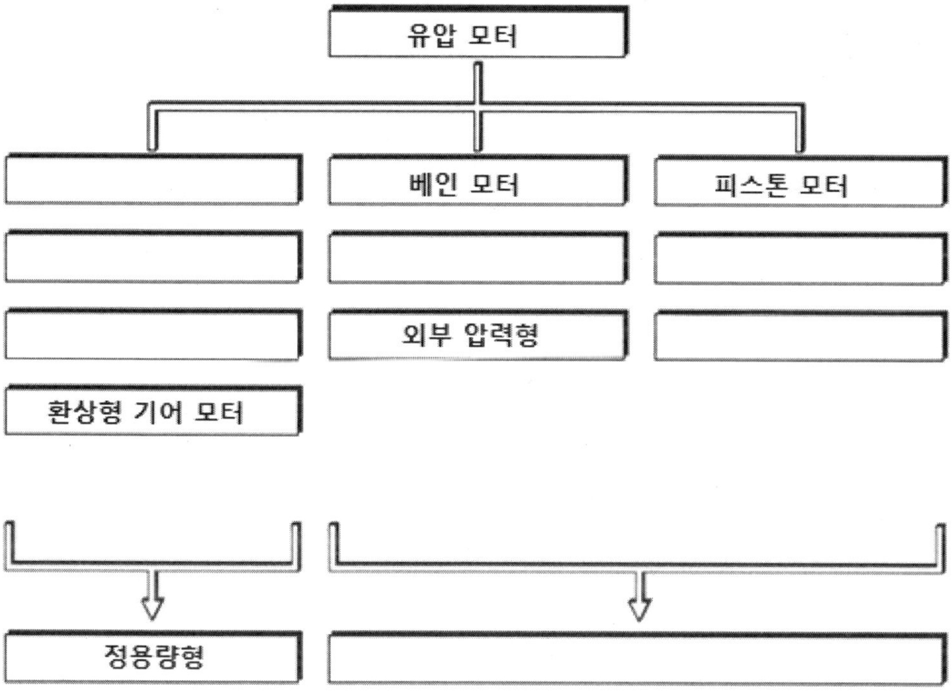

2. 다음 기호의 명칭을 쓰시오.

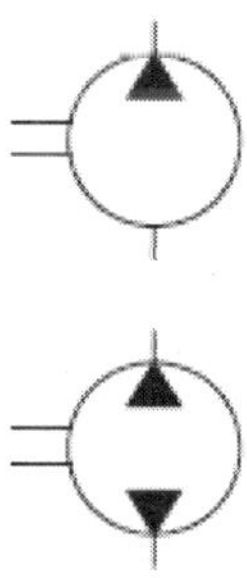

CHAPTER 04

유지보수 하기

4-1. 공압 시스템 점검하기

실습과제명	4-1. 공압 시스템 점검하기		소요 시간 4 H
목 표	① 공기압 발생장치를 점검할 수 있다. ② 공기압 시스템의 요소를 설명할 수 있고 장치 이상 유무를 판단할 수 있다. ③ 공기압 시스템의 요소를 점검할 수 있다.		
기계 및 공구	재료명	규 격	안전 및 유의사항
· 공기 압축기 · 공압실습장치 · 수공구 세트	· 복동실린더 · 5/2-way 방향 제어 밸브 (double solenoid type) · 푸시버튼 스위치세트 (3/2-way valve) · 릴레이세트 · 공압튜브 · 전기케이블 세트	ϕ 25×125 m5, 1/8" 2a-2b 4C형×3 ϕ 4, ϕ 6	· 공급되는 압축공기의 압력을 600 [kPa]로 조절한다. · 배관할 때 압축공기의 공급을 차단한다. · 튜브를 정확히 연결하여 공기의 누설을 방지한다. · 실린더의 작동 공간에 장애물이 없어야 한다. · 튜브의 연결과 제거 방법을 알아야 한다. · 전기 배선시 전원공급이 차단되어야 한다. · 합선되었을 때 전원을 즉시 차단하고 전기 배선을 점검한다. · 일상점검을 통하여 장비와 공구를 유지 관리한다. · 산업안전법규를 준수한다.

관련 지식

1. 공압장치의 구성

공압장치는 압축공기를 생산하는 동력원과 공기압 발생장치, 양질의 공기를 만들어주는 공기 청정화 장치, 액추에이터에 공급되는 공기의 흐름 방향, 속도, 공기 압력의 크기를 조절하는 제어부와 일을 수행하는 구동부로 구성되어 있다.

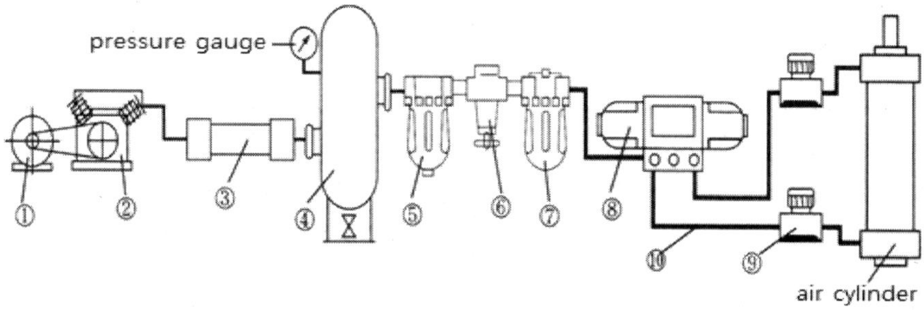

그림 4.1.1 공압시스템의 구성

(1) 동력원(power unit) : 공기 압축기를 구동하기 위한 전기 모터, 기타 동력원.
(2) 공기 압축기(air compressor) : 압축공기의 생산.
(3) 애프터 쿨러(after cooler) : 공기 압축기에서 생산된 고온의 공기를 냉각.
(4) 공기탱크(air tank) : 압축공기를 저장하는 일정 크기의 용기.
(5) 공기 필터(air filter) : 공기 중의 먼지나 수분을 제거하여 압축공기를 양질화.
(6) 압력 조절기(air regulator) : 감압 밸브가 주로 사용되며 장치에 사용 압력 공급.
(7) 윤활기(lubricator) : 밸브나 액추에이터의 원활한 작동을 위한 윤활유 공급.
(8) 방향 제어 밸브(directional control valve) : 압축공기의 흐름 방향을 변화시킴.
(9) 유량 제어 밸브(flow control valve) : 액추에이터에 공급되는 공기의 양을 증감하여 액추에이터의 속도 조절에 사용됨.
(10) 배관(pipe) : 압축공기를 각 공기압 요소에 전달함.
(11) 압력 게이지(pressure gauge) : 설정된 압력을 지시함.
(12) 공기압 실린더 (air cylinder) : 압축공기 에너지에 의해 일을 함.

그림 4.1.1에서의 구동 순서를 보면, 전동기(power unit)에 의해 구동된 공기 압축기(air compressor)가 압축공기를 생산하여(압축공기의 생산 과정에서 공기는 고온이 됨) 애프터 쿨러를 거쳐 공기탱크(air tank)에 저장된다. 다음 배관(pipe)을 통하여 필터(air filter)를 거치면서 먼지와 수분을 제거하여 양질의 압축공기가 된다. 압력 조절기(air regulator)를 통하여 사용 압력(공기 압축기에서 생산된 공기 압력보다 낮은 압력)으로 감압되어 안정된 압력을 갖게 된다. 이어서 윤활기(lubricator)를 거쳐(공기 압력 차이를 이용하여 에어로졸 상태의 오일과 섞임) 방향 제어 밸브(directional control valve)와 유량 제어 밸브(flow control valve)의 제어에 의해 공기압 실린더의 전진 혹은 후진이 일어난다.

2. 점검사항

(1) 공기 압축기(피스톤형)

점검개소	점검내용	점검 주기			
		매일	100~200 시간	400~600 시간	1200 시간 이상
유면계	유량 점검	O			
이상 소음, 진동	확인 점검	O			
에어 탱크	드레인 유무				O
흡입 스트레이너	청결상태, 오일 상태		O		
V 벨트	장력				O
윤활장치	먼지, 때			O	O
압력스위치	작동상태 점검	O			
안전 밸브	작동상태 점검	O			
에어 누설	확인 점검	O			
압력 게이지	확인 점검				O
볼트, 너트	조임 상태 점검			O	

(2) 공기 청정화 기기

1) 에어필터 교환 기준, 점검사항

a) 필터 엘리먼트 교환

- 1차측과 2차측의 압력차가 0.1 MPa에 도달했을 때
- 압력차가 발생하지 않아도 사용 후 2년이 되었을 때

b) 점검 사항

- 외부 누설, 케이스 파손 여부
- 드레인 배출기구 동작 상태 점검

2) 에어 레귤레이터 점검 사항

a) 밸브 본체의 작동 여부

b) 밸브 스프링 동작 상태

c) 압력 설정 기능 상태, 릴리프 기능

3) 루브리케이터 점검사항

a) 적하량 점검 : 설비 작동 후

b) 케이스 내부 기름의 상태(드레인 혼입 여부)
c) 케이스 내에서 2차 누설 여부
d) 2차측 에어의 역류 여부

(3) 솔레노이드 밸브 점검 사항

1) 파일럿 밸브의 전환 여부
2) 밸브의 배기구에서 에어 누설 여부
3) 가스켓 부분의 에어 누설 여부
4) 전원 투입 후 이상 소음 발생 여부

(4) 에어 실린더 점검 사항

1) 실린더 설치 볼트, 너트 조임 상태
2) 실린더 설치 프레임 설치 상태
3) 로드 끝부분, 타이로드, 볼트 류의 조임상태
4) 로드 외부에 파손, 마찰 흔적 여부
5) 실린더 동작 상태
6) 실린더 내의 공기 외부 누설 여부
7) 스트로크의 이상 유무

실습 순서

1. 실습 준비

(1) 주어진 과제와 실습 목표를 이해한다.
(2) 압축공기 공급 장치를 개방하여 실습 준비한다.
(3) 시험 운전하기 전까지 실습 장치의 공압은 차단 밸브에 의해 차단한다.

2. 공압 부품 선정

(1) 제시된 회로도를 사용하여 부품을 선정하게 한다.
(2) 각각의 부품에 표시된 기호와 일치 여부를 확인한다.

3. 공압 부품 배치

(1) 부품의 배치는 서로 방해되지 않도록 충분히 간격을 두고 배치한다.
(2) 부품의 배치는 회로도와 같은 위치에 배치한다.

4. 공압 배관

(1) 공압이 원활하게 전달되도록 적당한 길이의 튜브를 사용한다.

(2) 회로도를 참고하여 각 기호의 연결구 번호와 공압 부품에 표시되어 있는 연결구 번호를 확인하여 정확한 연결구에 연결한다.

(3) 튜브는 연결구 내의 체크밸브를 통과할 수 있도록 완전하게 연결한다.

5. 동작 확인 시험 운전

(1) 공기 압축기를 육안 점검한다.

(2) 공압 청정화 기기를 육안 점검한다.

(3) 공압 서비스유닛의 동작 상태를 확인한다.

(4) 압력조절기의 압력을 500 kPa로 설정한다.

(5) 복동실린더를 작동할 수 있도록 전기회로를 구성한다.

(6) 실린더를 왕복 운동시키면서 밸브, 실린더의 이상 유무를 점검한다.

6. 정리 정돈

(1) 실습장치의 차단 밸브를 닫아서 압축공기 공급을 차단한다.

(2) 공압 튜브를 제거하여 정리한다.

(3) 실린더, 밸브 등 사용된 부품을 제거하여 정리한다.

실습과제명	4-1. 공압 시스템 점검하기	소요시간 : 4 H

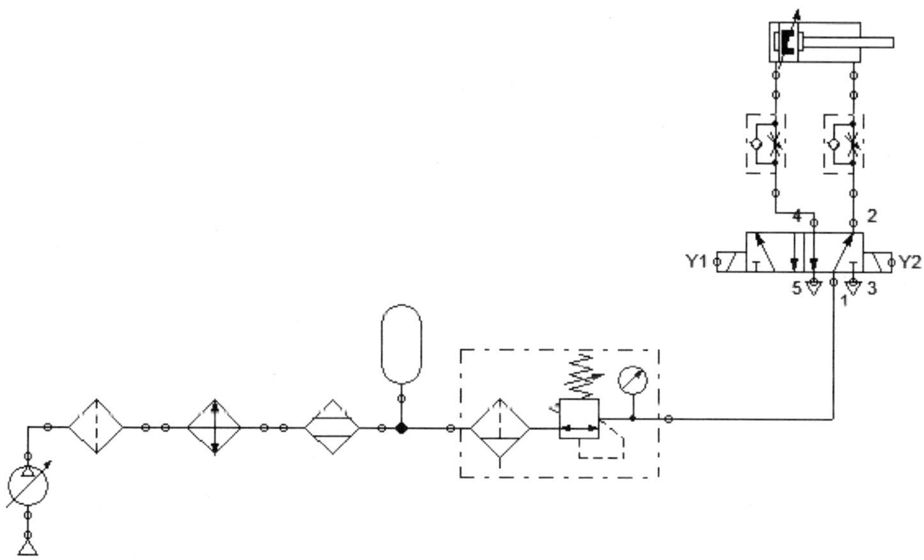

평가자 :	1회 평가 :
	2회 평가 :
	3회 평가 :

평가항목	우수	양호	부진
1. 부품 선정			
2. 부품 배치			
3. 배관			
4. 회로 동작			
5. 질문지			
6. 안전사항			

4-1 질문지 평가

1. 에어실린더 사용할 때의 점검사항을 4가지 이상 쓰시오.

1) 실린더 설치 볼트, 너트 조임 상태

2)

3) 로드 끝부분, 타이로드, 볼트류의 조임상태

4)

5)

6)

7) 스트로크의 이상 유

2. 아래 회로도에 표시된 기호의 명칭을 쓰시오.

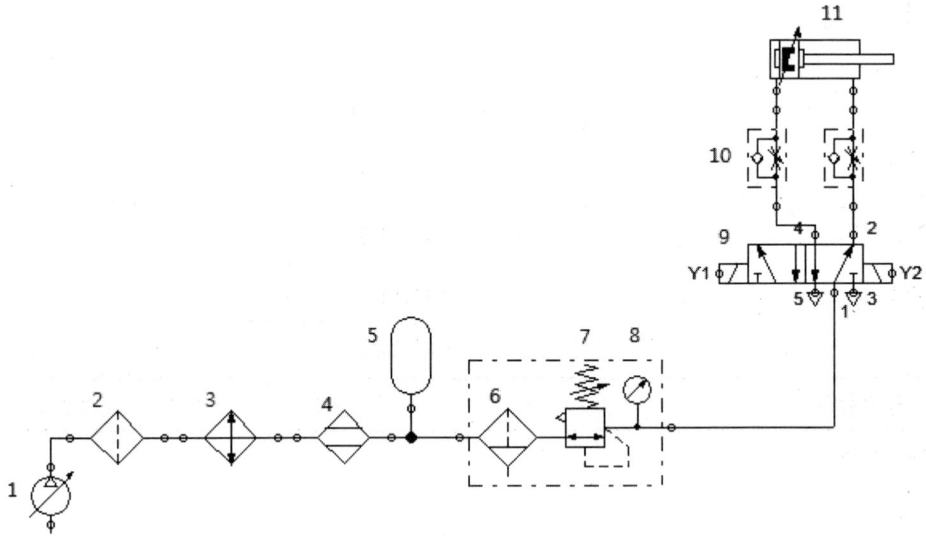

1.

2.

3.

4.

5.

6.

7.

8.

9.

10.

11.

4-2. 유압 시스템 점검하기

<table>
<tr><th rowspan="2">실습과제명</th><th colspan="2" rowspan="2">4-2. 유압 시스템 점검하기</th><th>소요 시간</th></tr>
<tr><th>4 H</th></tr>
<tr><td>목 표</td><td colspan="3">① 유압 발생장치를 점검할 수 있다.
② 유압 시스템의 요소를 설명할 수 있고 장치 이상 유무를 판단할 수 있다.
③ 유압 시스템의 요소를 점검할 수 있다.</td></tr>
<tr><th>기계 및 공구</th><th>재료명</th><th>규 격</th><th>안전 및 유의사항</th></tr>
<tr><td>· 유압 펌프 유닛
· 유압실습장치
· 수공구 세트</td><td>· 복동실린더
· 3/2-way 방향 제어 밸브
· 릴리프 밸브
· 일방향 유량 제어 밸브
· 압력게이지
· 유압 호스</td><td>φ 25×200
m6, 3/8"

m6, 3/8"
m6, 3/8"

0∼10 MPa
21 MPa</td><td>· 실습장치의 전원을 점검한다.
· 탱크 오일의 양 및 상태를 육안으로 점검한다.
· 전원을 투입한 후 5분 정도 무부하 운전한다.
· 실린더의 작동 공간에 장애물이 없어야 한다.
· 호스의 연결과 제거 방법을 알아야 한다.
· 일상점검을 통하여 장비와 공구를 유지 관리한다.
· 산업안전법규를 준수한다.</td></tr>
</table>

관련 지식

1. 유압 장치 점검

유압 장치의 이상은 대부분 압력조정 장치의 이상과 관계가 있다. 즉 릴리프 밸브의 설정 압력 이상, 배관의 이완에 의한 기름 누출, 탱크의 유면 저하, 공기의 혼입 등이다. 유압 장치의 이상 발견을 위해서는 일상점검과 일정 기간마다 점검하는 방법이 있다. 유압 장치를 관리하기 위하여 일상점검과 정기점검은 표준화하여 정기적으로 실행할 필요가 있다.

표 4.2.1 An example daily inspection

No.	Check parts	Check list	Check points
1	tanks (including hydraulic)	flow	regulatory level meter is located
		oil temperature	suitable for oil temperature range
		leakage	visual inspection of Side tank, flow meter, vent hole
2	hydraulic pump	shaft coupling	tightening conditions, wear Powder
		temperature	optimum temperature
		sound	compared with the normal sounds
		leakage	shaft sealing portion, connecting case
3	pressure gauge	Indication	In the operating status of the pump & valve pressure regulation
4	suction strainer	closure	confirmation by Vacuum gauge, indicator
5	solenoid valve	sound	noise over
		temperature	optimum temperature
		leakage	connection joints leak
6	cylinder	operating	operating speed, eccentric presence, instability, jams
		leakage	packing, whether partial seal leaks
7	relief valve	sound	chattering
		leakage	connection joints leak
8	pipe	leakage	whether pipe joints leak
		sound	vibration of piping, piping support mechanism
		condition	hose external damage, distortion, leakage
9	oil cooler	leaks	In the presence of water mixed into the oil tank
		closure	meter, oil temperature system, check the drain cooler capacity

2. 일상점검

일상점검은 정밀 측정기를 사용하지 않고 눈과 귀 그리고 촉각으로 할 수 있으며 누구나 단시간에 할 수 있어야 한다. 유압 장치의 점검 항목은 외부의 오염, 기름 누출, 진동, 소음, 이상음, 유온 상승, 유량 등이 있다.

3. 정기점검

정기점검의 항목과 주기는 각 장치의 고장과 손실의 크기, 과거의 고장 사례와 일상점검 결과에 의해 다르다. 일반적인 정기점검 항목은 작동유의 오염도, 필터의 오염, 부착 볼트의 풀림, 실(seal)이나 패킹의 열화 등이다.

(1) 정기점검의 개요

- 펌프의 수명진단
- 작동유의 오염상태 정기적 확인
- 플렉시블 호스의 정기 교환

4. 유압 펌프의 점검

유압 펌프는 조작이나 보관 관리에 사전 유의하여 운전하면 거의 고장을 방지할 수 있다. 취급상의 착오 때문에 일어나는 고장에 대한 주의 사항은 다음과 같다.

(1) 유압 펌프를 처음으로 시동할 경우

1) 차가운 펌프에 뜨거운 작동유를 사용하여 시동해서는 안 된다.
2) 신품인 베인 펌프는 압력을 걸어 시동하고, 최초 5분 정도는 간헐적으로 작동시켜 길들여야 한다.
3) 시동 전에 회전 상태를 검사하여 플렉시블 캠링의 회선 방향과 설치 위치를 정확히 해둔다. 그리고 필요한 곳에 주유되어 있는가를 확인한다.
4) 릴리프 밸브의 조정 나사의 위치를 바꾸지 않고 운전해 본 다음 릴리프 밸브를 사용하여 최고 압력에 설정하고 유압장치의 상태를 조사한다.
5) 작동유는 적절한 정도로 맑고 깨끗하게 해야 한다.

(2) 유압 펌프의 흡입구에서 캐비테이션(cavitation)

유압 펌프의 흡입 저항이 크면 캐비테이션이 일어나기 쉽다. 이 때문에 펌프의 용적 특성이 영향을 받아 유압 기기가 불규칙적으로 운동한다. 그러므로 캐비테이션에 의하여 오일이 증발하여 유압 펌프의 가압 행정에서 오일을 급격히 압축하므로 오일의 손상을 빠르게 하거나 고온으로 펌프를 파손시킬 위험이 있다.

이를 방지하기 위하여 다음 사항에 주의해야 한다.

1) 오일 탱크의 오일 점도는 800 cSt(40,000 SSU)를 넘지 않도록 한다.
2) 흡입구의 양정을 1 m 이하로 한다.
3) 흡입관의 굵기는 유압 펌프 본체의 연결구의 크기와 같은 것을 사용한다(흡입 관로가 길어질 경우에는 보다 굵게 한다).
4) 펌프의 운전 속도에는 규정 속도 이상으로 해서는 안 된다.

(3) 펌프 운전 시 주의사항(매일 점검)

1) 배관의 연결부가 완전히 연결되고 있는지를 확인한다(누유와 공기 흡입 방지).
2) 오일 탱크 속에 이물질이 있는지 확인한다. 만약 작동유가 오염되어 있으면 다음과 같은 조치를 취해야 한다.
 - 우선 펌프와 관로 내의 오일을 완전히 빼어 오일 탱크를 깨끗이 한다.
 - 먼지나 침전물을 완전히 제거한다.
 - 필터 부품 또는 스트레이너를 교환하여 모든 장치를 두 번 이상 깨끗한 작동유로 씻는다.
 - 새 작동유를 미크론 필터나 200메시 또는 이보다 세밀한 망으로 여과시켜 오일 탱크나 펌프에 주유해야 한다.
3) 작동유의 온도는 유온계에 의해 점검한다.
4) 유면계를 통하여 탱크 유량을 점검한다.

5. 압력제어 밸브의 점검

압력제어 밸브는 주로 릴리프 밸브, 감압 밸브, 시퀀스 밸브, 안전 밸브 등으로 사용하고 있다. 작동 이상의 대부분은 규정 압력까지 상승하지 않거나 조작 압력의 불안정, 회로 상승 압력이 늦어지는 것 등이다.

(1) 압력이 상승하지 않는 경우

- 포펫이 시트와 불일치
- 포펫 또는 밸브 시트의 마모
- 포펫과 밸브 시트 사이에 먼지, 이물질이 끼어있을 때

(2) 압력이 불안정

- 포핏과 밸브 시트 사이에 먼지, 이물질이 끼어있을 때
- 밸런스 피스톤의 작동 이상
- 유압유에 공기가 혼입됨

실습 순서

1. 실습 준비

(1) 주어진 과제와 실습 목표를 이해한다.

(2) 실습에 필요한 유압 부품을 준비한다.

(3) 시험 운전하기 전까지 실습 장치의 전원은 차단한다.

2. 유압 부품 선정

(1) 제시된 회로도를 사용하여 부품을 선정하게 한다.

(2) 각각의 부품에 표시된 기호와 일치 여부를 확인한다.

3. 유압 부품 배치

(1) 부품의 배치는 서로 방해되지 않도록 충분히 간격을 두고 배치한다.

(2) 부품의 배치는 회로도와 같은 위치에 배치한다.

4. 유압 배관

(1) 유압이 원활하게 전달되도록 적당한 길이의 호스를 사용한다.

(2) 회로도를 참고하여 각 기호의 연결구 번호와 유압 부품에 표시되어 있는 연결구 번호를 확인하여 정확한 연결구에 연결한다.

(3) 호스는 연결구 내의 체크밸브를 통과할 수 있도록 완전하게 연결하고 호스 내부 압력을 제거한 후 사용한다.

5. 동작 확인 시험 운전

(1) 실습 장치에 전기를 공급하여 유압 펌프를 가동한다.

(2) 유압 동력원을 육안 점검한다.

(3) 전원을 투입하고 유압 펌프의 동작 상태, 소음, 진동을 점검한다.

(4) 유압 동력원의 릴리프 밸브 압력을 확인한다.

(5) 유압 시스템의 압력을 5 MPa로 설정한다.

(6) 릴리프 밸브의 압력을 변화시켜 유압시스템의 작동상태를 확인한다.

(7) 밸브를 작동시켜 단동실린더가 전·후진되는지 확인한다.

6. 정리 정돈

(1) 실습 장치에 전기를 차단하여 유압 펌프를 정지시킨다.

(2) 유압 호스를 제거하여 정리한다.

(3) 실린더, 밸브 등 사용된 부품을 제거하여 정리한다.

실습과제명	4-2. 유압 시스템 점검하기	소요시간 : 4 H

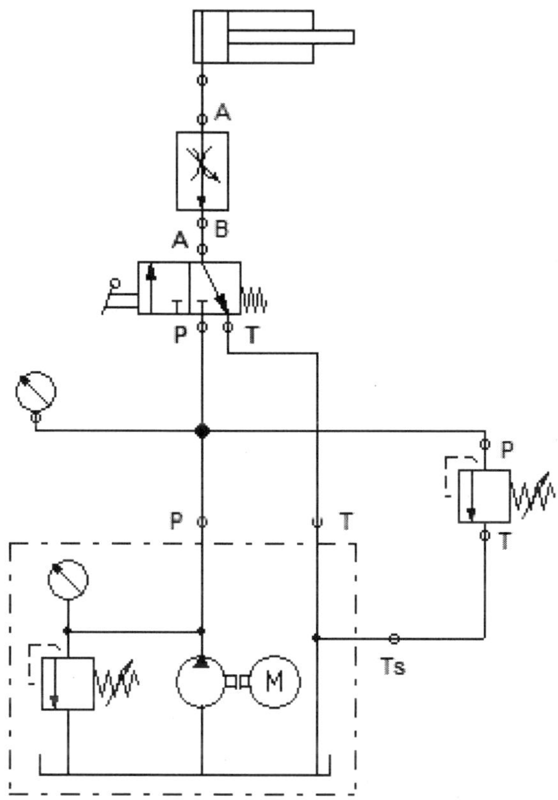

평가자 :	1회 평가 :
	2회 평가 :
	3회 평가 :

평가항목	우수	양호	부진
1. 부품 선정			
2. 부품 배치			
3 배관			
4. 회로 동작			
5. 질문지			
6. 안전사항			

4-2 질문지 평가

1. 유압 펌프에서 발생되는 캐비테이션 현상에 대하여 쓰시오.

(1) cavitation

(2) cavitation 방지 방법

2. 아래 회로의 1~6의 기호 명칭을 쓰시오.

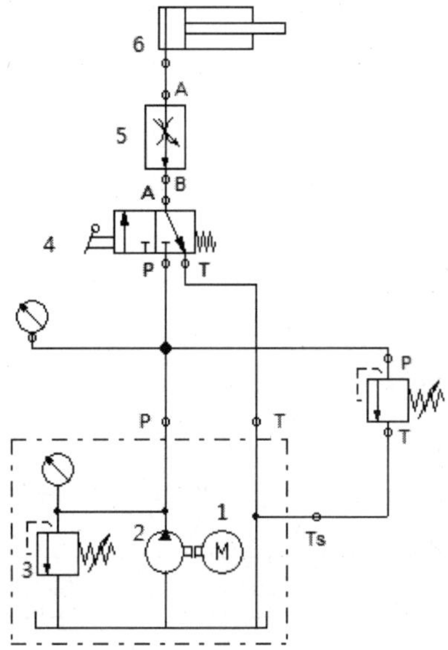

1 :

2 :

3 :

4 :

5 :

6 :

3. 다음 기호를 그리시오.

(1) 유압 펌프

(2) 스트레이너

(3) 히터

(4) 쿨러

(5) 안전 밸브

(6) 오일 탱크

(7) 4/2-way 방향 제어 밸브

(8) 일방향 유량 제어 밸브

CHAPTER 05

PLC 프로그램 연습

5-1. PLC 프로그래밍

<table>
<tr><th rowspan="2">실습과제명</th><th colspan="3" rowspan="2">5-1. PLC 프로그래밍</th><th>소요 시간</th></tr>
<tr><th>2 H</th></tr>
<tr><td>목 표</td><td colspan="4">① 소프트웨어 명령어를 이용하여 프로그램을 코딩할 수 있다.
② 입출력 주소를 설정하고 외부장치와 결선할 수 있다.
③ 내부 릴레이, 타이머, 카운터 등의 메모리를 할당할 수 있다.</td></tr>
<tr><th>기계 및 공구</th><th>재료명</th><th>규 격</th><th colspan="2">안전 및 유의사항</th></tr>
<tr><td>· 멜섹 Q PLC
· 컴퓨터
· GX-Works2 소프트웨어</td><td>· 전기케이블 세트</td><td></td><td colspan="2">· 전기 배선시 전원공급이 차단되어야 한다.
· 합선되었을 때 전원을 즉시 차단하고 전기 배선을 점검한다.
· 일상점검을 통하여 장비와 공구를 유지 관리한다.
· 산업안전법규를 준수한다.</td></tr>
</table>

관련 지식

1. PLC의 정의

PLC(Programmable Logic Controller)란 종래에 사용하던 제어반에 릴레이, 타이머, 카운터 등의 기능을 IC, 트랜지스터 등의 반도체 소자로 대체시켜 소형화하고, 기본적인 시퀀스 제어 기능에 수치 연산기능을 추가하여 프로그램 제어가 가능하도록 한 프로그램 방식의 산업용 컴퓨터로 미국전기공업협회(NEMA : Nationnal Electrical Manufacturers Association)에서는 디지털 또는 아날로그 입, 출력을 통하여 논리연산, 시퀀스 제어와 같은 특수한 기능을 수행하기 위하여 프로그램 가능한 메모리를 사용하고 여러 종류의 기계나 프로세서를 제어하는 디지털 작동의 전자 제어 장치라고 정의하고 있다. 국내에서는 1980년대 초반에 PLC가 장착된 자동화 장치가 일본, 미국, 유럽으로부터 도입되면서 PLC 사용이 시작되었으며, 현재는 LS산전에서 제작한 PLC와 외국 브랜드 중 미쯔비시사의 PLC인 멜섹Q 시리즈가 한국 산업현장에 가장 높은 점유율을 보이고 있다. 본 교재는 멜섹Q PLC를 기준으로 기술한다.

그림 5.1.1 Melsec-Q PLC

2. PLC의 표준화 및 특징

지금까지의 PLC는 제조사마다 사용 언어와 통신 네트워크방법이 서로 달라 많은 불편함을 겪어왔다. 이러한 불편함을 해소하고 PLC 사용자들에게 편리성을 주기 위해 IEC(International Electrotechnical Commission, 국제 전기 표준 회의)에서는 PLC 국제 표준화 규격을 기본 기능 및 용어 정의, 설비의 요구 기능 및 시험조건, 프로그램 언어, 사용자 지침, 통신 네트워크 등의 내용으로 5분야로 구성하여 제정하였다. IEC에서 표준화한 PLC용 언어는 두 개의 도형 기반 언어와 두 개의 문자 기반 언어 그리고 SFC로 이루어져 있다.

(1) 도형식(graphic) 언어

(가) LD(Ladder Diagram)

시퀀스 제어에서 사용하던 릴레이 로직을 표현하기 위해 만들어진 표준 언어로, 우리나라에서 많이 사용된다.

(나) FBD(Function Block Diagram)

블록화한 기능을 서로 연결하여 프로그램을 표현하는 언어로, 제어요소 간에 정보나 데이터의 흐름이 있는 시스템에서 사용된다.

(2) 문자식(text) 언어

(가) IL(Instruction List)

'니모닉, Mnemonic'이라고 불렸던 어셈블리 언어 형태를 표준화한 것으로, 주로 지멘스 또는 AB PLC 프로그램을 작성할 때 사용된다.

(나) ST(Structured Text)

파스칼(Pascal)형식의 고수준언어로 복잡한 수식계산이 필요한 시스템에서 사용된다.

(3) SFC(Sequential Function Chart)

플로우 차트(Flow Chart)와 유사한 형태이다. 프로그램이 순차적으로 전개되는 방식으로 각각의 액션들을 완전히 분리하여 표현하며, 프로그램에서 오류가 발생할 때 쉽게 수정(Debugging)이 가능하다.

3. PLC의 특징

PLC는 시퀀스 릴레이 제어, PC제어 등에 비하여 기능의 다양화, 프로그램의 고기능성 조작의 간편성, 유지보수의 편리성, 높은 신뢰성, 설치의 간편성 등이 특징이다. 아래의 표로 릴레이 제어와 PLC 제어를 비교할 수 있다.

표 5.1.1 릴레이 제어반과 PLC의 비교

No.	구분	릴레이 제어반	PLC
1	가격	저가	중저가
2	크기	대형	소형
3	처리속도	느림	빠름
4	노이즈	우수함	양호함
5	제어	복잡함	간단함
6	복합기능	없음	있음
7	기능변화	어려움	쉬움
8	유지보수	어려움	쉬움

4. PLC 하드웨어 구조 및 시스템 구성

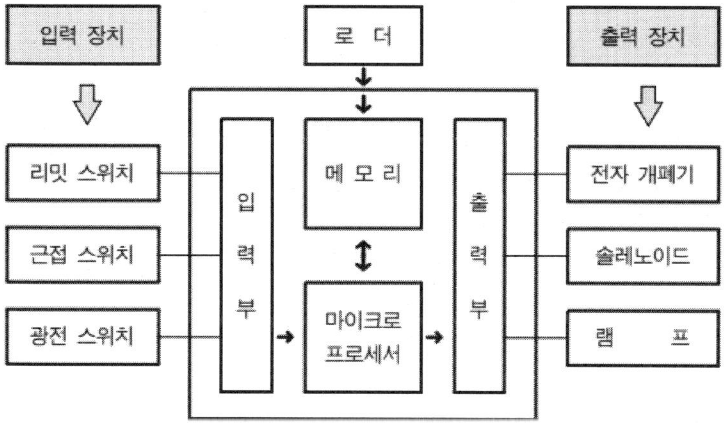

그림 5.1.2 PLC 구조

PLC는 마이크로프로세서와 메모리를 중심으로 인간의 두뇌 역할을 하는 중앙 처리 장치(CPU), 외부 기기와의 신호를 연결시켜주는 입·출력 장치, 각 장치에 전원을 공급하는 전원장치, PLC 내의 메모리에 프로그램을 기억시키거나 메모리에 기억된 내용을 읽어들이는 주변 장치로 구성되어 있다.

(1) 베이스 유닛

베이스 유닛(Base Unit)은 PLC 모듈에 필요한 전원을 공급하고, CPU와 각종 모듈 간의 전기 신호를 연결하는 역할을 한다.

(2) 전원 공급 모듈

전원 공급 모듈(Power Supply Module)은 CPU, I/O 모듈 등의 동작에 필요한 전원을 공급한다. AC220V의 전원을 받아 DC5V로 변환한다. 일부 전원 공급 모듈에는 간단한 전기회로 구성에 사용할 수 있는 DC24V의 전원 출력 단자가 있다.

(3) CPU 모듈

PLC 프로그램의 처리를 담당하는 주체로 다양한 종류의 CPU가 있다. 소규모 기계장치제어를 위한 베이직 모델과 고속처리와 시스템 확장성을 중시한 중대형 CPU인 하이 퍼포먼스 PLC 등이 대표적이다.

(4) I/O 모듈

입력 및 출력 모듈을 줄여서 I/O 모듈이라고 한다. 입력 모듈은 ON/OFF 형태의 전기 신호를 만들어내는 버튼, 스위치, 센서 등과 같은 부품을 연결하여 CPU에 입력 신호를 전달하는 모듈이다. 출력 모듈은 릴레이, 전자 접촉기, 램프, 솔레노이드와 같은 제품을 ON/OFF 하는 출력 신호를 발생시키는 모듈이다.

그 외로 특수기능 모듈이 있는데 대표적으로 아날로그 입출력, PID 온도제어, 고속카운터, 위치 결정 모듈 등이 있고, 최근 4차 산업현장 구성을 위하여 산업자동화라인을 네트워크로 연결하는데 필요한 통신 모듈이 있다.

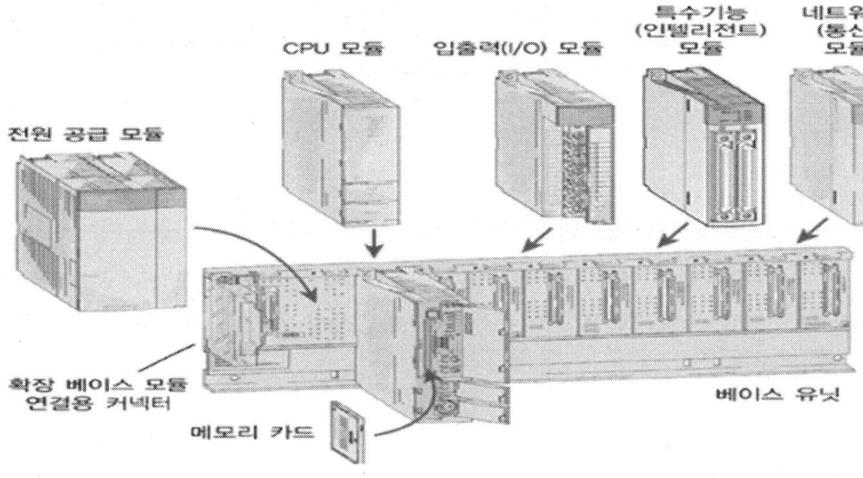

그림 5.1.3 PLC 시스템의 구성

5. 멜섹Q PLC의 디바이스

프로그램 작성에 사용되는 디바이스는 용도별로 구분되어 각각의 명칭이 부여되어 있다. 또한 디바이스는 비트 단위로 처리 가능한 비트 디바이스와, 워드 단위로 처리 가능한 워드 디바이스로 구분된다. 본 교제에서는 비트단위의 입력 디바이스인 (X) 출력 디바이스인 (Y) 내부 비트 디바이스인 (M)을 활용하여 실린더제어를 진행한다.

(1) 입력 릴레이(X)

외부 입력 릴레이(X)는 입력 유닛에 접속한 버튼, 스위치, 센서 등의 외부기기로부터의 입력신호를 CPU에서 감시 연산하기 위한 릴레이이다. 외부기기 1점에 대하여 PLC 내부에 가상의 입력 릴레이 Xn을 내장하고 있으며, PLC Program 시에 이를 활용하여 N.O, N.C접점으로 사용하면 된다.

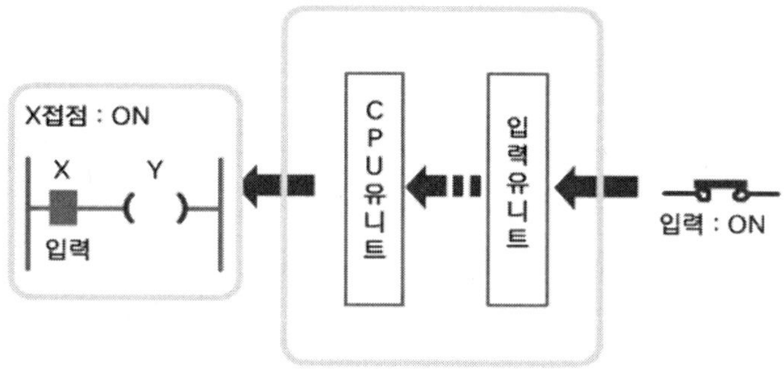

그림 5.1.4 PLC 입력

(2) 출력 릴레이(Y)

외부 출력 릴레이(Y)는 출력 유닛에 접속한 릴레이나 표시기기 등의 부하, 프로그램 연산 결과를 신호로 보내기 위한 릴레이이며, 외부 출력의 ON/OFF상태가 제어신호로 출력된다. 외부 출력기기 한 개에 대하여 PLC 내부에 출력 릴레이 Yn을 내장하고 있으며, PLC Program 시에 이를 활용하여 출력코일로 사용하면 된다.

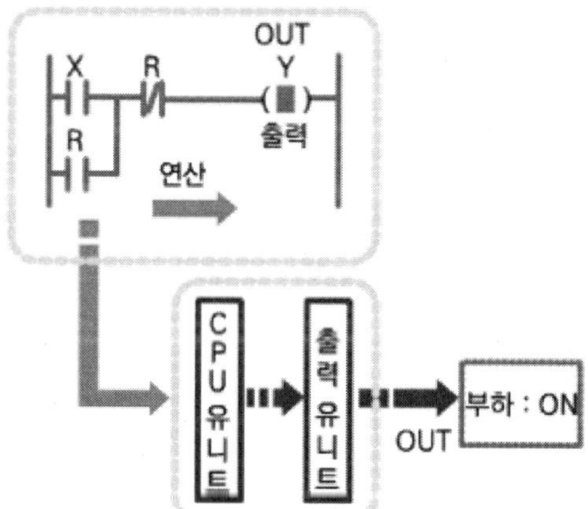

그림 5.1.5 PLC 출력

(3) 내부 릴레이(M)

내부 릴레이(M)은 PLC 외부로는 출력할 수 없고 프로그램 상에서만 동작하는 내부 릴레이로서 ON/OFF 상태는 외부로 출력되지 않는다. 연산결과가 출력되어 ON이 되면, 입력접점으로 사용되는 동일한 릴레이 접점도 ON된다. 정지하기 직전의 ON/OFF 상태를 기억하고 복귀 후 그 상태에서 운전할 수 있는 유지형 릴레이(B)와 정지할 때 리셋이 되는 비유지형 릴레이(M)이 대표적인 멜섹Q의 내부 릴레이이다.

(4) 타이머 (T)

멜섹Q PLC프로그램 상에서 시간지연 제어하기 위하여 타이머(T)를 활용할 수 있다. 타이머는 가산식으로 타이머의 코일이 동작되면 시간계측이 시작되고, 현재 값이 설정 값 이상이 되었을 때 타이머 출력이 ON되고 동일한 타이머 접점도 ON된다.

타이머는 단위시간에 따라 저속타이머와 고속타이머로 구분되며, 시간을 누적시켜 동작시키는 적산타이머도 파라미터 설정 후 사용할 수 있다.

(5) 카운터(C)

카운터(C)는 '수를 세다'는 의미를 가지고 있다. 자동화 전기회로에서 카운터는 스위치나 센서 등의 ON/OFF 횟수를 세는 역할을 한다. 멜섹Q PLC에서는 가산과 가감산 카운터 명령을 지원한다.

6. 멜섹Q PLC프로그램 소프트웨어 사용 방법

(1) 소프트웨어 (GX-Works2)를 컴퓨터에 설치한다.

(2) 소프트웨어 실행하기

바탕화면의 GX-Works2 단축아이콘으로 누른다.

시작 → 프로그램 → GX-Works2을 선택하고 누른다.

(3) 프로젝트 생성하기

메뉴에서 Project → New를 선택하고 누른다.

(4) 새 프로젝트 생성

PLC의 기종과 CPU 모델번호, 프로젝트 타입과 프로그래밍 언어를 지정한다.

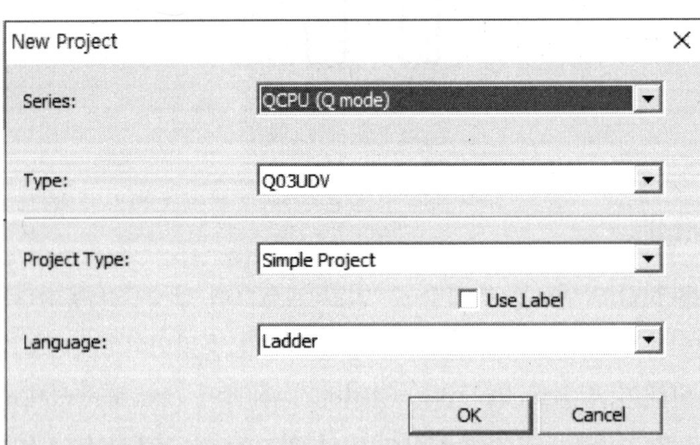

그림 5.1.6 새 프로젝트 생성

7. 멜섹Q PLC프로그램 편집

그림 5.1.7 프로그램 편집 도구

No.	기능	기호	작동 설명
1	N.O 접점		접점의 ON/OFF 정보를 연산한다.
2	N.C 접점	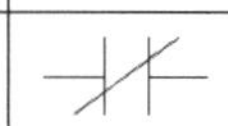	접점의 ON/OFF 정보를 연산한다.
3	출력 코일	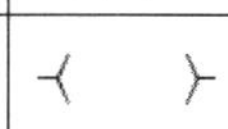	출력 코일까지의 비트 연산 결과를 출력한다.
4	데이터 명령	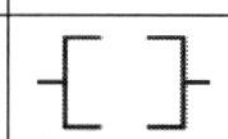	명령 형식에 맞는 데이터 결과 값을 출력한다.
5	상승 펄스	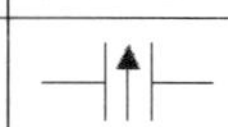	접점의 ON/OFF 정보를 1스캔 동안 연산한다.
6	하강 펄스	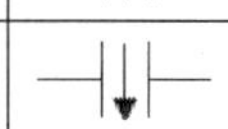	접점의 ON/OFF 정보를 1스캔 동안 연산한다.
7	연산 반전	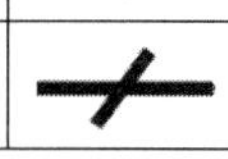	출력 명령 직전까지의 연산을 반전한다.

(1) N.O접점의 편집

도구 상자에서 N.O(F5)접점을 선택한 다음 커서를 편집 위치에 놓고 마우스 왼쪽 버튼을 누른다. 변수는 할당된 어드레스를 입력한다.

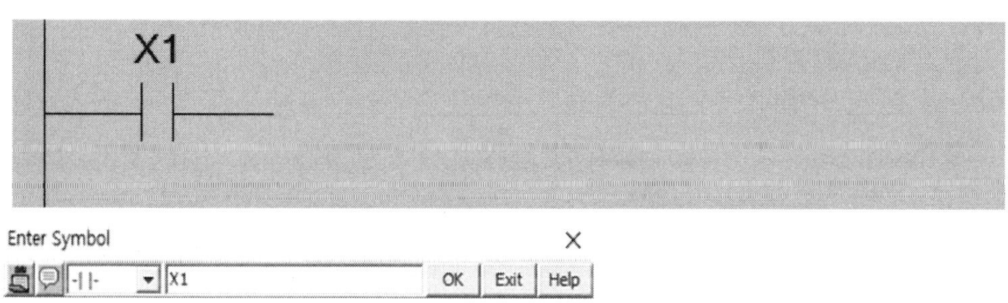

(2) N.C접점의 편집

도구 상자에서 N.C(F6)접점을 선택한 다음 커서를 편집 위치에 놓고 마우스 왼쪽 버튼을 누른다. 변수는 할당된 어드레스를 입력한다.

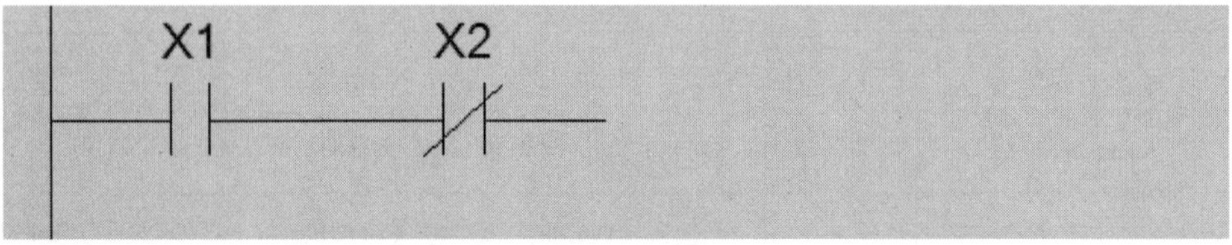

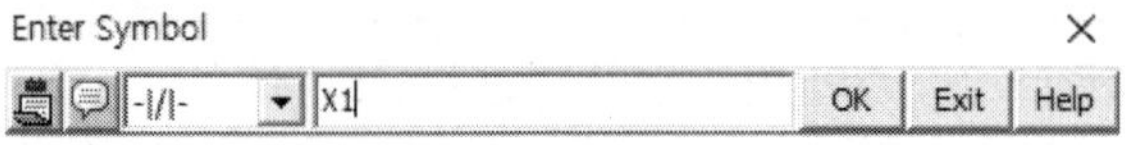

(3) 출력코일의 편집

도구 상자에서 비트형 출력코일(F7)을 선택한 다음, 커서를 편집 위치에 놓고 마우스 왼쪽 버튼을 누른다. 변수는 할당된 어드레스를 입력한다.

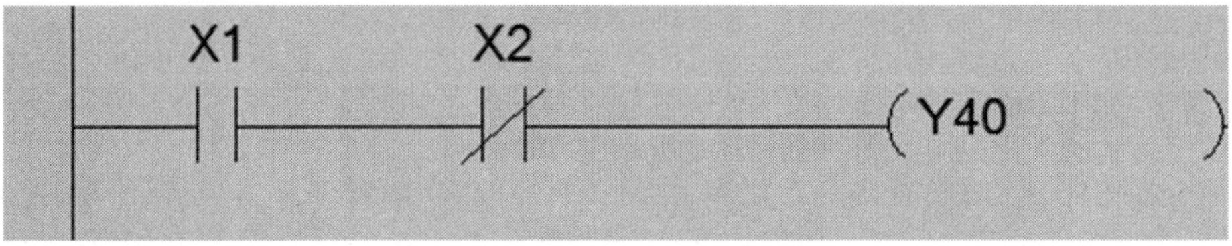

(4) 타이머 명령 편집

도구 상자에서 출력코일(F7)을 선택한 다음, 커서를 편집 위치에 놓고 마우스 왼쪽 버튼을 누른다. 변수에 할당된 타이머 메모리 Tn 설정시간 Kn을 입력한다. 본 교재는 저속 타이머를 활용하였으며 기준시간 파라미터는 100ms로 설정하였다.

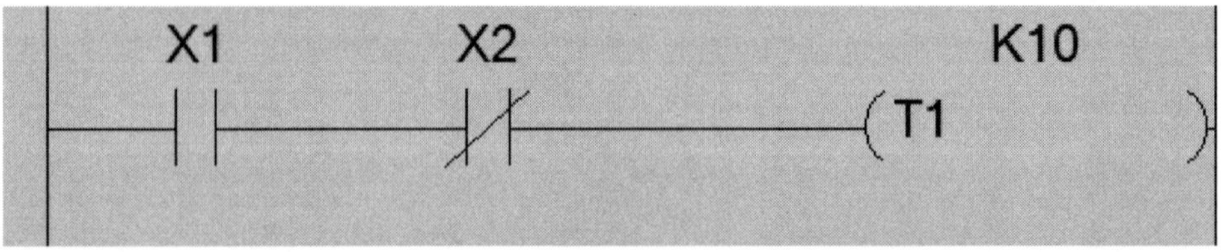

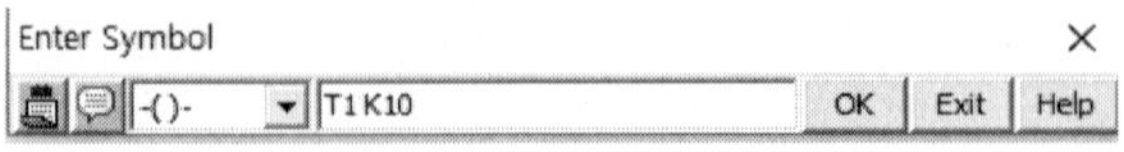

(5) 카운터 명령 편집

도구 상자에서 출력코일(F7)을 선택한 다음, 커서를 편집 위치에 놓고 마우스 왼쪽 버튼을 누른다. 변수에 할당된 카운터 메모리 Cn 설정값 Kn을 입력한다.

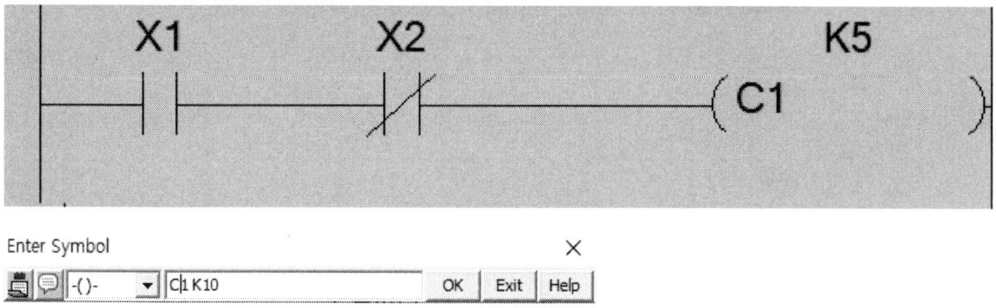

(6) 프로그램 컴파일

메뉴의 컴파일을 선택하고 누르면 컴파일을 실행하여 실행 파일을 만든다. 컴파일 과정에서 오류가 발생하면 프로그램을 다시 편집하고 컴파일 한다.

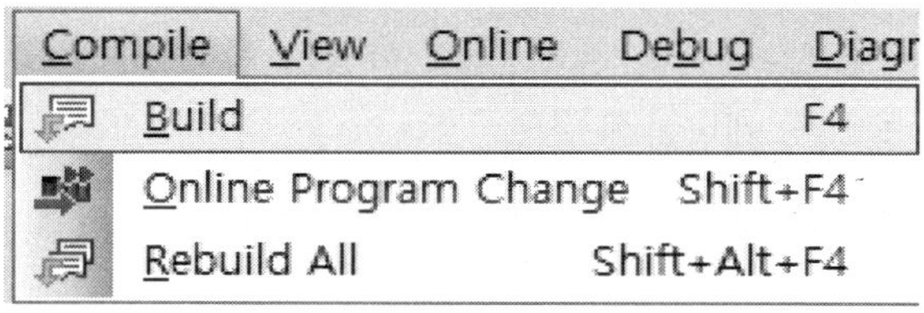

(7) 프로그램 PLC에 전송

컴퓨터와 PLC를 통신케이블(Ethernet)또는 USB케이블로 연결한다. 메뉴에서 온라인, PLC 쓰기를 선택하면 컴파일이 완료된 프로그램이 PLC에 전송된다. 전송이 완료되면 PLC모드는 RUN모드로 바뀌고 전송된 PLC 프로그램이 실행된다.

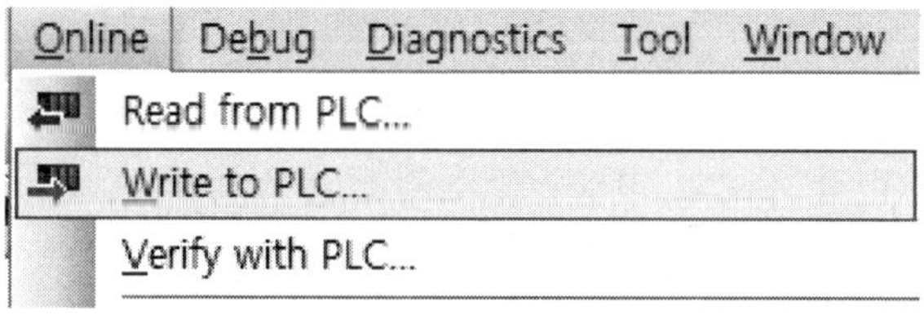

(8) 프로그램 저장하고 종료하기

메뉴의 프로젝트에서 저장을 선택하고 누르면 작성된 프로그램이 저장된다.

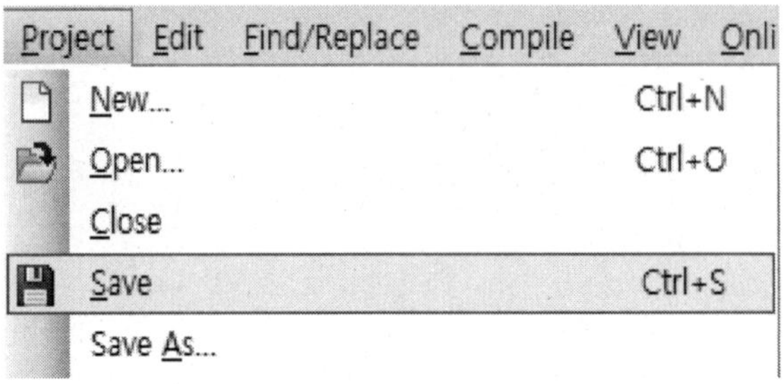

실습 순서

1. 실습 준비

(1) 주어진 과제와 실습 목표를 이해한다.

(2) PLC세트와 전용 소프트웨어가 설치된 컴퓨터를 준비한다.

(3) 압축공기 공급 장치를 개방하여 실습 준비한다.

(4) 시험 운전하기 전까지 실습 장치의 공압은 차단 밸브에 의해 차단한다.

2. 공압 부품 선정

(1) 제시된 회로도를 사용하여 부품을 선정하게 한다.

(2) 각각의 부품에 표시된 기호와 일치 여부를 확인한다.

3. 공압 부품 배치

(1) 부품의 배치는 서로 방해되지 않도록 충분히 간격을 두고 배치한다.

(2) 부품의 배치는 회로도와 같은 위치에 배치한다.

4. 공압 배관

(1) 공압이 원활하게 전달되도록 적당한 길이의 튜브를 사용한다.

(2) 회로도를 참고하여 각 기호의 연결구 번호와 공압 부품에 표시되어 있는 연결구 번호를 확인하여 정확한 연결구에 연결한다.

(3) 튜브는 연결구 내의 체크밸브를 통과할 수 있도록 완전하게 연결한다.

5. PLC와 부품 결선

(1) 직류 전원이 원활하게 전달되도록 적당한 길이의 전선으로 결선한다.

(2) 직류 전원의 음극과 양극을 정확히 판단하도록 색상을 구분하여 결선한다.

(3) 부품에 대한 PLC 입출력 주소를 정확하게 선정하고 결선한다.

6. 동작 확인 시험 운전

(1) 공기 압축기를 육안 점검한다.

(2) 공압 청정화 기기를 육안 점검한다.

(3) 공압 서비스유닛의 동작 상태를 확인한다.

(4) 압력조절기의 압력을 500 kPa로 설정한다.

(5) 실린더와 각 부품을 작동할 수 있도록 PLC와 전기회로를 구성한다.

(6) 실린더를 왕복 운동시키면서 밸브, 실린더의 이상 유무를 점검한다.

(7) 버튼스위치 및 실린더의 리드스위치 입력 신호를 확인한다.

7. 정리 정돈

(1) 실습장치의 차단 밸브를 닫아서 압축공기 공급을 차단한다.

(2) 공압 튜브를 제거하여 정리한다.

(3) 실린더, 밸브 등 사용된 부품을 제거하여 정리한다.

5-2. 컵 벤딩 작업

실습과제명	5-2. 컵 벤딩 작업	소요시간 : 1.5 H

1. 요구사항

가. 주어진 공압 도면을 보고 공압 기기를 올바르게 선정하여 설치하고 공압 배관 작업을 완성하시오.

나. 전기 회로도를 보고 전기회로작업을 완성하시오(전기 연결선의 적색은 +, 청색은 -로 연결).

다. 작업압력(서비스유닛)을 0.5MPa로 설정하시오.

라. 실린더 A의 전진과 후진 동작 METER-IN회로 방식으로 속도를 조절하시오.

마. 두 개의 시작버튼(양수버튼) 중 한 개만 눌러도 작업이 시작되도록 회로를 구성한 후 동작시키시오.

바. 제어조건에 따른 변위 단계 선도를 작성하시오.

사. 부품 목록에서 사용 부품의 수량 및 특이 사항을 비고란에 작성하시오.

2. 공압도면

- 제어조건 : START 스위치를 누르면 실린더 A가 전진하고 실린더 A의 전진으로 제품이 캡 모양으로 벤딩이 되고 실린더 A가 후진하면 실린더 B가 제품을 자르게 된다. 제품을 절단한 후에 실린더 B가 후진하면 제품을 수작업으로 꺼낸다.

가. 위치도

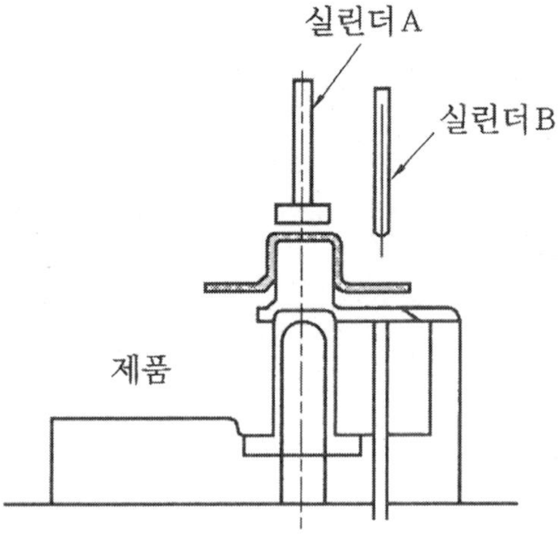

실습 과제명	5-2. 컵 벤딩 작업	소요시간 : 1.5 H

나. 공압 회로도

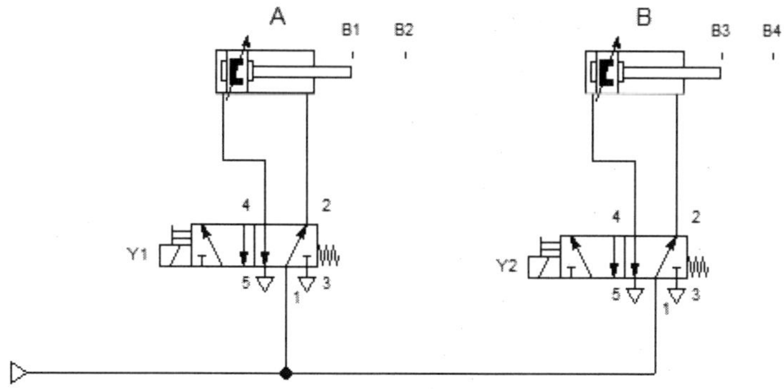

다. 변위 단계 선도

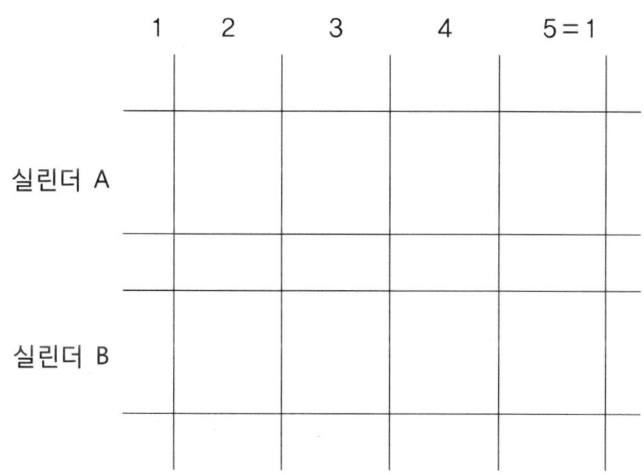

실습 과제명	5-2. 컵 벤딩 작업	소요시간 : 1.5 H

라. 부품 목록

번 호	부 품 명	수 량	비 고
1	공기압 복동실린더		
2	공기압 서비스유닛		
3	3/2-way 싱글 솔레노이드 밸브		
4	5/2-way 싱글/더블 솔레노이드 밸브		
5	일방향 유량 제어 밸브		
6	공기압 튜브		
7	T형 콘넥터 등 연결구		
8	푸시버튼 스위치 세트		
9	리미트 스위치 혹은 비접촉형 센서		
10	PLC 유닛		
11	파일럿램프와 버저 유닛		
12	전기 케이블 세트		
13	전원공급기		

마. PLC I/O 구성

PLC I/O LIST		
구분	주소	내용
입력 접점	X20	시작 스위치 1
	X21	시작 스위치 2
	X32	A실린더 후진 리드 스위치
	X33	A실린더 전진 리드 스위치
	X34	B실린더 후진 리드 스위치
	X35	B실린더 전진 리드 스위치
출력 코일	Y7B	A실린더 전진 솔레노이드
	Y7C	B실린더 전진 솔레노이드

바. PLC 프로그램

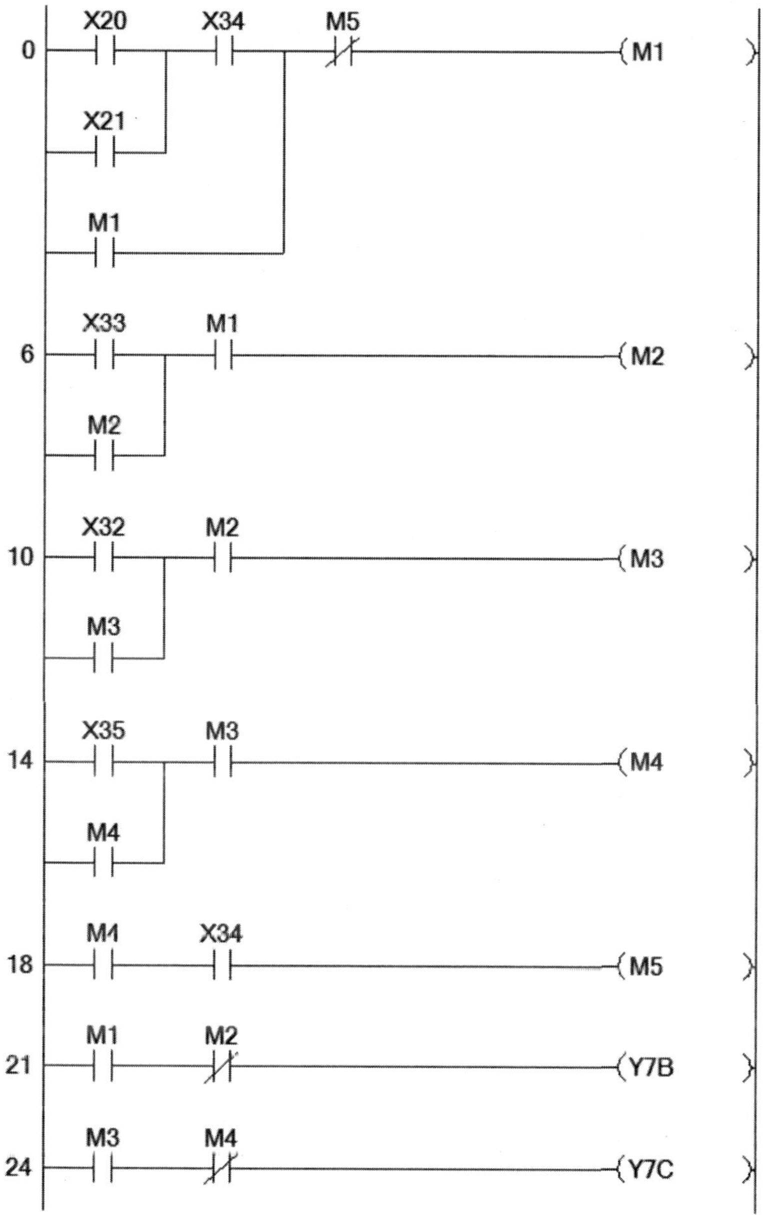

0
X20
X34
M5
M1
X21
M1
6
X33
M1
M2
M2
10
X32
M2
M3
M3
14
X35
M3
M4
M4
18
M4
X34
M5
21
M1
M2
Y7B
24
M3
M4
Y7C

5-3. 롤러 컨베이어 이송장치

실습 과제명	5-3. 롤러 컨베이어 이송장치	소요시간 : 1.5 H

1. 요구사항

가. 주어진 공압 도면을 보고 공압 기기를 올바르게 선정하여 설치하고 공압 배관작업을 완성하시오.

나. 전기 회로도를 보고 전기회로작업을 완성하시오.(전기 연결선의 적색은 +, 청색은 -로 연결)

다. 작업압력(서비스유닛)을 0.5MPa로 설정하시오.

라. 실린더 B의 전진속도를 METER-OUT 방식으로 속도를 조절하시오.

마. 카운터를 사용하여 상자 10개를 이동시킨 후 정지할 수 있도록 하시오.

바. 제어조건에 따른 변위 단계 선도를 작성하시오.

사. 부품 목록에서 사용 부품의 수량 및 특이 사항을 비고란에 작성하시오.

2. 공압도면

- 제어조건 : 하단의 제1롤러 컨베이어에 이송된 상자를 밀어 올려 상부의 제2롤러 컨베이어로 상자를 이송시키는 공정을 공압에 의해 구동하려고 한다. 상자가 제1롤러 컨베이어를 타고 내려오면 실린더 A가 상자를 밀어 올리고, 실린더 B가 이 상자를 제2롤러 컨베이어로 옮긴 다음 실린더 A가 후진완료한 후 실린더 B가 복귀하는 시스템이다.

가. 위치도

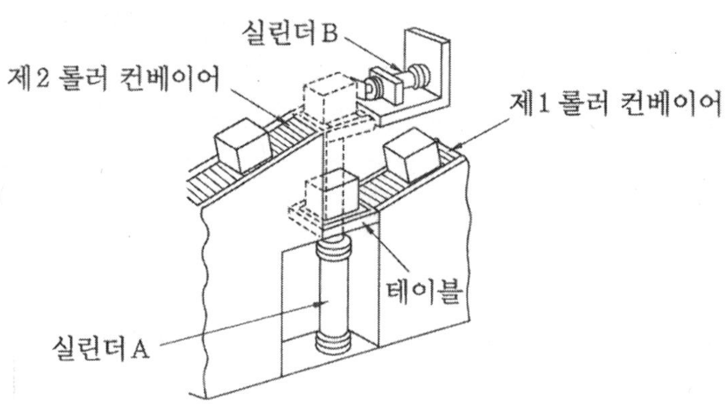

실습 과제명	5-3. 롤러 컨베이어 이송장치	소요시간 : 1.5 H

나. 공압회로도

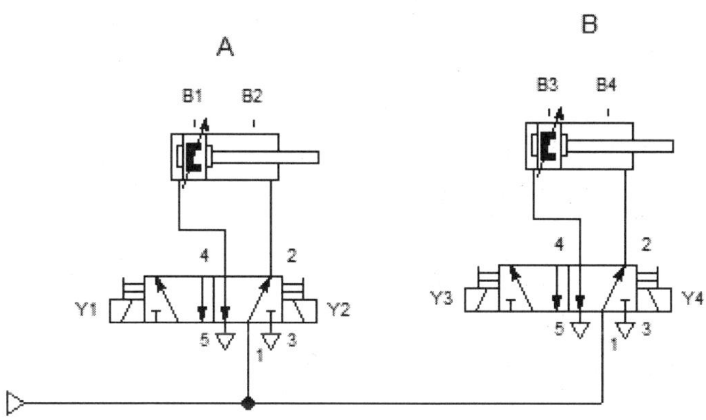

다. 변위 단계 선도

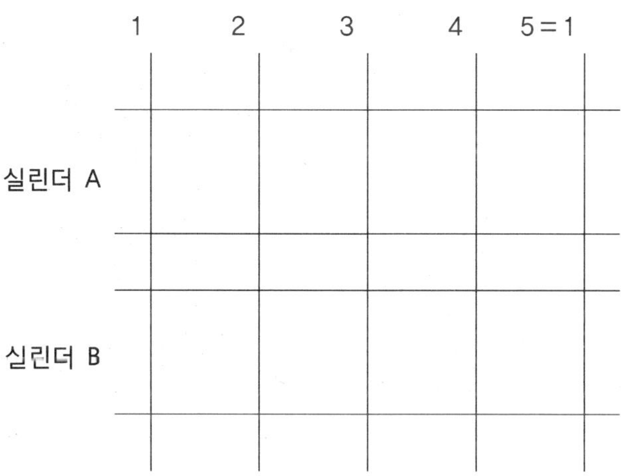

실습 과제명	5-3. 롤러 컨베이어 이송장치	소요시간 : 1.5 H

라. 부품 목록

번 호	부 품 명	수 량	비 고
1	공기압 복동실린더		
2	공기압 서비스유닛		
3	3/2-way 싱글 솔레노이드 밸브		
4	5/2-way 싱글/더블 솔레노이드 밸브		
5	일방향 유량 제어 밸브		
6	공기압 튜브		
7	T형 콘넥터 등 연결구		
8	푸시버튼 스위치 세트		
9	리미트 스위치 혹은 비접촉형 센서		
10	PLC 유닛		
11	파일럿램프와 버저 유닛		
12	전기 케이블 세트		
13	전원공급기		

마. PLC I/O 구성

PLC I/O LIST		
구분	주소	내용
입력 접점	X20	연속 동작 시작 스위치
	X30	A실린더 후진 리드 스위치
	X31	A실린더 전진 리드 스위치
	X32	B실린더 후진 리드 스위치
	X33	B실린더 전진 리드 스위치
출력 코일	Y78	A실린더 전진 솔레노이드
	Y79	A실린더 후진 솔레노이드
	Y7A	B실린더 전진 솔레노이드
	Y7B	B실린더 후진 솔레노이드

실습 과제명	5-3. 롤러 컨베이어 이송장치	소요시간 : 1.5 H

바. PLC 프로그램

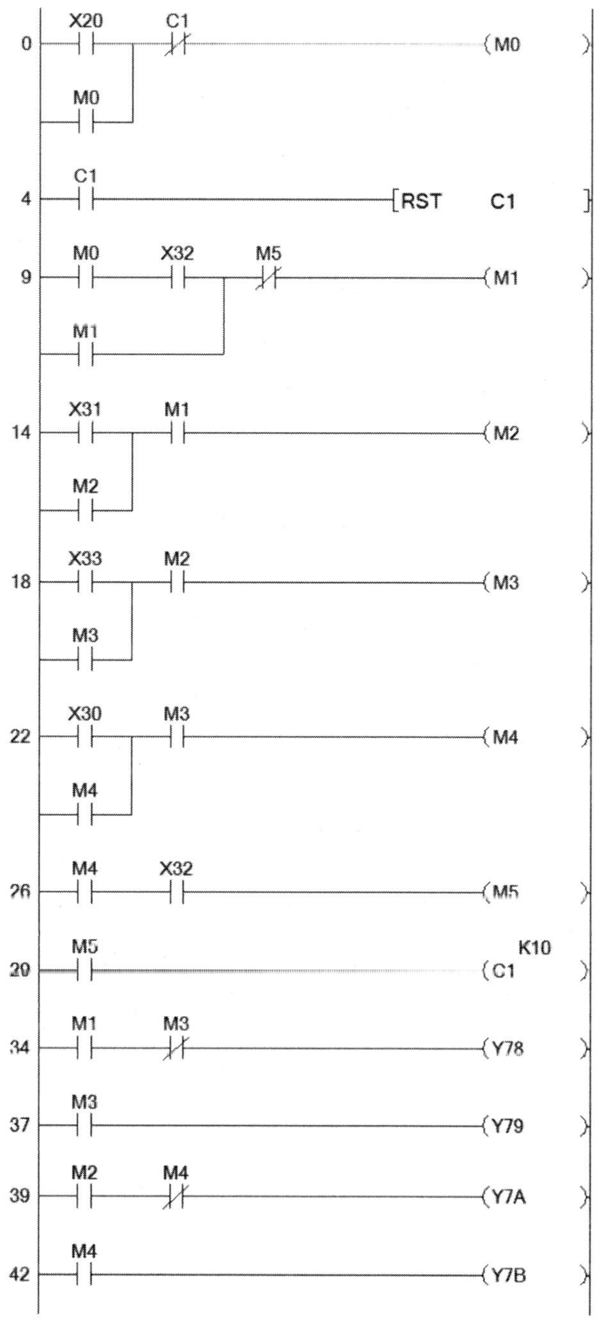

5-4. 소재 공급 자동이송 장치

실습 과제명	5-4. 소재 공급 자동이송 장치	소요시간 : 1.5 H

1. 요구사항

가. 주어진 공압 도면을 보고 공압 기기를 올바르게 선정하여 설치하고 공압배관 작업을 완성하시오.

나. 전기 회로도를 보고 전기회로작업을 완성하시오.(전기 연결선의 적색은 +, 청색은 −로 연결)

다. 작업압력(서비스유닛)을 0.5MPa로 설정하시오.

라. 실린더B의 전진속도를 METER-IN 방식으로 조절할 수 있도록 하시오.

마. 전기타이머(ON DELAY)를 사용하여 실린더 B가 전진완료 후 2초간 정지한 후에 다음 동작이 이루어지도록 하시오.

바. 제어조건에 따른 변위 단계 선도를 작성하시오.

사. 부품 목록에서 사용 부품의 수량 및 특이 사항을 비고란에 작성하시오.

2. 공압도면

− 제어조건 : 작업 시작스위치를 누르면 소재공급 매거진에서 실린더 A의 전진동작으로 소재를 공급한 후, 실린더 B의 전후진 동작으로 소재를 용기에 넣은 다음 실린더 A가 복귀하도록 한다.

가. 위치도

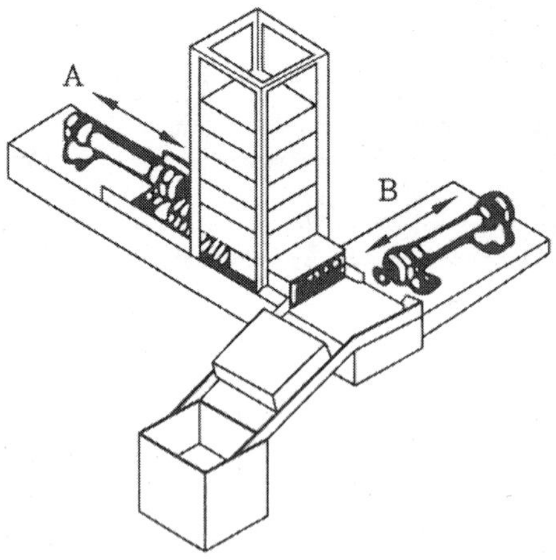

실습 과제명	5-4. 소재 공급 자동이송 장치	소요시간 : 1.5 H

나. 공압회로도

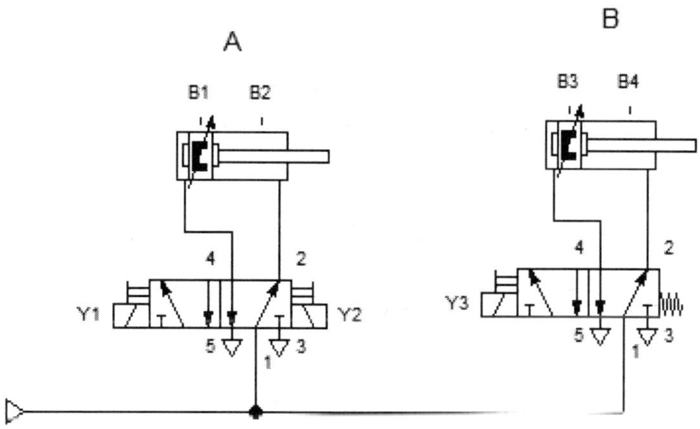

다. 변위 단계 선도

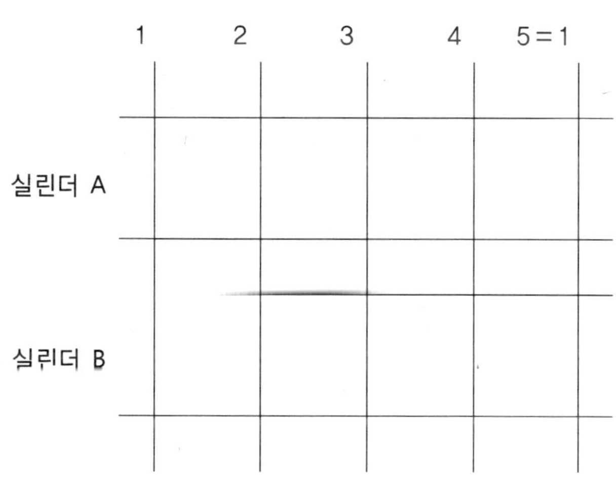

실습 과제명	5-4. 소재 공급 자동이송 장치	소요시간 : 1.5 H

라. 부품 목록

번 호	부 품 명	수 량	비 고
1	공기압 복동실린더		
2	공기압 서비스유닛		
3	3/2-way 싱글 솔레노이드 밸브		
4	5/2-way 싱글/더블 솔레노이드 밸브		
5	일방향 유량 제어 밸브		
6	공기압 튜브		
7	T형 콘넥터 등 연결구		
8	푸시버튼 스위치 세트		
9	리미트 스위치 혹은 비접촉형 센서		
10	PLC 유닛		
11	파일럿램프와 버저 유닛		
12	전기 케이블 세트		
13	전원공급기		

마. PLC I/O 구성

PLC I/O LIST		
구분	주소	내용
입력 접점	X20	단일 동작 시작 스위치
	X30	A실린더 후진 리드 스위치
	X31	A실린더 전진 리드 스위치
	X34	B실린더 후진 리드 스위치
	X35	B실린더 전진 리드 스위치
출력 코일	Y78	A실린더 전진 솔레노이드
	Y79	A실린더 후진 솔레노이드
	Y7C	B실린더 전진 솔레노이드

바. PLC 프로그램

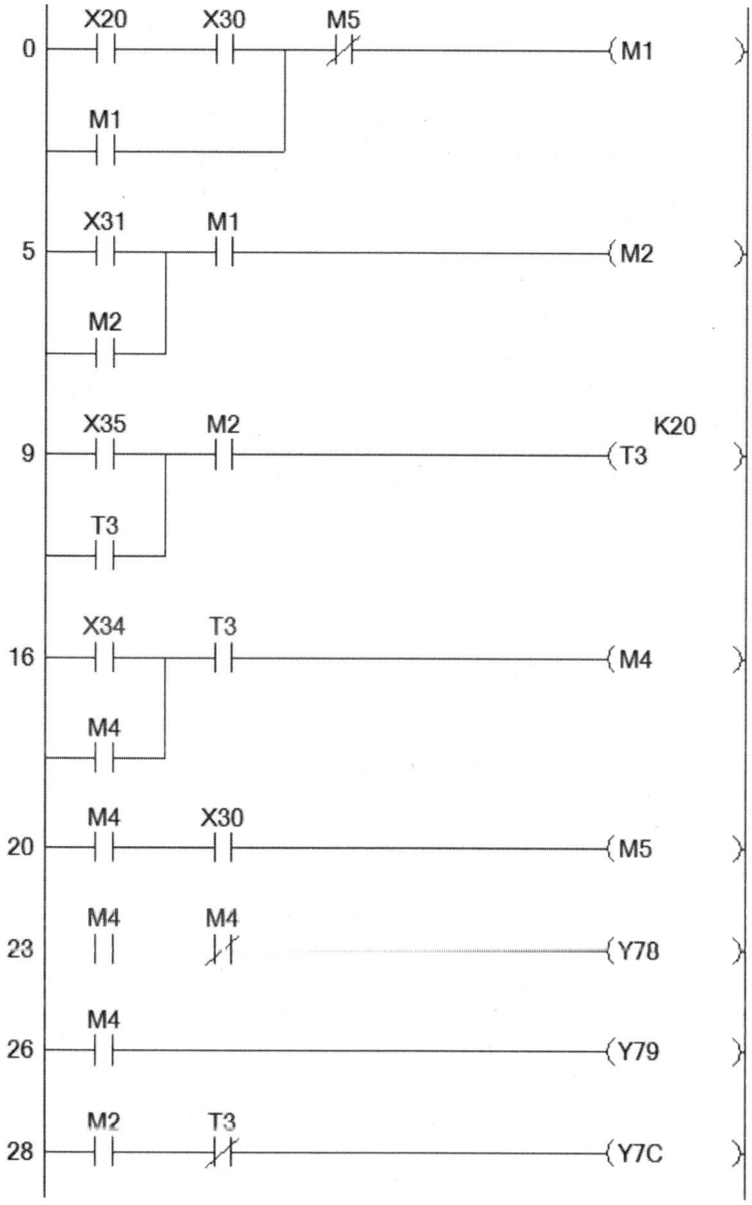
X20
X30
M5
0
M1
M1
X31
M1
5
M2
M2
X35
M2
K20
9
T3
T3
X34
T3
16
M4
M4
M4
X30
20
M5
M4
M4
23
Y78
M4
26
Y79
M2
T3
28
Y7C

5-5. 성형 프레스 가공장치

실습 과제명	5-5. 성형 프레스 가공장치	소요시간 : 1.5 H

1. 요구사항

가. 주어진 공압 도면을 보고 공압 기기를 올바르게 선정하여 설치하고 공압 배관작업을 완성하시오.

나. 전기 회로도를 보고 전기회로작업을 완성하시오.(전기 연결선의 적색은 +, 청색은 -로 연결)

다. 작업압력(서비스유닛)을 0.5MPa로 설정하시오.

라. 실린더 B의 전진운동 속도를 METER-OUT방식으로 조절하시오.

마. 제어조건에 따른 변위 단계 선도를 작성하시오.

바. 부품 목록에서 사용 부품의 수량 및 특이 사항을 비고란에 작성하시오.

2. 공압도면

- 제어조건 : 소재는 수동으로 성형 프레스 작업기에 삽입된다. 작업 시작스위치를 누르면 실린더 A가 전진 운동하여 작업을 수행한다. 작업이 끝나고 실린더 A가 원래의 위치로 복귀하면, 실린더 B가 전진 운동하여 작업이 완성된 소재를 제거하고 원래의 위치로 복귀한다.

가. 위치도

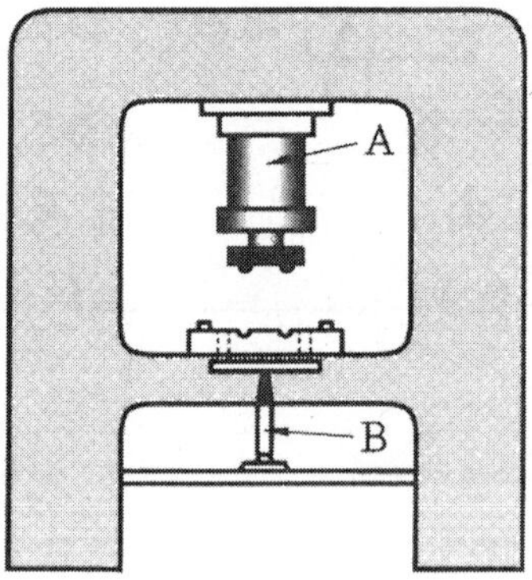

실습 과제명	5-5. 성형 프레스 가공장치	소요시간 : 1.5 H

나. 공압회로도

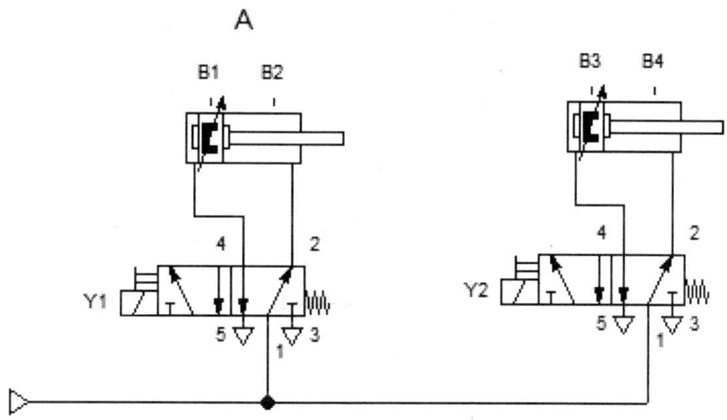

다. 변위 단계 선도

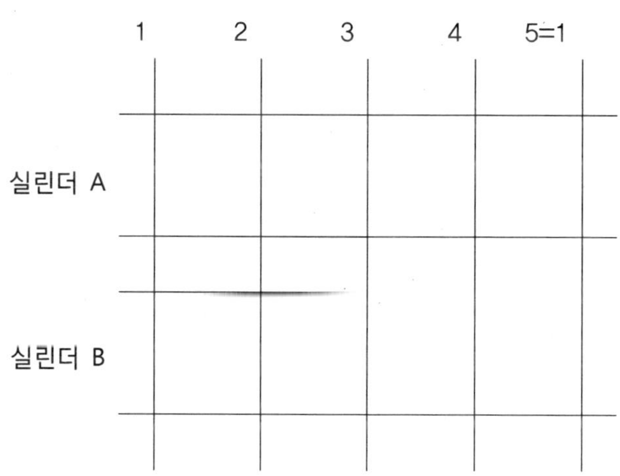

실습 과제명	5-5. 성형 프레스 가공장치	소요시간 : 1.5 H

라. 부품 목록

번 호	부 품 명	수 량	비 고
1	공기압 복동실린더		
2	공기압 서비스유닛		
3	3/2-way 싱글 솔레노이드 밸브		
4	5/2-way 싱글/더블 솔레노이드 밸브		
5	일방향 유량 제어 밸브		
6	공기압 튜브		
7	T형 콘넥터 등 연결구		
8	푸시버튼 스위치 세트		
9	리미트 스위치 혹은 비접촉형 센서		
10	PLC 유닛		
11	파일럿램프와 버저 유닛		
12	전기 케이블 세트		
13	전원공급기		

마. PLC I/O 구성

PLC I/O LIST		
구분	주소	내용
입력 접점	X20	단일 동작 시작 스위치
	X30	A실린더 후진 리드 스위치
	X31	A실린더 전진 리드 스위치
	X32	B실린더 후진 리드 스위치
	X33	B실린더 전진 리드 스위치
출력 코일	Y78	A실린더 전진 솔레노이드
	Y79	A실린더 후진 솔레노이드
	Y7A	B실린더 전진 솔레노이드
	Y7B	B실린더 후진 솔레노이드

실습 과제명	5-5. 성형 프레스 가공장치	소요시간 : 1.5 H

바. PLC 프로그램

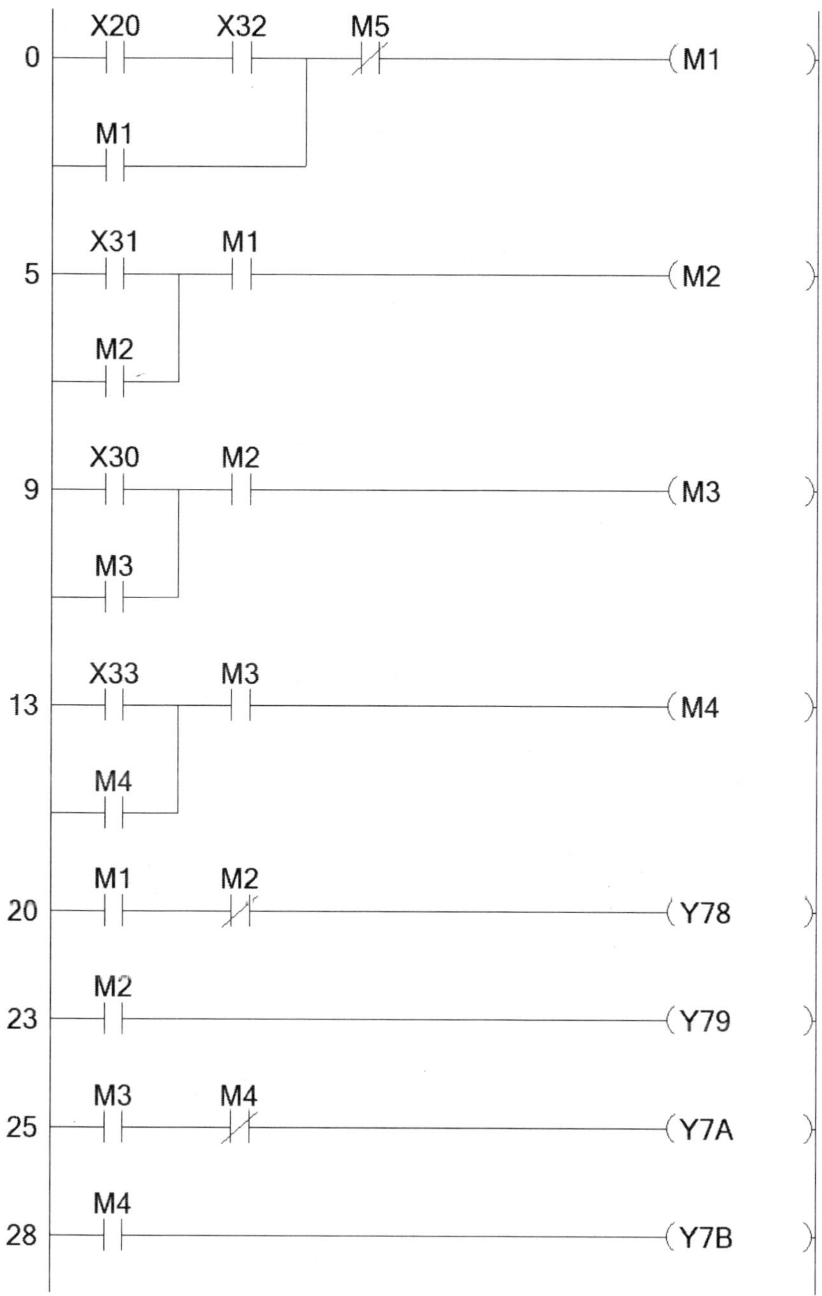

5-6. 곡물 호퍼 자동 이송장치

실습 과제명	5-6. 곡물 호퍼 자동 이송장치	소요시간 : 1.5 H

1. 요구사항

가. 주어진 공압 도면을 보고 공압 기기를 올바르게 선정하여 설치하고 공압 배관작업을 완성하시오.

나. 전기 회로도를 보고 전기회로작업을 완성하시오.(전기 연결선의 적색은 +, 청색은 -로 연결)

다. 작업압력(서비스유닛)을 0.5MPa로 설정하시오.

라. 실린더 A와 B의 전진속도를 METER-OUT 방식으로 속도를 조절하시오.

마. 자동 스위치를 누르면 5회 연속 운전하고 정지할 수 있도록 하시오.

바. 제어조건에 따른 변위 단계 선도를 작성하시오.

사. 부품 목록에서 사용 부품의 수량 및 특이 사항을 비고란에 작성하시오.

2. 공압도면

- 제어조건 : 공압 실린더를 이용하여 자동으로 호퍼에 담긴 곡물을 아래로 일정량만큼 계량하여 공급하고자 한다. 실린더 B는 초기에 전진하여 있고, 시작스위치를 누르면 실린더 A가 전진한 다음 실린더 B가 후진하여 계량된 곡물을 아래로 내려 보내면 실린더 B가 전진을 한 후 실린더 A가 후진위치로 이동하여 곡물을 실린더 B로 내려 보낸다.

가. 위치도

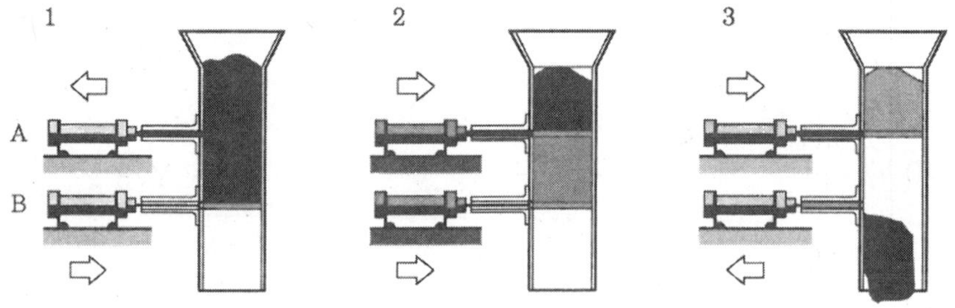

실습 과제명	5-6. 곡물 호퍼 자동 이송장치	소요시간 : 1.5 H

나. 공압회로도

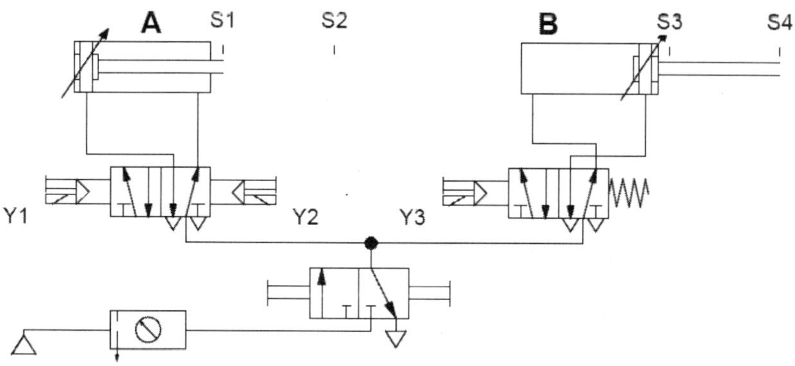

다. 변위 단계 선도

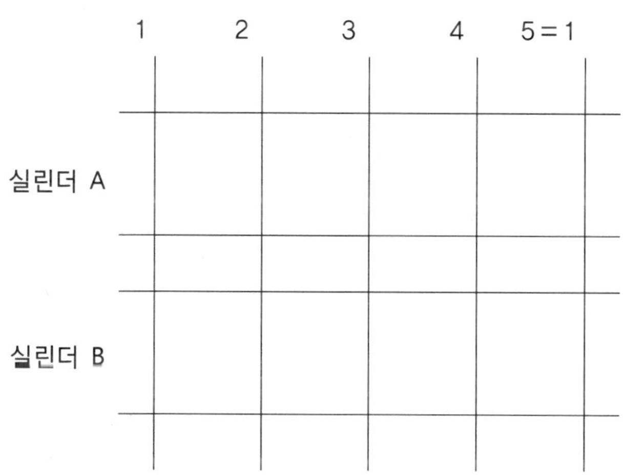

실습 과제명	5-6. 곡물 호퍼 자동 이송장치	소요시간 : 1.5 H

라. 부품 목록

번 호	부 품 명	수 량	비 고
1	공기압 복동실린더		
2	공기압 서비스유닛		
3	3/2-way 싱글 솔레노이드 밸브		
4	5/2-way 싱글/더블 솔레노이드 밸브		
5	일방향 유량 제어 밸브		
6	공기압 튜브		
7	T형 콘넥터 등 연결구		
8	푸시버튼 스위치 세트		
9	리미트 스위치 혹은 비접촉형 센서		
10	PLC 유닛		
11	파일럿램프와 버저 유닛		
12	전기 케이블 세트		
13	전원공급기		

마. PLC I/O 구성

PLC I/O LIST		
구분	주소	내용
입력 접점	X20	연속 동작 시작 스위치
	X30	A실린더 후진 리드 스위치
	X31	A실린더 전진 리드 스위치
	X34	B실린더 후진 리드 스위치
	X35	B실린더 전진 리드 스위치
출력 코일	Y78	A실린더 전진 솔레노이드
	Y79	A실린더 후진 솔레노이드
	Y7C	B실린더 전진 솔레노이드

실습 과제명	5-6. 곡물 호퍼 자동 이송장치	소요시간 : 1.5 H

바. PLC 프로그램

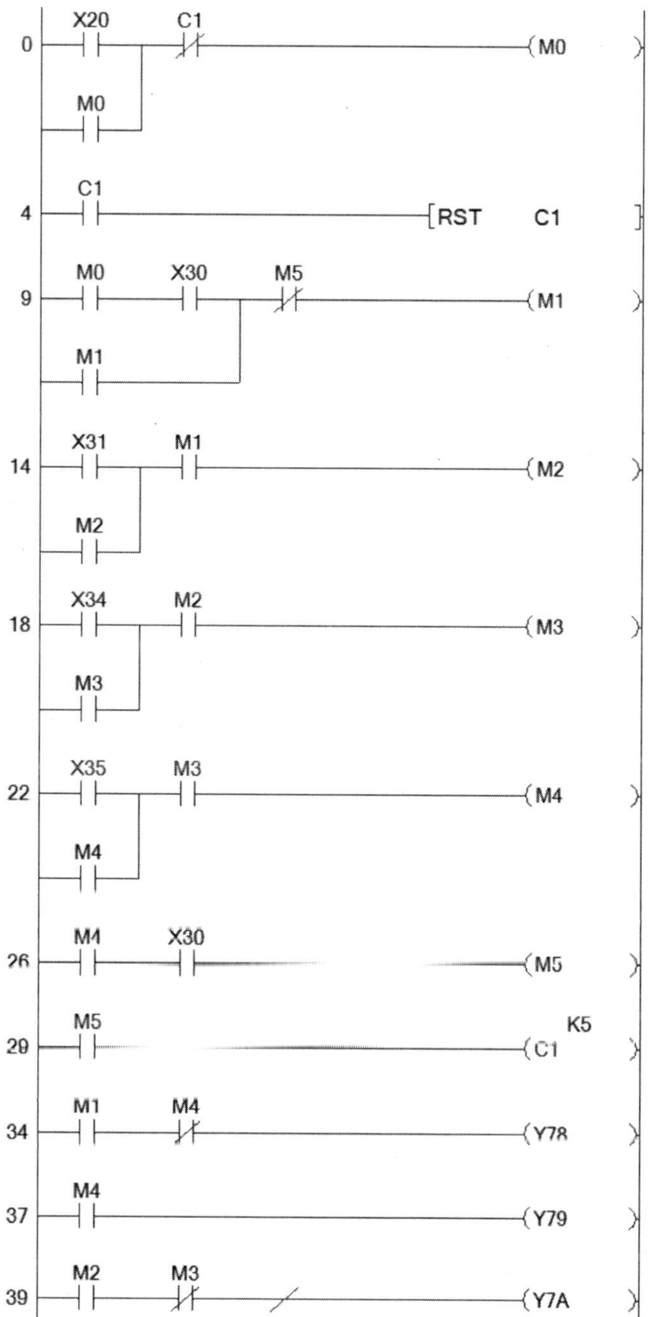

5-7. 스탬핑 장치

실습과제명	5-7. 스탬핑 장치	소요시간 : 1.5 H

1. 요구사항

가. 주어진 공압 도면을 보고 공압 기기를 올바르게 선정하여 설치하고 공압 배관작업을 완성하시오.

나. 전기 회로도를 보고 전기회로작업을 완성하시오.(전기 연결선의 적색은 +, 청색은 -로 연결)

다. 작업압력(서비스유닛)을 0.5MPa로 설정하시오.

라. 일회 사이클과 연속 사이클의 선택이 가능하도록 회로를 구성하시오.

마. 비상 정지스위치가 작동되면 모든 실린더는 즉시 후진 상태로 되돌아와야 하며 비상정지 신호가 해제되면 다시 작업이 가능하도록 회로를 구성하시오.

바. 제어조건에 따른 변위 단계 선도를 작성하시오.

사. 부품 목록에서 사용 부품의 수량 및 특이 사항을 비고란에 작성하시오.

2. 공압도면

– 제어조건 : 공압 프레스에서 직육면체의 소재를 스탬핑하려고 한다. 중력 매거진에 있는 소재를 실린더 A가 전진하여 클램핑하고 실린더 B가 스탬핑한 후 실린더 B가 스탬핑을 완료하면 실린더 A가 후진한다. 실린더 A가 후진 완료하면 실린더 C가 전진하여 소재를 카트에 담고 후진한다.

가. 위치도

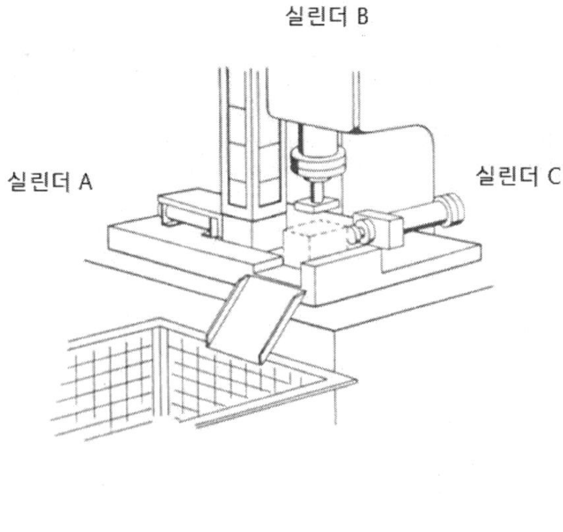

실습과제명	5-7. 스탬핑 장치	소요시간 : 1.5 H

나. 공압회로도

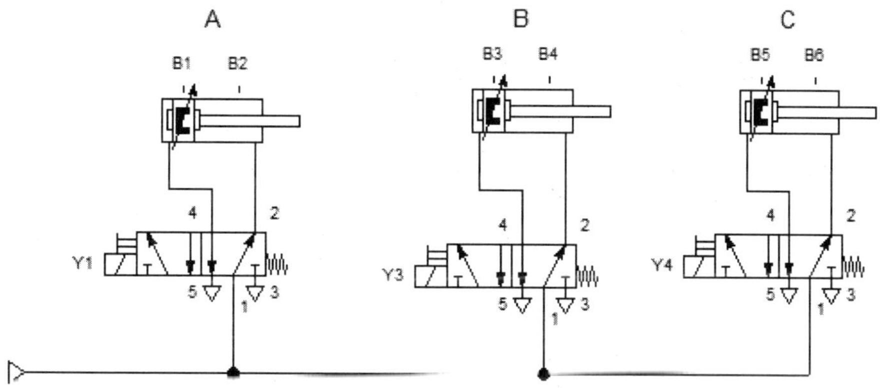

다. 변위 단계 선도

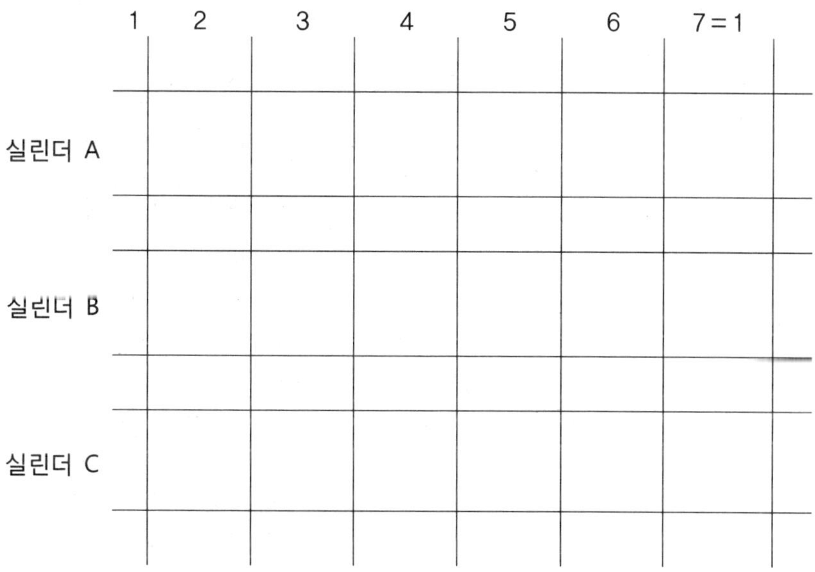

실습과제명	5-7. 스탬핑 장치	소요시간 : 1.5 H

라. 부품 목록

번 호	부 품 명	수 량	비 고
1	공기압 복동실린더		
2	공기압 서비스유닛		
3	3/2-way 싱글 솔레노이드 밸브		
4	5/2-way 싱글/더블 솔레노이드 밸브		
5	일방향 유량 제어 밸브		
6	공기압 튜브		
7	T형 콘넥터 등 연결구		
8	푸시버튼 스위치 세트		
9	리미트 스위치 혹은 비접촉형 센서		
10	PLC 유닛		
11	파일럿램프와 버저 유닛		
12	전기 케이블 세트		
13	전원공급기		

마. PLC I/O 구성

PLC I/O LIST		
구분	주소	내용
입력 접점	X20	단일 동작 시작 스위치
	X21	연속 동작 시작 스위치
	X22	비상 정지 스위치
	X30	A실린더 후진 리드 스위치
	X31	A실린더 전진 리드 스위치
	X32	B실린더 후진 리드 스위치
	X33	B실린더 전진 리드 스위치
	X34	C실린더 후진 리드 스위치
	X35	C실린더 전진 리드 스위치
출력 코일	Y7A	A실린더 전진 솔레노이드
	Y7B	B실린더 전진 솔레노이드
	Y7C	C실린더 전진 솔레노이드

실습과제명	5-7. 스탬핑 장치	소요시간 : 1.5 H

바. PLC 프로그램

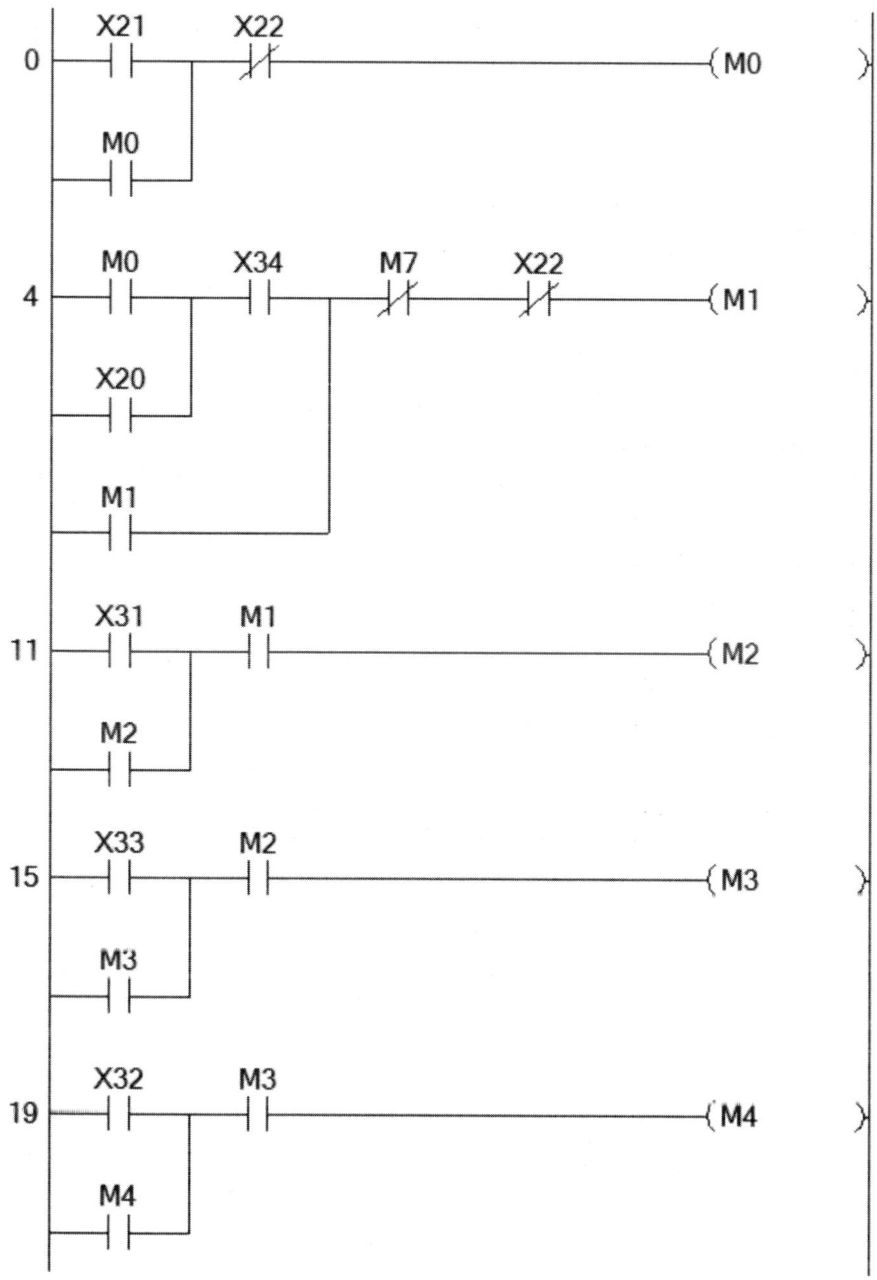

실습과제명	5-7. 스탬핑 장치	소요시간 : 1.5 H

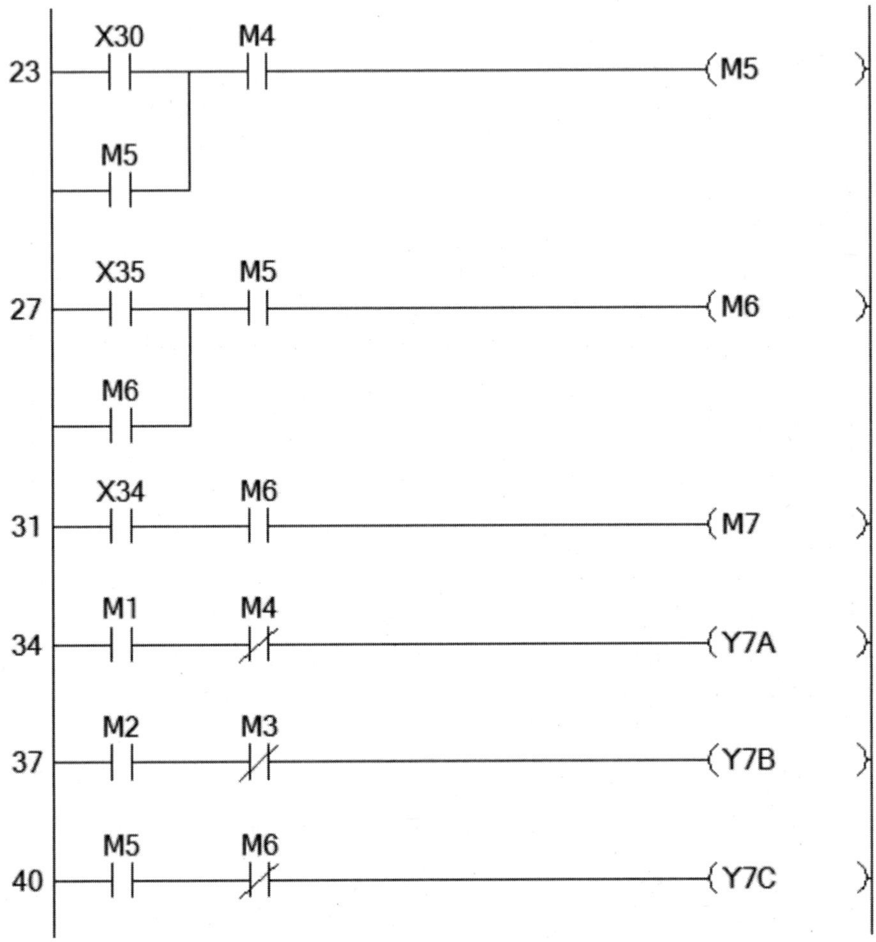

5-8. 벤딩 장치

실습과제명	5-8. 벤딩 장치	소요시간 : 1.5 H

1. 요구사항

가. 주어진 공압 도면을 보고 공압 기기를 올바르게 선정하여 설치하고 공압 배관작업을 완성하시오.

나. 전기 회로도를 보고 전기회로작업을 완성하시오.(전기 연결선의 적색은 +, 청색은 -로 연결)

다. 작업압력(서비스유닛)을 0.5MPa로 설정하시오.

라. 실린더 A의 전진하여 클램핑 하면 2초 동안 버저가 작동되고 그 이후 실린더 B가 전진할 수 있게 회로를 구성하시오.

마. 두 개의 시작버튼이 모두 동작되어야 공정이 시작되도록 회로를 구성하시오.

바. 제어조건에 따른 변위 단계 선도를 작성하시오.

사. 부품 목록에서 사용 부품의 수량 및 특이 사항을 비고란에 작성하시오.

2. 공압도면

– 제어조건 : START 스위치를 누르면 실린더 A가 전진하여 철판을 고정시킨다. 실린더 B가 전진하여 철판을 L자 형태로 구부리고 후진한다. 실린더 B가 후진 완료하면 실린더 C가 전진하여 U자 형태로 구부린 후 복귀한다. 실린더 C의 후진이 완료되면 실린더 A가 후진하여 한 공정이 완료된다.

가. 위치도

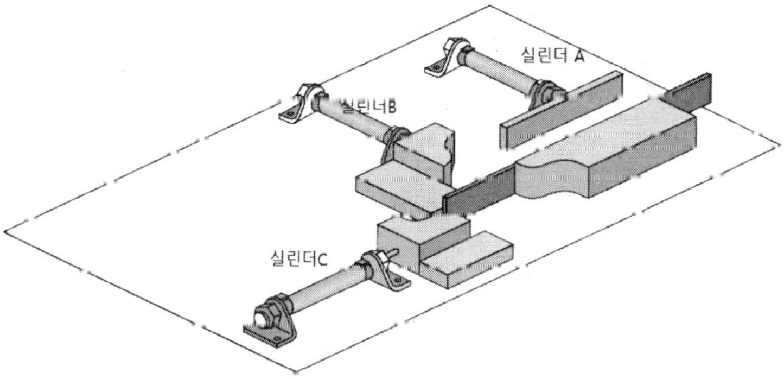

실습과제명	5-8. 벤딩 장치	소요시간 : 1.5 H

나. 공압회로도

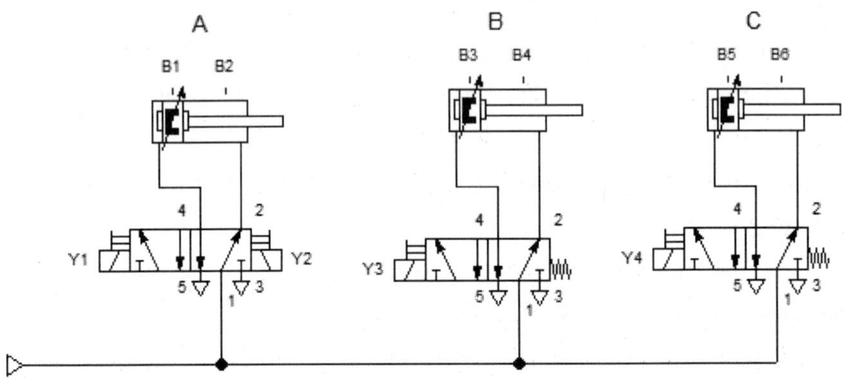

다. 변위 단계 선도

	1	2	3	4	5	6	7=1
실린더 A							
실린더 B							
실린더 C							

실습과제명	5-8. 벤딩 장치	소요시간 : 1.5 H

라. 부품 목록

번 호	부 품 명	수 량	비 고
1	공기압 복동실린더		
2	공기압 서비스유닛		
3	3/2-way 싱글 솔레노이드 밸브		
4	5/2-way 싱글/더블 솔레노이드 밸브		
5	일방향 유량 제어 밸브		
6	공기압 튜브		
7	T형 콘넥터 등 연결구		
8	푸시버든 스위치 세트		
9	리미트 스위치 혹은 비접촉형 센서		
10	PLC 유닛		
11	파일럿램프와 버저 유닛		
12	전기 케이블 세트		
13	전원공급기		

마. PLC I/O 구성

PLC I/O LIST		
구분	주소	내용
입력 접점	X20	단일 동작 시작 스위치 1
	X21	단일 동작 시작 스위치 2
	X30	A실린더 후진 리드 스위치
	X31	A실린더 전진 리드 스위치
	X32	B실린더 후진 리드 스위치
	X33	B실린더 전진 리드 스위치
	X34	C실린더 후진 리드 스위치
	X35	C실린더 전진 리드 스위치
출력 코일	Y78	A실린더 전진 솔레노이드
	Y79	A실린더 후진 솔레노이드
	Y7B	B실린더 전진 솔레노이드
	Y7C	C실린더 전진 솔레노이드
	Y7D	버저

실습과제명	5-8. 벤딩 장치	소요시간 : 1.5 H

바. PLC 프로그램

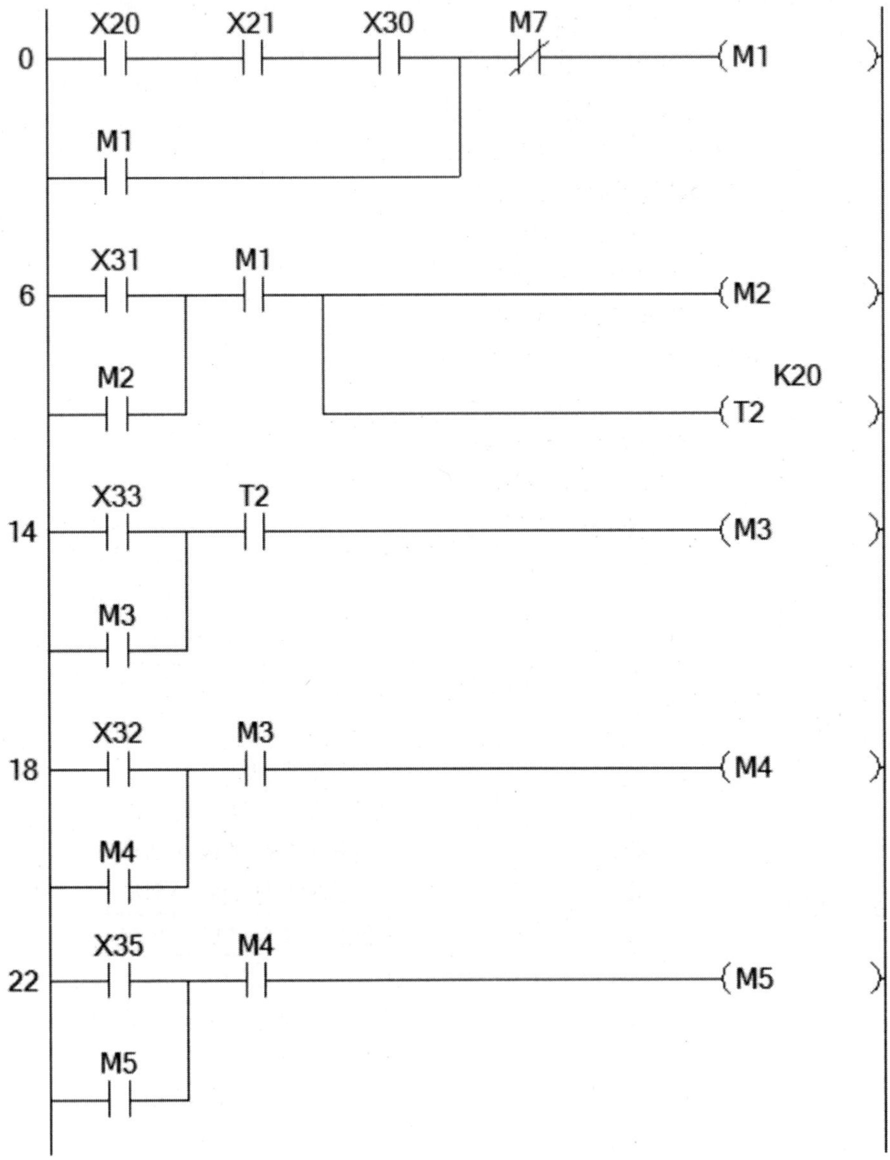

실습과제명	5-8. 벤딩 장치	소요시간 : 1.5 H

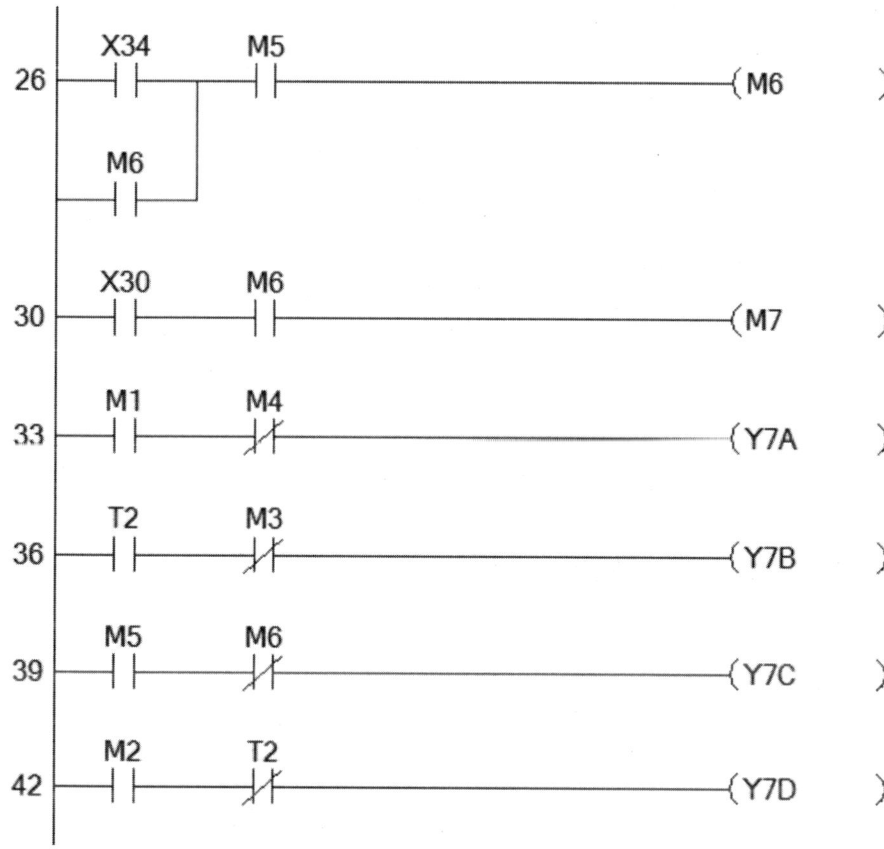

5-9. 판재 이송장치

실습과제명	5-9. 판재 이송장치	소요시간 : 1.5 H

1. 요구사항

가. 주어진 공압 도면과 변위 단계 선도를 활용하여 공기압 장치를 구성하시오.

나. 전기 회로도를 보고 전기회로작업을 완성하시오.(전기 연결선의 적색은 +, 청색은 -로 연결)

다. 작업압력(서비스유닛)을 0.5MPa로 설정하시오.

라. 일회 사이클과 연속 사이클의 선택이 가능하도록 회로를 구성하시오.

마. 연속 스위치를 누르면 5회 연속 운전하고 정지할 수 있도록 하시오.

사. 부품 목록에서 사용 부품의 수량 및 특이 사항을 비고란에 작성하시오.

2. 공압도면

- 제어조건 : 플라스틱 판재가 이송 장치에서 START 스위치를 누르면 실린더 A가 전진하여 판재를 고정하고 동시에 실린더 B가 후진하여 판재 이송을 용이하게 한다. 실린더 B가 후진 완료되면 이송 실린더 C에 의해 판재를 이송한다. 실린더 C가 전진완료하면 실린더A의 후진과 실린더 B의 전진이 동시에 일어나고 이 작업이 완료되면 실린더 C가 후진하여 공정이 완료된다.

가. 위치도

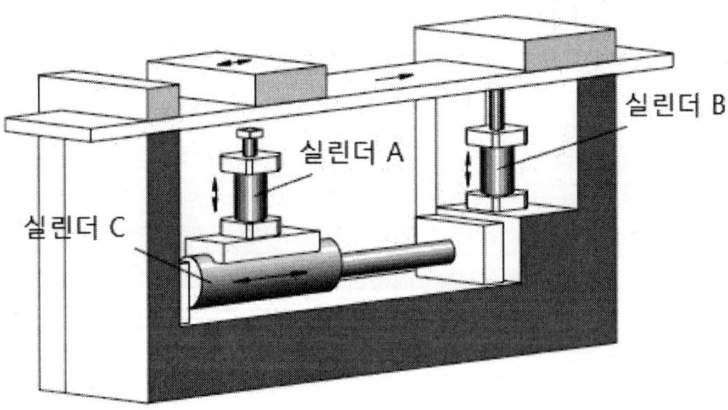

실습과제명	5-9. 판재 이송장치	소요시간 : 1.5 H

나. 공압회로도

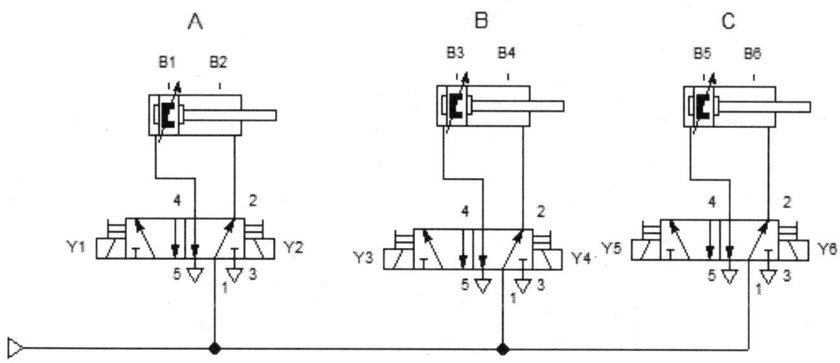

다. 변위 단계 선도

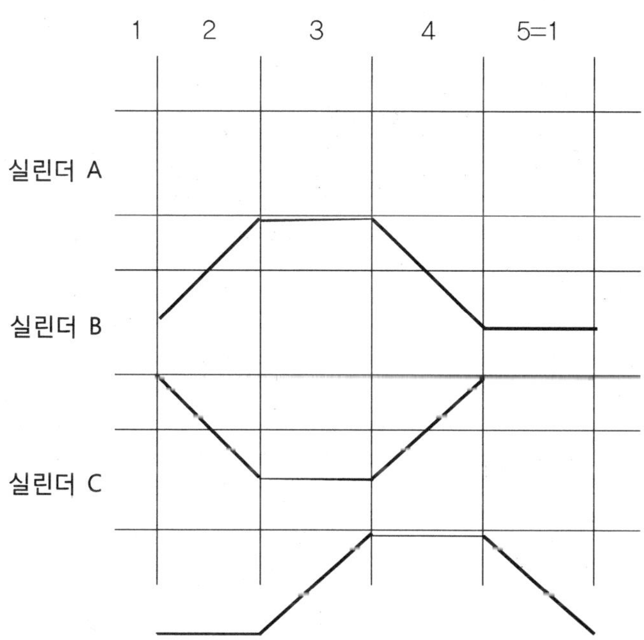

실습과제명	5-9. 판재 이송장치	소요시간 : 1.5 H

라. 부품 목록

번 호	부 품 명	수 량	비 고
1	공기압 복동실린더		
2	공기압 서비스유닛		
3	3/2-way 싱글 솔레노이드 밸브		
4	5/2-way 싱글/더블 솔레노이드 밸브		
5	일방향 유량 제어 밸브		
6	공기압 튜브		
7	T형 콘넥터 등 연결구		
8	푸시버튼 스위치 세트		
9	리미트 스위치 혹은 비접촉형 센서		
10	PLC 유닛		
11	파일럿램프와 버저 유닛		
12	전기 케이블 세트		
13	전원공급기		

마. PLC I/O 구성

PLC I/O LIST		
구분	주소	내용
입력 접점	X20	단일 동작 시작 스위치
	X21	연속 동작 시작 스위치
	X30	A실린더 후진 리드 스위치
	X31	A실린더 전진 리드 스위치
	X32	B실린더 후진 리드 스위치
	X33	B실린더 전진 리드 스위치
	X34	C실린더 후진 리드 스위치
	X35	C실린더 전진 리드 스위치
출력 코일	Y78	A실린더 전진 솔레노이드
	Y79	A실린더 후진 솔레노이드
	Y7A	B실린더 전진 솔레노이드
	Y7B	B실린더 후진 솔레노이드
	Y7C	C실린더 전진 솔레노이드
	Y7D	C실린더 후진 솔레노이드

실습과제명	5-9. 판재 이송장치	소요시간 : 1.5 H

바. PLC 프로그램

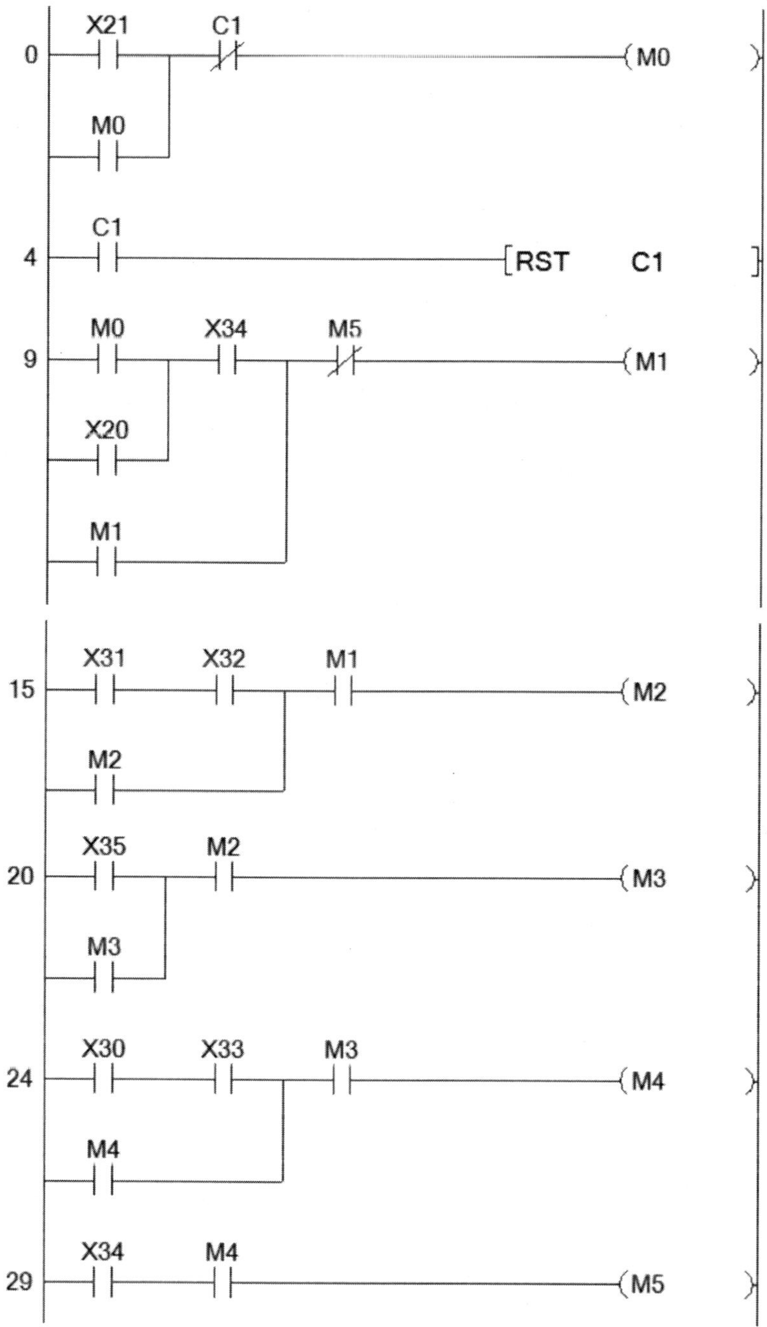

실습과제명	5-9. 판재 이송장치	소요시간 : 1.5 H

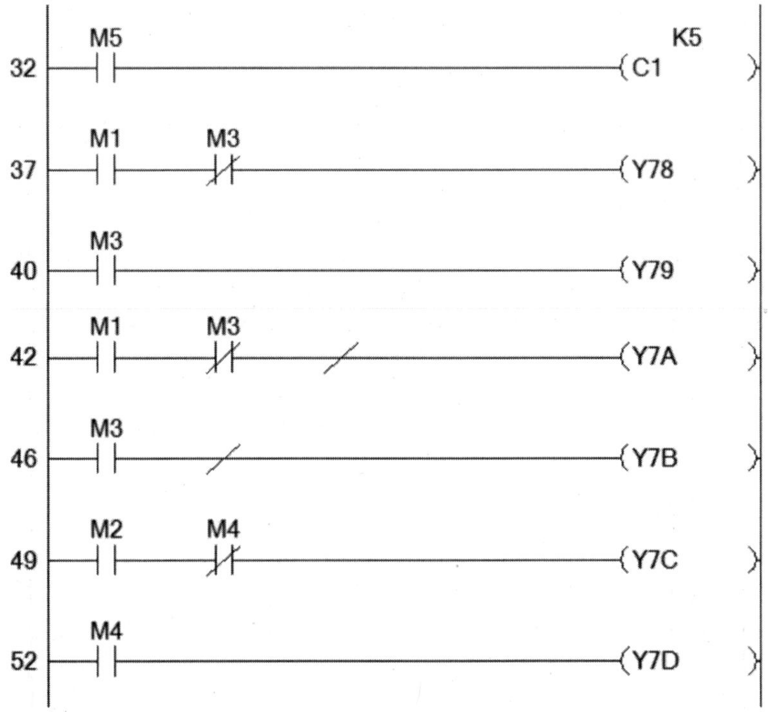

5-10. 드릴 / 리밍 전용기

실습과제명	5-10. 드릴 / 리밍 전용기	소요시간 : 1.5 H

1. 요구사항

가. 주어진 공압 도면과 변위 단계 선도를 활용하여 공기압 장치를 구성하시오.

나. 전기 회로도를 보고 전기회로작업을 완성하시오.(전기 연결선의 적색은 +, 청색은 −로 연결)

다. 작업압력(서비스유닛)을 0.5MPa로 설정하시오.

라. 작업이 자동으로 이루어져야 하며 연속 사이클이 가능하도록 모든 동작이 완료된 후 10초 후에 새로운 사이클이 가능하도록 회로를 구성하시오.

마. 연속 스위치를 누르면 5회 연속 운전하고 정지할 수 있도록 하시오.

바. 비상 정지 스위치를 작동시키면 각 실린더는 즉시 후진상태로 복귀한 후 정지할 수 있도록 하시오.

사. 부품 목록에서 사용 부품의 수량 및 특이 사항을 비고란에 작성하시오.

2. 공압도면

− 제어조건 : 드릴/리밍 전용기에서 직육면체 소재를 가공하려고 한다. 소재는 이미 전용기의 바이스에 고정되어 있다.

가. 푸시버튼 스위치 A를 누르면 드릴과 리머가 회전한다.

나. 시작 푸시버튼 스위치를 누르면 실린더 A가 드릴작업을 완료하고 복귀한다.

다. 드릴작업이 완료되면 실린더 B가 전진하여 리밍 작업위치에 도달한 후 실린더 C에 의해 리밍 작업이 이루어진다.

라. 리밍 작업이 완료되면 실린더 B가 후진하여 작업을 완료한다.

가. 위치도

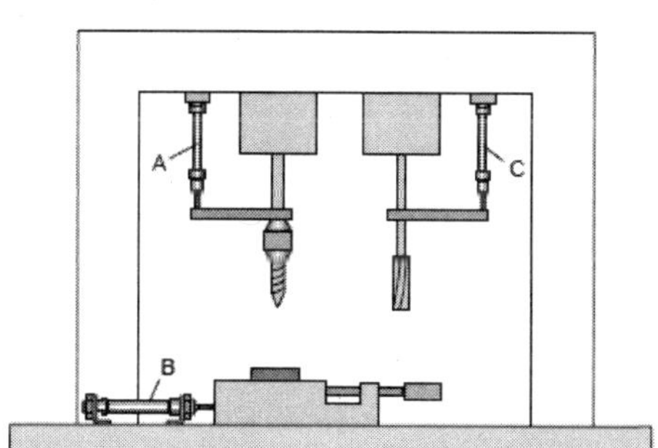

실습과제명	5-10. 드릴 / 리밍 전용기	소요시간 : 1.5 H

나. 공압회로도

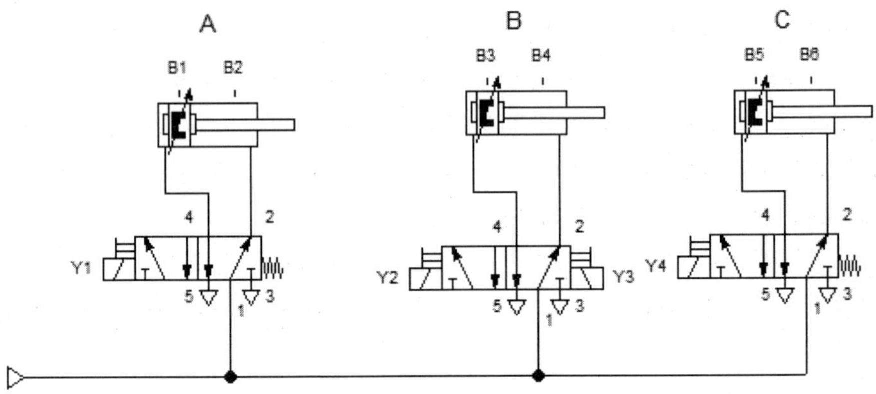

다. 변위 단계 선도

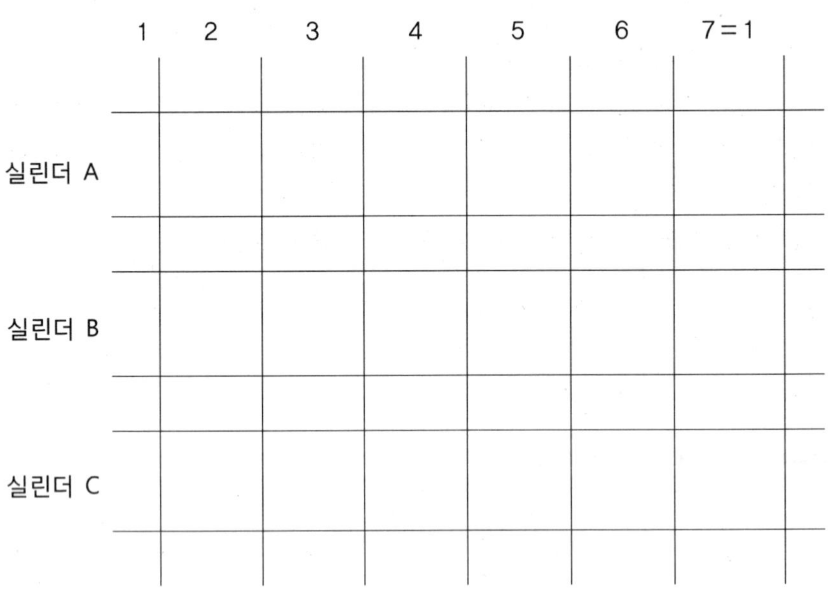

실습과제명	5-10. 드릴 / 리밍 전용기	소요시간 : 1.5 H

라. 부품 목록

번 호	부 품 명	수 량	비 고
1	공기압 복동실린더		
2	공기압 서비스유닛		
3	3/2-way 싱글 솔레노이드 밸브		
4	5/2-way 싱글/더블 솔레노이드 밸브		
5	일방향 유량 제어 밸브		
6	공기압 튜브		
7	T형 콘넥터 등 연결구		
8	푸시버튼 스위치 세트		
9	리미트 스위치 혹은 비접촉형 센서		
10	PLC 유닛		
11	파일럿램프와 버저 유닛		
12	전기 케이블 세트		
13	전원공급기		

마. PLC I/O 구성

PLC I/O LIST		
구분	주소	내용
입력 접점	X20	연속 동작 시작 스위치
	X21	비상 정지 스위치
	X30	A실린더 후진 리드 스위치
	X31	A실린더 전진 리드 스위치
	X32	B실린더 후진 리드 스위치
	X33	B실린더 전진 리드 스위치
	X34	C실린더 후진 리드 스위치
	X35	C실린더 전진 리드 스위치
출력 코일	Y79	A실린더 후진 솔레노이드
	Y7A	B실린더 전진 솔레노이드
	Y7B	B실린더 후진 솔레노이드
	Y7C	C실린더 전진 솔레노이드

실습과제명	5-10. 드릴 / 리밍 전용기	소요시간 : 1.5 H

바. PLC 프로그램

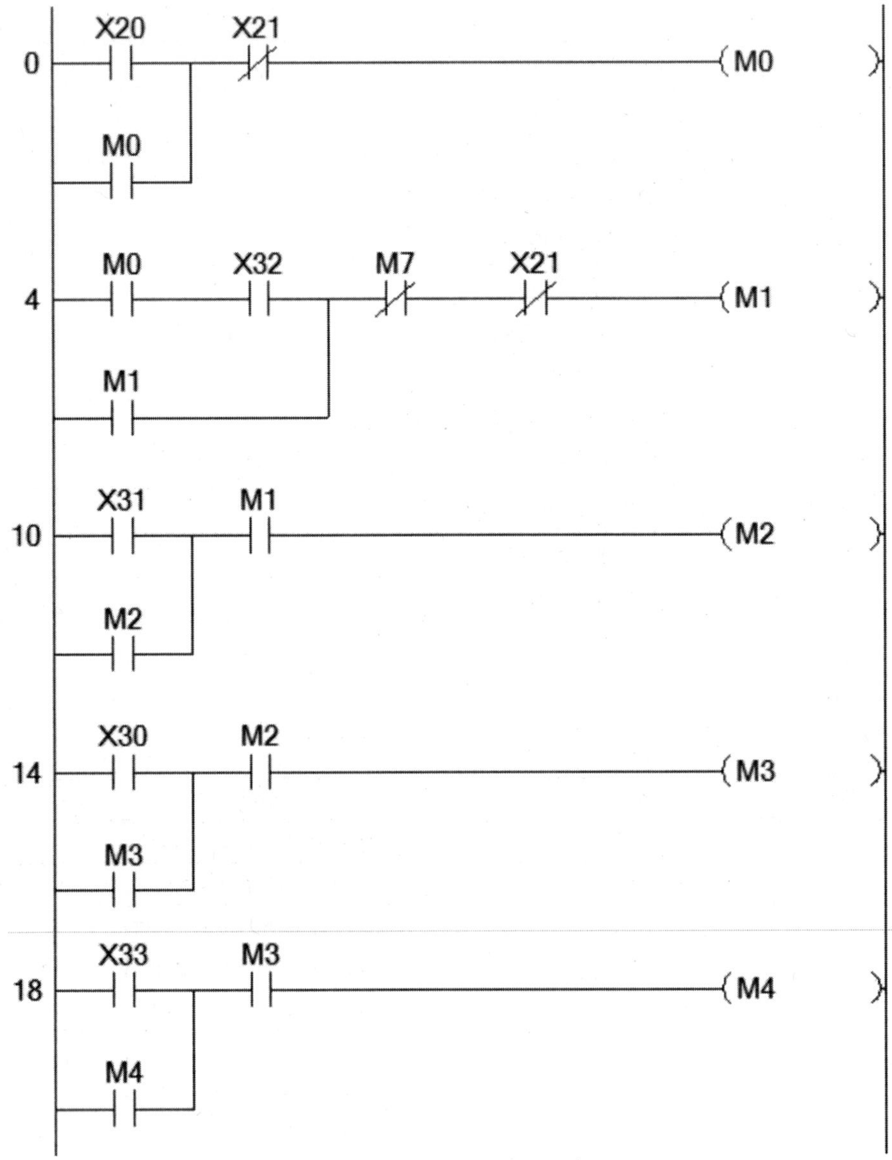

실습과제명	5-10. 드릴 / 리밍 전용기	소요시간 : 1.5 H

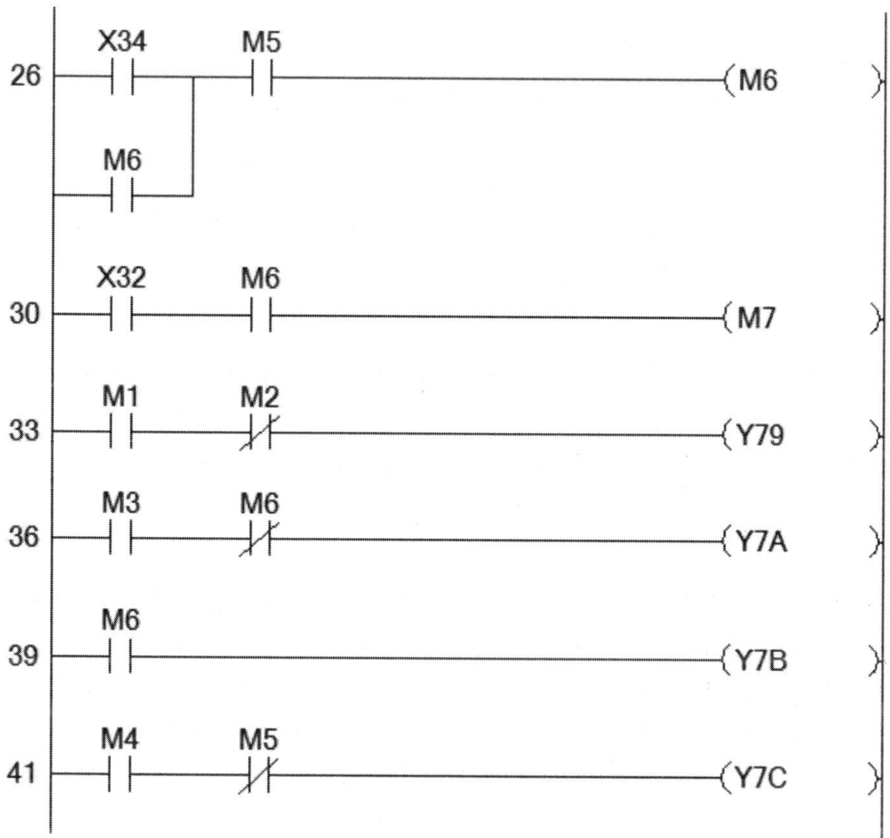

5-11. 철판 전단기구

실습과제명	5-11. 철판 전단기구	소요시간 : 1.5 H

1. 요구사항
   가. 주어진 공압 도면과 변위 단계 선도를 활용하여 공기압 장치를 구성하시오.
   나. 전기 회로도를 보고 전기회로작업을 완성하시오.(전기 연결선의 적색은 +, 청색은 –로 연결)
   다. 작업압력(서비스유닛)을 0.5MPa로 설정하시오.
   라. 작업이 자동으로 이루어져야하며 연속 사이클이 가능하도록 모든 동작이 완료된 후 10초 후에 새로운 사이클이 가능하도록 회로를 구성하시오.
   마. 연속 스위치를 누르면 5회 연속 운전하고 정지할 수 있도록 하시오.
   바. 비상 정지 스위치를 작동시키면 각 실린더는 즉시 후진상태로 복귀한 후 정지할 수 있도록 하시오.
   사. 부품 목록에서 사용 부품의 수량 및 특이 사항을 비고란에 작성하시오.

2. 공압 도면
 – 제어조건 : 전단전용기에서 단면이 직사각형이며 좁고 긴 소재를 절단 가공하려고 한다. 실린더 A가 철판을 클램핑하고 실린더 B의 전진에 의해 소재가 이송된다. 소재가 이송된 후 실린더 C가 클램핑 완료하면 실린더 D에 의해 절단 작업과 실린더 A의 후진이 동시에 이루어지며 실린더 A의 후진 완료 신호에 의해 실린더 B와 실린더 D가 동시에 후진한다. 실린더 D의 후진 완료 신호에 의해 실린더 C가 후진하여 작업을 완료한다.

가. 위치도

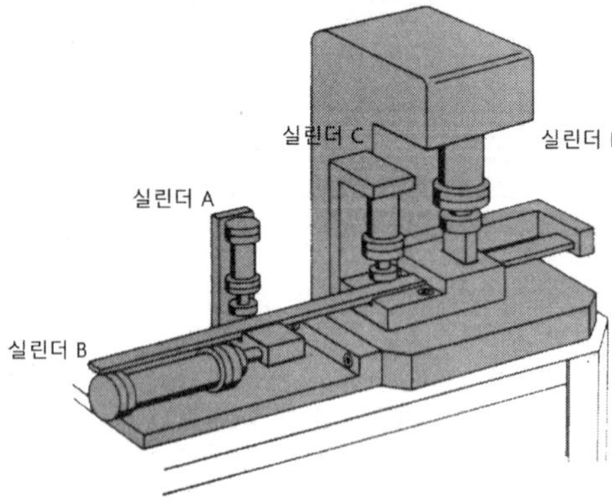

실습과제명	5-11. 철판 전단기구	소요시간 : 1.5 H

나. 공압회로도

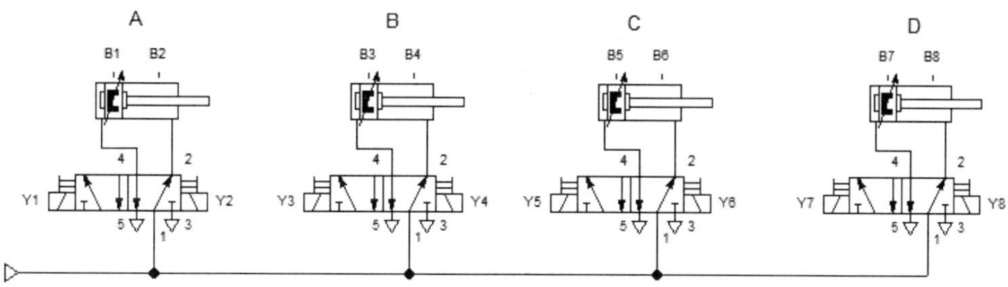

다. 변위 단계 선도

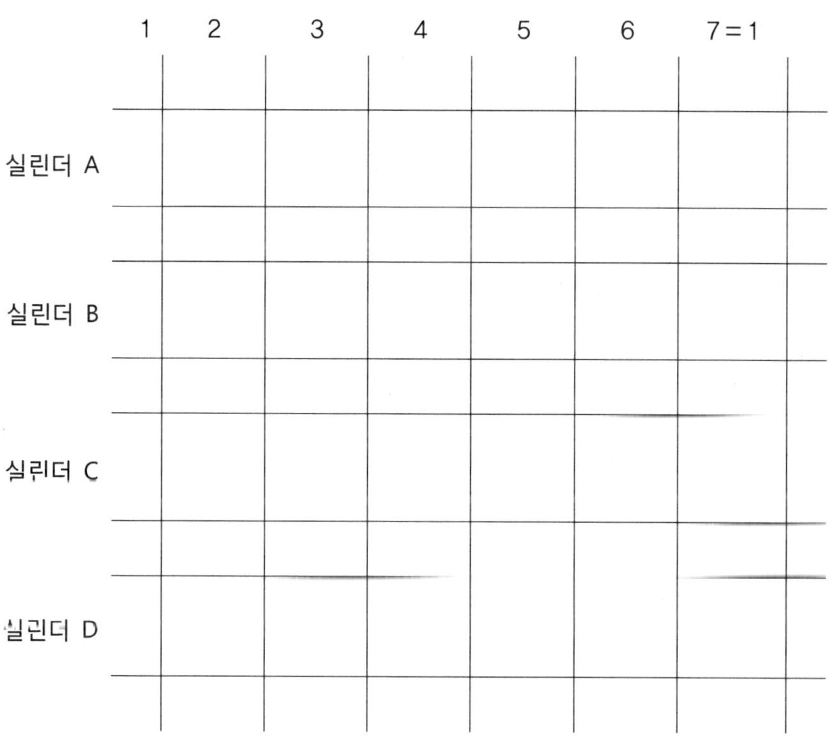

실습과제명	5-11. 철판 전단기구	소요시간 : 1.5 H

라. 부품 목록

번 호	부 품 명	수 량	비 고
1	공기압 복동실린더		
2	공기압 서비스유닛		
3	3/2-way 싱글 솔레노이드 밸브		
4	5/2-way 싱글/더블 솔레노이드 밸브		
5	일방향 유량 제어 밸브		
6	공기압 튜브		
7	T형 콘넥터 등 연결구		
8	푸시버튼 스위치 세트		
9	리미트 스위치 혹은 비접촉형 센서		
10	PLC 유닛		
11	파일럿램프와 버저 유닛		
12	전기 케이블 세트		
13	전원공급기		

마. PLC I/O 구성

PLC I/O LIST		
구분	주소	내용
입력 접점	X20	연속 동작 시작 스위치
	X21	비상 정지 스위치
	X30	A실린더 후진 리드 스위치
	X31	A실린더 전진 리드 스위치
	X32	B실린더 후진 리드 스위치
	X33	B실린더 전진 리드 스위치
	X34	C실린더 후진 리드 스위치
	X35	C실린더 전진 리드 스위치
	X36	D실린더 후진 리드 스위치
	X37	D실린더 전진 리드 스위치
출력 코일	Y78	A실린더 전진 솔레노이드
	Y79	A실린더 후진 솔레노이드
	Y7A	B실린더 전진 솔레노이드
	Y7B	B실린더 후진 솔레노이드
	Y7C	C실린더 전진 솔레노이드
	Y7D	C실린더 후진 솔레노이드
	Y7E	D실린더 전진 솔레노이드
	Y7F	D실린더 후진 솔레노이드

실습과제명	5-11. 철판 전단기구	소요시간 : 1.5 H

바. PLC 프로그램

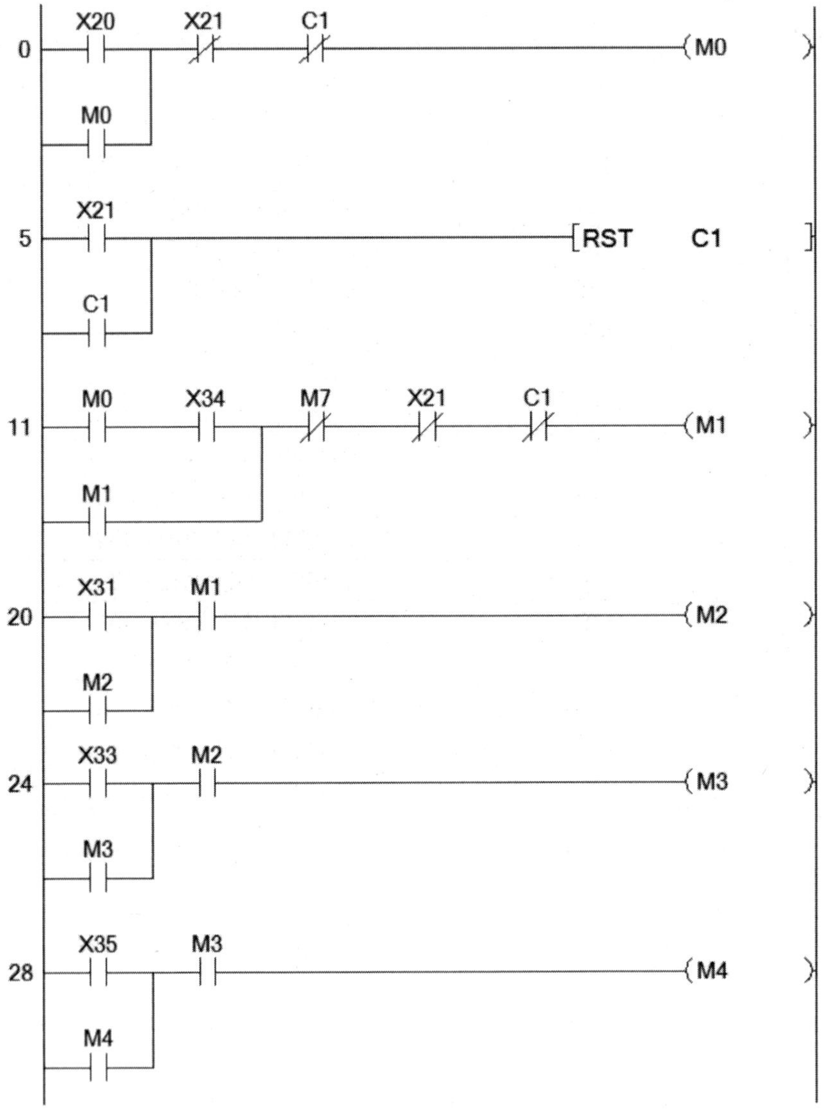

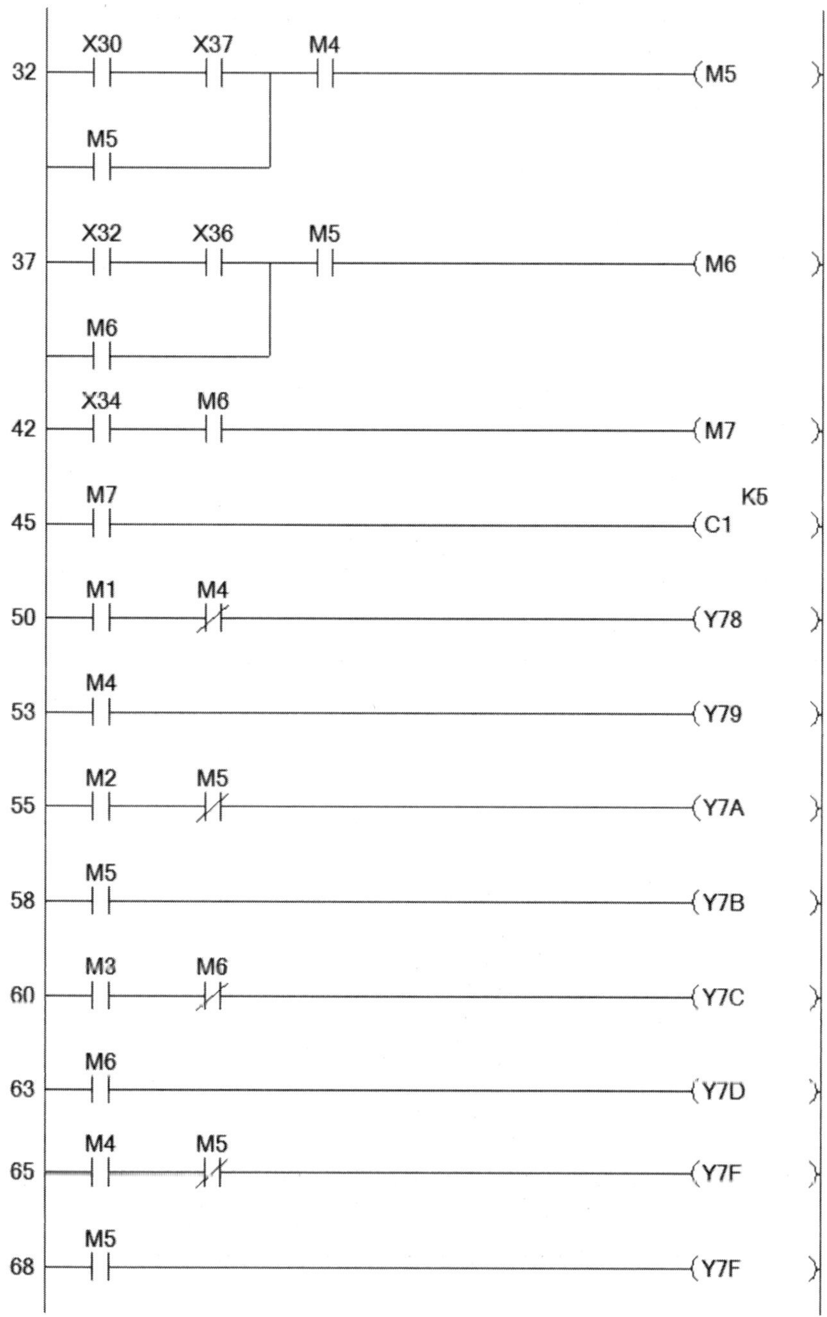

32
X30
X37
M4
M5
M5
37
X32
X36
M5
M6
M6
42
X34
M6
M7
45
M7
K5
C1
50
M1
M4
Y78
53
M4
Y79
55
M2
M5
Y7A
58
M5
Y7B
60
M3
M6
Y7C
63
M6
Y7D
65
M4
M5
Y7F
68
M5
Y7F

5-12. 부시 조립장치

실습과제명	5-12. 부시 조립장치	소요시간 : 1.5 H

1. 요구사항

가. 주어진 유압 도면과 변위 단계 선도를 활용하여 유압 장치를 구성하시오.

나. 전기 회로도를 보고 전기회로작업을 완성하시오.(전기 연결선의 적색은 +, 청색은 -로 연결)

다. 작업압력(릴리프 밸브 압력)을 5MPa로 설정하시오.

라. 연속 사이클이 가능하도록 회로를 구성하시오.

마. 압력스위치의 압력을 3MPa로 설정하시오.

바. 변위 단계 선도를 그리시오.

사. 부품 목록에서 사용 부품의 수량 및 특이 사항을 비고란에 작성하시오.

2. 유압 도면

- 제어조건 : 부시 조립장치를 사용하여 플라스틱 부시를 강철 공작물에 삽입하여 고정하고 유압모터의 회전에 의하여 나사로 조립하는 장치이다. 푸시버튼 스위치를 누르면 실린더 A가 전진하여 플라스틱 부시를 강철 공작물에 삽입하고, 실린더 A가 전진완료하면 실린더 A의 후진과 유압모터의 회전이 동시에 이루어진다. 실린더 A가 후진 완료하면 유압모터도 정지하여 작업이 완료된다.

가. 위치도

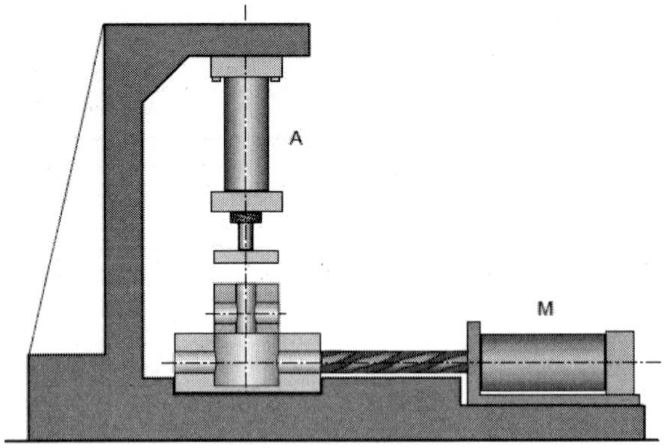

실습과제명	5-12. 부시 조립장치	소요시간 : 1.5 H

나. 유압회로도

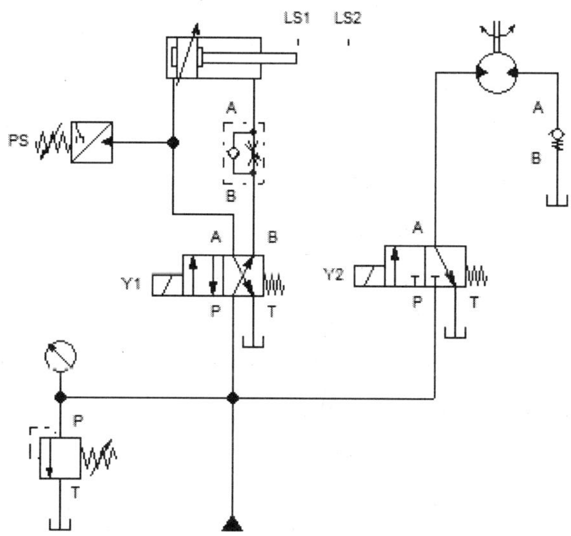

다. 변위 단계 선도

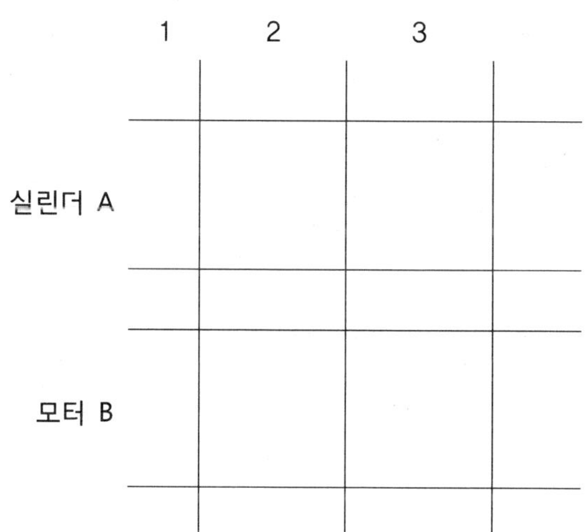

실습과제명	5-12. 부시 조립장치	소요시간 : 1.5 H

라. 부품 목록

번 호	부 품 명	수 량	비 고
1	유압 복동실린더		
2	유압모터		
3	릴리프 밸브		
4	감압 밸브		
5	압력시퀀스 밸브		
6	카운터 밸런스 밸브		
7	압력스위치		
8	3/2-way 싱글 솔레노이드 밸브		
9	4/2-way 싱글/더블 솔레노이드 밸브		
10	4/3-way 솔레노이드 밸브		중립위치 선택
11	일방향 유량 제어 밸브		
12	스로틀 밸브		
13	압력보상형 유량 제어 밸브		
14	체크밸브		
15	파일럿조작 체크밸브		
16	압력게이지 부착형 분배기		
17	유압 호스		
18	T형 콘넥터 등 연결구		
19	푸시버튼 스위치 세트		
20	릴레이 세트		
21	타이머/카운터 릴레이 세트		
22	리미트 스위치 혹은 비접촉형 센서		
23	PLC 유닛		
24	파일럿램프와 버저 유닛		
25	전기 케이블 세트		
26	전원공급기		

실습과제명	5-12. 부시 조립장치	소요시간 : 1.5 H

마. 전기회로도

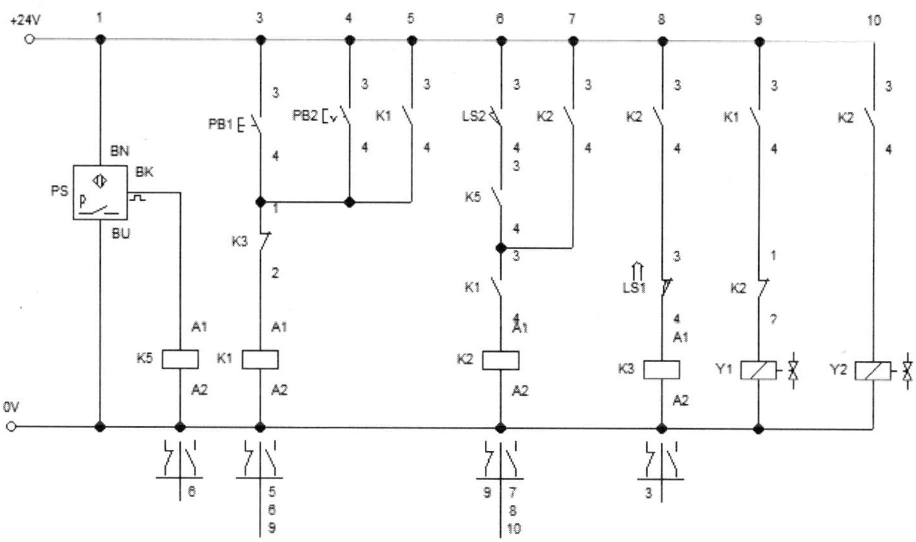

바. PLC I/O 구성

PLC I/O LIST		
구분	주소	내용
입력 접점	X20	단일 동작 시작 스위치
	X21	연속 동작 시작 스위치
	X22	압력스위치
	X34	A실린더 후진 리드 스위치
	X35	A실린더 전진 리드 스위치
출력 코일	Y7C	A실린더 전진 솔레노이드
	Y7E	B 유압모터 기동

실습과제명	5–12. 부시 조립장치	소요시간 : 1.5 H

사. PLC 프로그램

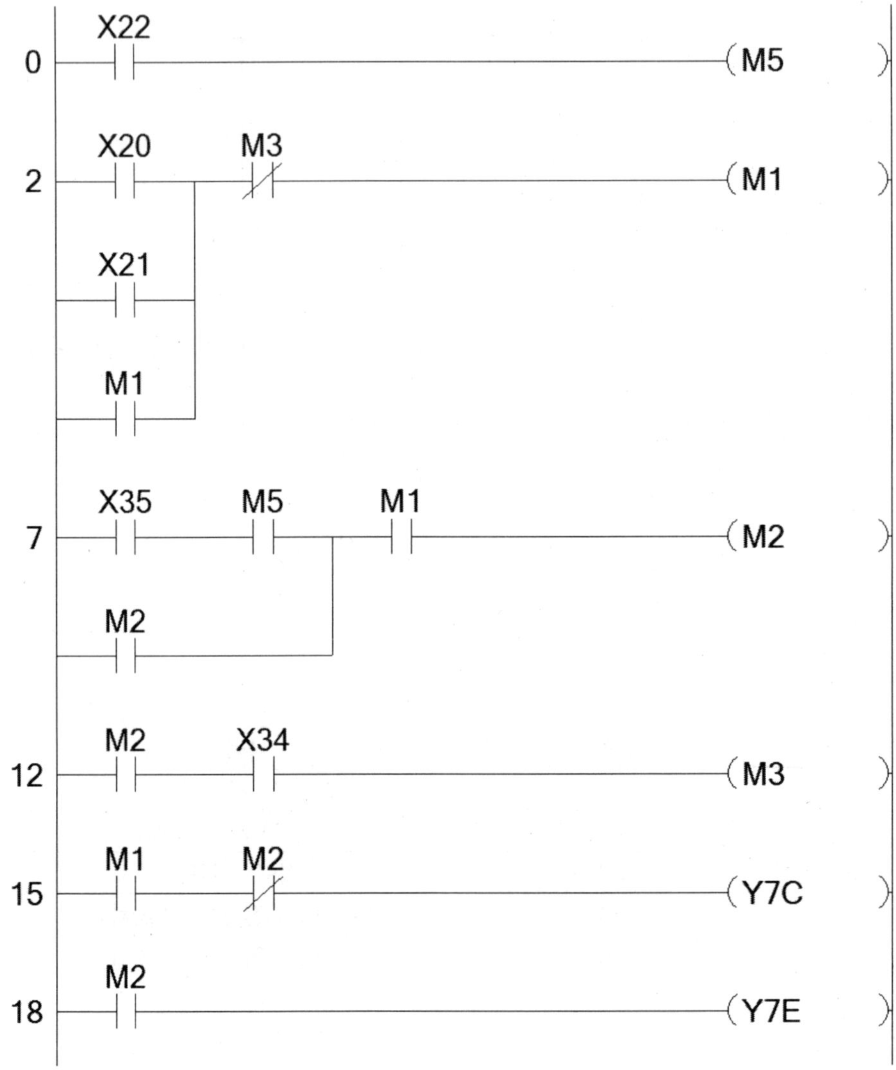

5-13. 상자 이송장치

실습과제명	5-13. 상자 이송장치	소요시간 : 1.5 H

1. 요구사항

가. 주어진 유압 도면과 변위 단계 선도를 활용하여 유압 장치를 구성하시오.

나. 전기 회로도를 보고 전기회로작업을 완성하시오.(전기 연결선의 적색은 +, 청색은 -로 연결)

다. 작업압력(릴리프 밸브 압력)을 5MPa로 설정하시오.

라. 연속 사이클이 가능하도록 회로를 구성하시오.

마. 감압 밸브의 압력을 2MPa로 설정하시오.

바. 변위 단계 선도를 그리시오.

사. 부품 목록에서 사용 부품의 수량 및 특이 사항을 비고란에 작성하시오.

2. 유압 도면

- 제어조건 : 롤러컨베이어 장치를 이용한 상자 이송장치에서 아래에 위치한 롤러컨베이어에 이송된 상자가 실린더 A의 위치에 도달하면 푸시버튼 스위치를 눌러 실린더 A의 전진 운동에 의해 상자를 위로 밀어 올려진다. 실린더 A의 전진이 완료되면 실린더 B가 상자를 위편 컨베이어에 이송시킨 후 후진한다. 실린더 B가 후진 완료하면 실린더 A 후진 완료하여 작업이 완료된다.

가. 위치도

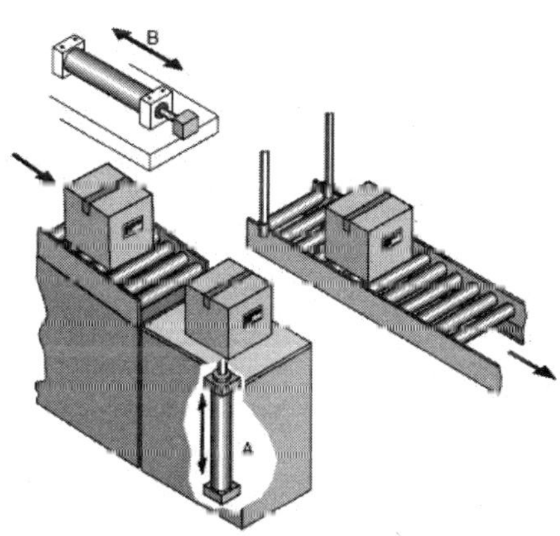

실습과제명	5-13. 상자 이송장치	소요시간 : 1.5 H

나. 유압회로도

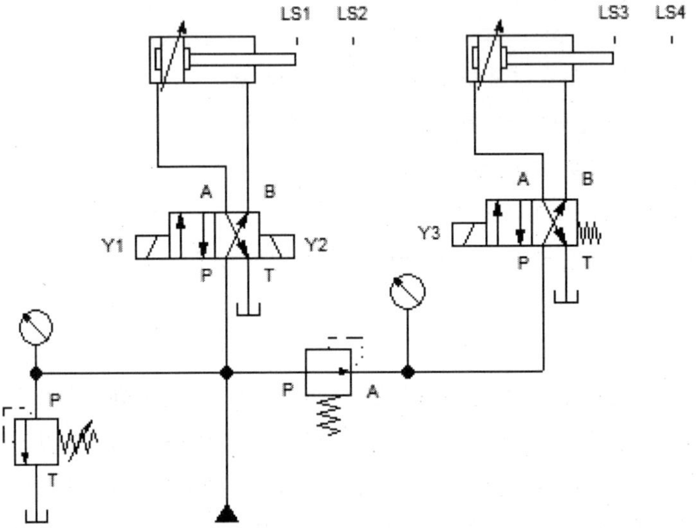

다. 변위 단계 선도

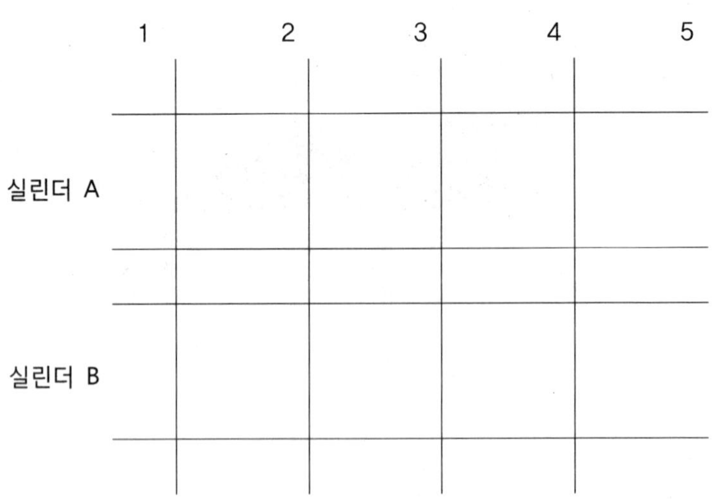

실습과제명	5-13. 상자 이송장치	소요시간 : 1.5 H

라. 부품 목록

번 호	부 품 명	수 량	비 고
1	유압 복동실린더		
2	유압모터		
3	릴리프 밸브		
4	감압 밸브		
5	압력시퀀스 밸브		
6	카운터 밸런스 밸브		
7	압력스위치		
8	3/2-way 싱글 솔레노이드 밸브		
9	4/2-way 싱글/더블 솔레노이드 밸브		
10	4/3-way 솔레노이드 밸브		중립위치 선택
11	일방향 유량 제어 밸브		
12	스로틀 밸브		
13	압력보상형 유량 제어 밸브		
14	체크밸브		
15	파일럿조작 체크밸브		
16	압력게이지 부착형 분배기		
17	유압 호스		
18	T형 콘넥터 등 연결구		
19	푸시버튼 스위치 세트		
20	릴레이 세트		
21	타이머/카운터 릴레이 세트		
22	리미트 스위치 혹은 비접촉형 센서		
23	PLC 유닛		
24	파일럿램프와 버저 유닛		
25	전기 케이블 세트		
26	전원공급기		

실습과제명	5-13. 상자 이송장치	소요시간 : 1.5 H

마. 전기회로도

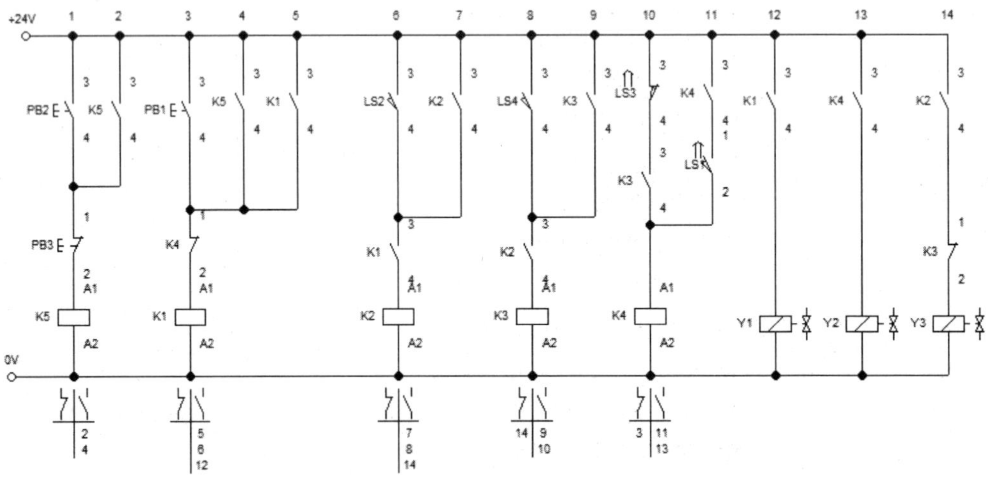

바. PLC I/O 구성

PLC I/O LIST		
구분	주소	내용
입력 접점	X21	단일 동작 시작 스위치
	X22	연속 동작 시작 스위치
	X30	A실린더 후진 리드 스위치
	X31	A실린더 전진 리드 스위치
	X32	B실린더 후진 리드 스위치
	X33	B실린더 전진 리드 스위치
출력 코일	Y78	A실린더 전진 솔레노이드
	Y79	A실린더 후진 솔레노이드
	Y7B	B실린더 전진 솔레노이드

실습과제명	5-13. 상자 이송장치	소요시간 : 1.5 H

사. PLC 프로그램

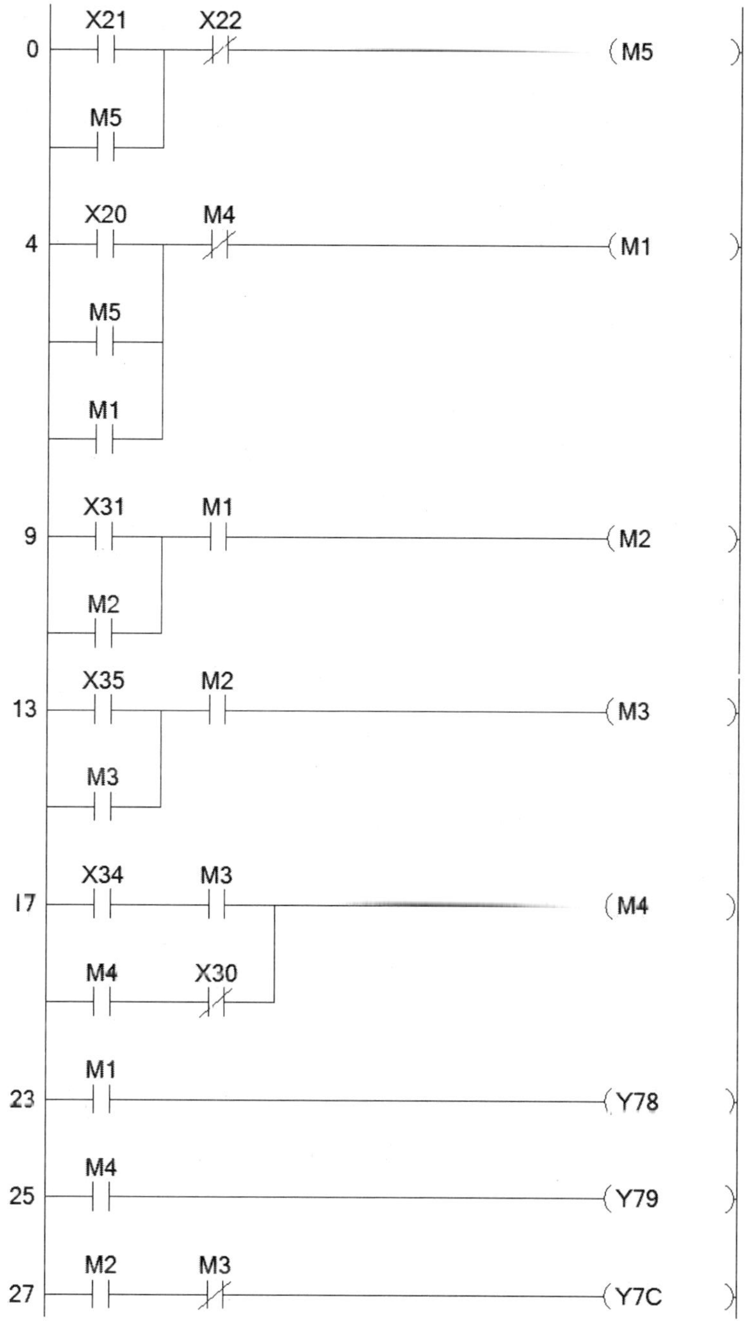

5-14. 건조기 이송장치

실습과제명	5-14. 건조기 이송장치	소요시간 : 1.5 H

1. 요구사항
   가. 주어진 유압 도면과 변위 단계 선도를 활용하여 유압 장치를 구성하시오.
   나. 전기 회로도를 보고 전기회로작업을 완성하시오.(전기 연결선의 적색은 +, 청색은 -로 연결)
   다. 작업압력(릴리프 밸브 압력)을 5MPa로 설정하시오.
   라. 연속 사이클이 가능하도록 회로를 구성하시오.
   마. 타이머를 5초로 설정하여 이송 실린더가 후진 완료하고 유압모터가 정지되게 하시오.
   바. 변위 단계 선도를 그리시오.
   사. 부품 목록에서 사용 부품의 수량 및 특이 사항을 비고란에 작성하시오.

2. 유압 도면
 - 제어조건 : 컨베이어 장치를 이용한 건조기에서 푸시버튼 스위치를 누르면 이송 실린더의 전진 운동과 컨베이어의 유압모터가 시계 방향의 회전을 시작한다. 이송실린더가 전진 완료하면 B2가 동작하여 이송 실린더의 후진 운동과 컨베이어 유압모터의 반시계 방향의 회전 운동이 이루어져서 공정이 종료된다.

가. 위치도

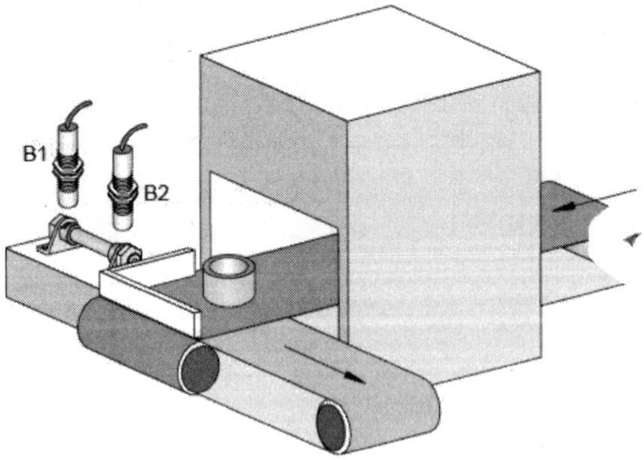

실습과제명	5-14. 건조기 이송장치	소요시간 : 1.5 H

나. 유압회로도

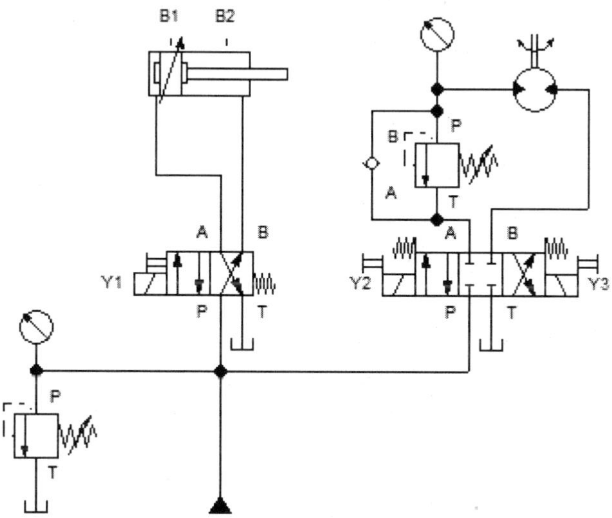

다.　변위 단계 선도

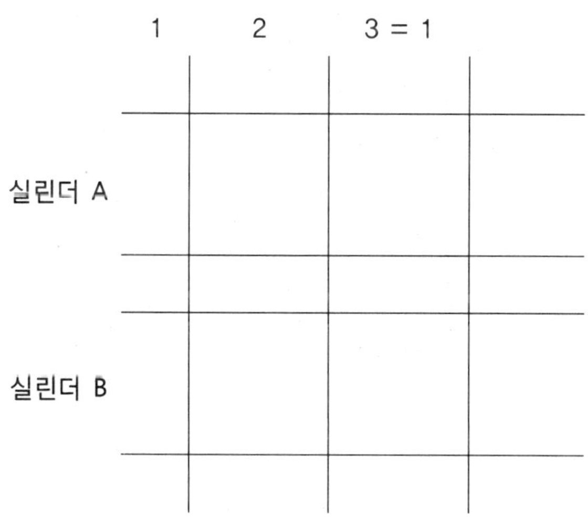

실습과제명	5-14. 건조기 이송장치	소요시간 : 1.5 H

라. 부품 목록

번 호	부 품 명	수 량	비 고
1	유압 복동실린더		
2	유압모터		
3	릴리프 밸브		
4	감압 밸브		
5	압력시퀀스 밸브		
6	카운터 밸런스 밸브		
7	압력스위치		
8	3/2-way 싱글 솔레노이드 밸브		
9	4/2-way 싱글/더블 솔레노이드 밸브		
10	4/3-way 솔레노이드 밸브		중립위치 선택
11	일방향 유량 제어 밸브		
12	스로틀 밸브		
13	압력보상형 유량 제어 밸브		
14	체크밸브		
15	파일럿조작 체크밸브		
16	압력게이지 부착형 분배기		
17	유압 호스		
18	T형 콘넥터 등 연결구		
19	푸시버튼 스위치 세트		
20	릴레이 세트		
21	타이머/카운터 릴레이 세트		
22	리미트 스위치 혹은 비접촉형 센서		
23	PLC 유닛		
24	파일럿램프와 버저 유닛		
25	전기 케이블 세트		
26	전원공급기		

실습과제명	5-14. 건조기 이송장치	소요시간 : 1.5 H

마. 전기회로도

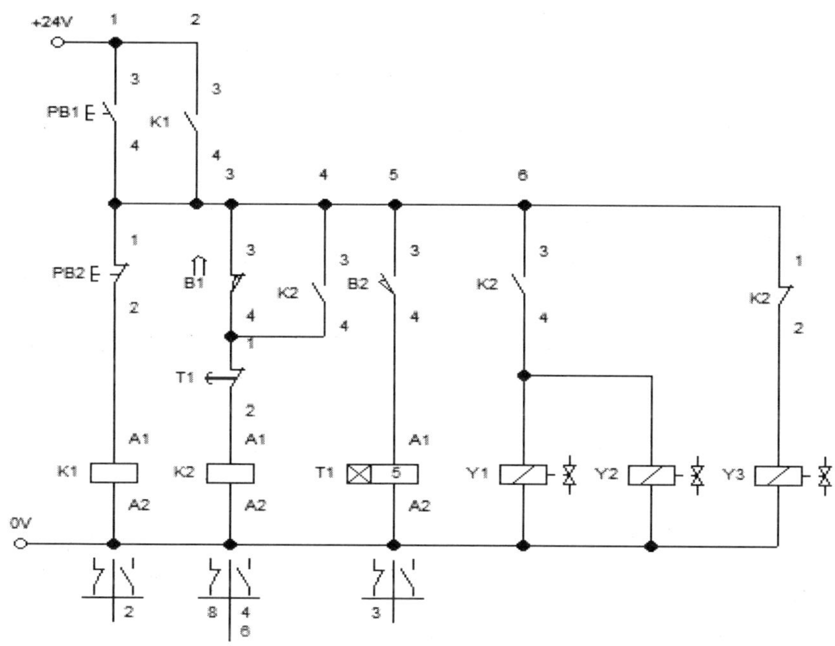

바. PLC I/O 구성

PLC I/O LIST		
구분	주소	내용
입력 접점	X21	연속 동작 시작 스위치
	X22	연속 동작 정지 스위치
	X34	A실린더 후진 리드 스위치
	X35	A실린더 전진 리드 스위치
출력 코일	Y7C	A실린더 전진 솔레노이드
	Y7D	B 유압모터 정방향 기동
	Y7E	B 유압모터 역방향 기동

실습과제명	5-14. 건조기 이송장치	소요시간 : 1.5 H

사. PLC 프로그램

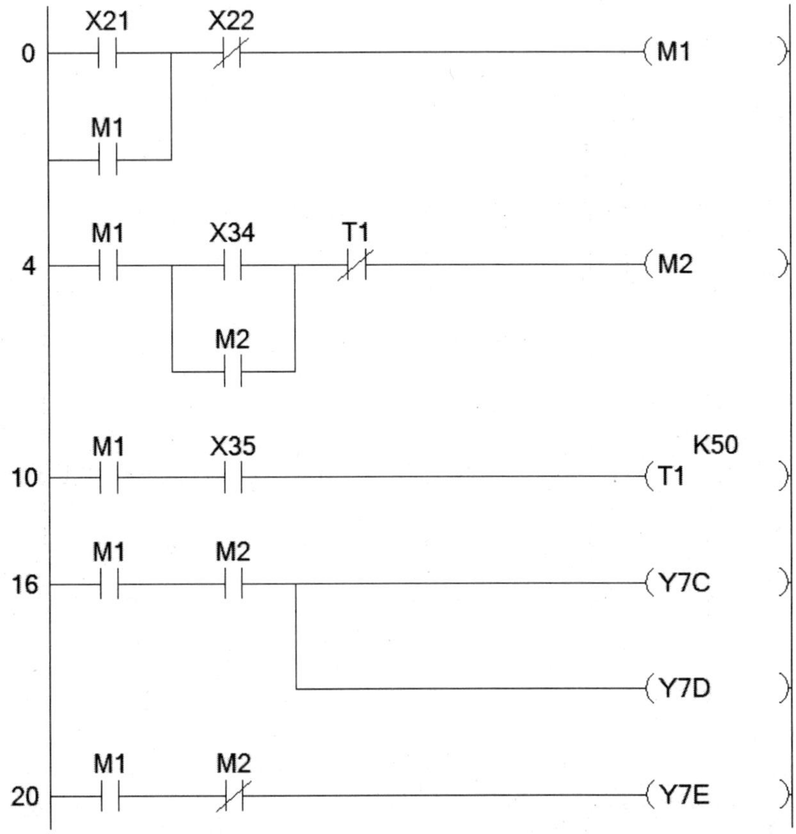

5-15. 상자 이송장치 2

실습과제명	5-15. 상자 이송장치 2	소요시간 : 1.5 H

1. 요구사항
   가. 주어진 유압 도면과 변위 단계 선도를 활용하여 유압 장치를 구성하시오.
   나. 전기 회로도를 보고 전기회로작업을 완성하시오.(전기 연결선의 적색은 +, 청색은 -로 연결)
   다. 작업압력(릴리프 밸브 압력)을 5MPa로 설정하시오.
   라. 비상정지 스위치를 누르면 동작이 즉시 정지되고 버저가 울리면서 초기 상태로 복귀한다.
   마. 비상정치 스위치를 해제하고 시작 스위치(PB1)를 다시 누르면 처음부터 동작이 시작된다.
   바. 변위 단계 선도를 그리시오.
   사. 부품 목록에서 사용 부품의 수량 및 특이 사항을 비고란에 작성하시오.

2. 유압 도면
 - 제어조건 : 푸시버튼 스위치를 눌러 실린더 A의 전진 운동에 의해 상자를 위로 밀어 올려진다. 실린더 A의 전진이 완료되면 실린더 B가 상자를 위편 컨베이어에 이송시킨 후 실린더 A가 후진한다. 실린더 A가 후진 완료하면 실린더 B가 후진 완료하여 작업이 완료된다.

가. 위치도

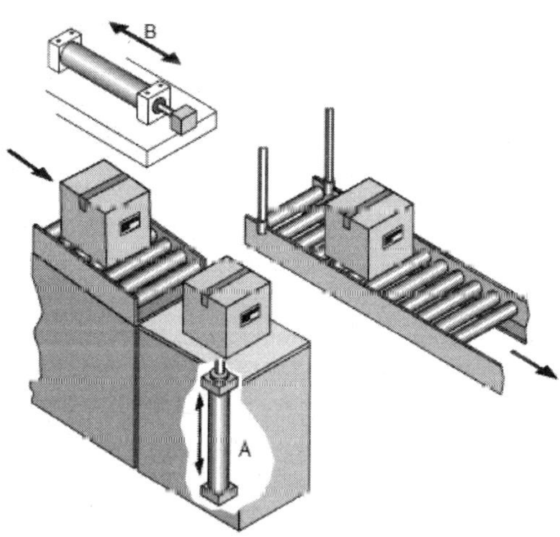

실습과제명	5-15. 상자 이송장치 2	소요시간 : 1.5 H

나. 유압회로도

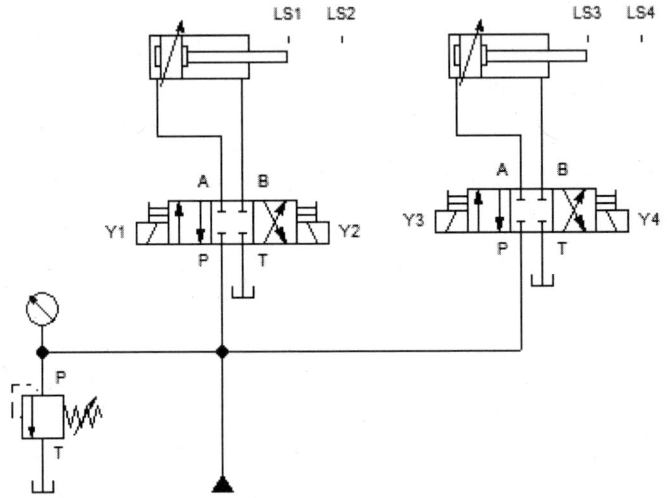

다. 변위 단계 선도

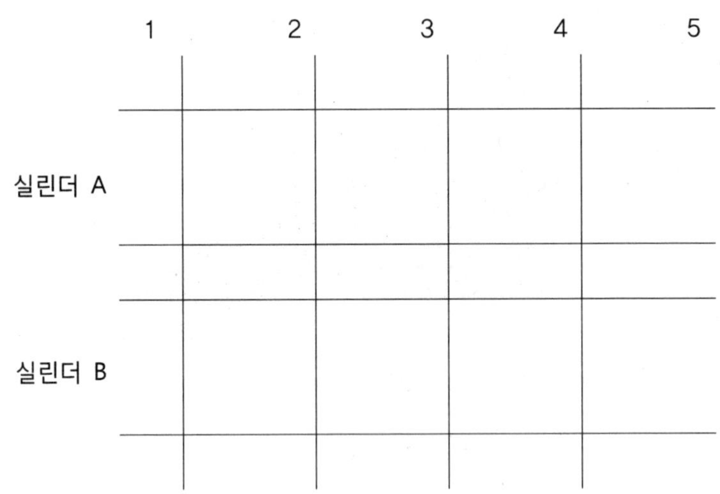

실습과제명	5-15. 상자 이송장치 2	소요시간 : 1.5 H

라. 부품 목록

번 호	부 품 명	수 량	비 고
1	유압 복동실린더		
2	유압모터		
3	릴리프 밸브		
4	감압 밸브		
5	압력시퀀스 밸브		
6	카운터 밸런스 밸브		
7	압력스위치		
8	3/2-way 싱글 솔레노이드 밸브		
9	4/2-way 싱글/더블 솔레노이드 밸브		
10	4/3-way 솔레노이드 밸브		중립위치 선택
11	일방향 유량 제어 밸브		
12	스로틀 밸브		
13	압력보상형 유량 제어 밸브		
14	체크밸브		
15	파일럿조작 체크밸브		
16	압력게이지 부착형 분배기		
17	유압 호스		
18	T형 콘넥터 등 연결구		
19	푸시버튼 스위치 세트		
20	릴레이 세트		
21	타이머/카운터 릴레이 세트		
22	리미트 스위치 혹은 비접촉형 센서		
23	PLC 유닛		
24	파일럿램프와 버저 유닛		
25	전기 케이블 세트		
26	전원공급기		

실습과제명	5-15. 상자 이송장치 2	소요시간 : 1.5 H

마. 전기회로도

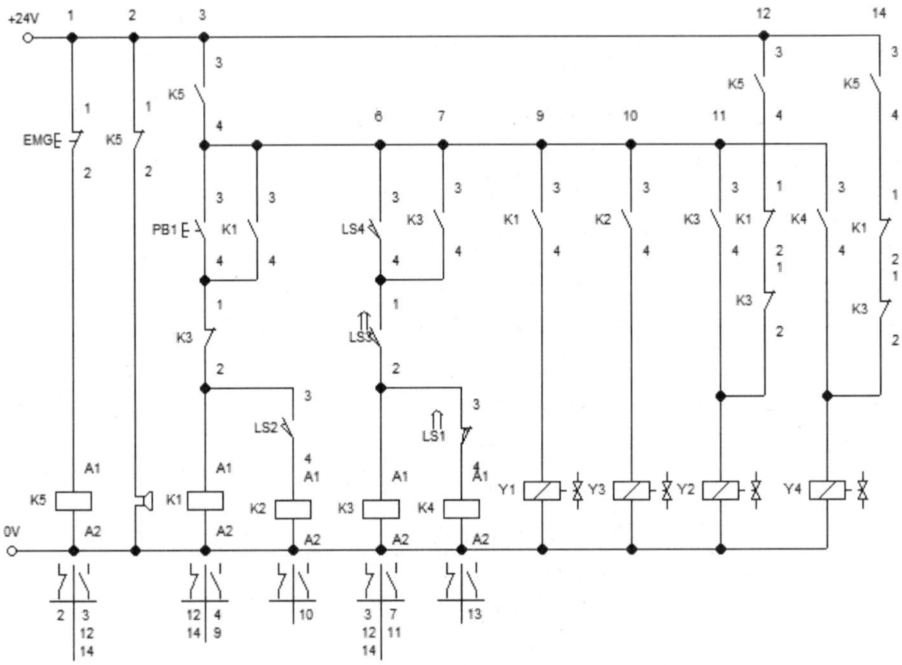

바. PLC I/O 구성

PLC I/O LIST		
구분	주소	내용
입력 접점	X21	단일 동작 시작 스위치
	X22	비상 정지 스위치
	X30	A실린더 후진 리드 스위치
	X31	A실린더 전진 리드 스위치
	X32	B실린더 후진 리드 스위치
	X33	B실린더 전진 리드 스위치
출력 코일	Y78	A실린더 전진 솔레노이드
	Y79	A실린더 후진 솔레노이드
	Y7A	B실린더 전진 솔레노이드
	Y7B	B실린더 후진 솔레노이드

실습과제명	5–15. 상자 이송장치 2	소요시간 : 1.5 H

사. PLC 프로그램

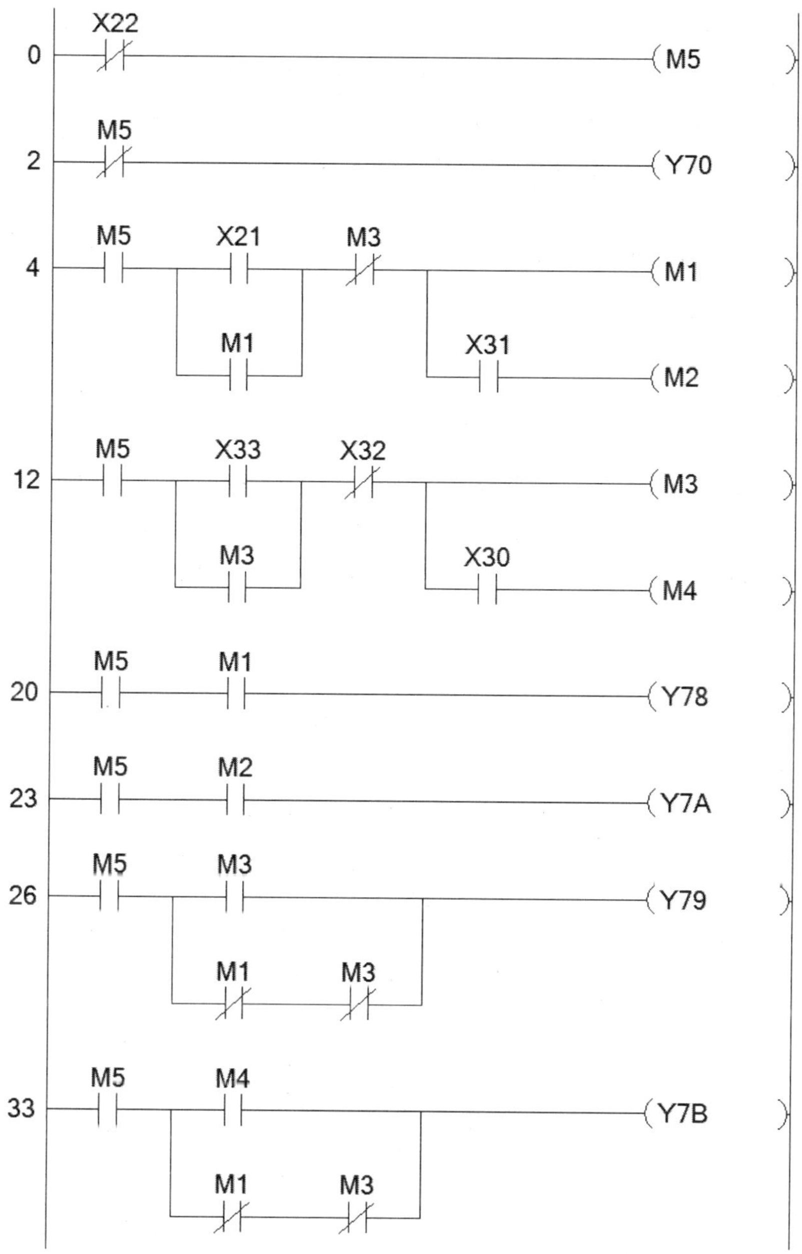

5-16. 스탬핑 장치 2

실습과제명	5-16. 스탬핑 장치 2	소요시간 : 1.5 H

1. 요구사항

가. 주어진 유압 도면과 변위 단계 선도를 활용하여 유압 장치를 구성하시오.

나. 전기 회로도를 보고 전기회로작업을 완성하시오.(전기 연결선의 적색은 +, 청색은 −로 연결)

다. 작업압력(릴리프 밸브 압력)을 5MPa로 설정하시오.

라. 실린더 A가 전진 완료 후 압력이 3MPa이 되어야 후진할 수 있도록 압력스위치의 압력을 조절하시오.

마. 실린더 B가 전진 완료 후 3초 후에 후진할 수 있도록 타이머를 조절하시오.

바. 변위 단계 선도를 그리시오.

사. 부품 목록에서 사용 부품의 수량 및 특이 사항을 비고란에 작성하시오.

2. 유압 도면

– 제어조건 : 금속판이 수동으로 성형 프레스에 삽입된다. PB2 스위치를 누른 다음 PB1 스위치를 누르면 실린더 A가 전진하여 금속판에 스탬핑한 후 후진한다. 실린더 A가 후진 완료하면 성형된 금속판을 실린더 B가 전진하여 금속판을 배출한 후 후진 완료한다.

가. 위치도

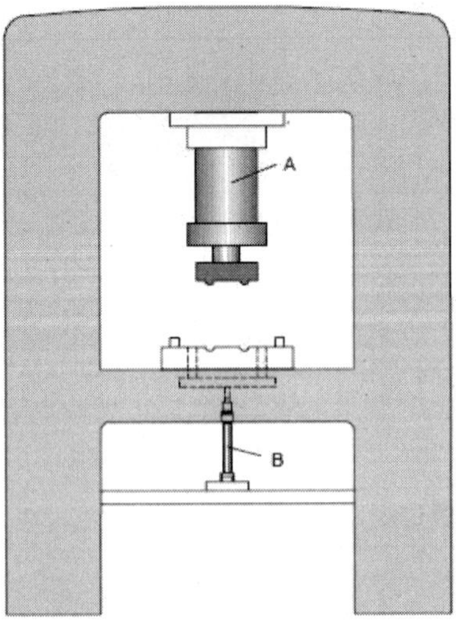

실습과제명	5-16. 스탬핑 장치 2	소요시간 : 1.5 H

나. 유압회로도

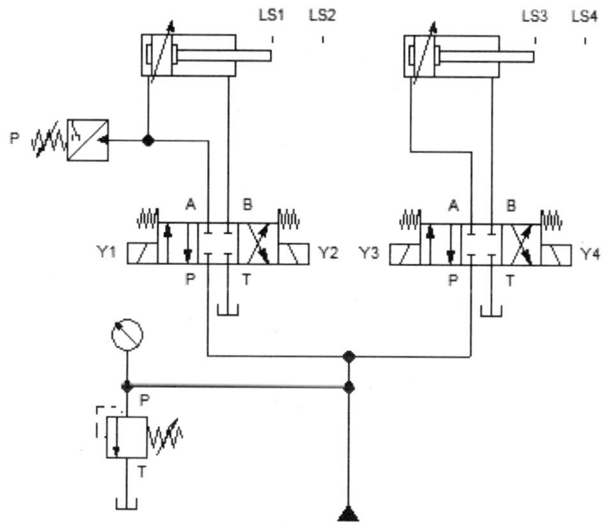

다. 변위 단계 선도

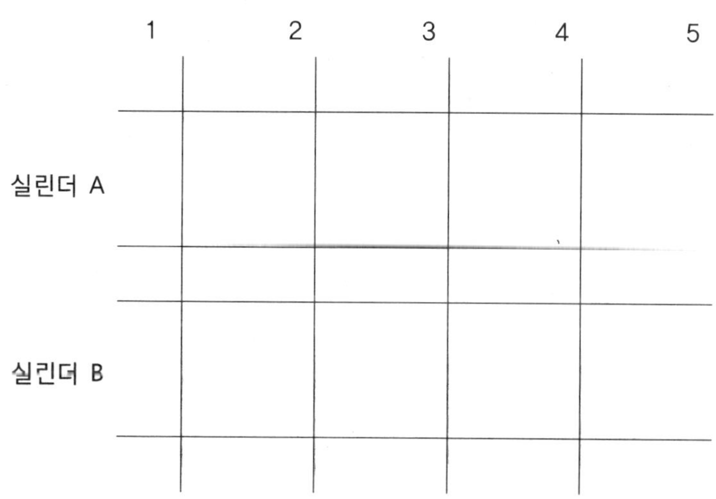

실습과제명	5-16. 스탬핑 장치 2	소요시간 : 1.5 H

라. 부품 목록

번 호	부 품 명	수 량	비 고
1	유압 복동실린더		
2	유압모터		
3	릴리프 밸브		
4	감압 밸브		
5	압력시퀀스 밸브		
6	카운터 밸런스 밸브		
7	압력스위치		
8	3/2-way 싱글 솔레노이드 밸브		
9	4/2-way 싱글/더블 솔레노이드 밸브		
10	4/3-way 솔레노이드 밸브		중립위치 선택
11	일방향 유량 제어 밸브		
12	스로틀 밸브		
13	압력보상형 유량 제어 밸브		
14	체크밸브		
15	파일럿조작 체크밸브		
16	압력게이지 부착형 분배기		
17	유압 호스		
18	T형 콘넥터 등 연결구		
19	푸시버튼 스위치 세트		
20	릴레이 세트		
21	타이머/카운터 릴레이 세트		
22	리미트 스위치 혹은 비접촉형 센서		
23	PLC 유닛		
24	파일럿램프와 버저 유닛		
25	전기 케이블 세트		
26	전원공급기		

실습과제명	5-16. 스탬핑 장치 2	소요시간 : 1.5 H

마. 전기회로도

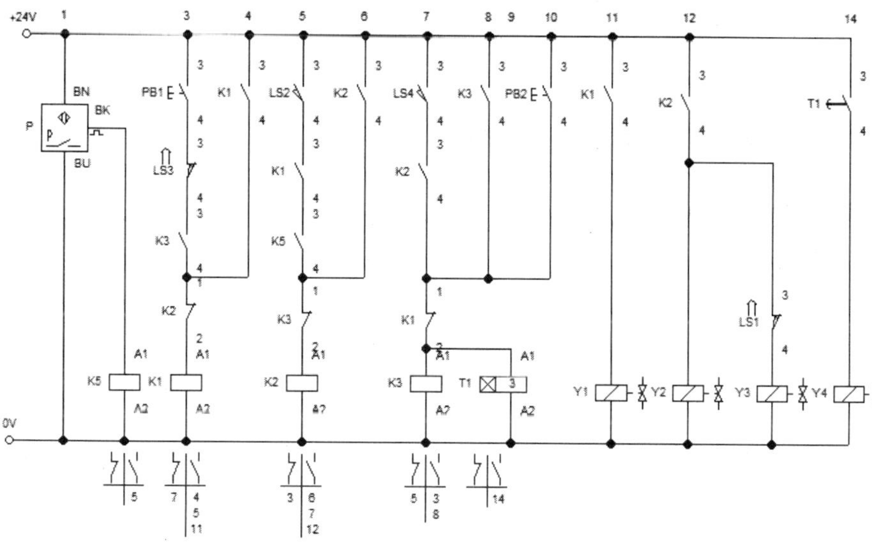

바. PLC I/O 구성

PLC I/O LIST		
구분	주소	내용
입력 접점	X21	시작 스위치 1
	X22	시작 스위치 2
	X23	압력스위치
	X30	A실린더 후진 리드 스위치
	X31	A실린더 전진 리드 스위치
	X32	B실린더 후진 리드 스위치
	X33	B실린더 전진 리드 스위치
출력 코일	Y78	A실린더 전진 솔레노이드
	Y79	A실린더 후진 솔레노이드
	Y7A	B실린더 전진 솔레노이드
	Y7B	B실린더 후진 솔레노이드

실습과제명	5-16. 스탬핑 장치 2	소요시간 : 1.5 H

바. PLC 프로그램

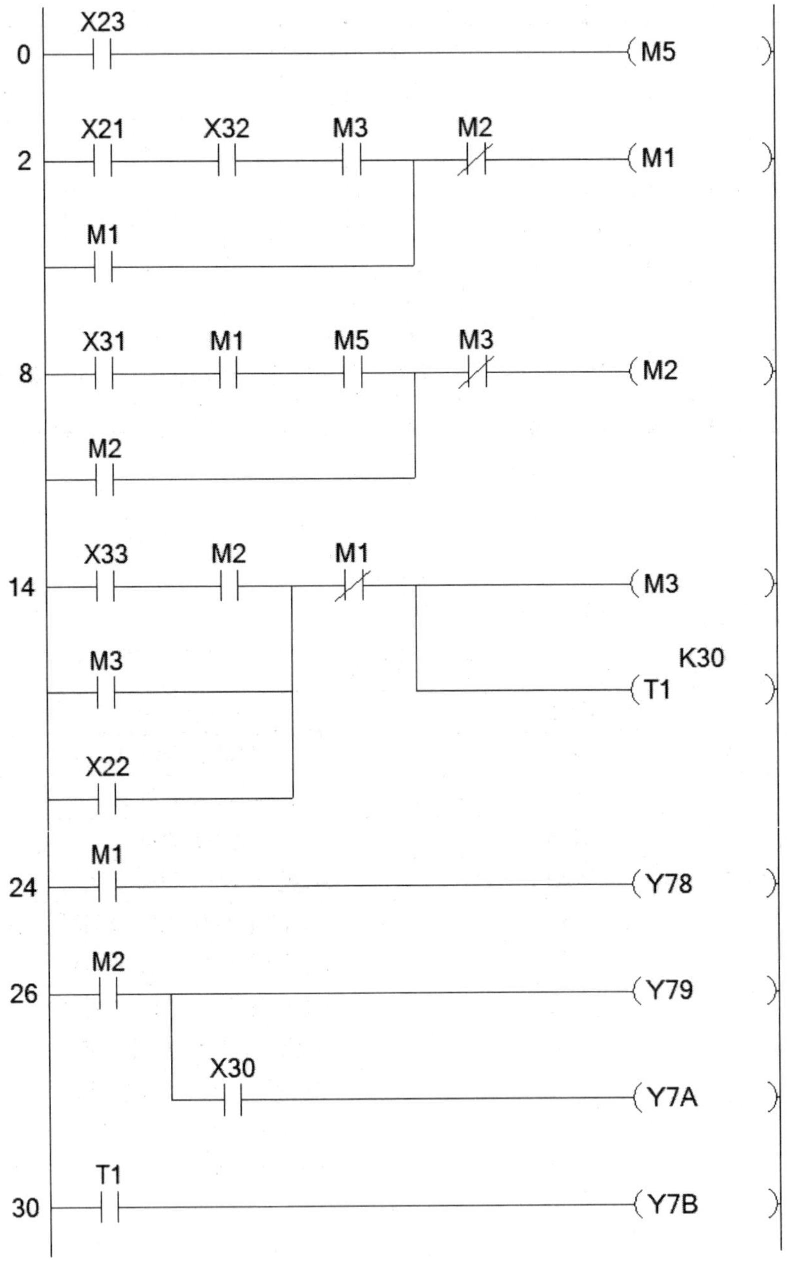

참고문헌

1. 공유압 일반, 복두출판사, 이상호, 2017
2. 유공압공학, 사이텍미디어, 강철구 외 3인 공역, 2004
3. 자동화를 위한 유압제어기술, 복두출판사, 신흥렬, 2002
4. INTRODUCTION TO PNEUMATICS, FESTO DIDACTIC, 2006
5. Pneumatics course for vocational training, FESTO DIDACTIC, 2008
6. Hydraulics course for vocational training, FESTO DIDACTIC, 2008
7. Workbook_Electropneumatics Advanced level, FESTO DIDACTIC, 2012
8. Workbook_Electrohydraulics Advanced level, FESTO DIDACTIC, 2013

저자와의
협의에 의해
인지 생략

NCS 능력 기반의

유공압실습

3판 1쇄 2020년 8월 20일

저 자 이상호 / 송재융
발행인 송광헌
발행처 복두출판사
주 소 서울특별시 영등포구 경인로82길 3-4
센터플러스 807호
(우) 07371
전 화 02-2164-2580
FAX 02-2164-2584
등 록 1993. 11. 22. 제 10-902 호

정가 : 27,000원

ISBN : 979-11-5906-907-9 93550

한국과학기술출판협회 회원사